ISBN 978-0-428-37936-0
PIBN 11304768

1 MONTH OF
FREE
READING

at

www.ForgottenBooks.com

By purchasing this book you are eligible for one month membership to ForgottenBooks.com, giving you unlimited access to our entire collection of over 1,000,000 titles via our web site and mobile apps.

To claim your free month visit:

www.forgottenbooks.com/free1304768

English
Français
Deutsche
Italiano
Español
Português

www.forgottenbooks.com

Mythology Photography **Fiction**
Fishing Christianity **Art** Cooking
Essays Buddhism Freemasonry
Medicine **Biology** Music **Ancient**
Egypt Evolution Carpentry Physics
Dance Geology **Mathematics** Fitness
Shakespeare **Folklore** Yoga Marketing
Confidence Immortality Biographies
Poetry **Psychology** Witchcraft
Electronics Chemistry History **Law**
Accounting **Philosophy** Anthropology
Alchemy Drama Quantum Mechanics
Atheism Sexual Health **Ancient History**
Entrepreneurship Languages Sport
Paleontology Needlework Islam
Metaphysics Investment Archaeology
Parenting Statistics Criminology
Motivational

MÉMOIRES

DE LA

SOCIÉTÉ ROYALE

DES SCIENCES,

DE L'AGRICULTURE ET DES ARTS,

DE LILLE.

MÉMOIRES

DE LA

SOCIÉTÉ·ROYALE

DES SCIENCES,

DE L'AGRICULTURE ET DES ARTS,

DE LILLE.

ANNÉE 1840.

LILLE,
IMPRIMERIE DE L. DANEL.

1841.

SCIENCES PHYSIQUES.

NOTE

SUR UN POINT DE MÉTÉOROLOGIE,

Par M. Delezenne, Membre résidant.

31 janvier 1840.

Les météorologistes mesurent depuis long-temps, au moyen de l'udomètre, la quantité d'eau qui tombe du ciel dans les diverses localités et se procurent ainsi une des données nécessaires à la connaissance des climats; mais il y a lieu de s'étonner qu'ils n'aient pas songé encore, du moins à ma connaissance, à se procurer une autre donnée tout aussi utile et sans laquelle la première perd une grande partie de son importance : c'est de mesurer la quantité de l'évaporation. On conçoit, en effet, que dans telle localité, la quantité d'eau tombée annuellement dans un grand bassin peut être égale à la quantité d'eau qui s'en évapore, et que dans telle autre localité elle peut être beaucoup plus grande ou plus petite. Le rapport entre cette quantité d'eau de pluie et cette quantité d'eau évaporée sur une même surface serait certainement plus propre à caractériser un climat que les vagues dénominations de climat sec, climat humide. L'eau qui s'évapore à la surface des mers se transforme en nuages et retombe en pluie, en partie sur ces mers, en partie sur les continents où ces nuages ont été transportés par les vents. Il est assez probable, d'après cela, que pour les mers, le rapport $\dfrac{P}{E}$ de la quantité P de pluie à la quantité E d'eau évaporée, est moins grand que l'unité et qu'il est plus grand pour les continents dont le sol absorbe une grande partie de l'eau de pluie et ne présente à l'évaporation continue qu'une faible portion de sa surface, celle où coulent les fleuves, les rivières, etc. On peut conjecturer qu'il y a annuellement à-peu-près compensation, que le rapport $\dfrac{P}{E}$ pour la totalité de la terre varie peu ou point d'une année à l'autre et que, pour un grand nombre d'années, la moyenne générale est égale à l'unité. Il est probable encore que pour chaque localité ce rapport annuel ne subit pas de grandes variations et peut être fort différent de l'unité, selon la diversité des climats; mais on ne saurait prévoir et il serait intéressant de connaître quel est le sens et l'étendue de ces variations aux diverses latitudes, au bord des mers, au milieu des continents, dans les plaines, dans les vallées, au sommet des montagnes.

Pour connaître ce rapport, il faut associer à l'udomètre (pluviomètre) qui mesure la quantité de pluie tombée sur une surface donnée, un atmismomètre (évaporomètre) qui mesure la quantité d'eau évaporée dans le même temps sur une surface égale. Or, la lampe d'Argand (quinquet) à niveau constant (*Fig.* 1, *pl.* 1.re), construite avec les précautions et les dimensions convenables, me paraît propre à remplir les conditions du problème, sauf à mesurer les erreurs provenant des causes perturbatrices, comme on le fait pour le thermomètre à air, le baromètre, etc.

Supposons que l'air soit parfaitement calme et que sa température et sa pression soient constantes; dans ce cas, et d'après les propriétés de l'instrument, le bassin IN restera toujours plein jusqu'à ses bords, quelqu'active que soit l'évaporation;

seulement le liquide baissera dans le réservoir GC d'une quantité que le tube gradué GF mesurera. S'il vient à pleuvoir,
l'eau tombée sur le bassin s'écoulera à mesure, sans qu'il en
rentre dans le réservoir. Le seul reproche qu'on puisse faire à
l'instrument dans cet état, c'est de ne pas mesurer la petite
quantité d'eau qui s'évapore au commencement de chaque pluie,
jusqu'à ce que l'air soit saturé de vapeur.

Le réservoir cylindrique peut être construit en zinc épais,
avoir son diamètre égal à celui du bassin IN et de l'udomètre
ordinaire. Le diamètre intérieur du tube gradué GF doit être
égal au diamètre extérieur du tube DE de Mariotte.

Examinons maintenant le mode d'action des diverses causes
perturbatrices.

L'eau que le vent expulse du bassin est immédiatement res-
tituée par le réservoir, et pour ne pas la mettre sur le compte
de l'évaporation, il faut la recueillir et la mesurer. Il est donc
nécessaire de combiner l'instrument avec un udomètre, comme
le représente la figure 2. L'eau de pluie s'ajoutera à celle provenant de l'action du vent et l'instrument tiendra compte de
l'évaporation pendant la pluie.

Si la température de l'air au haut du réservoir GC (*Fig.* 1)
vient à baisser, des bulles d'air fournies par le tube ED de
Mariotte, viendront rétablir l'équilibre de pression, et il n'en
résultera aucune erreur. Si, au contraire, la température augmente, la colonne d'eau AB baissera d'environ $\dfrac{BC \times t}{267}$, c'est-
à-dire qu'il s'échappera du bassin IN un volume d'eau égal au
dixième du volume d'air pour une augmentation de $26°,7$ dans
la température; mais cette eau se retrouvera dans l'udomètre
inférieur HK. (*Fig.* 2, *pl.* 1.re)

Si la pression de l'air extérieur augmente, des bulles d'air
viendront encore rétablir l'équilibre de pression sans occasioner
d'erreur; mais si la pression diminue, l'eau baissera dans le

réservoir GC. La hauteur de la colonne d'eau qui s'échappera ainsi par le bassin IN et recueillie dans le vase inférieur HK, sera d'autant plus petite que la hauteur AB sera plus grande, et dans le cas le plus défavorable, l'abaissement du liquide dans le réservoir sera moindre que 13,6 fois l'abaissement du mercure dans le baromètre.

Il convient de donner au vase cylindrique inférieur HK un diamètre égal à celui du bassin IN du réservoir GC et de l'udomètre ordinaire; mais une hauteur double, en raison de la grande quantité d'eau qu'il doit recevoir. Le tuyau de communication LM doit avoir une certaine longueur pour que la pluie qui frappe le réservoir ne retombe pas, en rejaillissant, dans le bassin IN. Ce tuyau doit être dirigé du sud M au nord L, afin que l'ombre portée par le réservoir GC n'atteigne pas le bassin IN.

Pour remplir le réservoir, on bouche le tuyau S; on ôte le bouchon P à vis et à cuir; on ôte le couvercle V, on verse par l'ouverture E; on serre fortement la vis du bouchon P, et enfin on débouche S.

Pour avoir la hauteur de la colonne d'eau évaporée, il est clair qu'il faut retrancher la hauteur de l'eau dans l'udomètre ordinaire, de la hauteur de l'eau dans le vase HK, et ajouter le reste à la hauteur de l'eau dans le réservoir GC. L'excès de la hauteur primitive sur le résultat sera l'épaisseur de la couche d'eau évaporée.

Partout où l'on placera l'atmismomètre, on connaîtra le rapport annuel $\frac{P}{E}$ de la quantité de pluie tombée sur la surface IN à la quantité d'eau évaporée sur cette même surface, et ce rapport dépendra des circonstances locales qui favorisent plus ou moins l'évaporation, ou qui y mettent obstacle ainsi qu'à la quantité de pluie qui peut tomber sur cette surface. Ce rapport peut donc varier considérablement pour un déplacement de quelques mètres, si l'instrument passe, par exemple, d'un endroit encaissé, humide et restreint, dans un lieu élevé, sec, étendu et découvert. Qu'on le place, par exemple, au milieu d'un marais cultivé, sillonné par un grand nombre de rigoles facilitant l'écoulement des eaux surabondantes qui entretiennent l'humidité de l'air et du sol, le rapport $\dfrac{P}{E}$ pourra être un grand nombre, tandis qu'il pourra être un nombre beaucoup plus petit si l'instrument est placé à quelques centaines de pas de là, sur un terrain non spongieux et assez accidenté pour offrir aux eaux de pluie un écoulement rapide et facile.

Si l'on veut faire servir l'atmismomètre à déterminer la quantité d'eau qui s'évapore annuellement à la surface d'un canal étendu, il faut en employer plusieurs et les placer sur le bord du canal, partout où les circonstances influentes sont réunies. Ainsi, on en mettra un au milieu de l'espace où le canal coule à découvert dans une plaine; un autre où le canal traverse un bois étendu, une série de villages rapprochés et chargés de plantations, etc. Les valeurs différentes de $\dfrac{P}{E}$ ainsi recueillies conduiront à une valeur approximative de la quantité cherchée.

Pour les observations climatologiques, il faudrait placer l'instrument dans un lieu qui offrît une sorte de moyenne entre toutes les circonstances locales que peut présenter le pays à étudier; mais comme ces observations ne se font guère que dans les villes, on voit que l'endroit le plus convenable est au-dessus des habitations et par conséquent à côté de l'udomètre, sur une tour élevée, sauf à tenir compte de la différence entre la quantité d'eau de pluie qui tombe sur une surface donnée à cette hauteur et celle qui tombe sur une surface égale au bas de la tour.

CHIMIE.

SUR LA FORMATION

DES CYANURES ET DE L'ACIDE CYANHYDRIQUE.

PRÉPARATION DE CET ACIDE SANS CYANURE.

Par Fréd. Kuhlmann, membre résidant.

Mes essais sur les propriétés de l'éponge de platine m'avaient conduit à établir les propositions suivantes, qu'aucun fait n'est encore venu contredire :

1.º Que sous l'influence de cet agent, tous les composés vaporisables d'azote, mêlés d'air, d'oxigène ou d'un gaz oxigénant, peuvent être transformés en acide nitrique ou hyponitrique.

2.º Que ces mêmes composés mêlés d'hydrogène ou d'un gaz hydrogéné, donnent de l'ammoniaque.

3.º Enfin que tous les composés d'azote vaporisables, en contact avec les carbures hydriques ou avec l'oxide de carbone, lorsque le composé azoté contient de l'hydrogène, donnent de l'acide cyanhydrique ou du cyanhydrate d'ammoniaque ; c'est ainsi que, conformément à la dernière proposition, j'ai obtenu avec l'ammoniaque et l'oxide de carbone, du cyanhydrate d'ammoniaque. On rend compte de cette réaction par l'équation suivante :

$$2 \, CO + 2 \, N_2 \, H_6 = N_2 \, C_2 \, H_2 N_2 \, H_6 + 2 \, H_2 \, O.$$

Ce résultat me porta à répéter une expérience indiquée par

M. Clouet; c'est la production de l'acide cyanhydrique par l'action de l'ammoniaque sur le charbon incandescent. L'expérience réussit parfaitement bien, mais, ainsi qu'on devait le penser, c'est du cyanhydrate d'ammoniaque que l'on obtient, car l'acide cyanhydrique libre serait facilement décomposé à la température élevée à laquelle la réaction a lieu; il se dégage en même temps du carbure tétrahydrique; la réaction paraît devoir être formulée comme suit:

$$3 \text{ C} + 2 \text{ N}_2 \text{ H}_6 = \text{N}_2, \text{ C}_2, \text{ H}_2, \text{ N}_2, \text{ H}_6 + \text{C H}_4.$$

Cette réaction, qui se produit avec une étonnante facilité, n'autoriserait-elle pas à penser que, lors de la calcination des matières azotées en présence d'un oxide alcalin, il se produit d'abord de l'ammoniaque qui, au contact d'un excès de charbon et de l'oxide alcalin, se transforme en cyanogène et en oxide de carbone. Ce mode de réactions, s'il n'a pas lieu toujours, doit avoir lieu du moins dans un grand nombre de circonstances. En faisant passer sur un mélange d'oxide de potassium et de charbon chauffé au rouge dans un canon de fusil un courant d'ammoniaque desséché, on obtient du cyanure de potassium avec la même facilité que si l'on y faisait passer un courant de cyanogène pur.

En tirant parti de l'action énergique du carbone sur l'ammoniaque à une haute température, je suis parvenu, par un procédé qui n'est pas très-compliqué, à préparer de l'acide cyanhydrique anhydre, avec de l'ammoniaque.

Voici comment je procède:

Je produis un dégagement d'ammoniaque que je dirige, après l'avoir désseché par du chlorure de calcium, dans un tube de porcelaine contenant du charbon de bois en petits fragments et chauffé au rouge. Les gaz qui, au sortir du tube, contiennent une grande quantité de cyanhydrate d'ammoniaque, sont obligés de traverser une couche d'acide sulfurique affaibli et chauffé à une température de 50° environ.

L'ammoniaque est absorbé par l'acide sulfurique et l'acide cyanhydrique seul se dégage hors du flacon, pour se rendre dans un vase entouré d'un mélange frigorifique, après avoir été desséché par du chlorure de calcium. L'acide ainsi obtenu présente toute la pureté de l'acide obtenu par la décomposition du cyanure de mercure au moyen de l'acide chlorhydrique.

J'ai encore mis à profit cette même réaction du charbon sur l'ammoniaque, pour préparer du ferrocyanure de potassium. Seulement la vapeur de cyanhydrate d'ammoniaque, au lieu d'être dirigée dans l'acide sulfurique affaibli, est dirigée dans une dissolution de potasse caustique tenant en suspension du protoxide hydraté de fer.

A peine le dégagement a-t-il duré quelques instants, que l'on voit se former de belles tables rectangulaires de couleur jaune, consistant en ferrocyanure de potassium. — L'ammoniaque éliminé par la potasse peut également être utilisé.

Si nous examinons les réactions qui font l'objet de cette note, sous le point de vue des applications industrielles, il n'est pas de doute quelles méritent de fixer l'attention, non qu'elles soient immédiatement applicables, mais parce qu'elles peuvent amener quelques modifications dans le travail de préparation des ferrocyanures alcalins, ou du moins parce qu'elles peuvent servir à expliquer les phénomènes si compliqués qui donnent naissance aux cyanures, et diminuer ainsi l'incertitude des résultats que présente leur fabrication.

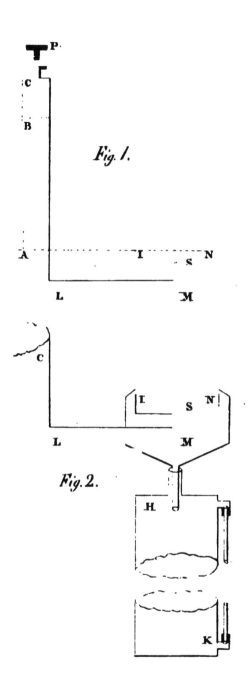

Fig. 1.

Fig. 2.

SUR LA THÉORIE DU BLANCHIMENT.

Par M. Fréd. Kuhlmann, membre résidant.

Dans sa séance du 18 novembre 1839 M. Dumas a donné communication à l'Académie des sciences d'une lettre de M. Robert Kane relative à des recherches faites par ce chimiste sur la condition primitive et généralement incolore des matières colorantes et sur les lois qui régissent leurs altérations successives : enfin sur le mode d'action par lequel elles se trouvent détruites par l'oxigène ou le chlore.

« Je me suis assuré, dit M. Kane, que dans l'action blan-
» chissante du chlore sur les matières colorantes il y a, comme
» pour les autres corps organiques, soustraction d'hydrogène et
» formation d'une nouvelle substance qui contient du chlore;
» c'est un véritable cas de substitution. Il en résulte que l'an-
» cienne théorie du blanchiment, qui consistait à dire que le
» chlore agissait en décomposant l'eau et mettant à nu l'oxi-
» gène, est fausse; si le chlore sec n'a qu'une action faible,
» c'est à cause de son état gazeux, etc., etc. »

L'opinion de M. Kane, appuyée de l'autorité de M. Dumas, a été favorablement accueillie, car M. Robiquet a cru devoir en revendiquer la priorité en s'appuyant sur les développements donnés à cet égard dans l'article *blanchiment* du Dictionnaire technologique.

Aujourd'hui que l'existence des composés chlorés obtenus par l'action prolongée du chlore sur les substances colorantes, et dont la formation avait déjà fixé l'attention de M. Dumas, est mise hors de doute, j'ai cru nécessaire de rechercher si le rôle attribué par ces nouvelles recherches au chlore se concilie avec différents faits que j'ai observés en 1833 et qui se trouvent consignés dans les Annales de chimie, vol. 54, page 279.

Mes observations ont porté *sur l'influence de l'oxigène dans la coloration des matières organiques et en particulier sur la déco-*

loration par l'acide sulfureux. J'ai fait voir qu'un très-grand nombre de couleurs organiques pouvaient être détruites par l'action de l'hydrogène naissant (hydrogène produit par l'acide sulfurique étendu d'eau sur le zinc en présence de la matière colorante). Je devais naturellement attribuer cette décoloration à une désoxigénation et admettre que l'acide sulfureux exerçait une action ¡tout-à-fait analogue. Je devais être d'autant plus facilement conduit à cette manière d'envisager la décoloration dans ces circonstances que la plupart des matières colorantes rendues incolores sous l'influence de l'hydrogène naissant ou des corps avides d'oxigène tels que le protoxide de fer, le protoxide d'étain, etc., reprennent leur état primitif de coloration à l'air ou dans l'oxigène.

J'ai remarqué toutefois qu'il en était qui ne reprenaient leur couleur que sous l'influence d'un corps oxigénant, et que le chlore jouait parfaitement bien ce rôle ; l'action oxigénante de ce corps me paraissait d'autant moins contestable qu'elle présentait une entière analogie avec celle de l'eau oxigénée ou des acides qui cèdent facilement leur oxigène.

Une fleur colorée, une rose, un dahlia etc., décolorés par leur séjour dans une atmosphère d'acide sulfureux, reprennent toute leur intensité de couleur en les plongeant dans du chlore gazeux ; et la couleur reproduite par le chlore peut être de nouveau décolorée par l'acide sulfureux si l'action du chlore s'est arrêtée à la récoloration. Les mêmes résultats ont lieu en substituant au chlore du brôme de l'iode ou de l'acide hyponitrique en vapeur. Lorsque la couleur 'primitive légèrement modifiée par la réaction de l'acide chlorhydrique est rétablie par le chlore, si le contact de ce gaz continue d'avoir lieu, une nouvelle altération commence et bientôt la couleur rouge ou bleue des fleurs fait place à une couleur orange sur laquelle l'acide sulfureux n'a plus aucune action. C'est alors sans doute que se produisent les composés chlorés dont l'existence a été signalée par MM. Robert Kane, Dumas et Robiquet.

Dans la préoccupation des idées théoriques que j'avais émises sur la décoloration par l'acide sulfureux, l'on est conduit à admettre que l'action du chlore se modifie suivant les circonstances et la nature des matières organiques, car agissant sur une couleur désoxigénée par l'acide sulfureux, son action devait évidemment se porter sur l'eau dont l'oxigène devenait nécessaire pour rétablir l'équilibre colorant, à moins d'admettre, ce qui serait une supposition un peu hasardée, que le chlore peut, comme l'oxigène, rétablir l'équilibre colorant. — Le chlore, d'après cette manière d'envisager le phénomène de la récoloration, agirait donc de deux manières différentes : Sous l'influence de la matière décolorée par l'acide sulfureux et par conséquent avide d'oxigène, il porterait son action sur l'eau en formant de l'acide chlorhydrique et dès que la couleur serait rétablie il agirait sur cette couleur en se substituant à de l'hydrogène sans aucune intervention de l'eau.

Ce qui viendrait en partie justifier cette différence d'action du chlore, c'est l'affinité pour l'oxigène qu'a acquise la matière colorante, décolorée par suite de l'action d'un corps désoxigénant.

Si, conservant les idées premières sur la décoloration par désoxigénation, on ne pouvait accepter la possibilité de ces changements si extraordinaires dans la manière d'agir du chlore, suivant l'état de la matière colorante, on serait conduit à supposer que lorsque l'action du chlore s'exerce, la coloration des couleurs désoxigénées et la décoloration des matières colorées s'exercent par décomposition de l'eau et toujours par oxigénation et que la formation des composés chlorés n'est que subséquente à la décoloration, et l'on invoquerait à l'appui la minime quantité d'oxigène nécessaire pour récolorer une couleur désoxigénée.

Mais en examinant de près tous ces phénomènes et en tenant compte des faits acquis à la science depuis la publication de mon premier travail sur cette question, on arrive à envisager sous un autre point de vue que je ne l'ai fait en 1833, les phénomènes de la décoloration par l'acide sulfureux et l'action qu'exerce le chlore sur les couleurs décolorées par cet acide. M. Dumas a prouvé par des résultats analytiques que l'indigo bleu passe à l'état blanc en s'appropriant de l'hydrogène. M. Kane, dans la lettre précitée, admet que dans les cas de décoloration par l'hydrogène naissant il n'y a pas soustraction d'oxigène, mais bien addition d'hydrogène. Il devient donc probable que la décoloration par l'acide sulfureux s'opère de même, et que la décomposition de l'eau intervient dans ce cas. On sait que l'acide sulfureux combiné à des bases se transforme facilement au contact de l'air en acide sulfurique, mais cette conversion est plus difficile à comprendre pour l'acide sulfureux isolé; cependant la réaction s'expliquerait encore par l'influence combinée de l'affinité de l'acide sulfureux pour l'oxigène et une affinité de la matière colorante pour l'hydrogène, mais cette dernière affinité existe-t-elle réellement, et surtout est-elle assez puissante pour déterminer la décomposition de l'eau sollicitée par l'acide sulfureux ? Il devient nécessaire de l'admettre pour rendre compte des faits que j'ai observés. Si maintenant nous examinons quel est le rôle que joue le chlore en présence de ces matières colorantes que je suppose hydrogénées par l'acide sulfureux, nous sommes conduits à admettre forcément que, dans les premiers temps, l'action du chlore se borne à soustraire de l'hydrogène à la matière colorante sans aucune substitution, jusqu'au rétablissement de l'équilibre colorant, lequel étant atteint, le chlore commencerait aussitôt à se substituer à de l'hydrogène, conformément à la théorie nouvelle.

J'ai cru utile d'entrer dans ces développements pour compléter mon travail de 1833 et en mettre les conclusions en rapport avec l'état actuel de la science, et aussi pour appeler l'attention des chimistes sur les différents modes d'action que l'on est forcé d'attribuer au chlore, du moment où la théorie du blanchiment par oxigénation n'est plus admise.

DE LA NITRIFICATION

ET EN PARTICULIER DES EFFLORESCENCES DES MURAILLES,

Par M. Fréd. KUHLMANN, membre résidant.

Dans un premier mémoire sur la nitrification présenté à la Société en décembre 1838 et inséré dans le recueil de ses travaux (1), j'ai cherché à démontrer que l'ammoniaque joue un rôle important dans la formation naturelle de l'acide nitrique ; j'ai fait voir que ce rôle pouvait être envisagé de deux manières différentes.

D'un côté on peut admettre que l'action de l'ammoniaque se borne à favoriser, par sa puissance alcaline, la combinaison de l'azote avec l'oxigène, lorsque ces deux corps se rencontrent en présence, soit en dissolution dans l'eau, soit engagés dans quelque matière organique. Cela admis, il devient facile de comprendre comment le carbonate d'ammoniaque, résultat de la décomposition des matières azotées, en se dissolvant dans de l'eau chargée d'air, peut donner naissance à du nitrate d'ammoniaque. Dans cette première hypothèse, il restait seulement à expliquer comment le nitrate d'ammoniaque formé pouvait donner naissance au nitrate de chaux et au nitrate de magnésie qui se rencontrent si abondamment dans les matériaux salpêtrés. Ayant constaté la présence du carbonate et du nitrate d'ammoniaque dans la lessive des salpêtriers, j'ai été

---

(1) Ce mémoire a été reproduit dans les *Annales de pharmacie*, par MM. Woehler et Liebig, vol. XXIX, page 272 (1839), sous le titre de *Abhanlung über die Salpeter bildung*, etc.

conduit à admettre que les carbonates calcaires et magnésiens qui font partie des terrains susceptibles de nitrification échangent leur acide. avec le sel ammoniacal qui, ramené à l'état de carbonate, détermine une nouvelle formation de nitrate. Ainsi l'ammoniaque dans cette première hypothèse ne jouerait d'autre rôle que celui de déterminer par sa puissance alcaline la combinaison des éléments de l'acide nitrique et de porter cet acide sur la base des carbonates calcaires ou magnésiens des terres nitrifiables, en échange de l'acide carbonique.

Des recherches plus étendues m'ont bientôt conduit à penser que cette manière d'envisager les phénomènes de la nitrification n'était pas applicable à toutes les circonstances où la formation de l'acide nitrique a lieu, et que dans beaucoup de cas l'ammoniaque lui-même est décomposé; que son azote, sous l'influence de l'oxigénation de l'air contenu dans l'eau, peut devenir un des éléments constitutifs de l'acide nitrique. La découverte de la transformation, au moyen de l'éponge de platine, de l'ammoniaque en eau et en acide nitrique par l'oxigène de l'air devait conduire naturellement à cette seconde explication des phénomènes de la nitrification, et nul doute que dans beaucoup de circonstances cette transformation doit avoir lieu. Mes idées théoriques sur ce point sont aujourd'hui généralement adoptées par les chimistes (1).

En poursuivant ces premières recherches sur la nitrification,

---

(1) M. Liebig, dans son *Introduction à la chimie organique*, publiée récemment, en traitant de la nitrification, s'exprime ainsi : « Si l'on songe que l'érémacausie est une métamorphose qui ne diffère de la putréfaction ordinaire qu'en ce que l'excès de l'oxigène de l'air y est indispensable ; si l'on se rappelle que dans la transformation des molécules azotées l'azote prend toujours la forme de l'ammoniaque, et que de toutes les combinaisons azotées l'ammoniaque est celle qui contient l'azote dans l'état le plus favorable à son oxidation, on peut être à peu près sûr que l'ammoniaque est la cause première de la formation de l'acide nitrique à la surface du globe. » Je fais cette citation parce que j'attache le plus grand prix à la sanction de mon opinion par l'illustre chimiste allemand.

j'ai été conduit à faire un examen attentif des efflorescences qui se forment souvent à la surface des murailles dans les parties alternativement exposées à l'humidité et à la sécheresse, efflorescences qui sont habituellement attribuées à la nitrification.

Efflorescences des murailles.

Dans aucune contrée, je n'ai observé d'aussi abondantes efflorescences aux murailles qu'en Flandre ; c'est surtout au printemps qu'elles deviennent apparentes au point de blanchir quelquefois entièrement les parties des murs qui ont été pénétrées par l'humidité pendant l'hiver. Par les temps secs, ces efflorescences présentent un aspect farineux, mais habituellement elles sont formées par la réunion d'une infinité d'aiguilles cristallines très-fines. Une circonstance qu'il est facile de reconnaître, c'est que la formation de ces produits cristallins a lieu plus particulièrement aux parties des murailles occupées par le mortier ou plutôt aux points de contact du mortier avec la brique ou le grès.

Dans nos villes de Flandre, où presque toutes les constructions se font en briques, d'abondantes efflorescences s'aperçoivent déjà sur toute la surface des murailles, peu de jours après leur construction, ce qui ne saurait permettre tout d'abord de les attribuer à la nitrification. Ces efflorescences se produisent en quelque sorte indéfiniment aux parties alternativement exposées à l'humidité et à la sécheresse, et se remarquent encore sur des constructions qui ont plusieurs siècles d'existence.

Le Palais-de-Justice de Lille n'était pas encore achevé que déjà toutes les murailles de ce monument se trouvaient blanchies par des efflorescences ; d'un autre côté, j'ai constaté des phénomènes analogues sur les maçonneries des plus anciennes portes de la ville.

Outre l'intérêt scientifique qui s'attache à des recherches sur la nature et la cause de ces efflorescences, il s'y attache aussi un intérêt d'application et d'utilité publique, c'était pour moi un double motif pour porter une grande attention à l'examen de cette question.

Composition des efflorescences des murailles.

J'ai recueilli de ces efflorescences dans un grand nombre de localités et les essais analytiques auxquels je me suis livré sur ces matières m'ont fait reconnaître que, le plus souvent, ce que l'on considère comme le résultat de la nitrification, ne contient aucune trace de nitrate; ces efflorescences sont formées généralement de carbonate et de sulfate de soude se présentant tantôt à l'état cristallin, tantôt à l'état d'une masse farineuse par suite de la perte d'une partie de l'eau de cristallisation. Partout où l'air est maintenu dans un état constant d'humidité, dans les caves, par exemple, au soubassement des habitations, les sels en question sont habituellement cristallisés sous forme d'un duvet soyeux, mais dans les parties élevées des bâtimens, les efflorescences ne sont guères apparentes qu'immédiatement après leur construction, et elles sont ordinairement farineuses. L'humidité paraît faciliter considérablement la reproduction des efflorescences salines dont il est question.

Ces résultats m'ont conduit à observer un phénomène non moins curieux, c'est que dans les constructions récentes le soubassement des bâtiments est maintenu long-temps dans un état constant d'humidité par suite de l'exsudation à travers les joints des briques d'une quantité notable de dissolution de potasse et d'un peu de chlorure de potassium et de sodium dont l'origine paraît être la même que celle des carbonate et sulfate de soude qui se présentent à l'œil avec des caractères plus apparents.

Après avoir multiplié mes essais de manière à bien constater la nature des efflorescences et exsudations des murailles, j'ai dû porter mon attention sur les causes de phénomènes si re-

marquables. J'ai examiné successivement la terre qui sert à la
fabrication des briques, le sable qui entre dans le mortier, la
houille employée généralement dans ces contrées à la cuisson
des briques et de la chaux, enfin la chaux elle-même et la
pierre qui sert à sa fabrication.

Examen de l'argile et du sable.

Il devenait naturel de rechercher d'abord la source des efflorescences des murailles dans l'argile qui sert à la fabrication des
briques, car l'argile étant le résultat de la désagrégation de roches
alumineuses au nombre desquelles se trouvent le mica et les feld-
spaths à base de potasse ou de soude, ces oxides alcalins doivent
pouvoir s'y rencontrer en quantités variables à l'état de silicates.
Le traitement de cette argile par la baryte m'a permis de constater des traces de potasse, mais plusieurs circonstances m'ont fait
abandonner l'opinion que la formation des efflorescences des
murailles puisse être due à la décomposition de ces silicates : en
premier lieu le peu de silicate alcalin que j'ai rencontré, et en
second lieu la difficulté de rencontrer des efflorescences salines
analogues à celles des murailles sur les briques avant leur emploi dans les constructions. Dans quelques briqueteries, j'ai
trouvé des indices d'efflorescences de sulfate de soude sur les
briques récemment fabriquées, mais, ainsi que nous le démon-
trerons plus tard, ces efflorescences peuvent être attribuées
à d'autres causes qu'à la décomposition des silicates alcalins
qui font partie de la terre à briques. Ce qui, du reste, fait cesser
toute incertitude sur ce point et démontre suffisamment que ce
n'est pas dans les silicates alcalins qui pourraient exister dans
l'argile ou même le sable, qu'il faut rechercher la cause principale de la formation des efflorescences salines des murailles,
c'est que des efflorescences très-abondantes ont été remarquées
à la surface de plâtrages faits avec de la chaux appliquée sur
grès, sans mélange de sable ni d'argile.

Examen des houilles.

La houille servant généralement en Flandre à la cuisson des briques et de la chaux, j'ai dû rechercher si elle ne contenait pas les alcalis qui entrent dans la composition des efflorescences et exsudations des murailles, et dès le premier pas que je fis dans cette voie d'expérimentation, je crus être arrivé à la solution complète de la question qui forme l'objet de ce travail. En examinant des masses de houille exposées depuis quelque temps au contact de l'air, j'ai remarqué qu'elles se trouvaient en de certains points recouvertes d'une efflorescence cristalline qui, placée sur la langue, lui imprime une sensation de fraîcheur analogue à celle produite par les efflorescences des murailles, et nullement astringente comme le serait celle du sulfate de fer qui serait résulté de la décomposition lente des pyrites qui se trouvent en grande quantité dans les houilles. Voici les résultats que me donnèrent quelques essais analytiques tentés sur ces efflorescences.

Composition des efflorescences des houilles.

Toutes les efflorescences des houilles ne sont pas de même nature; il en est qui sont toujours farineuses et un peu jaunâtres, ce sont celles dues au sulfate de fer, résultat de la décomposition des pyrites, d'autres, en bien plus grande quantité, ne contiennent souvent pas une trace de fer et présentent habituellement une très-légère réaction alcaline. Après avoir recueilli une quantité suffisante de ces dernières, 100 grammes environ, j'en soumis la dissolution à des cristallisations successives et j'obtins ainsi une grande quantité d'aiguilles prismatiques de sulfate de soude parfaitement pur.

L'eau mère de ces cristallisations étant arrivée à un point de concentration approchant de la dessiccation, la matière saline qu'elle contenait prit une couleur d'un bleu-vert que la calcination au rouge fît disparaître et la masse saline par cette calcination devint d'un gris sombre et donna par son lavage à l'eau distillée une poudre noire ; cette dernière, dissoute dans l'eau régale, présenta aux réactifs les caractères chimiques d'un sel de cobalt sans traces de fer ; fondue avec un peu de borax, la poudre noire en question lui communiqua une belle couleur bleue.

D'après ces résultats il n'est pas resté dans mon esprit le moindre doute sur l'existence d'une petite quantité de sel de cobalt associé au sulfate de soude qui, avec des traces de carbonate de soude et d'un sel ammoniacal (1), mais sans potasse, donne lieu aux abondantes efflorescences des houilles.

Les houilles qui m'ont semblé les plus susceptibles de produire des efflorescences de sulfate de soude sont les houilles de Fresnes et de Vieux-Condé. Les houilles d'Anzin et de Mons en donnent également, mais en moins grande quantité ; j'ai aussi remarqué de ces efflorescences sur plusieurs qualités de houilles anglaises et je suis porté à croire que toutes les houilles peuvent en produire.

Ces faits constatés, il devenait important de rechercher si la base alcaline qui donne naissance à ces efflorescences est répandue uniformément dans les houilles ou si elle s'y trouve répartie inégalement.

Les houilles sont généralement traversées en tous sens par des couches d'une matière saline blanche que j'ai prise d'abord pour du carbonate de chaux, mais dans laquelle il se trouve une grande quantité de carbonate de magnésie, c'est de la dolomie qui, sur différents points, se présente très-bien cristallisée en rhomboèdres.

J'ai cherché si la soude ne faisait point partie de ce composé qui semble avoir pénétré par infiltration dans toutes les fissures

(1) La nuance verte du produit de l'évaporation de l'eau mère paraît due au mélange d'un peu de sel ammoniacal au sel de cobalt.

des houilles, mais ce n'est pas là que se trouve cet alcali, car l'analyse de ces composés ne m'a pas permis de l'y reconnaître en quantité appréciable.

Les efflorescences salines se remarquent rarement aux larges surfaces des écailles de houille, mais généralement aux points où ces écailles sont brisées, ce qui n'est pas sans importance dans la question, ainsi que nous allons le voir.

Ces efflorescences forment des lignes blanches parallèles qui suivent la direction dans laquelle les écailles schisteuses de houille sont superposées, et par leur écartement elles indiquent l'épaisseur de ces écailles. Elles semblent provenir d'une infiltration qui a pénétré entre les écailles, ce qui m'a conduit à soumettre des masses de houille effleurie à une espèce de clivage par suite duquel il ne m'a pas été difficile de reconnaître que partout où il y avait des efflorescences salines non ferrugineuses il existait entre les couches compactes de la houille une certaine quantité de charbon brillant et très-friable, présentant tout l'aspect du charbon de bois pulvérisé et tassé; ce charbon tache les doigts et mieux que la partie compacte de la houille décèle une origine organique. J'ai examiné comparativement après cette séparation mécanique, les écailles de houille compacte et la matière charbonneuse dont il vient d'être question.

Par l'incinération la houille compacte ne m'a pas donné de potasse ou de soude en quantité sensible, tandis que l'incinération de la matière charbonneuse interposée entre les écailles m'a donné un résidu très-alcalin et contenant du carbonate de soude en quantité suffisante pour justifier les efflorescences qui se produisent sur les houilles au contact de l'air.

Il est à remarquer cependant que le lavage seul de cette matière charbonneuse avant l'incinération ne donne pas de carbonate de soude et que ce sel ne devient libre que par l'incinération.

Il restait à expliquer pourquoi dans les efflorescences le sel sodique se présente presque en totalité à l'état de sulfate; je pense que cette transformation doit être attribuée à la décomposition des pyrites disséminées dans les houilles et qui par suite de cette altération donnent naissance à de l'acide sulfurique et à du sulfate de fer qui échange son acide avec le carbonate de soude ou la combinaison saline semi-organique restée dans la houille.

C'est encore dans les pyrites qu'il faut chercher sans doute l'origine du cobalt dont la présence est si remarquable, mais qui ne s'est pas produit dans tous les essais que j'ai faits, ce qui tient sans doute à ce que dans les efflorescences il se trouve quelquefois une quantité de carbonate de soude telle que l'existence d'un sulfate double de cobalt et de soude ne peut avoir lieu. Je dois dire cependant que dans les nombreuses analyses que j'ai faites des efflorescences de houille, je n'ai pas trouvé de sulfate de fer associé au sulfate de soude; il est vrai que dans la plupart de ces essais les sels effleuris présentaient une très-légère réaction alcaline.

Les résultats qui précèdent semblaient devoir m'amener à expliquer facilement la formation des efflorescences salines des murailles; en effet les briques et la chaux dans toute la Flandre où mes observations ont eu lieu, sont cuites à la houille, avec le contact immédiat du combustible et de la brique ou de la pierre à chaux; le carbonate de soude des houilles doit, lors de la combustion, passer à l'état de sulfite et par suite de sulfate sous l'influence des émanations sulfureuses des pyrites et de l'air; à ce sulfate de soude doit se joindre celui déjà produit par efflorescence sur la houille au préalable de sa combustion.

J'ai pensé trouver dans les résultats de l'examen des cendres de houille retenues en partie par la chaux et les briques, la confirmation de cette opinion, mais il en a été tout autrement, car l'analyse de ces cendres m'a donné des quantités tellement minimes de carbonate ou de sulfate de soude qu'il devenait impossible d'attribuer à cette origine seulement les abondantes efflorescences des murailles. Je fus donc conduit à rechercher si cette origine des alcalis ne se trouvait pas dans la composition des pierres qui ont servi à fabriquer la chaux; c'était le dernier point où il me fût possible de rechercher une explication satisfaisante des phénomènes observés.

Examen de la chaux.

L'on trouve déjà dans quelques anciens traités de chimie les distinctions d'eau de chaux première et d'eau de chaux seconde et l'on attribue à l'eau de chaux première une puissance alcaline plus grande qu'à la seconde.

M. Descroisilles a expliqué les motifs de cette distinction par la présence possible d'un peu de cendres de bois qui, restées adhérentes à la chaux après la cuisson, ont pu augmenter l'alcalinité de l'eau qui sert à former une première dissolution.

Les questions soulevées par l'examen chimique des efflorescences des murailles me conduisirent à examiner si l'explication de M. Descroisilles, relativement à l'observation faite depuis fort longtemps des différences dans l'alcalinité de l'eau de chaux était satisfaisante.

Ce qui était admissible pour la chaux calcinée avec du bois ne pouvait plus s'admettre facilement pour la chaux cuite à la houille dont les cendres sont, ainsi que nous l'avons signalé à l'instant, très-peu alcalines. Et cependant l'eau de chaux première obtenue avec de la chaux cuite à la houille ressemble sous ce rapport à l'eau de chaux première provenant de chaux cuite avec du bois. Bien plus, la chaux cuite en vases clos, dans des creusets entourés de sable, présente encore les mêmes résultats. J'arrivai ainsi à constater que ces différences dans l'alcalinité des eaux de chaux tiennent à d'autres causes et je ne tardai pas à en acquérir la preuve en reconnaissant que la plupart des pierres à chaux contiennent une quanlité notable de potasse et de soude ; restait à savoir dans quel état d'association ces alcalis se trouvaient dans les pierres calcaires.

J'ai opéré dans mes essais sur des pierres à chaux appartenant à des terrains de formation différente, des calcaires compactes, des calcaires carbonifères et des craies et le résultat de l'évaporation de l'eau qui avait été mise en premier lieu en dégestion avec la chaux résultant de la calcination de ces pierres en vases clos, m'a donné des quantités variables de matières salines solubles contenant des chlorures à oxides alcalins, quelquefois un peu de sulfates et toujours de la potasse et de la soude caustiques.

La chaux qui m'a donné le plus de matières salines est la chaux que l'on obtient par la calcination du calcaire bleu de Tournai; c'est du calcaire anthraxifère appartenant aux couches supérieures des terrains de transition. La chaux de Lille qui est une chaux grasse assez pure provenant de la craie contient aussi, quoiqu'en moins grande quantité, les mêmes alcalis ou sels alcalins.

Les chlorures paraissent préexister dans ce même état de combinaison dans les pierres à chaux; la dissolution de ces pierres dans l'acide nitrique pur donne des précipités blancs avec les sels d'argent, mais il n'en est pas de même de la potasse ou de la soude caustique ou carbonatée qu'on obtient par l'évaporation des premières eaux de lavage des diverses qualités de chaux ; ces alcalis peuvent provenir de diverses sources : M. Boussingault a décrit sous le nom de *Gay-Lussite* un minéral dont la composition paraît consister en $CO_2 NaO + CO_2 CaO + 5H_2O$ et qu'il a trouvé en abondance disséminé dans la couche d'argile qui recouvre l'Urao à Lagunilla. Il est peu vraisemblable qu'une combinaison analogue fasse partie des calcaires employés à la préparation de la chaux.

L'existence des chlorures alcalins, quoiqu'en petite quan-

tité dans la plupart des calcaires, doit contribuer à la production des efflorescences des murailles. C'est à la réaction
lente du carbonate de chaux sur le sel marin que M. Ber-
thollet attribue la formation du *natron*; une décomposition
analogue se produit sans doute lentement dans les mortiers,
mais au moment de la cuisson de la pierre à chaux et de
la formation de la chaux à l'état caustique, une décomposition plus énergique, dans laquelle il se forme des silicates de
chaux, amène sans doute la formation de potasse ou de soude
qui à l'air passe à l'état de carbonate.

La cause qui me paraît concourir le plus puissamment à la
formation des efflorescences salines des murailles, c'est la
décomposition des silicates alcalins dont l'existence dans un
grand nombre de pierres à chaux et en particulier dans les
pierres qui appartiennent aux formations anciennes, telles que
le calcaire anthraxifère qui fournit la chaux de Tournai, me
paraît hors de doute.

Lors de la cuisson de ces calcaires les silicates se trouvent
décomposés par la chaux, et la potasse et la soude sont mises en
liberté. C'est là surtout qu'il faut rechercher la cause de la force
alcaline de l'eau de chaux première; la cause des efflorescences
et exsudations alcalines des murailles. Quant à la formation du
sulfate de soude qui existe si abondamment dans les efflorescences, elle trouve son explication dans l'absorption des vapeurs
sulfureuses produites lors de la cuisson de la chaux au moyen
de la houille et peut-être aussi en partie à l'absorption de l'acide
sulfhydrique répandu dans l'air et produit si abondamment par
la décomposition de certaines substances animales.

Les essais dont je viens de signaler les résultats me paraissent
suffisants pour nous bien fixer sur la composition et l'origine
des efflorescences des murailles, et la connaissance de ces résultats est de nature à jeter quelque jour sur d'autres phénomènes
naturels, tels que ceux de la nitrification des roches calcaires,

la formation de sels alcalins dans les cendres des végétaux, enfin elle me parait de nature à appeler quelques applications industrielles; c'est ce que je vais chercher à démontrer.

RÉSUMÉ ET CONSIDÉRATIONS GÉNÉRALES SUR LES CONCLUSIONS QUE L'ON PEUT TIRER DES FAITS RELATIFS A CE TRAVAIL.

S'il est vrai qu'il se forme dans beaucoup de circonstances des efflorescences de nitrate de potasse ou d'ammoniaque, il n'en est pas moins bien constaté que dans un plus grand nombre de circonstances encore, il se trouve à la surface des murailles des efflorescences dues à du carbonate de soude et du sulfate de soude, et que les murailles récemment bâties avec du mortier et des pierres ou des briques donnent lieu en outre à des exsudations de potasse caustique ou carbonatée chargées de chlorures de potassium et de sodium.

J'ai fait voir que la source principale de ces sels potassiques et sodiques se trouvait dans la chaux qui a servi aux constructions; qu'un grand nombre de pierres à chaux contenaient des chlorures potassiques et sodiques et surtout aussi des silicates alcalins, lesquels peuvent donner lieu, sous l'influence du carbonate de chaux ou de la chaux vive résultant de leur calcination, à de la potasse et à de la soude caustiques ou carbonatées. Enfin j'ai indiqué comme possible l'existence dans les calcaires d'une combinaison de carbonate de potasse ou de soude et de chaux analogue à la *Gay-Lussite*, sans cependant attacher d'importance à cette opinion.

J'ai fait voir encore que la quantité de sels alcalins qui se trouve dans les pierres à chaux est variable, car il en est qui ne m'ont pas donné par leur calcination de traces d'oxide alcalin.

L'existence des oxides ou carbonates alcalins dans la chaux explique la présence du nitrate de potasse tout formé dans la

lessive des salpêtriers, comme aussi la production des efflorescences nitrières.

Il n'est pas sans intérêt de bien connaître la nature et l'origine
de ces efflorescences pour ne pas, dans des expertises judiciaires
relatives à des travaux de constructions, attribuer à une nitrification ce qui n'est qu'un résultat ordinaire indépendant de
l'architecte.

L'alcalinité puissante de *l'eau de chaux première* tient à des
causes étrangères à celles que lui a assignées M. Descroisilles;
c'est la potasse ou la soude puisée dans la chaux même qui
l'occasionne.

Cette alcalinité peut devenir très-préjudiciable dans beaucoup d'opérations industrielles et il est essentiel d'y avoir égard
dans la préparation de l'eau de chaux qui sert quelquefois de
réactif si l'on veut éviter des causes d'erreur dans des recherches analytiques.

Dans la fabrication du sucre de betteraves, où l'on emploie
beaucoup de chaux à la défécation, la présence de la potasse
ou de la soude, bien qu'en faible quantité, doit avoir une influence
funeste sur les dernières opérations lorsque les liquides arrivent
à un certain degré de concentration.

La présence du carbonate de potasse libre dans des sirops de
sucre devient facile à expliquer aujourd'hui sans avoir recours
à la décomposition peu probable des oxalate et malate de
potasse que contient le suc de betteraves, et je crois que l'addition d'un peu de chlorure de calcium dans les chaudières de
concentration produirait souvent d'utiles résultats en trans-
formant le carbonate alcalin en chlorure de potassium ou de
sodium dont l'action sur le sucre serait à peu près nulle.

La présence de quantités variables de sels de potasse et de
soude dans les craies n'est sans doute pas sans influence sur
l'existence de ces sels dans les plantes, surtout si nous admettons que, dans les pierres calcaires, la potasse et la soude

existent à l'état de chlorure et de silicate, tous deux susceptibles de se décomposer lentement par leur séjour à l'air ou
leur contact avec la craie.

Je soumettrai à la Société, dans un travail spécial dont je
m'occupe, d'autres considérations déduites de l'existence des
sels alcalins dans les pierres à chaux et du rôle important que
ces sels me paraissent jouer. Ces considérations m'ont paru se
rattacher à une question trop importante sous le rapport théo-
rique et pratique pour être présentées ici incidemment et sans
développements suffisants.

L'examen des efflorescences des murailles et des causes auxquelles il faut les attribuer m'ont conduit à faire l'examen des
houilles sous le rapport des substances salines qui s'y trouvent
associées.

J'ai constaté que les houilles sont pénétrées souvent d'une
grande quantité de carbonate de chaux combiné à du carbonate
de magnésie en proportions variables. Examinant ensuite les
efflorescences qui se produisent à la surface des houilles, j'ai
reconnu qu'en outre du sulfate de fer qui provient de la décomposition des pyrites, il se forme dans beaucoup de houilles des
efflorescences dues à du sulfate de soude presque pur, mélangé
quelquefois d'un peu de carbonate de soude mais sans potasse.

Dans ces efflorescences, j'ai encore constaté l'existence d'une
petite quantité de cobalt, dont la présence assez extraordinaire
dans cette circonstance présente une observation de quelque
intérêt sous le rapport géologique.

J'ai attribué la formation du sulfate de soude à la décomposition des pyrites en présence de la combinaison alcaline qui
contient la soude, combinaison insoluble dans l'eau tant qu'elle
reste confondue avec le charbon, mais qui donne du carbonate
de soude soluble par la calcination.

Une autre observation qui mérite de fixer l'attention des
géologues, c'est que le sel sodique ne se forme que là où il

existe, dans les couches compactes de houille, du charbon en tout semblable au charbon de bois quant à l'aspect; la présence de la soude à l'exclusion de la potasse dans ces parties de houille ne sera également pas sans une certaine signification pour les savants qui donnent aux dépôts houillers une origine organique.

BOTANIQUE.

CRYPTOGAMIE.

NOTICE SUR QUELQUES CRYPTOGAMES RÉCEMMENT DÉCOUVERTES
EN FRANCE ET QUI SERONT DONNÉES EN NATURE DANS LA
COLLECTION PUBLIÉE PAR L'AUTEUR,

J.-B.-H.-J. Desmazières, Membre résidant.

21 février 1840.

HYPHOMYCETES.

Actinonema Robergei, Nob.

> *Fibrillis ramosis, ramis paucis, fusco-nigris,
> articulatis, nodosis; articulis diametro* 1—4
> *plo longioribus.*
>
> *Habitat in interiore caulis Heraclei Sphondylii*

Cette rare production, qui appartient à un genre encore si
mal connu, nous a été adressée par M. Roberge, qui l'a recueillie
aux environs de Caen, dans l'intérieur des tiges sèches de l'*He-
racleum sphondylium*. Ses filaments bruns, dendroïdes et d'une
ténuité extrême, sont étroitement appliqués dans toute leur longueur sur la moelle de ces tiges et imitent, pour ainsi dire, les
dernières ramifications d'un *Batrachospermum tenuissimum*

3

que l'on aurait étendues sur le papier. Vus au microscope, ils sont semi-opaques, d'un gris olivâtre et très-distinctement cloisonnés. Les articles, dans nos échantillons, sont inégaux en longueur : les plus courts sont presque carrés, mais il en est beaucoup d'autres qui ont deux, trois et même quatre fois leur diamètre. Les filaments de cette espèce, étant assez souvent étranglés et comme noueux, rappellent parfaitement ceux du *Cladosporium herbarum*, qui sont cependant beaucoup moins alongés. Mesurés à leur base, ils ont environ $\frac{1}{10}$ de millimètre de grosseur, mais à leur sommet, ils sont beaucoup plus fins. Nous n'avons pu observer dans cette cryptogame aucun organe particulier destiné à la reproduction, de sorte que nous ne pouvons confirmer ou détruire l'opinion émise par M. FRIES qui considère les *Actinonema Cratægi* et *caulincola* comme un état rudimentaire de quelques *Pyrenomycetes.*

OIDIUM ERYSIPHOIDES, Fr. *Syst. myc.*

Cette espèce, très-remarquable par la grosseur de ses sporules, attaque fréquemment la face supérieure des feuilles de plusieurs plantes de nos potagers. Si on ne la rencontre pas dans les herbiers, et si elle est peu connue, c'est qu'elle a été prise, jusqu'ici, pour les premiers développements d'un *Erysiphe.* Sa présence occasione ce que les jardiniers appellent *le Blanc;* mais sous ce nom vulgaire, on confond plusieurs choses très-distinctes; notre *Oidium leucoconium*, par exemple, qui se remarque sur les feuilles des rosiers et quelques autres petites byssoïdes de genres différents.

CONIOMYCETES.

UREDO ZEÆ, Nob. (*Non Uredo Maydis*, De C. — *Cæoma Zeæ,* Link.)

> *Maculis pallidis; acervis amphigenis, ellipticis, sparsis, approximatis, hinc inde confluen-*

tibus, convexiusculis, epidermide longitudi-
naliter erumpente. Sporulis exacte globosis,
majoribus, rufo-brunneis. Habitat in foliis
Zeæ Mays.

Cet Urédo, trouvé en automne, par M. LAMY, à Ile, près de Limoges, se rapproche de l'*Uredo rubigo-vera*, dont il se distingue par ses pustules un peu plus grandes, plus proéminentes, d'un brun roux, et non d'un jaune orangé; ses sporules sont aussi plus exactement globuleuses.

UREDO HYPODYTES (*Tritici*), Nob.

Cæoma hypodytes, Schlecht. Berol.

Cet Urédo n'est pas rare sur la gaîne des feuilles de plusieurs graminées. Ses sporules varient beaucoup de grosseur, selon les plantes sur lesquelles il se développe; nous en avons mesurées qui avaient $\frac{1}{100}$ de millimètre, et d'autres qui atteignaient à peine la moitié de ce diamètre.

PESTALOTIA GUEPINI, Nob.

Amphigena, atra, sparsa, approximata; sporidiis
fusiformibus, pedicellatis, utrinque hyalinis, 3,
4, septatis; articulo supremo appendicibus fili-
formibus coronato; filis 3, 4 tenuissimis, simpli-
cibus, hyalinis, elongatis, divergentibus.
Habitat in foliis siccis Cameliæ et Magnoliæ.
Prosthemium Guepinianum, ex Mont. in litt. ad
Guépin.

Le genre *Pestalotia* (de *Pestalozza*, botaniste et médecin), appartient à l'ordre des *Coniomycetes* et touche, par quelques-uns de ses caractères, aux *Gymnosporangium, Coryneum, Prosthemium* et *Stilbospora*. Il a été créé par M. DE NOTARIS, dans la seconde décade de ses *Micromycetes*, pour une production congénère à celle que nous publions et qu'il a trouvée sur les sarments de la vigne. Ce genre, dans lequel M. DE NOTARIS

n'a pu, ainsi que nous, reconnaître les traces d'un périthécium (1), offre des sporidies réunies sur un *stroma* gélatineux
caché sous l'épiderme qui se rompt pour leur livrer passage.
Devenues libres, souvent elles s'étendent, çà et là, au-dehors,
en formant des taches d'un noir mat, semblables à celles des
Melanconium et des *Stilbospora*. Ces sporidies sont pédicellées,
cloisonnées et constamment couronnées, à l'extrémité de l'article
supérieur, par une aigrette de filaments divergents.

Nous avons donné à l'espèce ci-dessus le nom du botaniste
zélé qui l'a trouvée dans les environs d'Angers et qui a bien
voulu nous en communiquer de nombreux échantillons. Nous
ajouterons aux caractères par lesquels nous l'avons distinguée,
que ses pustules, éparses quoique rapprochées, se présentent,
dans le jeune âge, lorsqu'elles sont encore recouvertes par
l'épiderme, comme de très-petits boutons convexes, à peine
visibles à l'œil nu, qui s'ouvrent au centre par une fente ou
une sorte de pore par où s'échappent les sporidies, qui ont
environ $\frac{1}{10}$ de millimètre. Le pédicelle égale cette longueur, il
est hyalin et d'une ténuité prodigieuse. On compte ordinairement dans chaque sporidie quatre cloisons formant cinq loges,
dont les trois du milieu sont semi-opaques, et celles des extré-

---

(1) Nous devons faire remarquer ici que le docteur MONTAGNE, qui a eu, comme
nous, communication de cette curieuse Cryptogame, pense qu'elle est pourvue
d'une sorte de périthèse, composée d'une membrane hyaline, et la place en conséquence dans le genre *Prosthemium* de KUNZE. Mais si cette opinion, que nous
aurions voulu pouvoir concilier avec la nôtre, est basée sur des observations aussi
exactes que toutes celles dont ce savant enrichit la science, nous pensons, malgré
l'éloignement que nous éprouvons aussi pour la multiplicité des genres, que la
présence d'un pédicelle, et surtout d'une aigrette qui couronne la sporidie, suffit
pour établir une bonne distinction générique dans un ordre de Cryptogames d'une
structure aussi simple et où l'on fut obligé de former des genres basés sur des
caractères peut-être moins importants. Le genre *Pestalotia*, du reste, n'est pas
monotype : à l'espèce que nous publions il faut ajouter le *Pestalotia Pezizoides*,
DE NOT., et, nous le pensons, une ou deux autres espèces inédites.

mités hyalines et presque coniques. Quelquefois cependant nous n'avons observé que trois cloisons. L'appendice est formé par trois filets ciliformes (rarement quatre), divergents , quelquefois recourbés sur la sporidie , de la même longueur ou plus longs qu'elle , aussi hyalins et aussi ténus que le pédicelle. Ce n'est qu'en diminuant la lumière d'une manière convenable qu'il est possible de découvrir ces organes au microscope.

HYMENOMYCETES.

Peziza lacustris, Fr. *Scler. suec. exsic !*

La partie de la tige sur laquelle doit se développer cette espèce peu connue, prend souvent une teinte blanchâtre. Elle s'offre d'abord comme de très–petits points noirs, épars, qui se dilatent ensuite et présentent des cupules qui acquièrent ordinairement un millimètre de diamètre. Ces cupules sont sessiles, arrondies, glabres, planes ou légèrement convexes, appliquées contre leur support quand elles sont humides, mais n'y adhérant que par un point central. La consistance de cette Pézize est celle de la cire ; elle est noirâtre à l'extérieur et son bord, quelquefois flexueux et assez mince, entoure un disque d'une couleur gris de perle que M. Fries compare à celle de la suie, mais que nous n'avons pu reconnaître, comme lui, même dans ses échantillons mouillés. L'*Hymenium* est composé de thèques claviformes, assez petites, renfermant des sporules presque globuleuses. Cette espèce, qui n'est pas encore décrite dans les Flores de France, nous a été adressée, sous le nom de *Peziza griseo-nigra*, par M. Lamy, qui l'a trouvée sur le *Scirpus lacustris*, en juin et juillet, à Lachapelle, près do St.-Léonard (Haute–Vienne).

Peziza Cerastiorum, Wallr. *in Fr. Syst. myc.*

Cette Pézize n'est pas rare et si elle n'a pas encore été

signalée comme appartenant à la France, c'est probablement
parce qu'elle naît sur des feuilles vivantes, où l'on ne pouvait
guère s'attendre à trouver une espèce de ce genre. Elle se
développe en automne sur divers *Cerastium*. M. ROBERGE nous
l'a adressée des environs de Caen ; elle a aussi été observée
près de Limoges, par M. LAMY, et par nous, autour de Lille.

PEZIZA FUSARIOIDES, *Berk ! in Mag. of. Zool. and Bot.*

Cette charmante Pézize vient au printemps, à la partie inférieure des tiges sèches de l'Ortie dioïque. Quoiqu'elle nous ait
été adressée de plusieurs départements pour en savoir le nom,
et quoique nous l'ayons vue nous-même en herborisant dans
le nord et dans l'ouest, on ne la trouve encore dans aucune
Flore du royaume, parce qu'elle a été confondue jusqu'à présent avec le *Fusarium Tremelloides*, qui est de la même couleur, presque de la même grandeur et de la même consistance,
et qui se développe aussi sur l'Ortie. L'analyse microscopique
de ce petit champignon nous a fait voir ses thèques claviformes,
contenant des sporules ovales-oblongues.

STICTIS GRAMINUM, Nob.

> *Orbicularis , sparsa , minima, profunde excavata ;*
> *disco nigro, margine prominente furfuraceo niveo,*
> *subintegro ; ascis elongatis, sporulis minutissimis,*
> *globosis.*
>
> *Habitat in culmis et foliis Graminum.*
>
> *Stistis Luzulæ , Lib. ! Pl. crypt. Arden.*

Nous avons trouvé cette espèce sur les feuilles et surtout sur
le chaume sec de plusieurs Graminées. M. TILLETTE DE CLER-
MONT l'a observée sur le froment ou sur le seigle qui recouvre
les habitations rustiques de Cambron. Sa cupule est très-enfon-
cée, quoique son bord soit saillant. Ce bord est blanc, presque
entier et recouvert, surtout dans la jeunesse de la plante, d'une

poussière furfuracée. Melle LIBERT , qui a fait la découverte de
cette espèce sur un *Luzula* , lui a donné un nom que nous
croyons trop restrictif pour pouvoir être conservé.

ACROSPERMUM GRAMINUM , *Lib. Crypt. Arden.*

> *Parvulum, sparsum, subcompressum, lineare, ob-*
> *tusiusculum, nigrescente-olivaceum* , Nob.
> *Habitat in foliis aridis Graminum.*

Cet intéressant Fungus est de moitié plus petit que l'*Acros-*
permum compressum , et sa base ne se rétrécit pas en pédicule
comme dans cette espèce. Il est aussi un peu comprimé, mais
d'égale épaisseur jusqu'au sommet , qui est obtus. Sa couleur
est d'un gris olivâtre qui devient presque noir. Nous l'avons
observé plusieurs fois , au printemps , sur les feuilles sèches des
Fétuques et de quelques autres Graminées.

PYRENOMYCETES.

SPHÆRIA PSEUDOPEZIZA , Nob.

> *Gregaria , minima , perithéciis globosis , glabris ,*
> *lævibus , subpapillatis , armeniaceis dein eburneis ,*
> *collabescendo concavis. Ascis subhyalinis ; spori-*
> *diis* 3 , 4 , *maximis , elongatis , rectis vel curvius-*
> *culis ad* 4 , 7 *septatis.*

Cette charmante petite espèce diffère du *Sphæria Peziza* , à
côté duquel elle doit être placée, par sa couleur et par la forme
et la grandeur de ses sporidies, pourvues de 4 à 7 cloisons.
Nous en possédons trois échantillons qui nous ont été envoyés ,
sans nom spécifique, par M. ROBERGE : l'un est sur bois dénudé,
un autre sur l'écorce d'un rameau que nous croyons appartenir
au *Cytisus Laburnum* , et le troisième enfin , sur l'*Arundo*
Donax. Ces échantillons ont été récoltés dans les environs de
Caen.

SPHÆRIA BELLULA, Nob.

> *Immersa, sparsa, rarò confluens, peritheciis nigris.*
> *glabris, magnis, globoso-depressis, in parte lignosâ*
> *caulis nidulantibus; ostiolo longissimo, rugoso,*
> *obtuso; ascis minimis, hyalinis, pyriformi-sub-*
> *clavatis; sporidiis 5 — 6, oblongis; sporulis 2,*
> *globosis.*

Habitat ad culmos Arundinis Donacis.

Cette espèce, parfaitement caractérisée et des plus curieuses, nous a été envoyée, pour en savoir le nom, par M. ROBERGE, qui explore avec soin et bonheur les environs de Caen. Il l'a trouvée, en mars 1839, dans le parc de Lébiscy, sur les chaumes à moitié pourris de l'*Arundo Donax*. « Un fragment cylindrique de la tige chargée de cette Sphérie, représente en petit, dit-il en nous l'envoyant, le cylindre d'une sérinette avec ses mille pointes. » Ses périthécium sont épars, solitaires ou réunis quelquefois deux ou trois ensemble, noirs, glabres, globuleux, mais légèrement déprimés et toujours enfoncés dans la partie ligneuse. Ils ont environ un millimètre de diamètre, et chacun d'eux est surmonté d'un col rugueux, long d'un à un et demi millimètre, droit ou penché, et terminé par une pointe obtuse. Ce col, dans le jeune âge, soulève d'abord et ensuite fend ou déchire la substance dans laquelle il est enfoncé. Les thèques sont hyalines, très-petites, presque pyriformes, et contiennent 5 à 6 sporidies qui ont à peine $\frac{1}{100}$ de millimètre de longueur. Chacune d'elles renferme, aux extrémités, deux sporules globuleuses et opaques. Ces sporules, mesurées à notre micromètre, au moyen de la *Camera lucida*, nous ont offert très—distinctement environ $\frac{1}{500}$ de millimètre de diamètre.

SPHÆRIA CORONILLÆ, Nob.

> *Sparsa, approximata, subgregaria; peritheciis im-*
> *mersis, tectis, minutissimis, subglobosis, albido-*

*farctis ; ostiolo simplici pertusis. Asci nulli? spori-
diis liberis , oblongis , $\frac{1}{100}$ millimetro longis; sporulis
2 , globosis.
Habitat in ramis Coronillæ Emeri.*

SPHÆRIA CAPRIFOLIORUM , Nob.

*Amphigena , aggregata vel sparsa. Peritheciis glo-
bosis , astomis , nigris , subnitidis , e macula de-
terminata grisea emergentibus.
Habitat in foliis Caprifoliorum.*

Quoique nous ayons fait beaucoup de recherches sur plusieurs échantillons de cette espèce, nous n'avons pu découvrir
ses organes de la reproduction. Ses périthécium apparaissent
très-distinctement sur les deux faces de la feuille, mais plus
particulièrement sur la face inférieure. Ils sont toujours enfoncés
dans des taches d'un gris verdâtre, produites par le parenchyme
de la feuille, qui se détruit moins promptement aux places où
ils se développent.

AYLOGRAPHUM HEDERÆ , *Lib. crypt. Arden.*

*Peritheciis amphigenis , atris, sparsis , elongatis ,
subrectis, simplicibus, rarò furcatis.* Nob.
*Habitat in foliis siccis Ilicis , Hederæ , Lauro-
cerasi , etc.*

Nous avons observé cette espèce dans les environs de Lille ,
sur les feuilles tombées du Laurier-cerise et du Lierre. MM.
CROUAN nous l'ont adressée de Brest, sur celles du Houx. Elle
est facile à reconnaître à ses périthécium linéaires, presque
toujours simples et droits , très-rarement rapprochés en petits
groupes, comme dans plusieurs espèces de ce genre.

PHOMA CONCENTRICA , Nob.

*Maculis rotundatis , candidis , fusco-cinctis ; pseudo-
peritheciis numerosis , concentricis , nigris , opacis ;*

*sporulis copiosis, minutissimis, subglobosis. Habitat
in foliis emortuis Yuccæ gloriosæ et Agaves.*

Les taches blanches sur lesquelles se trouvent les loges de
cette espèce lui donnent, au premier coup-d'œil, l'apparence
d'un *Depazea ;* mais quand on l'étudie au microscope, on voit
qu'elle n'offre ni véritable périthécium ni thèques. Elle paraît
particulière aux feuilles dures et épaisses de quelques Liliacées.
Nous l'avons observée sur l'*Agave americana* et sur le *Yucca
gloriosa.* Ses taches, d'un beau blanc, sont arrondies ou
oblongues et ont depuis trois millimètres jusqu'à trois centimètres de diamètre. Elles sont toujours entourées d'une zone
brune assez large, qui se confond quelquefois avec les autres
zones voisines, de manière à former une seule grande tache
foncée. Les loges sont nombreuses, d'un noir mat, enfoncées
sous l'épiderme et disposées, le plus souvent, en plusieurs
cercles concentriques. Si, lorsqu'elles sont bien développées,
ou lorsqu'on a enlevé l'épiderme de la feuille, on les mouille
avec une goutte d'eau, on voit se répandre à l'instant les innombrables sporules qu'elles renferment, et ces sporules, soumises
sous la lentille, sont d'un brun olivâtre, ovoïdes ou presque
globuleuses et de $\frac{1}{200}$ de millimètre de diamètre.

NOTE

SUR L'HYPOCHÆRIS UNIFLORA, Vill.,

Par M. A. MUTEL,

Capitaine d'artillerie, auteur de *la Flore du Dauphiné* et de *la Flore Française*, Membre correspondant.

.

3 JANVIER 1840.

—

Villars (Prosp. pl. Dauph., 1779, p. 37.) a le premièr assigné le nom et les vrais caractères de cette plante, mentionnée 160 ans avant lui par C. Bauhin (Prodr. 65, Pin. 128), et bien figurée par Haller (Hist. Helv., t. 1, Enum., t. 24, ead.), qu'il cite en synonymes, toutefois avec doute. Sa phrase : « *Hypochæris squamis calicinis lateribus fimbriatis, caule basi folioso, unifloro* », ne laisse rien à désirer, tant pour la précision que pour la vérité des caractères. Deux ans après, Jacquin (Miscell., tom. 2, 1781, p. 25) établit, sous le nom d'*Hypochæris helvetica*, la même plante sur les mêmes synonymes de Bauhin et de Haller, en remarquant que ce dernier l'a confondue mal à propos, ainsi que Scheuchzer, avec l'*Hypochæris maculata* L. souvent uniflore. Sa description, quoique très-détaillée et assez bonne, prise isolément, ne fait cependant pas bien ressortir les caractères qui distinguent sa plante de l'*Hypochæris maculata* L., et sous ce rapport est bien inférieure à celle de Villars (Hist. pl. Dauph., tome 3, 1789, p. 61), qui décrit compara-

tivement les deux espèces, sans omettre la moindre note diffé-
rentielle. Pour les figures, au contraire, celle de Villars (t. 32,
F. 2), très-médiocre au sommet de la tige, sans laisser cependant aucune incertitude, est bien inférieure à la belle figure de
Jacquin (Ic. rar., t. 165), qui pèche seulement par le détail de
l'écaille manquant de précision et de vérité. Allioni (Fl. ped.,
1785, p. 230, N.º 850) indique comparativement, comme
Villars, les vrais caractères distinctifs des deux plantes; mais
il est presque hors de doute que ses deux figures de l'*Hypochœris uniflora* ne concernent toute autre plante. D'abord je
regarde comme certain que la figure 1, t. 32, représente
l'*Hieracium montanum*, Jacq., ce qui provient probablement
d'une erreur d'étiquette ou du dessinateur. On y voit, en effet,
une tige garnie, dans toute sa longueur, de feuilles presque
également rapprochées et régulièrement décroissantes, les inférieures rétrécies à la base en un très-long pétiole ailé! celles
de la tige presque embrassantes à la base, à bords plus ou
moins ondulés et relevés, celles du sommet réduites à des
bractées. La fleur est très-ouverte, à demi-fleurons arqués en
dehors ou très-étalés; les écailles sont assez étroites, lancéolées,
et sans aucune apparence de cils au bord. Tous ces caractères
conviennent parfaitement à l'*Hieracium montanum*, Jacq., et
nullement à l'*Hypochœris uniflora*, Vill., qui a les feuilles radicales rétrécies en pétiole très-court, les autres fermes, presque
dressées, la tige nue dans sa moitié supérieure, ou munie de
1—2 bractées très-espacées, la fleur demi-ouverte à demi-
fleurons dressés, les écailles ciliées au bord, caractères très-bien
exprimés dans les figures de Haller, Villars et Jacquin. Quant
à l'autre figure d'Allioni, t. 14, F. 3, elle représente évidemment l'*Hypochœris maculata*, L. uniflore, malgré l'addition tar-
dive mise au tome 2, p. 363, où il est dit que cette figure
paraît se rapporter à l'*Hypochœris helvetica*, ainsi que le syno-
nyme de Haller, Hist., t. 1, qui est bien cette plante en effet,

mais non la figure d'Allioni, exprimant les feuilles radicales
étalées, ondulées, etc.; les écailles de l'involucre étroites,
linéaires-lancéolées, barbues sur le dos, la fleur très-ouverte,
etc., caractères qui distinguent l'*Hypochœris maculata*, L, de
l'*Hypochœris uniflora*, Vill.

Ces deux figures d'Allioni me paraissent donc avoir été citées
mal-à-propos à l'*Hypochœris uniflora*, Vill., tant par les floristes
français, qui, au reste, n'ont pas mentionné les vrais caractères
de cette espèce, que par Gaudin, qui les a très-bien précisés
(Fl. helv., tom. 5, 1829, p. 145). En outre, M. Duby (Bot.
gall., 1, 1828, p. 306) met dans sa phrase « *caule subunifloro* »,
ce qui me fait douter encore davantage qu'il ait eu en vue
l'*Hypochœris uniflora*, Vill., toujours uniflore ! Quant à M. Loi-
seleur-Deslonchamps, qui cite par mégarde Allioni comme
l'auteur du nom spécifique *uniflora*, sa phrase (Fl. gall., éd. 2,
1828, tom. 2, p. 180) ne répugne pas à l'espèce, quoique
omettant le « *squamis lacero-fimbriatis* ou *ciliatis* », rapporté
par tous les auteurs qui ont vu la plante ou au moins l'ont exa-
minée avec soin. Depuis, j'ai signalé l'inexactitude du nom de
deux figures citées d'Allioni, en indiquant les plantes qu'elles
concernaient, d'abord dans ma Flore du Dauphiné (1830, t. 2,
p. 272), puis dans ma Flore Française (tom. 2, 1835, p. 240),
où j'ai représenté (t. 34, f. 265) la plante entière fructifiée
avec le détail du fruit et de l'écaille. M. Reichenbach (Fl. germ.
exc., tom. 1, 1830, p. 269) ne donne pas les caractères de la
plante, et quoiqu'il cite seulement les figures de Jacquin et de
Villars, son « *caule subsimplici* » et l'observation « *in solo
pingui bi-triramosam vidi* », prouvent qu'il n'avait pas sous les
yeux le véritable *Hypochœris uniflora*, Vill. Le vénérable Gaudin
traite parfaitement les deux plantes dans son dernier ouvrage
(Synops., 1836, p. 698), où il ne cite plus que la figure de
Haller, ajoutant, d'après moi, que cette plante a presque le port
de l'*Hieracium montanum*, et rapportant mon opinion sur les

deux figures d'Allioni qu'il avait d'abord citées dans sa Flore
Helvétique. M. Koch (Synops., 1837, p. 427) donne une très-
bonne phrase de la plante et se borne à citer la figure de Jacquin. Enfin, M. Decandolle (Prodr., par. 7, 1838, p. 93) me
paraît toujours ne pas avoir eu sous les yeux le véritable *Hypochœris uniflora*, puisqu'il ne fait aucune mention des écailles
ciliées-membraneuses au bord, ni de la tige fistuleuse à la fin
très-renflée au sommet, etc. Ce célèbre auteur a dû cependant
consulter les floristes qui ont donné les vrais caractères de cette
plante, tels que Villars, Jacquin, Allioni (texte), Gaudin (Fl.
helv. et Syn.), et j'ajouterai ma Flore du Dauphiné, dont je lui
ai remis moi-même un exemplaire, et qu'il a citée pour d'autres
objets. Ce qui répand surtout de l'incertitude sur la plante de
M Decandolle, c'est qu'il ajoute l'opinion *« culta aut in solo
pingui nata interdum subramosa 2—3 cephala occurrit »* émise
par les botanistes qui ont confondu la plante avec les individus
uniflores de l'*Hypochœris maculata*, L., et cette incertitude est
encore augmentée par la citation inexacte de la figure d'Allioni,
t. 14, f. 3, qui est évidemment l'*Hypochœris maculata* uniflore,
comme je l'avais déjà fait remarquer en 1830 dans ma Flore du
Dauphiné. Je regrette surtout que M. Decandolle n'ait pas eu
l'occasion de voir ma figure de l'*Hypochœris uniflora* (Fl. Fr.,
t. 34, f. 265); peut-être l'eût-il trouvée digne d'être citée,
ou au moins le détail de l'écaille eût attiré son attention sur ce
caractère éminemment distinctif qu'il a complètement négligé.
J'ai donc cru devoir traiter cette plante dans un article spécial,
pour éviter toute méprise ultérieure et fixer l'attention des
auteurs qui auront encore à mentionner l'*Hypochœris uniflora*,
Vill.

OBSERVATIONS

SUR LES MUSACÉES, LES SCITAMINÉES, LES CANNÉES ET LES ORCHIDÉES,

Par M. Thém. Lestiboudois,

Professeur de Botanique, Membre résidant.

—

18 OCTOBRE 1839.

—

J'ai déjà publié des observations sur quelques genres des Scitaminées et des Cannées (Marantacées, R. Br.). Elles avaient pour but de montrer qu'on peut rattacher au type régulier des monocotylédonés, ces plantes, aux fleurs bisarres, dont les organes déformés sont souvent méconnaissables et inexactement dénommés et dont la symétrie est demeurée inaperçue.

J'ai établi que ces végétaux avaient, comme la plupart de ceux qui appartiennent à la même classe, un calice hexasépale et six étamines.

Cette opinion paraît avoir été adoptée; elle a réuni, au moins, les suffrages de savants d'une grande autorité, au nombre des-quels doit être cité le célèbre M. Lyndley. Le professeur de l'université de Londres s'exprime ainsi à ce sujet : « Indé-pendamment de la présence de leur *vitellus*, le point le plus remarquable de la structure des scitaminées est le nombre des divisions des enveloppes florales qui consistent en un calice tubuleux, et, en outre, en deux rangées de divisions au lieu d'une. M. R. Brown (Prodr.), frappé de cette déviation inusitée de la structure ordinaire des monocotylédonés, était disposé à les considérer comme une partie accessoire du calice. Mais l'explication de M. Lestiboudois paraît plus satisfaisante. Selon ce botaniste (d'après ce qui est rapporté dans les nouveaux éléments de M. A. Richard, page 439), les Scitaminées sont réellement hexandres, comme les Musacées qui sont placées près d'elles; mais la rangée externe de leurs étamines est pétaloïde et forme le limbe intérieur de la corolle. Quant aux étamines de la rangée interne, la centrale seulement se développe, et les deux latérates se montrent sous la forme d'écailles rudimentaires.

» Cette opinion de M. Lestiboudois est confirmée par les Marantacées, dans lesquelles les étamines intérieures (même celle qui est anthérifère) deviennent pétaloïdes, comme les autres, montrant ainsi que, dans ces plantes, les filaments des étamines ont une tendance puissante et générale à prendre la forme des pétales. (Lyndley an introduction to the natural system of botany.) » (1)

Je vais continuer l'examen des genres dont je m'efforce de

---

(1) Independently of the presence of this vitellus, the most remarquable part of the structure of scitamineæ consist in the number of divisions of the floral envelopes, which consist of a tubular calix, and of two more series instead of one. M.ʳ R. Brown, struck with this unusual deviation from the ordinary organisation of monocotyledons was disposed to consider the calix an accessory part (prodr.). But, M. Lestiboudois explanation appears more satisfactory. According to this Botanist (as quoted in A. Richard's nouv. élém. pag 439) scitamineæ are really hexandrous, like the nearly related Musaceæ; but their stamens the outer series is petaloid, and forms the inner limb of the corolla, and the inner series of stamens the central one only developes, the lateral ones appearing in the form of rudimentary scales. This notion of M.ʳ Lestiboudois is confirmed by Marantaceæ in which the inners stamens (even that which is antheriferous) become petaloid like the outer. thus sheving that in those plants there is a strong and general tendency in the filaments to assume the state of petals, etc.

dévoiler la structure. Mais avant d'étudier de nouvelles espèces, je jeterai un regard sur celles que j'ai déjà décrites. J'étudierai ensuite les Cannées ou Marantacées, et je comparerai ces groupes aux Musacées et aux Orchidées.

SCITAMINÉES.

CATIMBIUM.

Parmi les Scitaminées dont j'ai publié l'analyse (1), est le *Globba nutans*, une des espèces du genre *Globba* qui constituent le genre *Renealmia*, Andr. Repos., et qui ont la plus parfaite ressemblance avec les *Alpinia*, auxquels M. Roscoe les a réunies. Peut-être cependant on pourra les en séparer, parce que certains *Alpinia* ont les staminodes externes membraneux et sans saillie sur la face interne du tube, etc. Le *Gl. nutans*, etc., s'il en était distingué, pourrait recevoir le nom de *Catimbium*.

Dans le *Gl. nutans*, pl. I, on trouve un calice extérieur, fig. 1, B, fendu latéralement, tridenté au sommet, et un calice intérieur à trois divisions, C, C, C ; intérieurement existe une division trilobée, fig. 2, D. On donne souvent à cette division, représentant trois staminodes, le nom de *Labelle*, comme à toute division des Cannées et des Orchidées, dont la forme est insolite. Je n'adopterai pas ce nom pour les Scitaminées et les Cannées, parce qu'il n'exprime pas la nature de cette division et parce que ce nom a été donné à une réunion de staminodes dans les Scitaminées, et dans le *Canna* à un staminode isolé, bien qu'il y eût dans la fleur une partie formée des éléments de plusieurs étamines. Dans les Scitaminées et les Cannées je nommerai *Synème*

(1) Mémoires de la Société royale des Sciences de Lille, 1830. Annales des sciences naturelles.

4

toute partie formée de plusieurs éléments staminaires réunis. Ce mot, déjà admis dans la science, indiquant un organe formé par la soudure des filets des étamines, est propre à remplir l'usage auquel je le consacre.

A la base du synème du *Gl. nutans*, sont deux appendices, fig. 2, F, F, qui paraissent placés sur la face interne et qui sont à peine visibles à l'extérieur. Ce sont deux staminodes.

Ainsi on trouve, dans cette fleur, un calice à six sépales formant deux rangées distinctes; cinq staminodes : trois soudés pour former le synème et deux rudimentaires placés entre le synème et l'étamine fertile, fig. 2, G, qui complète le nombre senaire, propre au système staminaire.

Cette espèce est peut-être celle dans laquelle il semble le plus évident que les staminodes, placés entre la base du synème et l'étamine, représentent des étamines de la rangée *interne*. Il est extrêmement important, pour connaître d'une manière certaine la symétrie des Scitaminées et des familles voisines, de bien apprécier la disposition de ces parties. Tâchons d'arriver à ce but.

J'ai représenté ici, fig. 3, une fleur dont le synème est fendu verticalement le long de la ligne médiane. Elle offre les objets suivants : a, pédicelle; b, ovaire; c, tube formé par les sépales et le système staminaire; d, d, les deux portions du synème fendu; e, e, deux saillies du synème; f, f, staminodes; g, anthère à deux loges subdivisées; h, stigmate concave, terminant le style, i, caché entre les loges de l'anthère, libre dans sa partie inférieure; j, j, corpuscules épigynes ou *stylodes*.

On remarque qu'un des bords des appendices f, f, se continue avec le bord du filet de l'étamine g; quelquefois ce bord, au lieu de se continuer avec le bord même de l'étamine, se continue avec la face interne du filet, de sorte que le staminode paraît plus interne que l'étamine fertile elle-même. D'un autre côté, le milieu de la face externe du staminode est soudé avec le bord du synème; ce qui indiquerait que ce dernier est aussi plus externe.

La face interne des appendices *f*, *f₁*, est saillante et forme deux côtes qui semblent se continuer avec les saillies *e*, *e*, formées par la base du synème, comme si les staminodes *f₀ f₁*, étant internes, envoyaient des prolongements jusqu'aux points qui séparent les lobes latéraux du synème de son lobe moyen, points qui seraient la place naturelle de staminodes internes.

En observant cette plante isolément, il est presque impossible de ne pas voir, en effet, dans les appendices, deux staminodes internes, se portant vers l'étamine fertile, pour former avec celle-ci une *lèvre* supérieure (si l'on peut appliquer ce nom aux divisions du système staminaire , comme à celles des systèmes calical et corollaire) opposée au synème, qui serait la lèvre inférieure et formé par les staminodes externes.

On doute cependant de ce fait, en considérant 1.º que la face externe des staminodes *f*, *f₁*, est formée par leurs deux bords rejetés en-dehors, ce qui fait que ce n'est pas réellement par la face externe qu'ils se continuent avec l'étamine et le synème, mais bien par leurs bords.

2.º Que les saillies formées par les staminodes *f₀ f₁*, ne se continuent pas réellement avec les saillies *e*, *e*.

3.º Que les saillies *e*, *e*, dépendant du synème, s'avancent jusqu'à la portion du tube formée par l'étamine fertile, de manière à se souder avec elle et à former le tube concurremment avec l'étamine, laissant ainsi les staminodes *f₀ f₁*, en-dehors.

Mais ces deux derniers faits restent douteux : l'un parce que les saillies *f₀ f*, et *e*, *e*, étant adhérentes aux parties qui les portent, on ne peut voir, d'une manière certaine, si elles sont ou ne sont pas continues. Elles sont d'ailleurs toutes couvertes de poils, ce qui empêche de les suivre nettement. L'autre, parce que les saillies *e*, *e*, ne rencontrent l'étamine que lorsqu'elle est soudée avec le tube : on ne peut, par conséquent , savoir si c'est avec l'étamine même que les saillies *e, e,* se soudent.

On reste donc dans le doute, quand on observe le *Gl. nutans* isolément.

Le *Globba erecta*, Redouté, 174, a une structure tout-à-fait semblable à celle du *Gl. nutans* et doit appartenir au même genre. La planche II montre les diverses parties de la fleur de cette plante et son inflorescence.

La figure 1 représente l'extrémité de la tige terminée par des fleurs plus petites que dans le *G. nutans,* en grappe dressée , etc. (Voir l'explication des planches.)

La figure 2 montre une fleur entière , elle a un pédicelle court A, une bractée latérale B , un calice extérieur C fendu du côté inférieur, tridenté au sommet ; un calice interne formé de trois divisions luisantes (dont deux D , D sont visibles dans la figure) , un synème E trilobé, irrégulièrement denté , F est l'extrémité de l'étamine.

La figure 3 représente une fleur dont un des sépales D est rabattu artificiellement pour laisser voir l'étamine F , par le dos, et les deux staminodes rudimentaires H, H , placés à la base du synème.

Dans la figure 4 la fleur est dépouillée du calice extérieur , et de deux sépales internes; de plus, le synème est enlevé avec une portion du tube du calice. On voit ainsi l'ovaire G portant les deux tubercules épigynes K, K, renfermés dans le tube L, L; le style I placé avec les tubercules sur le sommet de l'ovaire est libre dans sa partie inférieure , puis il est appliqué contre le filet de l'étamine et passe enfin entre les loges de l'anthère. L'étamine F présente à sa base les deux staminodes H, H. (Voir l'explication des planches.)

La figure 5 est faite pour laisser apercevoir le mode d'insertion de ces staminodes. Cette figure montre la fleur fendue verticalement le long de la ligne médiane du synème. Les deux parties latérales du synème D, D, présentent à la base une saillie E, E, beaucoup moins velue que dans le *Gl. nutans* et qui s'avance vers la base de l'étamine. Quant à la base des staminodes E, E, elle ne semble pas se continuer avec la saillie correspondante *e ;* il y a une interruption entre–elles. Cependant lorsqu'on écarte les saillies *e, e,* il semble qu'elles se recourbent pour se continuer avec les staminodes, comme si elles étaient formées par la procurrence des staminodes qui, comme dans l'espèce précédente, iraient chercher leur place vis–à–vis les incisions du synème. On reste donc encore dans le doute sur la position des staminodes. Toutefois, ils paraissent ici plutôt externes que dans le *Gl. nutans,* parce que les saillies du synème s'avancent plus directement vers la base de l'étamine.

ALPINIA.

Les espèces précédentes ont été réunies par M. Roscoe, etc. aux *Alpinia ;* il faut donc que ces dernières plantes aient de grands rapports avec les *Gl. nutans* et *erecta*. Effectivement leur organisation est identique ; si on les sépare, ce ne sera que par des caractères peu importants.

Pour s'en assurer, il suffit de voir une fleur du genre *Alpinia ;* par exemple, l'*Alpinia Galanga*, que j'ai analysé, à l'état sec, dans l'herbier de Wallich, possédé par M. Delessert, se montre, quant à l'organisation générale, exactement semblable aux deux plantes précédemment décrites : l'ovaire infère A, pl. I, fig. 1, est surmonté d'un calice extérieur B trilobé, d'un calice intérieur à trois divisions C, C, C. On voit en outre un synème D, trilobé (à lobe moyen bifide), représentant trois staminodes ; à la base sont deux staminodes rudimentaires placés entre la base de l'étamine et le synème. Celui-ci offre deux saillies longitudinales qui sont fort proéminentes, surtout à la partie inférieure, et qui vont se joindre avec la base de l'éta-

mine ; de sorte que les staminodes rudimentaires sont réellement en-dehors.

On voit bien cette disposition dans la fig. 2, qui représente le
synème, et le sommet du tube du calice fendu de manière à
partager en deux la base de l'étamine. On voit que le synème D
présente deux côtes, qui, devenant plus saillantes à la partie
inférieure, forment les deux éminences d, d qui s'avancent pour
se confondre avec la base de l'étamine FF et circonscrire avec
elle l'orifice du tube.

Les staminodes E, E, se trouvent ainsi placés en-dehors de ce
cercle intérieur, leur face interne formant seulement une saillie
qui s'interpose supérieurement entre la base de l'étamine et
celle du synème. La saillie du staminode n'est point contournée
pour se continuer avec la saillie correspondante du synème : les
deux saillies, pressées l'une contre l'autre, s'avancent vers
l'étamine ; celle des staminodes paraissant plus externe. Cette
disposition imite mieux celle du genre *Hedychium* que nous
verrons bientôt, que celle du *Gl. nutans*. Les bords des staminodes, rejetés en-dehors, se continuent du reste avec le bord
du synème et celui de l'étamine.

Dans l'*Alpinia*, les tubercules épigynes ou stylodes, fig. 3,
H, H, la position du style, etc., sont comme dans les *Gl. erecta et
nutans* (*Catimbium*).

J'ai analysé d'autres espèces d'*Alpinia*, à l'état sec (pl. I), elles
m'ont présenté des staminodes membraneux, dont les bords se
continuaient avec ceux de l'étamine et du synème. Ces staminodes ne formant pas de saillies internes, les saillies du synème
paraissent atteindre plus évidemment la substance de l'étamine
et laisser les staminodes dans un cercle extérieur, de sorte que
la position de ces derniers est plus décidée.

Du reste, comme on a pu le voir, ce genre est, ainsi que le
précédent, naturellement hexasépale et hexandre.

AMOMUM.

L'*Amomum dealbatum*, pl. III, que j'ai analysé à l'état sec,
présente une structure fort analogue à celle des *Alpinia*.

La figure I nous offre une fleur entière; l'ovaire A porte un
calice extérieur B assez régulièrement trilobé; les lobes ont une
pointe subapiculaire; le calice interne a trois sépales C, C, C,
dont le supérieur adhère au système staminaire un peu plus haut
que les autres. Le synème D, qui est chiffonné par la dessiccation, un peu velu surtout en bas, présente à la base les deux
staminodes rudimentaires E, E, qui se continuent d'un côté avec
le synème, de l'autre avec la base de l'étamine, de manière
que les trois parties paraissent dans le même cercle. Les staminodes se continuent si bien avec la base de l'étamine que
M. Roscoe (Synoptical table of genera) les a gravés comme
appartenant à l'étamine. Il est vrai que l'adhérence qu'ils con-
tractent avec celle-ci est un peu plus élevée que celle qu'ils ont
avec le synème.

L'étamine F est remarquable par l'appendice qui la termine;
le style filiforme, terminé par un stigmate infundibuliforme et
cilié, est placé entre les loges de l'anthère, comme dans les
autres genres.

La figure 2 (de grandeur triplée) montre la forme de l'appendice terminal de l'étamine : il se termine par trois lobes, le
médian émarginé, les deux latéraux recourbés en–dehors; il
est rétréci à la base. L'anthère présente deux loges E, E, subdivisées en deux locelles; elles sont fixées sur la face interne du
filet A, qui est large et membraneux. A la base sont les deux
staminodes D, D, qu'on voit se continuer d'autre part avec la
base du synème E, E, fendu sur la ligne médiane. La substance
du synème forme deux prolongements peu marqués, qui
remontent vers les côtés de la base de l'étamine.

L'entrée du tube F est comprimée latéralement ; la base du filet de l'étamine est courbée et concave pour former l'entrée du tube. De plus, les staminodes adhèrent à l'étamine plus qu'au synème ; ces dispositions rendent l'entrée du tube un peu oblique. C'est le commencement d'une conformation que nous verrons plus notable dans plusieurs genres, le Mantisia , par exemple.

Les caractères que je viens d'exposer font voir que ce genre est un analogue des précédents ; il est fortement caractérisé par l'appendice terminal de l'étamine.

Cet appendice a une forme différente dans l'*A. corynostachium*, Wallich, p. 48, t. 58. Selon cet auteur, il est cordiforme dans cette plante, qui diffère encore de celle que nous avons décrite, parce que la base du synème présente de chaque côté deux dents fort marquées. Ce genre pourra donc être divisé.

ZINGIBER.

Les espèces de ce genre étaient primitivement confondues avec les Amomum ; on les en a séparées avec raison. J'en ai analysé à l'état sec une espèce, c'est le *Zingiber ligulatum*, pl. III. Elle m'a présenté un calice extérieur, fig. 1 B , fendu d'un côté , subunilobé, dentelé au sommet ; trois sépales internes C, C, C ; un synème D, d'une consistance très-molle , très-chiffonnée par la dessiccation ; il m'a offert à la base des staminodes E rudimentaires.

Les staminodes disparaissent dans quelques espèces du genre *Zingiber*. Ces espèces iront prendre place , sous le nom *générique* de *Zerumbet* , près du *Costus*, que nous étudierons plus loin.

Quoi qu'il en soit, dans le *Zingiber*, l'étamine fig. 1 F enferme entre ses loges le style terminé par le stigmate G , et se distingue de celle de l'*Amomum* par un signe caractéristique tiré de la forme de l'appendice , fig. 2 B , qui termine l'anthère et qui est long, subulé, canaliculé; les loges de l'anthère A, A, sont subdivisées et, comme dans les autres genres, placées sur la face interne du filet. Celui-ci est assez court. Le stigmate est infundibuliforme, cilié.

CURCUMA.

Dans le *Curcuma Zerumbet*, dont j'ai analysé une fleur à l'état sec, les staminodes, qui, dans les genres précédents, sont à l'état rudimentaire, prennent un développement considérable. Ils se présentent, pl. III, fig. 1 A, A, sous la forme d'appendices pétaloïdes, qui se soudent avec le filet de l'étamine à une hauteur bien plus grande que dans l'*Amomum*. La réunion des staminodes avec l'étamine et telle que M. Roscoe les regarde et les figure (Synoptical table of genera) comme des appendices de l'étamine elle-même.

Le filet E porte l'anthère sur la partie supérieure de sa face interne, laquelle n'est pas plus large que l'anthère, mais déborde la ligne d'adhérence des loges.

Cette portion du filet présente comme une nervure qui diverge vers le sommet de chaque loge et une autre qui s'étend vers la base de celle-ci. Cette base des loges reçoit un prolongement D, D, mince et transparent formé par la substance du filet et qui dépasse l'extrémité inférieure des loges. Il est formé d'une manière analogue à celui que nous trouverons dans le *Mantisia saltatoria*. La partie inférieure des loges se recourbant fortement en arrière par la dessiccation, les processus D, D, paraissent quelquefois dorsaux. M. Roscoe représente les processus comme naissant au-dessous de l'anthère; cette disposition n'est point conforme à la nature.

La structure de l'anthère, dont les loges sont divergentes en bas, garnies d'un processus membraneux et fortement recourbées en arrière par la dessiccation, caractérise nettement le

Curcuma Zerumbet, qui se distingue aussi fort bien par la structure du stigmate. Celui-ci est porté par un style très-mince; il est lui-même (fig. 2 et 3) membraneux, cilié, fendu d'un côté, et présente au côté opposé une partie saillante, glandulaire, renversée en-dehors et marquée au milieu d'un sillon large et peu profond.

Cette plante, du reste, a des signes caractéristiques nombreux : par exemple, le sépale interne supérieur est galéiforme, muni d'une pointe subapiculaire, etc. Mais je m'abstiendrai d'entrer dans plus de détails, parce que je n'ai eu qu'une seule fleur sèche à analyser, et les parties trempées deviennent si molles qu'on ne peut apprécier rigoureusement leur forme.

Le *Curcuma cordata*, Wallich, pl. asiat., p. 8, t. 10, paraît appartenir à ce genre, mais le filament est difforme.

Le *C. Roscoana*, Wall., p. 8, t. 9, paraît différer de l'espèce que nous avons décrite, parce que l'anthère a un appendice terminal, membraneux, cilié, ovale, recourbé; les staminodes externes ne paraissent pas soudés avec l'étamine.

D'autres espèces, Wallich, p. 47, t. 57, ont l'étamine terminée par un appendice lancéolé, aigu, etc.; les loges n'ont point de prolongement à la base. Ces espèces devront être séparées du genre *Curcuma*.

HEDYCHIUM.

Nous allons rencontrer dans les fleurs des plantes de ce genre les mêmes éléments organiques que dans les fleurs précédemment analysées, et nous verrons qu'ils sont disposés dans un ordre absolument identique. Ce qu'elles nous offriront de particulier, c'est le mode d'insertion de l'anthère et le développement considérable des staminodes isolés.

J'ai décrit, il y a long-temps (1) l'*Hedychium angustifolium* (PL. V).

J'ai fait voir que cette plante a un calice extérieur tridenté, fendu d'un côté, fig. 6 *b*; un calice intérieur à trois divisions, *c*, *c*, *c*; deux divisions pétaloïdes *d*, *d'*, qui sont deux staminodes; un synème bilobé, *e*, représentant trois staminodes; une étamine fertile, *f*, dont le filet enveloppe le style, qui est filiforme et terminé par un stigmate infundibuliforme, *g*.

Le filet de l'étamine est inséré sur la partie inférieure du dos de l'anthère, c'est-à-dire que les loges se prolongent en bas, au-delà du point d'insertion, en restant séparées; de sorte que l'anthère est profondément échancrée à la base. Le filet se soude avec la partie dorsale de l'anthère dans toute sa longueur, et dépasse les loges, sous forme d'un petit appendice obtus. Dans tout son trajet, la substance du filet paraît distincte de celle du connectif. Il semble en quelque sorte que le connectif tapisse le dos des loges, et que le filet serve de moyen d'union entre ces deux loges écartées. Ce qui montre surtout la différence qui existe entre la substance du connectif et celle du filet, c'est que la première descend sur la partie des loges qui s'alonge en bas, au-dessous du point d'insertion du filet, tandis que celui-ci ne s'étend que sur la partie supérieure de l'anthère; aussi les extrémités inférieures des loges ne sont pas unies.

La position des staminodes, placés entre l'étamine et le synème, devient plus appréciable dans le genre *Hedychium*, quoi qu'elle ne soit pas encore bien nette. Si l'on regarde extérieurement la base d'un de ces staminodes, soit *d'*, fig. 1, on voit qu'elle est placée sur le même cercle que l'étamine fertile, et qu'elle est au contraire recouverte par le bord de la base du

(1) Mémoires de la Société royale des Sciences de Lille, 1827—1828 Annales des sciences naturelles. Juin, 1829.

synème, *e*. Au premier examen, on est donc conduit à penser que le staminode *d'* est plus interne que le synème *e'*, d'autant plus que dans la préfloraison le synème enveloppe l'étamine fertile et les deux staminodes qui sont placés à sa base.

Cependant, si on fend verticalement le synème, le long de sa ligne médiane, et qu'on pousse la fente jusqu'à ce qu'elle partage le tube formé par les sépales internes et le système staminaire, fig. 7, on voit que la substance des deux bords de la base de l'étamine *f*, se prolonge sous la forme d'un rebord cilié, peu marqué, qui s'étend jusqu'à la rencontre du synème. Ce rebord laisse les staminodes *d*, *d*, en–dehors.

Ce fait tendrait donc à les faire considérer comme des staminodes externes qui s'avancent fortement dans l'intervalle de l'étamine et du synème. Il faut ajouter, aux considérations précédentes, que les sépales internes correspondent exactement aux deux lobes du synème et à l'étamine fertile; ces trois parties représentent donc les étamines de la rangée interne.

L'*Hedychium coronarium*, que j'ai analysé dans le jardin de Dijon (1) m'a offert une organisation fondamentalement semblable.

L'ovaire, pl. V, fig. 1 A, couronné de quelques poils, est surmonté d'un calice extérieur B fendu profondément du côté du synème, et terminé par trois dents. Le calice extérieur est à trois divisions C, C, C; le synème D, D, très-ample, est bilobé. Deux staminodes, E, E, larges, pétaloïdes, sont placés à la base de l'étamine F; le filet de celle–ci enveloppe le style filiforme qui est terminé par un stigmate G, qui dépasse l'anthère. Cette dernière est attachée au filet comme dans l'espèce précédente,

---

(1) Ce bel établissement est dirigé par M. Fleurot, botaniste instruit, dont l'obligeance est extrême. Je me plais à lui témoigner ici la reconnaissance que j'éprouve pour la bonté qu'il a eue de mettre à ma disposition tous les sujets d'étude qu'offrait la collection confiée à ses soins.

c'est-à-dire qu'elle est échancrée à la base, et que le filet est inséré au fond de l'échancrure, tapissant le dos de l'anthère, la dépassant au sommet et paraissant distinct du connectif, lequel descend seul sur le dos de la partie des loges qui se prolonge en bas pour former l'échancrure basilaire.

La base du style, fig. 2 D, est accompagnée de deux stylodes E, E, comme dans *H. angustifolium*, etc.

Dans l'*H. coronarium*, les deux staminodes E, E, paraissent internes, parce que le bord du synème les recouvre un peu et que dans la préfloraison le synème les enveloppe ainsi que l'étamine ; mais, en observant avec soin, on voit très-manifestement que la substance de l'étamine F joint celle de deux côtes saillantes qu'on voit à la base du synème D, D, de manière que le tube est formé supérieurement par le concours de l'étamine et du synème, les staminodes E, E, étant placés en-dehors, mais s'avançant profondément dans l'angle rentrant formé par la réunion de la base de l'étamine avec les côtes du synème. On doit donc croire qu'ils représentent deux étamines de la rangée externe, fait confirmé, comme dans l'*H. angustifolium*, par la position des sépales internes.

Il resterait à expliquer comment, s'il en est ainsi, les staminodes externes sont enveloppés par le synème pendant la préfloraison ; l'étude des genres que nous avons à examiner encore jettera de la lumière sur ce fait.

KÆMPFERIA.

J'avais déjà fait connaître l'organisation générale des genres mentionnés plus haut, je n'ai fait que noter quelques particularités qu'il était nécessaire d'enregistrer pour pouvoir établir plus sûrement les lois de la structure des familles dont nous nous occupons. J'ai aussi ajouté la description d'espèces que j'ai nouvellement analysées, pour faire voir que les faits généraux que j'ai annoncés sont confirmés par de nombreux exemples.

Le genre *Kœmpferia*, que je présente pour la première fois, nous offrira des modifications importantes, que nous avons besoin de constater avec soin.

C'est le *K. longa*, Jacq., hort. Schœnb., v. 3, t. 317, Redouté, Liliac., 49. *K. rotunda*, Curt., Mag., 920 ; Roscoe 97, qui fait l'objet de notre examen.

Cette belle plante a les fleurs qui paraissent sortir du collet de la racine ; elles sont assez nombreuses et entourées de brac- tées, pl. V, fig. I, A, A, A. Elles présentent par conséquent la même inflorescence que le genre précédent.

Les bractées du *Kœmpferia* sont disposées de la manière suivante :

Il y a de grandes bractées extérieures communes à plusieurs fleurs. Ces fleurs sont au nombre de 7, à peu près ; chacune d'elles a une bractée propre placée également du côté extérieur, plus deux autres bractées latérales soudées par leur bord supé- rieur et formant ainsi une bractée interne à deux pointes.

Les trois sépales extérieurs C sont soudés entre eux et con- stituent un calice extérieur monophylle, tridenté au sommet, fendu du côté de la division violette (synème).

Les trois sépales intérieurs D, D, D, sont blancs, un peu pur- purins au sommet, canaliculés, aigus.

Outre le calice, la fleur, comme celle de l'Hedychium, pré- sente trois divisions pétaloïdes, deux entières, et une profon- dément bilobée.

Cette dernière a deux lobes F, F, très-larges, profonds, d'un pourpre violet, veinés de blanc, irrégulièrement crénelés, et présentant parfois quelques échancrures.

Les deux divisions E, E, entières sont distinctes, blanches et très-larges à la base.

La division bilobée, par sa forme, et sa position à l'opposite de l'étamine fertile, représente évidemment le synème de l'*He-dychium*.

Les deux divisions entières, accompagnant l'étamine, représentent avec la même évidence les deux staminodes latéraux de l'*Hedychium*.

Mais dans le genre que nous étudions actuellement, ces parties présentent une différence extrêmement notable.

Nous avons vu que dans l'*Hedychium* les staminodes latéraux sont enveloppés par le synème, pendant la préfloraison, que même après l'épanouissement le bord du synème recouvre un peu les staminodes, et que ce n'est qu'en regardant à l'intérieur du tube qu'on voit que la substance de l'étamine semble s'unir avec celle du synème, en-dedans des staminodes. Cette disposition nous a fait soupçonner que les staminodes latéraux, bien qu'ils fussent un peu recouverts par le bord du synème, appartenaient à la rangée extérieure des étamines, et qu'ils étaient par conséquent les staminodes externes.

Dans le *Kœmpferia*, les dispositions sont changées. La base élargie des deux staminodes libres enveloppe d'un côté l'étamine, c'est-à-dire que leurs bords viennent se rencontrer et se recouvrir sur la face dorsale, en laissant voir cependant sa base; et de l'autre côté, leurs bords recouvrent en partie la face externe du synème, mais sans s'avancer l'un au-dessus de l'autre. Dans la préfloraison les staminodes enveloppent complètement le synème; celui-ci enveloppe complètement l'étamine, ses bords se portant derrière elle, séparant ainsi la face dorsale de l'étamine des staminodes.

Il est donc de toute impossibilité de ne pas considérer ces deux staminodes comme externes.

La manière dont s'opèrent les adnexions à l'intérieur du tube confirment l'opinion que je viens d'émettre. La figure 2 nous présente une fleur (d'un diamètre doublé) dépouillée des sépales et de la partie supérieure du synème dont la base est fendue, ainsi que le haut du tube, pour laisser voir le mode d'adnexion des parties. L'ovaire, *a*, est surmonté du tube, *b*, formé par les sépales internes et le système staminaire. La base du synème a été fendue le long de la ligne médiane, en deux parties, *c, c*; cette base et celle de l'étamine sont enveloppées par les staminodes *d, d*; l'étamine se termine par un appendice *e*, à deux lobes profonds, aigus, parfois séparés par un lobe médian émarginé; ils sont munis d'une nervure qui part du sommet des loges.

Celles-ci, *f, f*, sont alongées, étroites, et s'ouvrent par une fente longitudinale; elles sont adnées au filet. La portion du filet qui les porte paraît pliée en long, surtout en haut, pour les rapprocher. Elle est très-épaisse et très-charnue, de sorte que le sillon qui sépare les loges est peu profond. Elle ne se distingue pas du connectif, excepté à la partie inférieure des loges. En ce point celles-ci s'étendent au-delà de l'attache du filet. Cette portion libre est fort courte, assez longue toutefois pour montrer que l'organisation de l'anthère du *Kœmpferia* est la même que celle de l'*Hedychium*.

Le style, *g*, très-grêle est enfermé entre les loges. Le stigmate, *j*, transparent, cilié, infundibuliforme, un peu prolongé supérieurement, est peu élevé au-dessus du sommet des loges.

Les stylodes, fig. 4, D, D, sont très-longs, minces, jaunâtres, recourbés au sommet, placés du côté inférieur du style, qui est inséré entre leurs bords supérieurs.

Mais revenons au mode d'adnexion interne de l'étamine, du synème et des staminodes latéraux.

La base de l'étamine se prolonge sous forme de petites lames, fig. 2, *h, h*, qui semblent partir de la face interne du filet de l'étamine, mais partant, en réalité, des bords de celui-ci. Ce qui fait penser, à la première inspection, que les processus, *h, h*, naissent de la face interne du filet, c'est que ses bords se replient en-dedans. Dans la figure que je donne ici, les replis sont effacés artificiellement.

D'autres lames, *i*, *i*, partent de la face interne de la base du synème, *c*, *c*; leur bord est jaunâtre. Elles se réunissent aux lames précédentes, près de leur soudure, avec les staminodes, *d*, *d*; la réunion des lames *i* et *h* est plus ou moins grande ; quelquefois elle est à peine marquée, alors les lames semblent s'insérer séparément sur la face interne des staminodes externes. D'autres fois la soudure est plus complète, et les processus *i* du synème semblent ne s'étendre que jusqu'aux processus *h* de l'étamine, et non jusqu'aux staminodes.

Les lames, *i*, *i*, ne sont que fort peu distinctes de la face interne du synème *c*, *c*; il n'y a que leur bord supérieur qui se montre sous la forme d'un petit repli, de sorte qu'il semblerait que c'est le synème lui-même, qui, à sa base, se joint à la face interne des staminodes.

Les processus dont nous parlons ne se présentent sous la forme de lames membraneuses, comme dans la fig. 2, qu'à l'état sec. A l'état frais ils sont plus épais et ont la consistance des divisions qui les fournissent.

D'après ces faits, l'étamine, les staminodes et le synème étant réunis par des processus qui semblent tous partir de leur face intérieure, il est difficile de décider si les uns sont plus extérieurs que les autres.

Pour arriver à apprécier avec netteté leur position et leur mode d'adnexion, il faut rappeler d'abord une observation essentielle que nous avons faite tout-à-l'heure, c'est que les bords du filet de l'étamine se replient en-dedans, et que c'est précisément ce bord qui, après s'être appliqué sur la face interne, fournit le processus qui se rend sur la face interne des staminodes latéraux. Quant à ceux-ci il est si vrai que c'est leur face interne qui contracte adhérence avec le processus du synème et de l'étamine, que presque toujours ces processus s'unissent entre eux avant d'arriver aux staminodes et qu'il n'y a qu'un point d'union pour les deux ; de sorte qu'évidemment ils ne peuvent provenir des bords. 5

Ces observations faites, recherchons ce qui se passe quand il y a adnexion régulière entre des étamines ou des sépales placés sur deux rangs : examinons, par exemple, une plante de la famille des liliacées; choisissons le *Fritillaria imperialis*. Ses six sépales forment incontestablement deux rangées; or, voici comment s'opère l'adnexion de la base des sépales.

Les *bords* des sépales *internes* se soudent avec la *face* interne des sépales externes, de sorte que les bords de ceux-ci sont extérieurs et libres, et que la partie centrale de leur face interne fait partie du cercle intérieur, parce que les processus des deux sépales internes qui les avoisinent ne viennent pas se toucher.

Or, je viens de dire que, dans le *Kœmpferia*, ce sont les *bords* de l'étamine repliés qui forment les processus qui se rendent sur la *face interne* des staminodes latéraux ; l'étamine fertile appartient donc à la rangée *interne*, les staminodes à la rangée *externe;* et comme les processus du synème, formé de deux divisions voisines, viennent se confondre avec les précédents, aucune portion de la surface des staminodes latéraux ne fait partie du cercle interne.

Dans l'*Hedychium*, les staminodes tendent à s'interposer en partie entre le synème et l'étamine fertile. Mais la substance de ces deux dernières parties s'unit en réalité, en laissant les staminodes latéraux en-dehors. La disposition est donc la même que dans le *Kœmferia'*, d'autant plus que le point de la surface interne des staminodes, qui reçoit les processus de l'étamine et du synème, est un peu saillant.

Dans le *Kœmpferia*, comme dans les autres genres, les processus qui unissent la division bilobée avec les staminodes latéraux ne partent pas des bords de la division bilobée, mais bien aussi de la face interne, de sorte qu'on ne peut pas dire que la division bilobée soit plus interne que les staminodes latéraux.

Des faits, fournis par la symétrie de la famille, vont nous montrer à quoi tient cette disposition. Ils nous diront aussi comment il peut arriver que la division bilobée puisse être enveloppée dans le *Kæmpferia* et enveloppante dans les *Hedychium*, *Globba*, etc.

Tous ces genres présentent une étamine fertile, deux appen-dices latéraux, et une division trilobée dans le *Catimbium*, bilo-bée dans l'*Hedychium*, ou, pour le dire en d'autres termes, ces plantes ont six étamines, dont une seule fertile, deux stériles et libres, et trois, soudées et stériles aussi, composant le synème. Le nombre des lobes, la position des sépales relativement aux lobes du synème, la comparaison de cette famille avec les Musa-cées, etc. (1), ont mis ce fait hors de doute.

Ceci établi, reprenons les observations précédemment faites : nous avons dit qu'évidemment l'étamine était plus interne que les staminodes latéraux; ces trois parties représentent donc *une étamine interne* et deux *externes;* par conséquent les trois autres parties, composant le synème par leur réunion, repré-senteront deux staminodes *internes* et un *externe;* et par consé-quent enfin, les processus qui proviennent naturellement des bords des staminodes internes peuvent ne pas partir des bords de la division générale, lesquels peuvent appartenir exclusivement au staminode externe qui entre dans la composition du synème.

Ainsi on explique pourquoi les processus proviennent de la face interne du synème, et aussi pourquoi dans le *Catimbium*, l'*Alpinia*, l'*Hedychium*, la substance de l'étamine qui doit se souder avec la substance des staminodes internes se continue plus ou moins avec celle des saillies qui sont placées sur la face interne du synème, et non avec les bords de celui-ci.

J'ai dit, il y a un instant, que les mêmes faits expliqueraient non seulement le mode d'adnexion des parties qui composent le système staminaire, mais aussi feraient comprendre comment il peut se faire que le synème puisse être enveloppant ou

_____

(1) Voir mes précédents Mémoires.

enveloppé. Effectivement, le synème étant formé d'éléments divers, si le staminode externe qui concourt à sa formation est peu élargi, et au contraire les staminodes latéraux très-larges .(*Kœmpferia*, pl. V, fig. 1, E, E, et fig. 2, *d*, *d*), le synème (fig. 1, F, F, et fig. 2, *c*, *c*) sera enveloppé. Dans les circonstances contraires, lorsque le staminode externe qui entre dans la formation du synème est fort élargi et que les staminodes latéraux ont une base très-rétrécie (*Hedychium angustifolium*, pl. IV, fig. 6, *d'*), ces derniers se trouveront recouverts dans la préfloraison.

L'on voit donc que l'anomalie singulière que j'ai signalée se trouve fort naturellement expliquée par les idées de symétrie générale qui donnent la raison de toutes les autres particularités de structure qu'on rencontre dans ces plantes singulières.

Le *Monolophus* (*Kœmpf. elegans*, Wall.), a le filament inséré à la gorge du tube, au-dessous des staminodes latéraux. Par conséquent ceux-ci sont extérieurs.

Les *Gastrochilus* (*G. pulcherrima*, Wall., p. 22, t. 24, et *G. longiflora*, Wall., p. 22, t. 25), sont les plantes dans lesquelles les staminodes latéraux paraissent le plus évidemment extérieurs, puisqu'ils sont soudés avec le dos du filament, dont la base unie à celle du synème forme le tube intérieur. Le *Roscoea purpurea*, Wall., p. 22, t. 242, montre aussi que les staminodes latéraux sont extérieurs.

Les discussions dans lesquelles nous venons d'entrer nous semblent montrer d'une manière évidente la nature de chacun des organes floraux.

Nous pouvons donc maintenant dénommer avec certitude tous les organes, et faire connaître leur composition élémentaire.

Chaque fleur est pourvue 1.º de trois sépales extérieurs, soudés en une enveloppe monophylle, tridentée au sommet, très-souvent fendue profondément du côté du synème, entièrement séparée, jusqu'au sommet de l'ovaire, des sépales plus internes.

2.º De trois sépales internes, soudés à leur base entre eux et avec les staminodes et l'étamine fertile, de manière à former le tube de la fleur.

3.º Un synème, placé du côté extérieur de la fleur, mais non complètement à l'opposite de l'axe de l'épi, souvent bilobé, représentant un staminode externe et deux internes.

4.º Deux staminodes externes, placés de chaque côté, entre le synème et l'étamine fertile qu'ils accompagnent par conséquent.

5.º Une étamine fertile appartenant à la rangée interne et correspondant à peu près à l'axe de l'épi.

La symétrie générale, la relation des staminodes avec les sépales, et le mode d'adnexion des staminodes entre eux, démontrent que ces parties doivent être dénommées comme nous venons de le faire.

En effet, selon les lois de la symétrie générale, les étamines internes doivent alterner avec celles de la rangée externe, ce qui a lieu pour les staminodes que j'ai désignés comme étant, soit internes, soit externes; du reste, la comparaison des Scitaminées avec les familles voisines confirmera encore nos assertions.

La relation des sépales avec les staminodes détermine aussi l'ordre de ces derniers : les sépales internes doivent correspondre aux étamines internes, aussi correspondent-ils exactement à l'étamine fertile et à chacun des lôbes du synème. Les sépales externes doivent correspondre aux staminodes externes : leur position n'est point aussi évidente que celle des sépales internes, parce que souvent ils sont tous portés d'un côté pour former une enveloppe fendue latéralement; mais au moins ils n'offrent rien de contraire à la symétrie que je viens d'établir.

Enfin, la connexion des staminodes internes avec les externes montre la position réciproque de ces parties; la substance du synème s'avance toujours vers l'étamine fertile, en se soudant non avec le bord, mais avec la face interne des autres staminodes qu'elle rejette ainsi en-dehors : quelquefois la base de l'étamine et la substance du synème se joignent immédiatement, sans l'interposition des staminodes externes. D'autres fois les staminodes externes s'interposent entre l'étamine et les staminodes internes, au moins dans la partie supérieure, comme du reste cela se voit fréquemment dans les fleurs régulières.

Tel est le type général que présentent le système calical et le staminaire dans les Scitaminées.

Dans le genre *Kœmpferia*, la structure générale de l'anthère, du style, du stigmate, de l'ovaire, est entièrement semblable à ce qu'elle est dans les autres genres. Ainsi, le style, pl. V, fig. 2 K, est filiforme, placé entre les loges de l'anthère *f, f*, et se termine par un stigmate concave, cilié.

Les loges de l'anthère, fig. 3, *b, b*, sont placées sur la face antérieure du filet *a, c*; elles s'ouvrent longitudinalement et sont subdivisées intérieurement par des processus *d, d*.

L'ovaire est à trois loges, et les graines, fig. 4, A, A, sont attachées dans l'angle interne des loges; l'ovaire est surmonté de deux appendices D, D, filiformes, grêles, un peu plus jaunes que le style B, et formant avec lui un assemblage symétrique au milieu du sommet de l'ovaire. Nous ne remarquons donc plus rien de spécial dans cette plante, si ce n'est que les appendices épigynes ressemblent à des styles stériles, plus que ceux des autres genres.

COSTUS.

Le genre *Costus*, bien que présentant l'organisation fondamentale que nous avons aperçue dans les précédents, va encore nous offrir une modification essentielle, qu'il est indispensable de constater.

J'ai analysé, à l'état frais, deux espèces de ce genre : je vais d'abord décrire les parties qui composent leur fleur, puis je les comparerai à celles des autres genres.

La première espèce est le *Costus speciosus*, Smith (*C. speciosus*, *B.*, *angustifolius*, Botanic. Regist. 665; *C. nipalensis*, Roscoe), que j'ai observée à Lille avant l'épanouissement de la fleur. Elle a, comme les autres plantes de la même famille, trois sépales extérieurs, pl. VII, fig. 1, 2, 3, A, A, A, soudés en un calice extérieur à trois lobes alongés, rougeâtres, fermes, à nervures parallèles.

Outre les sépales extérieurs, on trouve trois sépales internes, fig. 3, B, B, B, d'un blanc rosé, et séparés plus profondément que les sépales extérieurs.

Les sépales étant enlevés, on voit une division, fig. 4, C, C, D', D, D, large, blanche, à préfloraison corrugative, à cinq lobes; les lobes C, C, sont irrégulièrement sinués; celui du milieu, D', paraît quelquefois avoir la nervure plus saillante, peut-être ce lobe n'est-il pas constant. Les lobes extérieurs D, D, sont plus larges, plus minces, irrégulièrement sinués.

A l'opposite de la division précédente, on trouve une division dressée, ovale, émarginée au sommet; la figure 4 E, la montre par la face extérieure, qui est couverte de poils couchés; la fig. 5, E, la montre par la face intérieure.

Sur le milieu de cette face interne est placée une anthère, adhérant seulement par la ligne dorsale, à loges écartées, et cachant le style dans le sillon qui les sépare.

La fig. 7, qui offre la coupe transversale de l'anthère, fait comprendre comment les loges *a*, *a*, qui, du reste, sont subdivisées par des processus, ne tiennent que par le dos à la division pétaloïde *b*, qui porte l'anthère.

Le style, fig. 8, est terminé par un stigmate infundibuliforme sub-bilabié, crénelé.

La deuxième espèce que j'ai étudiée à l'état frais est le *Costus*

Pisonis, Botan. regist. 899. *Costus spiralis*, Roscoe, 79; *C. Jacuanga, aliis Paco Coatinga*, Piso., Hist. nat., brazil, 98. C'est à tort que dans le *Sweet's Hortus Botanicus*, on rapporte le *Costus Pisonis* au *C. cylindricus*.

J'ai vu le *C. Pisonis* en fleur dans la belle serre du jardin de Dijon.

Les fleurs de cette plante forment à l'extrémité des tiges des têtes globuleuses. Les feuilles couvrent la tige jusqu'à l'extrémité et touchent l'épi. Les écailles qui recouvrent les fleurs sont rouges, très-larges, très-concaves, très-obtuses, étroitement imbriquées.

Les fleurs sortent des écailles une à une, et sont longues d'un pouce et demi. Elles ont un calice extérieur, pl. VII, fig. 1 B, court, plus large que le tube de la fleur, d'un rouge foncé, à trois lobes peu profonds, sub-réguliers, à nervures très-marquées, convergentes vers le sommet des lobes.

Les sépales internes, fig. 1, C, C, C, sont soudés à la base, ovales, larges, obtus, roses.

L'étamine fig. 4 est organisée comme celle du *C. speciosus*, c'est-à-dire que l'anthère F est placée sur la face d'un filet pétaloïde E, auquel elle adhère par le dos et par lequel elle est dépassée; mais le filet est beaucoup plus large relativement à l'anthère que dans l'espèce précédente, de manière qu'il la déborde de beaucoup, et que celle-ci paraît placée au milieu d'une division pétaloïde, qui est analogue aux autres divisions par sa couleur rose. A l'extérieur cette division est recouverte de poils corolloïdes, épars, renversés, crispulés; au sommet elle présente deux dents séparées par un bord droit qui offre au centre une petite dent, partagée par une incision à peine visible.

La division opposée à l'étamine, fig. 2, D, D, D, et fig. 3, est rose comme le reste de la fleur; elle présente une structure particulière : elle a cinq faisceaux de nervures comme le *C.*

speciosus ; mais ses divisions ne sont point amples et membraneuses comme dans cette dernière espèce. Les trois faisceaux médians, formant trois nervures simples, se rendent aux trois divisions médianes, fig. 3, C, C, D', qui sont très-courtes, émarginées, épaisses, jaunâtres ; les faisceaux latéraux se rendent aux divisions latérales, qui sont également émarginées : des deux lobes formés par leur échancrure, l'interne est semblable à ceux des divisions précédentes ; l'externe est membraneux, large et rose ; la nervure qui se rend au lobe interne de chaque division externe est semblable à celles des faisceaux des divisions médianes ; mais les lobes latéraux reçoivent des nervures nombreuses qui naissent de la base.

Pendant la préfloraison, et même après l'épanouissement, la division opposée à l'étamine est plissée longitudinalement, de manière qu'extérieurement elle présente un sillon longitudinal entre chaque division émarginée ; par conséquent elle offre quatre sillons longitudinaux.

On voit d'après cette description que la conformation de cette espèce la rend fort distincte du *C. speciosus*, et l'en fera séparer pour former un genre. Ce qui frappe dans le genre *Costus*, c'est que la fleur, outre les sépales externes et internes, ne présente que deux divisions pétaloïdes opposées : l'une, beaucoup plus étroite, porte l'anthère sur sa face interne, et est souvent émarginée au sommet ; l'autre a quatre ou cinq lobes.

Les deux staminodes externes qui sont ordinairement placés entre la base de l'étamine et celle du synème ne s'aperçoivent pas.

Sont-ils avortés ? sont-ils confondus avec le synème ? sont-ils réunis de manière à former la division pétaloïde qui porte l'anthère sur la face interne ?

Au premier coup-d'œil on serait tenté d'admettre cette dernière supposition ; le support de l'anthère est émarginé au sommet et semble ainsi représenter deux staminodes ; elle porte l'anthère sur sa face interne comme si le filet était soudé avec des staminodes externes. Mais le *Kœmpferia*, qui a deux staminodes externes au maximum de développement, et plusieurs autres genres ont l'anthère fondamentalement semblable à celle du *Costus*, c'est-à-dire que la substance du filet recouvre tout le dos de l'anthère, et que latéralement elle la déborde, non pas autant que dans le *Costus*, mais assez pour faire voir que les loges sont posées sur la face interne du filet; cette disposition se rencontre dans toutes les plantes de la famille. Dans le *Kœmpferia*, etc., le filet dépasse aussi le sommet de l'anthère, et l'appendice qu'il forme est à deux lobes, munis chacun d'une nervure; de manière que dans ce genre, l'étamine, bien qu'évidemment dégagée de toute soudure, est formée des mêmes éléments que celle du *Costus*. On doit donc admettre aussi que, dans ce dernier genre, l'étamine fertile est isolée, et que la partie large et en quelque sorte pétaloïde qui la porte n'est que le filet.

Si les staminodes ne sont pas unis à l'étamine fertile, sont-ils réunis au synème ? cette supposition paraît infiniment plus probable. En effet, le synème des *Costus* ne ressemble pas à celui de l'*Hedychium*, du *Kœmpferia*, du *Globba*; il a cinq lobes. Ce dernier nombre indique clairement que le synème réunit les cinq staminodes, trois externes et deux internes.

La disposition des nervures est un argument décisif en faveur de cette opinion; elles forment cinq faisceaux distincts qui vont se rendre à chacun des lobes; le synème est donc évidemment formé des cinq parties réunies.

D'après ces faits, on ne peut dire que les deux staminodes qui se trouvent ordinairement entre l'étamine fertile et le synème sont complètement avortés.

Le genre *Costus* est donc régulièrement semblable aux autres genres de la famille.

Il a un calice extérieur, trilobé; un calice interne à trois sépales soudés; un synème à cinq lobes représentant les cinq staminodes; une étamine à filet large, débordant et dépassant l'anthère qui est placée sur sa face interne.

Mais si tous les *Costus* présentent les mêmes éléments organiques que les autres genres des Scitaminées, et s'ils ont tous un caractère commun, savoir : la confusion des cinq staminodes en un synème quinqué-lobé, les seules espèces que nous avons analysées montrent que le genre doit être divisé. Nous le partageons donc provisoirement de la manière suivante :

§ I. *Costus.*

Calice extérieur à trois lobes *alongés ;* synème *ample à cinq lobes membraneux, larges, arrondis ;* filet débordant peu l'anthère sur les côtés; la portion du filet qui dépasse le sommet de l'anthère, large, émarginée; stylodes nuls.

Ex. *Costus speciosus.*

§ II. *Jacuanga.*

Calice extérieur plus large que le tube de la fleur à *trois lobes courts ;* synème à quatre plis longitudinaux, *à cinq lobes très-courts, émarginés ;* filet beaucoup plus large que l'anthère, portion qui dépasse le sommet de l'anthère large, émarginée ; stylodes nuls.

Ex. *Costus Pisonis.*

ZERUMBET.

J'ai reçu, sous le nom de *Costus speciosus*, une plante qui m'a été annoncée comme originaire des environs de Batavia, et qui est certainement le *Zingiber Zerumbet* (*Zerumbet Zingiber*, Nob.).

Je décris ici la plante, que j'ai vue vivante, parce qu'on ne peut douter, en l'observant en cet état, qu'elle ne doive être rapprochée des *Costus.*

La tige fleurie de cette plante, pl. VI, fig. 1, sort du rhizome et n'est couverte que d'écailles engaînantes, larges, obtuses, scarieuses en leurs bords. Elle se termine par un épi, C, ovoïde, formé d'écailles très-larges, concaves, vertes, à bords blancs et scarieux, étroitement imbriquées, mais ne formant pas un capitule dur; quand elles sont desséchées, leurs nervures sont noirâtres; elles sont dépassées par les fleurs D, D, D.

Celles-ci sont enveloppées d'une bractée, fig. 2 et 3 A, transparente, cachée par les grandes bractées extérieures et ayant le dos qui correspond à peu près à l'axe de l'épi; les bords se recouvrent du côté extérieur.

Le calice extérieur, fig. 4 B, est aussi mince, transparent, fendu profondément du côté extérieur; son sommet, garni de quelques dents irrégulières, est tourné du côté de l'axe de l'épi.

Les sépales internes, fig. 5 D, D, D, sont très-minces, à peine jaunâtres, marqués de nervures qui deviennent brunes après l'anthèse; celui qui répond à l'étamine est un peu plus large que les deux autres, qui répondent au synème. Ceux-ci sont soudés plus haut avec le synème.

Outre les sépales, la fleur ne présente qu'une seule division placée à l'opposite de l'étamine, c'est le synème, fig. 6, E; il est à quatre lobes, dont les deux latéraux sont plus petits; il est placé au côté extérieur de la fleur, jaunâtre, à préfloraison corrugative, garni de nervures fines, s'épanouissant au sommet des lobes, devenant brunes après l'anthèse.

La figure la représente déplissée artificiellement; par conséquent elle serait plus ample et non ridée si elle était naturellement épanouie.

L'étamine fig. 6, F, et fig. 7 a une anthère placée sur la face interne d'une division élargie, à laquelle elle ne tient que par le dos, mais par une surface assez large. La partie supérieure de la division anthérifère dépasse beaucoup les loges; elle devient aiguë au sommet et enveloppe le style comme dans le

Zingiber dont nous avons parlé. Ce filet est charnu, jaunâtre, il présente des lignes brunâtres à la base et devient tout-à-fait brunâtre au sommet après l'anthèse. Le filet proprement dit, ou la partie qui sert de support à l'anthère, est court ; il ne s'attache pas tout-à-fait à la base de l'anthère, mais un peu dorsalement.

Le style, fig. 7, E, et fig. 8, C, est fort alongé, de manière que le stigmate fig. 6, G, et fig. 7 F, dépasse l'appendice staminaire.

On voit que cette plante est, comme les *Costus*, dépourvue de staminodes distincts du synème. Il se rapproche donc de ce genre ; il en diffère essentiellement par la conformation du synème, qui n'a que quatre lobes et n'a point les faisceaux de nervures semblables. Il en diffère encore par le calice extérieur fendu latéralement, les deux sépales externes inférieurs soudés assez haut avec le synème, et surtout par le filet s'insérant à la base du dos de l'anthère, à peine plus large qu'elle et muni d'un appendice terminal subulé et enveloppant le style ; enfin par la présence des stylodes, fig. 8, E, E.

L'organisation du synème me fait penser que les staminodes externes ne sont pas soudés avec lui, mais qu'ils sont avortés. Les espèces que nous conservons dans le genre *Zingiber* diffèrent des *Zerumbet* par la présence des appendices latéraux seulement. Ces espèces ont des rapports avec l'*Amomum* comme nous l'avons dit. Par suite de ces dispositions on partagera le genre *Zingiber* : l'une des sections (*Zingiber*) sera placée à la fin de la tribu des Amomées ; l'autre (*Zerumbet*) commencera celle des Costoïdées.

MANTISIA.

En observant les genres précédents, nous avons constaté, dans tous, le caractère typique de la famille ; mais nous avons reconnu des modifications spéciales dans chacun des appareils organiques. Les genres *Mantisia* et *Globba* de Roscoe, que nous allons examiner, vont nous en offrir de nouvelles.

Je décrirai d'abord avec détail le *Mantisia saltatoria*.

Cette plante charmante, aux formes fantasques, dont le nom spécifique vient de ce que sa fleur ressemble, dit Roscoe, à une *danseuse de l'opéra* (*to opera girls dancing*), a fleuri dans les serres du jardin de l'école de médecine, et je dois les échantillons que j'ai observés à l'obligeance de mon savant ami, le professeur A. Richard.

Les fleurs sont en grappes; elles sont garnies de bractées, pl. III, fig. 1 A; son ovaire B est à côtes; le calice extérieur, plus large que le tube intérieur, est bleu, à trois lobes arrondis, peu profonds; le tube D, formé par les sépales externes et le système staminaire, est pâle, couvert de poils glanduleux, un peu dilaté à la base dans la partie qui renferme les stylodes; les sépales internes E, E, E', sont au nombre de trois, bleus, arrondis; les deux inférieurs E, E plans, adhèrent obliquement à la portion du tube, formée par la base du synème. Le supérieur E', inséré plus haut, est galéiforme; le synème, F, est jaune et bilobé; il présente une disposition toute particulière; il est fortement rabattu et sa base remonte très-haut vers la base de l'étamine et se termine par deux processus filiformes *f, f*. Il résulte de cette disposition que l'orifice du tube est fortement oblique; que la partie inférieure de cet orifice descend plus bas que les bords de la base du synème, et aussi bas, et même plus bas que le point d'insertion des sépales internes; la base du synème, au contraire, s'élève plus haut que les sépales. Cette disposition donne à la fleur une apparence tout-à-fait insolite.

Les deux staminodes externes G, G, sont soudés avec l'étamine plus haut encore que le point où la base du synème forme les processus *f, f;* ils sont bleus et presque filiformes.

Le filet de l'étamine H est étroit en gouttière; l'anthère I a deux loges écartées par la base. Ces loges sont portées par une partie membraneuse, fig. 2 et 3, H, H, jaunâtre, paraissant distinctes du filet, s'élargissant latéralement pour former deux appendices latéraux qui débordent l'anthère, envoyant inférieurement un prolongement sur la base des loges, ce qui fait paraître l'anthère échancrée à la base ; enfin, formant au-dessus de l'anthère un petit processus arrondi, obtus.

Le style, fig. 1 et 2, J, est filiforme, logé dans la gouttière du filament de l'étamine ; le stigmate K est blanc, transparent, infundibuliforme, cilié. Le sommet de l'ovaire porte deux stylodes, fig. 4, L, L, filiformes, appliqués contre la base du style.

Tels sont les caractères principaux de cette plante singulière. Je vais présenter ceux du genre *Globba*, puis je comparerai la disposition particulière des parties dans l'un et l'autre genre.

GLOBBA , *Roscoe.*

Les espèces de ce genre sont bien différentes des *Globba nutans* et *erecta* qui doivent être placés loin des plantes que je décris actuellement. Le genre *Globba* a une ressemblance très-grande avec le *Mantisia* ; mais il a des caractères fort précis qui l'en distinguent, et, selon moi, c'est à tort que Roscoe a réuni le *Mantisia* au *Globba.*

Je vais décrire le *Globba orixensis* de l'herbier de Wallich que j'ai vu dans la collection de M. B. Delessert.

Toute la fleur est couverte de petites glandes, ce qui se voit du reste dans un grand nombre de plantes de cette famille. L'ovaire, pl. III, fig. 1 B, n'a point de côtes ; le calice extérieur, C, est semblable à celui du *Mantisia,* mais ses trois lobes sont plus marqués et plus aigus ; le tube D est aussi beaucoup plus étroit que le calice extérieur, et parmi les trois sépales internes, E, E, E', les deux latéraux E, E, sont ovales plans, soudés obliquement avec la portion du tube formé par la base du synème ; le médian E' est concave, uni au tube jusqu'à la hauteur du bord supérieur des sépales latéraux. Ces dispositions sont analogues à celles du *Mantisia*.

Mais l'insertion des staminodes est tout-à-fait différente dans le *Globba* et le *Mantisia* : dans le premier, ils sont, comme dans les cas ordinaires, insérés à la hauteur de la base du filament, à peu près au même point que les sépales internes ; de sorte que la base du synème est bien plus élevée qu'eux ; dans le *Mantisia* ils se soudent très-haut avec le filament, et sont encore plus élevés que la base du synème.

Ces différences sont éminemment caractéristiques.

Les staminodes du *Globba orixensis* sont très-minces, de sorte que, dans les échantillons desséchés, ils s'accolent facilement aux sépales internes et sont difficiles à apercevoir. Le synème, F, est rabattu ; sa base, qui se soude très-haut avec l'étamine, présente de chaque côté une nervure très-prononcée qui se recourbe en arc et circonscrit ainsi l'orifice oblique du tube de la fleur.

Le filament, H, est membraneux, transparent, élargi surtout en haut ; l'anthère, I, est un peu échancrée à la base, à loges parallèles, attachée par la partie inférieure du dos, placée sur la face antérieure d'un connectif qui ne forme aucun appendice, et ne déborde qu'imperceptiblement les loges ; seulement il les dépasse un peu au sommet, et forme un très-court processus. Cette anthère se distingue donc essentiellement de celle du *Mantisia*.

Le style, J, est filiforme ; le stigmate, K, est concave ; les stylodes, fig. 2, L, L, sont subulés, assez épais, durs, bruns à la base, blanchâtres au sommet (à l'état sec).

Les *Globba pendula, careyana, marantina*, ont la même organisation que le *Gl. orixensis*, mais l'anthère présente des modifications importantes dans chacune de ces espèces : les *Gl. careyana* et *marantina* ont l'anthère bordée de chaque côté par un appendice membraneux. Cet appendice est entier dans le premier ; il est en croissant, c'est-à-dire qu'il présente deux pointes de chaque côté, dans le second.

Dans le *Gl. pendula*, les loges de l'anthère se prolongent inférieurement en un appendice qui a la forme d'un éperon long, aigu.

Il est à remarquer que l'anthère du *Mantisia* a les éléments des appendices des *Gl. careyana* et *marantina*, puisqu'elle a des appendices latéraux, et qu'elle a, en même temps, les éléments des éperons du *Gl. pendula*, la substance du connectif se prolongeant sur la partie inférieure et libre des loges.

Ces faits sont une nouvelle preuve que les anthères si diverses des Scitaminées ne présentent que des modifications d'un même type. Les formes des appendices qu'elles présentent ont paru cependant suffisantes pour servir de caractères génériques; en admettant ce principe, il faudrait diviser le *Globba* en plusieurs genres.

I. COLEBROCKIA, Roxb. Donn. cat. h. cant. *Anthères garnies d'appendices latéraux.*

Ce genre pourra peut-être se subdiviser : A, *appendices entiers* (*Globba careyana*); B, *appendices découpés en croissant* (*Gl. marantina*).

II. CERATANTHERA. *Anthères garnies à la base d'appendices en forme d'éperons* (*Globba pendula*).

III. GLOBBA. *Anthères sans appendices* (*Globba orixensis*).

Tous ces genres ont une extrême affinité entre eux; ils ont aussi des rapports évidents avec le *Mantisia*, qui, comme eux, a un synème fortement rabattu, dont la base remonte considérablement sur les bords du filet de l'étamine; de sorte que le synème est vertical, et fendu aux deux extrémités, et que l'orifice du tube est très-oblique. Ils diffèrent du *Mantisia* parce que leurs staminodes restent insérés près des sépales internes, bien au-dessous du point où arrive la base du synème; tandis que

6

dans le *Mantisia* les staminodes s'élèvent en même temps que le synème et plus que lui; de manière qu'ils sont soudés avec le filament au-dessus des appendices qui forment l'extrémité de la base du synème.

Cette différence remarquable qu'offrent des plantes si voisines change tellement leur symétrie qu'on pourrait être conduit à penser que les divisions filiformes du *Mantisia* sont des appendices du filet de l'étamine, qui dans le *Globba orixensis* seraient représentés par les deux nervures arquées que présentent les bords du synème, et qui conséquemment ne seraient plus libres mais soudées avec le synème. Mais, dans cette hypothèse, on admet que l'étamine a des appendices qui n'ont pas d'analogue dans les autres genres; il faut admettre ensuite ou que les staminodes externes sont avortés dans le *Mantisia*, ou qu'ils sont formés par les processus de la base du synème, tandis que les staminodes externes du genre *Globba* ont une tout autre position. D'après ces suppositions, le *Mantisia* présenterait donc des anomalies plus considérables que dans notre manière de voir. Il nous semble par conséquent que la manière dont nous avons envisagé la conformation de ces plantes est plus en corrélation avec les faits positifs, elle est d'ailleurs rendue plus probable encore par les analogies qu'on rencontre dans d'autres genres de la famille, puisque l'*Amomum* et le *Gastrochilus* ont les staminodes soudés avec le filament.

RÉSUMÉ.

Les analyses que nous venons de faire suffisent pour nous faire connaître que la fleur de toutes les Scitaminées est organisée sur le même modèle.

Dans toutes, on trouve sur le sommet de l'ovaire *trois sépales* externes, soudés en un calice extérieur d'une seule pièce, plus ou moins trilobé, souvent fendu du côté extérieur, et n'ayant aucune connexion avec le tube formé par les sépales internes et le système staminaire ; *trois sépales* internes soudés en un calice intérieur, tubuleux, pétaloïde, à trois lobes.

Une seule étamine fertile appartenant à la rangée interne, placée *supérieurement*, c'est-à-dire du côté de l'axe de la tige, mais ne lui répondant pas exactement, munie d'une anthère à deux loges subdivisées, placées sur la face interne d'un filet plus ou moins élargi, un peu libre à la base.

Un synème, ordinairement bilobé, placé inférieurement, c'est-à-dire à l'opposite de l'étamine, par conséquent au côté extérieur de la fleur; il représente les deux autres étamines internes.

Deux staminodes, représentant deux étamines externes, placés de chaque côté, entre l'étamine et le synème, quelquefois peu ou point visibles. Le troisième staminode externe est avorté ou confondu avec le synème.

Un seul style placé dans sa portion supérieure entre les deux loges de l'anthère, terminé par un stigmate infundibuliforme, quelquefois fendu.

Presque toujours deux stylodes épigynes accompagnent la base du style. On appréciera bien la disposition des parties par le tracé fictif que nous offre la planche XVII, fig. 3.

A (dessinée en noir) est le style ; les points noirs a, a, les stylodes ; B' (dessiné en noir) est l'étamine fertile ; B, B (marqués par des raies) les deux staminodes internes formant le synème ; C', C' (marqués par des raies) les deux staminodes externes ; C (non ombré) le troisième staminode externe qui avorte complètement ou se soude avec le synème.

D, D, D (marqués par des raies), les trois sépales internes.

E, E, E (marqués par des raies), les trois sépales externes.

Tels sont les caractères généraux des Scitaminées ; mais si la conformation des organes, vus dans leur ensemble, est identique dans tous les genres, chaque appareil organique subit des modifications diverses, et s'éloigne plus ou moins du type régulier.

Ainsi, si nous cherchons à établir le degré de soudure des sépales internes avec le système staminaire, nous voyons, dans le plus grand nombre des genres, que l'étamine et les staminodes s'insèrent régulièrement sur le calice interne; mais quelquefois le sépale supérieur contracte adhérence bien plus haut que les deux sépales latéraux, comme dans le *Mantisia*, le *Globba orixensis*, etc.; d'autres fois, au contraire, ce sont les sépales latéraux qui se soudent bien plus haut; exemple notre *Zerumbet*.

Le tube a ordinairement son orifice dirigé en haut, le synème étant peu rabattu; mais dans le *Mantisia* et le *Globba orixensis*, etc., l'orifice est dirigé en avant, le synème étant presque vertical; on voit une très-légère tendance à cette direction dans l'*Amomum dealbatum*.

Si nous considérons, sous le rapport de la grandeur, les staminodes externes, qui paraissent soumis aux plus profondes altérations, nous les voyons grands, pétaloïdes, au maximum de développement, dans le *Kæmpferia;* encore très-amples dans l'*Hedychium;* déjà beaucoup moins développés dans le *Curcuma;* ils ne sont plus que rudimentaires dans les *Globba nutans* et *erecta* (Catimbium). Dans les *Alpinia*, les *Amomum*, etc., ils finissent par disparaître, soit qu'ils s'oblitèrent entièrement, comme dans le *Zerumbet*, ou qu'ils se réunissent au synème, comme dans les *Costus*, etc.

Si nous considérons la position de ces staminodes, nous les voyons placés en-dehors de l'étamine et du synème, et les enveloppant, dans le *Kæmpferia;* c'est la disposition typique.

Dans l'*Hedychium* ils paraissent encore externes, vus par le côté intérieur de la fleur; mais ils s'enfoncent considérablement dans l'intervalle de l'étamine et du synème, et déjà ils sont enveloppés par ce dernier dans la préfloraison.

Dans les *Alpinia*, les *Amomum*, etc., ils paraissent placés dans le même cercle que l'étamine et le synème, avec les bords desquels ils semblent se continuer; il n'y a plus qu'une saillie de la substance du synème qui semble passer en—dedans des staminodes pour aller s'unir à l'étamine.

Dans les *Globba nutans* et *erecta*, ils sont tellement poussés en—dedans qu'ils semblent placés sur la face interne du synème; les bords de cette division, ainsi que ceux de l'étamine, paraissent s'unir avec leur face externe, et la côte saillante du synème semble plutôt se continuer avec eux qu'aller rejoindre le filet anthérifère; ces appendices semblent alors des staminodes *internes* déplacés qui enverraient des processus jusqu'à la place qu'ils devraient occuper dans la symétrie naturelle.

Si enfin on cherche à déterminer le degré de soudure qu'ils ont avec l'étamine ou le synème, on voit qu'ils se soudent avec l'étamine dans le *Mantisia*, le *Curcuma*, l'*Amomum*, à tel point qu'on les a pris pour des dépendances du filet de l'étamine; d'autres fois ils sont exactement intermédiaires entre l'étamine et le synème; d'autres fois enfin, ils ont une telle tendance à se porter vers le synème, qu'ils se confondent avec lui, comme dans les *Costus*, etc.

La conformation de l'étamine n'est pas moins sujette à varier, quoique le caractère principal reste immuable. Le filament, quelquefois grêle, est d'autres fois plus ou moins membraneux; il enveloppe plus ou moins étroitement le style; les loges de l'anthère sont toujours plus ou moins écartées, tapissées sur leur dos par une substance charnue qui est le *connectif*. Elles sont placées sur la face interne du filet et cachent une portion du style entre elles; probablement la substance du connectif tapisse la portion du filet à laquelle sont soudées les loges. Ce connectif, ou la portion du filet qui se trouve entre les loges, est quelquefois très—étroit comme dans l'*Hedychium*, le *Globba oryxensis*, etc., de sorte que les loges sont fort rapprochées;

d'autres fois il est très-large comme dans les *Globba nutans* et *erecta*, les *Alpinia;* les loges sont alors tellement écartées, que les botanistes les ont prises pour deux anthères distinctes; quelquefois le filet ne s'étend pas jusqu'au sommet des loges, l'anthère semble alors un peu échancrée au sommet, Ex. *Alpinia*, *Globba nutans;* d'autres fois, le filet dépasse très-peu le sommet des loges: *Hedychium*, *Globba orixensis;* enfin, quelquefois il les dépasse de beaucoup et forme un appendice terminal de forme très-diverse, Ex. *Costus*, *Kœmpferia*, *Amomum*, *Zingiber*, etc.

Dans certaines espèces, le filet ne déborde pas latéralement les loges de l'anthère; Ex. *Hedychium;* dans le *Kœmpferia*, il les déborde un peu; dans le *Mantisia*, le *Colebrockia*, il forme deux oreillettes remarquables; dans le *Costus Pisonis*, etc., les loges semblent placées sur la face interne d'un filet pétaloïde qui les déborde largement.

A la base, les loges descendent peu au-dessous du point d'insertion de l'anthère; quelquefois cependant elles descendent davantage et reçoivent un prolongement du connectif; Ex. *Mantisia*, *Curcuma*, *Hedychium*, etc.

Les stylodes se font remarquer aussi par des caractères divers: souvent ils existent; dans des cas rares, Ex. *Costus*, ils manquent; leur forme est loin d'être toujours la même; leur consistance est diverse, etc.

Enfin, les variations qu'affectent les organes floraux sont infinies, et, dans bien des cas, on passe de l'une à l'autre par des transitions imperceptibles. De manière que si cette diversité peut utilement servir de signes distinctifs, en bien des circonstances il arrive qu'il est extrêmement difficile de poser la ligne de démarcation des genres. Il est surtout fort difficile de les classer méthodiquement et nettement, en offrant un moyen analytique de les reconnaître.

Roscoe, dans son magnifique ouvrage sur les Scitaminées, en a donné une classification qui semble assez facile, mais qui présente plusieurs défectuosités : la première division repose sur la disposition du filet de l'étamine par rapport à l'anthère. Selon cet auteur, dans certains genres, l'*anthère est nue*, dans d'autres, *son dos est recouvert par la substance du filet*. Or, il est avéré que le filet s'étend toujours sur la face dorsale des loges ; il est seulement plus ou moins élargi.

Quelquefois l'auteur que nous citons, et qui fonde presqu'en-tièrement sa classification sur la conformation de l'étamine, considère comme des dépendances de cet organe des parties qui en sont distinctes : ainsi, dans le *Curcuma*, il prend pour des appendices de l'étamine fertile les deux staminodes externes; d'autres fois il range dans une division caractérisée par l'anthère munie d'appendices latéraux, des espèces qui n'en ont point. Ainsi le *Globba orixensis* est réuni avec le *Mantisia*, et placé dans une section à anthère bordée d'appendices membraneux.

Enfin, et c'est là le grand vice de la classification, elle ne fait pas connaître l'organisation générale de la fleur de ces plantes; elle ne donne pas une idée nette des divers organes et de leurs rapports. Je crois, pour ces raisons, devoir présenter une autre division méthodique.

Voyez ci-contre le tableau des genres des Scitaminées.

SCITAMINÉES.

Synème plus ou moins dressé ; orifice du tube dirigé en haut.

Staminodes externes pétaloïdes.

I. KÆMPFÉRIÉES.

Staminodes externes recouvrant le synème et l'étamine dans la préfloraison.

Anthère ■ appendice

Point d'■ terminal ; ventru ..

Staminodes externes recouverts par le synème pendant la préfloraison.

II. HEDYCHIÉES.

Staminodes externes non soudé filet de l'étamine.

III. CURCUMÉES. Staminé avec l'étamine plus qu'avec le

IV. ALPINIÉES.

Staminodes externes rudimentaires.

Anthère sans appendice au sommet.

Anthère li Anthèr à loges trè

Anthère munie d'un appendice

V. COSTOIDÉES.

Staminodes ou nuls ou confondus avec le synème.

Anthère terminée par un appe subulé, enveloppant le style ; des

Appendice terminal élargi, à point de stylodes.

VI. MANTISIÉES.

Synème fortement rabattu ; orifice du tube oblique ou vertical, dirigé en avant ; base du synème remontant vers l'étamine, au-delà de l'insertion des sépales.

Staminodes longs, filiformes, s le filet de l'étamine, au-dessus

Staminodes externes ne se se avec le filament au-dessus de

* Ce genre appartiendra peut-être à la section des Kæmpfériées.

** Ce genre pourra être divisé :

Appendices entiers, *Gl careyana.*
Appendices lunulés, *Gl. marantina.*

SCITAMINÉES.

de l'anthère trilobé ; pl. acaule (*Kæmpferia ovalifolia*, *R*.).　TRILOPHUS, Nob.
bilobé ; pl. acaule.........................　KÆMPFERIA, L.
unilobé ; plante caulescente.....　..........　MONOLOPHUS, Wall.

....　......　GASTROCHILUS, W
tique à la base.{ Synème bifide.........................　HEDYCHIUM, Kœn.
{ Synème entier (*Hechium speciosum*, *Wall*.).....　GAMOCHILUS, Nob.
terminées à la base par une pointe...................　ROSCOEA, Sm. *

....　CURCUMA, L.
....　RENEALMIA, Rosc.
externes recouverts par le synème (*Gl. nutans* et *erecta*)........　CATIMBIUM, Juss.
externes interposés entre l'étamine et le synème...............　ALPINIA, L.
terminal très-court , entier ou bilobé....................　HELLENIA, Wild.
— large, trilobé............................　AMOMUM, L.
— long, subulé, canaliculé.........................　ZINGIBER, Nob.

....　ZERUMBET, Nob.
larges, membraneux ; filet débordant peu l'anthère........　COSTUS, L.
très-courts, épais, émarginés; filet débordant beaucoup l'anthère.　JACUANGA, Nob.

....　MANTISIA, Sims.
arnie { Appendices basilaires en forme d'éperons. ....　CERATANTHERA, N
{ Appendices marginaux (*Gl. careyana* et *marantina*).......　COLEBROCKIA, Don
ue d'appendices. (*Gl. orixensis.*)................	....　GLOBBA, Roscoe.

{ LEPTOSOLENA, Presl.
classés : { HORNSTEDTIA, Retz.
{ KOLOWRATIA, Presl.

CANNÉES ou MARANTACÉES.

Après avoir examiné les Scitaminées, nous allons étudier les Cannées, qui en ont été séparées par M. R. Brown.

CANNA.

Dans un mémoire que j'ai publié sur le *Canna indica* (1), j'ai démontré qu'on rencontre dans ce genre les éléments qui rappellent le type symétrique des Monocotylédonés; on y reconnaît un calice à six divisions placées sur deux rangées, et six étamines dont une seule fertile. Je retrace ici la figure du *Canna indica*, qui montre effectivement toutes ces parties (pl. VIII).

L'ovaire, fig. 1 A, est surmonté d'un calice formé de trois sépales externes, B, séparés jusqu'au sommet de l'ovaire, et de trois sépales internes C, C, C, réunis; le tube qu'ils forment par leur soudure porte le système staminaire. Ces trois sépales ne sont pas exactement sur le même plan; le premier paraît un peu plus externe que le deuxième, celui-ci que le troisième. D, D, D', sont trois staminodes externes, dressés, tous trois portés du côté supérieur de la fleur, le médian D' est plus petit; il est sujet à avorter complètement, dans quelques espèces ou variétés, il manque constamment; par exemple dans le *C coccinea*. Leur insertion est plus extérieure que celle des staminodes dont il me reste à parler et correspondent à leurs intervalles. E est un staminode interne, inférieur, révoluté, d'une autre couleur que les autres; F, G est une division bilobée, placée du côté supérieur de la fleur; l'un des lobes, F, est stérile; l'autre, G, porte l'anthere; le bord de ce dernier

---

(1) Mémoires de la Société des sciences, de l'agriculture et des arts de Lille, 1823-1824

lobe s'attache sur le dos de l'anthère et forme une petite crête jusqu'à la moitié de la hauteur de celle-ci, qui, par conséquent, est attachée par un mode analogue à celui que présentent les Scitaminées.

Au premier coup-d'œil il ne semble pas que la division révolutée, E, soit dans le même cercle que la division bilobée ; elle paraît envelopper cette dernière par la base. Mais en examinant avec attention, on voit que le bord qui correspond au lobe stérile et qui, en le dépassant, semblait se porter vers un staminode externe, se replie et vient se souder avec le bord du lobe stérile de la division bilobée. Le style, étant appliqué vers ce bord et soudé avec lui, est presque soudé par conséquent avec le bord correspondant de la division révolutée.

L'autre bord de cette division va se porter vers le bord du lobe anthérifère : ce dernier se roule bien un peu en-dedans, mais à l'extérieur la substance du staminode ne dépasse pas celle du bord anthérifère.

Ces trois divisions forment donc un cercle plus intérieur que les trois staminodes dressés que j'ai désignés comme externes.

Le style est aplati, soudé avec la face interne et l'un des bords de la division bilobée ; il est terminé par un stigmate linéaire.

L'anthère dans le *Canna* paraît simple ; mais nous avons prouvé (1) qu'elle était biloculaire comme celle des Scitaminées. Un examen attentif est nécessaire pour admettre ce fait, parce que, avant l'anthèse, et après la déhiscence, elle paraît également uniloculaire.

En effet, lorsque l'anthère est encore close, pl. VIII, fig. 3, A, elle présente un seul sillon de déhiscence, B. Après l'émis-

---

(1) Notice sur le *Globba*. Mémoires de la Société royale des sciences, de l'agriculture et des arts de Lille, 1830.

sion du pollen, l'anthère, fig. 5, présente seulement trois
stries : une centrale, A, qui parait analogue aux processus qui
subdivisent chaque loge dans les Scitaminées, et deux latérales
D, D, qui semblent les deux parois latérales ; les surfaces lisses,
B, B, seraient, dans ce cas, formées par la surface extérieure
de l'anthère. Dans les authères ouvertes des Scitaminées, on
voit toujours six côtes au lieu de trois ; quatre représentent les
bords des valves ; deux placées entre chaque paire des côtes
précédentes représentent les processus qui subdivisent les loges.

Toutefois, on va voir qu'on ne peut regarder l'anthère du
Canna comme une anthère uniloculaire.

Effectivement si l'on coupe transversalement une anthère
encore close, fig. 4, on voit que les valves externes A, A, se
soudent, au fond du sillon, C, avec la cloison, B, formée par les
valves internes réunies. L'anthère présente donc deux loges
complètement distinctes D, D, lesquelles sont toutes deux subdivisées par les processus E, E ; si l'anthère ne parait présenter
qu'un seul sillon de débiscence, c'est que les valves internes
sont soudées en une seule, et que les points où les valves externes se détachent sont excessivement rapprochés et sont
placés au fond du sillon formé par la saillie des loges.

L'authère est donc fondamentalement organisée comme celle
des Scitaminées. Les différences qui existent entre les deux
groupes consistent en ce que dans le *Canna* les parois internes
des loges sont rapprochées et parfaitement confondues, tandis
que dans les Scitaminées elles sont toujours distinctes, plus ou
moins écartées et séparées par le style qui passe entre elles ;
une autre différence, c'est que le processus qui subdivise les
loges du *Canna* nait de la cloison formée par les valves internes,
de sorte qu'ils sont opposés par le dos. Dans les Scitaminées, les
processus naissent au milieu des loges, sur la partie qui correspond au filet ; ainsi, les processus sont parallèles et non opposés
par le dos ; dans les Scitaminées les deux valves de chaque loge

sont à peu près égales, tandis que dans le *Canna*, les valves internes soudées sont fort étroites, et les externes sont extrêmement larges ; elles forment toute la surface libre de chaque loge et règnent dans les trois quarts de leur circonférence.

La disposition de la valve externe contribue encore à faire regarder l'anthère du *Canna* comme uniloculaire, même après la déhiscence : à cette époque les valves externes se roulent derrière l'anthère.

La figure 6, qui représente l'anthère vue par le dos, nous fera comprendre cette disposition. A, la valve extérieure de la loge la plus éloignée du lobe stérile du synème, et C, la valve extérieure de la loge la plus rapprochée du lobe stérile, sont repliées sur le dos de l'anthère B (on remarquera que l'anthère, qui est contournée en spirale après la déhiscence, est déroulée dans cette figure ; on remarquera aussi qu'elle est moins grossie). La disposition que je viens de décrire explique pourquoi, vue de face, l'anthère semble uniloculaire : c'est parce qu'on a pris la strie A, fig. 5, pour le processus qui subdivise les loges, et les stries D, D, pour les valves externes ; celles-ci, B, B, ayant leur bord porté en arrière, sont restées méconnues. Lorsqu'on examine les parties avec soin, on reconnaît donc que la strie A représente la cloison formée par les valves internes soudées : B, B, les valves externes, très-larges et repliées en arrière ; D, D, les processus qui subdivisent les loges.

Un fait qu'il faut remarquer, c'est que les stries D, D, fig. 5, ne s'étendent ni jusqu'au haut ni jusqu'au bas des loges, ce qui indique qu'elles sont renfermées dans celles-ci, qu'elles sont des trophopollens ; un autre fait à noter, c'est que la strie A, au contraire, se continue avec les bords des valves B, B, et forme à la partie inférieure un petit repli C, ce qui indique que A représente les valves internes, lesquelles ne se distinguent pas entièrement des externes, parce que la fente de déhiscence n'arrive pas jusqu'au bas.

Ainsi, l'anthère du *Canna* et celle des Scitaminées ont fondamentalement la même structure ; elles n'offrent que les légères différences que nous avons notées, différences qui font que l'anthère du *Canna* ouverte présente trois stries et deux bords valvaires, tandis que celles des Scitaminées présentent quatre bords valvaires et deux stries.

En fendant verticalement le tube du *Canna coccinea*, j'ai trouvé plusieurs fois deux dents saillantes, dont l'une, fig. 7, C′, est placée vis-à-vis la base du style B, à laquelle elle adhère ; l'autre, C, est un peu plus en-dehors et placée vis-à-vis la base commune de l'étamine et du staminode soudé avec elle. Entre ces dents et la base du style, existe un tube très-étroit qui est séparé par les dents C, C, du fond du tube D, formé par la base des sépales et des staminodes réunis.

Je n'ai point rencontré ces appendices dans toutes les espèces de *Canna* ni dans tous les échantillons du *C. coccinea*. Sont-ils des traces de stylodes ? Cette opinion est probable, mais plusieurs observations restent à faire pour l'établir définitivement.

CALATHEA.

Le *Calathea zebrina*, G. F. W. Meyer, séparé avec raison du genre *Maranta*, présente d'une manière exacte la structure du genre *Canna ;* les organes affectent seulement d'autres formes.

Les fleurs sont réunies en tête terminale, entourées de bractées, d'un bleu foncé et rougeâtre. Elles sont placées deux à deux dans l'aisselle d'une grande bractée foliacée. Ces fleurs géminées sont garnies d'une bractée supérieure munie de deux ailes, sur le dos, et formée de deux bractées soudées ; puis elles ont une large bractée simple inférieure ; vient ensuite une deuxième bractée supérieure à deux ailes sur le dos, enveloppant deux bractées lancéolées, placées par conséquent à l'extérieur par rapport à l'axe de l'inflorescence et ressemblant à deux fleurs stériles. C'est en-dedans de cette deuxième bractée que se trouvent les deux fleurs. Elles sont garnies chacune d'une petite bractée inférieure et chacune aussi d'une bractée supérieure un peu interne.

Les fleurs offrent : un ovaire infère, pl. VIII, fig. 1 a; trois sépales externes, b, b, b, distincts jusqu'à l'ovaire, larges, pétaloïdes, bleus, souvent dentés au sommet ; trois sépales internes, fig. 2 c, c, c, réunis en un tube grêle, à limbe ovale, aigu.

Un staminode externe, fig. 3, ovale, concave, un peu ondulé au sommet dans la préfloraison, marqué sur la face interne de deux côtes dont une fort saillante. Il est placé au côté supérieur de la fleur, et correspond au bord anthérifère de l'étamine.

Un deuxième staminode externe, fig. 4, à peu près semblable, mais sans côtes saillantes. Il est aussi placé au côté supérieur de la fleur, et correspond à l'oreillette de l'étamine.

Un staminode, fig. 5, placé à l'opposite de l'étamine, mais un peu latéralement, de manière à se rapprocher du bord à oreillette de l'étamine. Ce staminode a un bord droit et sans incision ; c'est ce bord qui se rapproche de l'étamine et est même recouvert par le bord à oreillette de celle-ci. L'autre bord porte vers le milieu de la hauteur une oreillette arrondie assez épaisse, et plus haut une autre oreillette membraneuse, aiguë, dressée. Ce bord est séparé de l'étamine par le style et le stigmate courbés.

Une étamine, fig. 6, présentant un bord épais, arrondi, portant l'anthère, a, et s'étendant sur le dos de celle-ci, jusque vers le sommet. L'autre bord est mince, membraneux, et se termine par une oreillette arrondie, b. On peut voir la disposition relative de toutes les parties dans les fig. 9 et 10.

L'anthère, fig. 8, est à deux loges, les valves vont s'attacher à la partie saillante qui forme la cloison et le trophopollen : l'anthère ainsi n'a qu'un sillon sur la face antérieure. Sur le dos de l'anthère on aperçoit la substance du filet.

Le style, fig. 7, *a,* est soudé avec le tube de la fleur, et plus haut avec le bord anthérifère de l'étamine. Il est un peu courbé et plié supérieurement à angle presque droit, pour présenter le stigmate, *c,* en avant. L'angle de réunion des deux parties, *b,* est très-saillant. Le stigmate, *c,* est creux, profond; sa cavité va en se rétrécissant et se continue avec un tube très-étroit et rempli de substance transparente, qui règne dans la longueur du style. L'orifice est à deux lèvres; la supérieure est beaucoup plus grande et entourée d'un rebord arrondi. La partie située entre le bord et l'angle, *b,* est mince, transparente et comme visqueuse à l'extérieur, de sorte que le pollen peut s'y agglutiner. Par la dessiccation, cette partie s'applique sur l'inférieure, de sorte que les deux lèvres du stigmate sont rapprochées et seulement séparées par une fente transversale; le style est plus roulé, de manière que l'ouverture stigmatique est dirigée en arrière et en haut, fig. 11.

L'exposé que je viens de faire nous montre que la fleur du *Calathea* est formée, comme nous l'avons dit, des mêmes parties que celle du *Canna :* Elle a 1.º un calice formé de trois sépales externes libres, et de trois internes réunis en tube (fig. 1 et 2).

2.º Deux staminodes externes (fig. 3 et 4). Le *Canna* en a parfois trois, mais l'un des trois est plus petit et avorte souvent.

3.º Un staminode interne placé à l'opposite de l'étamine et de forme particulière (fig. 5);

4.º Une étamine auriculée (fig. 6) représentant deux éléments du système staminaire.

5.º Un style soudé avec le tube de la fleur.

On retrouve donc dans cette plante la symétrie générale que nous avons découverte dans le *Canna.*

Le *Calathea* diffère surtout de ce dernier genre par la forme du staminode interne et celle du stigmate. Il en diffère aussi par la disposition de quelques parties florales.

L'un des staminodes externes, pl. VIII, fig. 9, N.º 7, est placé

entre deux sépales internes, N.º 4 et 5, et correspond par conséquent à un sépale externe, N.º 1; l'autre, N.º 8, n'est pas en sa
place naturelle, il ne correspond pas à l'intervalle des deux sépales
internes N.º 5 et 6, mais presque exactement au sépale interne
N.º 6, et par conséquent n'est plus vis-à-vis du sépale externe
N.º 2. A la vérité, il s'étend davantage vers le bord inférieur du
sépale N.º 6, comme pour reprendre sa position symétrique entre
les sépales 5 et 6, mais son autre bord est plus épais. Cette disposition n'a rien d'insolite, puisque dans le *Canna* les trois staminodes externes sont portés vers le côté supérieur de la fleur.
Entre les bords supérieurs de ces staminodes, on voit le bord
anthérifère du synème; entre leurs bords inférieurs, on voit le
bord auriculé du staminode interne. Le N.º 9 est l'étamine, ou
plutôt le synème, correspondant à un sépale interne supérieur,
et se rapprochant de son bord supérieur pour tendre à placer
l'anthère vis-à-vis le sépale interne N.º 6, puisque le synème,
représentant deux étamines, doit correspondre à deux sépales
internes.

Le staminode interne N.º 10 est placé vis-à-vis le sépale inférieur N.º 5; mais l'oreille épaisse seule correspond à ce sépale;
le bord droit s'avance vers le synème et est recouvert par le
bord auriculé de celui-ci.

Le N.º 11 est le point où le style, soudé avec le bord anthérifère du synème, vient porter le stigmate, qui est par conséquent interposé entre ce bord anthérifère et le bord auriculé
du staminode interne, N.º 10.

Il est remarquable que les deux fleurs placées sous les mêmes
bractées ont une position inverse, c'est-à-dire que dans les deux
fleurs les bords auriculés des synèmes se regardent, et dans
toutes les deux les stigmates se courbent à l'opposite, c'est-à-
dire vers le côté de la fleur qui ne touche pas la fleur voisine.
La fig. 10 montre cette disposition, que nous retrouverons dans
l'*Héliconia*.

7

MARANTA.

La détermination des parties florales des *Maranta* n'est pas facile, parce que leur conformation est fort singulière. Je vais les décrire avec soin, j'essaierai ensuite de les dénommer, en leur assignant leur place dans l'ordre symétrique, ce qui ne sera pas sans difficultés.

J'étudierai d'abord le *Maranta bicolor,* qui fleurit fréquemment dans nos serres. Sa fleur présente trois sépales externes, pl. VIII, fig. 3 B, B, B, séparés, herbacés, très-petits; trois sépales internes C, C, C, pétaloïdes, blancs, soudés en un tube qui porte les parties du système staminaire.

Outre les sépales, on trouve du côté supérieur de la fleur deux divisions, D, D', blanches, tachées de violet en leur milieu, étalées au sommet; l'une, D, est émarginée; l'autre, D', plus profondément lobée.

Du côté inférieur on rencontre une division D" plus interne, plus courte, plus ferme, dressée. La figure 4 montre cette division grossie; elle est canaliculée, tronquée, subémarginée et violette au sommet, garnie latéralement de deux oreillettes qui s'élèvent presque aussi haut qu'elle-même; à la base de la face interne est une crête velue. Cette division porte quelquefois deux oreillettes accidentelles, situées plus bas que les précédentes.

E, fig. 3, est l'extrémité d'une division interne; F, l'extrémité du style; G, celle de l'étamine.

La figure 5 montre la division dont il vient d'être parlé (E, fig. 3) augmentée dans ses dimensions. Ce staminode adhère très-peu à l'étamine par sa base; le bord qui ne correspond pas à l'étamine présente une oreillette longue, dirigée en bas, et engagée dans le tube du calice.

L'étamine, fig. 6, aussi grossie, est formée d'un filet A, d'une anthère B, qui est adnée sur la face du filet, lequel dépasse un peu l'anthère, le bord du filet qui correspond au staminode (fig. 5) est garni d'une oreillette, dont la substance se distingue par sa transparence dans toute la longueur du filet.

La face de l'anthère présente un seul sillon comme celle du *Canna;* elle a deux loges comme celle de ce dernier genre, ce qu'on reconnaît facilement en coupant une anthère en travers, fig. 8; de ces deux loges A est plus saillante que B; les valves se séparent du bord de la cloison D comme dans le *Canna;* mais celle-ci n'envoie pas de trophopollens saillants dans les loges.

Lorsque l'anthère s'ouvre, fig. 7, elle ne présente qu'une strie centrale C, formée par les deux feuillets de la cloison constituée par les valves internes, et sur les parties latérales, les deux valves extérieures, A, B.

Le style est gros, recourbé au sommet et présente sur sa face antérieure deux sillons séparés par une strie longitudinale; il paraît fistuleux et est soudé avec le tube formé par le système staminaire jusqu'à son sommet. Nous parlerons plus loin du stigmate.

Je viens de décrire exactement toutes les parties qui composent la fleur; il s'agit de les dénommer. On voit que cette plante a toutes les parties qu'on observe dans le *Calathea.* Mais elle en a une en sus, celle à oreillette renversée; ce qui rend la dénomination des parties difficile.

Il ne peut y avoir de contestation sur les sépales, dont trois, fig. 3 B, B, B, sont extérieurs, et trois, C, C, C, sont intérieurs, pétaloïdes et soudés.

Au premier coup-d'œil on est tenté de prendre les trois divisions plus intérieures D, D', D" pour les trois staminodes externes; la division placée à côté de l'étamine, fig. 3 E, et fig. 5, pour un staminode interne, et l'oreillette de l'étamine, fig. 6, C, pour le second staminode interne, l'étamine fertile constituant la troisième partie du verticille interne.

Mais de graves raisons font penser que ces dénominations ne
sont point exactes. La troisième division, fig. 3, D″, ne paraît
pas représenter un staminode externe : elle est plus intérieure
que les deux autres ; du côté de la division à oreillette descendante, la base de la division D est assez éloignée de celle de la
division D″, de sorte qu'on ne pourrait assurer que cette dernière est plus interne ; mais comme elle est précisément dans le
même cercle que la division à oreillette descendante, laquelle
est manifestement plus interne que les divisions D, D′, on en
doit conclure que D″ est aussi plus interne. Ainsi on est conduit
à regarder D et D′ comme deux staminodes externes, et D″
placé dans le même cercle que l'étamine, et la division qui
l'accompagne, comme un staminode interne. D″ représenterait
donc la division révolutée du *Canna* et la division à oreillettes
du *Calathea*. Plusieurs considérations nous confirment dans
cette pensée.

Dans le *Canna*, les trois staminodes externes sont portés du
côté supérieur de la fleur, avec l'étamine fertile et un staminode, ici le troisième staminode externe serait inférieur et
opposé à l'étamine. Dans le *Canna*, les trois staminodes externes
ont une forme semblable, et le staminode interne qui est opposé
à l'étamine a une forme différente ; ici le troisième staminode
est aussi opposé à l'étamine et a, de plus, une forme spéciale ;
par sa position et sa conformation, il est donc l'analogue de la
division révolutée qui appartient au cercle interne des staminodes du *Canna*.

Une considération qui aurait pu le faire considérer comme
l'un des staminodes externes, c'est que ceux-ci ne seront plus
qu'au nombre de deux. Mais nous avons vu que dans le *Canna*
et le *Calathea*, l'un des staminodes externes, qui est toujours
plus petit, manque souvent ; il ne répugne donc aucunement
d'admettre qu'il avorte aussi dans le *Maranta*. On pourrait
peut-être dire qu'il est représenté par un des lobes du staminode

profondément bifide; mais je n'accepte pas cette explication, parce que l'autre staminode est émarginé, et que nous verrons que dans ce genre les staminodes ont une tendance à présenter des divisions.

Une autre difficulté va se présenter. Si la division D″ est un staminode interne, pour compléter le nombre ternaire du cercle interne, nous n'avons plus qu'à constater la présence d'un staminode interne et de l'étamine fertile. Or, nous trouvons à côté de l'étamine une division dont un bord adhère à la base du filet de l'étamine, et dont l'autre bord porte une oreillette renversée. Cette division serait le deuxième staminode. Elle compléterait le cercle interne, et cependant le filet de l'étamine présente une oreillette membraneuse, comme s'il était formé de deux pièces soudées, comme dans le *Canna* et le *Calathea*. Mais nous avons déjà remarqué que dans le *Maranta*, les parties du système staminaire paraissent destinées à être divisées; les deux staminodes externes sont bifides; le staminode dressé et enveloppant est garni sur les côtés de deux ou quatre oreillettes; le deuxième staminode interne a une oreillette fort remarquable sur l'un de ses bords; il ne répugne donc pas d'admettre que l'oreillette du filet est l'appendice de l'autre bord du staminode, lequel serait soudé avec l'étamine, et qu'ainsi l'oreillette du bord de l'étamine ne forme qu'une seule et même division avec la division à oreillette renversée. Cette opinion peut être d'autant plus acceptée que la division à oreillette renversée est soudée plus haut avec l'étamine dans le *M. arundinacea*, etc. Il serait possible que la division à oreillette renversée qui manque dans le *Calathea*, genre si parfaitement analogue aux *Maranta*, fût représentée dans le premier genre par le bord droit et par l'oreillette mince et supérieure du staminode interne : en effet ce staminode interne est insymétrique, et son bord sans oreillette s'avance jusqu'au bord auriculé de l'étamine, sous lequel il se place. Alors l'oreillette épaisse et inférieure représenterait seule le staminode interne opposé au synème. Il résulterait de là que la division auriculée serait portée tantôt vers l'étamine (*Maranta arundinacea*), tantôt vers le staminode (*Calathea*).

Il est à remarquer que, dans certains *Phrynium*, la division anthérifère a l'un des bords épais, c'est celui qui correspond à l'anthère ; l'autre bord est membraneux, mais non terminé par une oreillette. Dans ce cas, on est facilement conduit à penser que le staminode voisin est seul appelé à constituer le synème en se rapprochant de l'étamine. Cependant, il me semble qu'on doit regarder le bord membraneux de l'étamine comme repré-sentant l'oreillette des autres genres.

Quoi qu'il en soit, je pense qu'il ne faut pas admetre l'exis-tence de deux staminodes internes, placés à côté de l'étamine fertile, et rejeter parmi les staminodes externes la division dressée opposée à l'étamine. Son insertion dans le même cercle que celle-ci, et la symétrie générale de la fleur s'y opposent. En admettant les dénominations que je propose, les dispositions des parties sont absolument semblables à celles du *Canna* et du *Calathea*. Effectivement on voit dans le *Maranta* trois sépales externes distincts jusqu'au sommet de l'ovaire ; trois sépales internes pétaloïdes, soudés en un tube qui porte le système staminaire; deux staminodes externes, portés du côté supé-rieur de la fleur, le troisième avortant ainsi que cela se voit dans le *Canna ;* un staminode interne, d'une forme particulière, opposé à l'étamine; un autre plus ou moins soudé avec cette dernière, et porté comme elle vers le côté supérieur de la fleur. Enfin, pour compléter la ressemblance, le style dans le *Maranta* est, comme dans le *Canna,* soudé vers la base avec le staminode qui accompagne l'étamine.

L'ordre symétrique est donc le même. La configuration des parties est seule différente.

Le *M. arundinacea* est organisé sur le même modèle que le

précédent ; il en est de même d'une espèce que j'ai reçue , sans nom , des serres du jardin botanique de Paris et que j'appelle provisoirement *M. flexuosa*, à cause de la disposition de son style.

Toutes ces espèces ont trois sépales externes et trois internes ; deux staminodes externes pétaloïdes , portés du côté supérieur de la fleur ; un staminode interne , inférieur dressé , émarginé et auriculé , enveloppant l'autre staminode interne et l'étamine. Le deuxième staminode interne est soudé plus ou moins haut avec l'étamine (il est soudé bien plus haut dans le *M. arundinacea* que dans le *M. bicolor*) et toujours muni sur le bord qui ne correspond pas à l'étamine d'une oreillette descendante qui s'engage dans le tube. Le filet a aussi une petite oreillette sur le bord qui correspond au staminode à oreillette renversée. L'identité de structure est frappante. Ces plantes ne se distinguent que par des caractères peu saillants : le *M. zebrina* (*Calathea*), par ses fleurs en tête , entourées de bractées d'un pourpre noirâtre et par l'absence d'une division distincte à oreillette renversée , etc.; les autres ne diffèrent que par des caractères spécifiques : le *M. arundinacea*, par ses fleurs plus grandes , les sépales externes beaucoup plus grands , plus verts , à nervures plus prononcées; le *M. flexuosa* par ses fleurs encore plus longues, plus minces , les sépales externes presque transparents, blanchâtres , etc.

Il est cependant un organe essentiel qui diffère dans ces plantes , c'est le stigmate.

Le *M. arundinacea*, pl. VIII , a le style roulé; la partie supérieure est repliée en avant dans une très-petite étendue A ; cette partie présente la cavité stigmatique fendue inférieurement et paraissant se continuer avec le sillon de la face antérieure du style.

Le *M. flexuosa*, Nob. , pl. VIII, a la partie supérieure du style flexueuse; la partie pliée plus longue, courbée à angle droit;

l'angle de réunion B plus saillant en haut ; la cavité stigmatique est bornée en haut par un rebord, C, épais, jaunâtre, en bas, le bord du stigmate n'est pas fendu.

Le *M. bicolor* a le style courbé comme le *M. arundinacea;* sa partie supérieure, pl. VIII, fig. 10, est encore plus fortement pliée que dans le *M. flexuosa;* l'angle B plus saillant, dirigé plus directement en haut ; le stigmate est concave, à trois lobes, un supérieur, deux inférieurs; mais à l'état sec, fig. 11, les lobes ne sont plus visibles et la surface stigmatique paraît coupée en biseau vers le style, de sorte que la portion courbée est presque triangulaire.

Le *M. zebrina* (*Calathea*), dont nous avons donné la description, a aussi, dans la dessiccation, le style roulé, pl. VIII, fig. 11; son extrémité C fortement recourbée; l'angle B extrêmement saillant, de sorte que la partie courbée a son bord supérieur dirigé en arrière, et l'ouverture stigmatique en arrière et en haut. Cette ouverture a deux lèvres.

Les conformations du stigmate des *Maranta* serviront sans doute à séparer ces plantes. Mais on notera que ces stigmates si divers ne présentent que des modifications d'un même type.

La division des genres des Cannées sera faite principalement d'après la structure des staminodes et du synème. Mais ces caractères ne sont pas suffisamment éclaircis : dans l'état actuel des choses, il faut se borner à présenter la symétrie générale de la famille, sans chercher à déterminer rigoureusement les genres.

On peut ainsi résumer la symétrie générale des CANNÉES :

RÉSUMÉ.

Dans tous les genres des Cannées, on trouve trois sépales externes libres jusqu'au sommet de l'ovaire; trois sépales internes soudés entre eux et formant un tube qui porte le système staminaire ; trois staminodes externes portés du côté supérieur de la fleur ; le médian plus petit et avortant presque toujours ; une étamine fertile et un staminode interne, soudés entre eux pour former le synème, lequel est placé du côté supérieur de la fleur ; ce staminode est quelquefois séparé en plusieurs parties ; l'une, soudée avec l'étamine, l'autre, plus ou moins distincte ; un deuxième staminode, de forme diverse, place à l'opposite du synème ; un style plus ou moins soudé avec le bord anthérifère ou avec la partie stérile du synème, jamais logé entre les loges de l'anthère, lesquelles sont immédiatement soudées entre elles ; enfin, rarement des appendices qui semblent la trace des stylodes.

La disposition de ces parties se comprendra nettement par l'inspection du tracé fictif que nous offre la planche XVII, fig. 4.

A (tracé en noir) est le style ; les points noirs *a*, *a*, sont les rudiments incertains des stylodes qu'on voit quelquefois dans le *Canna.*

B′ (tracé en noir) est l'étamine fertile appartenant au synème ; B, B (marqués par des raies) les deux staminodes internes ; le supérieur, soudé avec l'étamine fertile B′, forme le synème ; l'inférieur est à l'opposite de cette division bilobée ; C′, C′, (marqués par des raies), sont deux staminodes externes ; C (non ombré) est le troisième staminode externe qui manque souvent ; D, D, D (marqués par des raies), les trois sépales internes ; E, E, E, (marqués par des raies), les trois sépales externes.

Si l'on compare les organes floraux des Cannées avec ceux des Scitaminées, on voit que les éléments organiques sont identiquement les mêmes, mais l'arrangement symétrique est tout différent. La comparaison des figures 3 et 4 de la planche XVII fait saisir immédiatement les dissemblances. Dans ces deux tracés, les parties analogues sont indiquées par les mêmes lettres, et dessinées d'une manière semblable, les parties fertiles en noir, les parties pétaloïdes ombrées par des raies ; celles qui avortent complètement sont laissées en blanc.

On voit donc que, dans les deux familles, il y a six sépales sur deux rangs.

Dans les *Cannées*, les trois extérieurs sont séparés jusqu'au sommet de l'ovaire.

Dans les Scitaminées, ils sont soudés et forment un calice externe, tridenté, souvent fendu profondément du côté supérieur de la fleur.

Dans les Cannées, l'un des sépales externes est supérieur (répondant à l'axe de la fleur), les deux autres latéraux; l'un des sépales internes est *inférieur* et les deux autres latéraux.

Dans les Scitaminées, l'un des sépales externes est *inférieur*, les deux autres latéraux. L'un des sépales internes est *supérieur*, les deux autres latéraux.

Les parties du système staminaire éprouvent dans les deux familles des changements corrélatifs aux dispositions que nous venons d'observer dans le calice.

Dans les Cannées, l'un des trois staminodes extérieurs, celui qui est sujet à avorter, est *supérieur*. Dans les Scitaminées, le staminode qui avorte (ou est confondu avec le synème) est *inférieur*, les deux autres sont latéraux.

Dans les Cannées, la partie isolée du verticille interne du système staminaire est *inférieure*; le synème, formé par la réunion des deux autres parties de ce verticille, est *supérieur*.

Dans les Scitaminées, la partie isolée du verticille staminaire interne est *supérieure*. Le synème est *inférieur*.

La fleur des Scitaminées est donc en sens inverse de celle des Cannées. C'est là un des caractères différentiels. Il faut toutefois observer que le synème n'est pas exactement inférieur, et que l'étamine fertile ne correspond pas absolument à l'axe de l'épi. Ces deux parties se portent légèrement dans un sens latéral opposé.

Il est un autre caractère différentiel plus important entre les Scitaminées et les Cannées. Dans les deuxièmes, c'est l'une des

parties qui composent le synème qui est anthérifère. Dans les premières, c'est le filet isolé. Mais comme la fleur des Scitaminées
est en sens inverse, l'étamine fertile est supérieure comme dans
le *Canna*; seulement elle est symétriquement supérieure, tandis
que dans les Cannées sa position devient latérale, puisqu'il y a
deux staminodes internes placés au côté supérieur de la fleur.
J'ai fait remarquer, il y a long-temps, cette disposition: dans
mon mémoire sur l'*Hedychium*, j'ai fait voir que ce n'était pas
le même élément qui était pourvu d'anthère; ce fait, avec
beaucoup d'autres, me servait à prouver que les appendices
susceptibles de revêtir tour à tour les attributs de l'organe
fécondateur, appartenaient au système staminaire.

Le célèbre Lyndley a vu, avec une profonde sagacité, que
la position de l'étamine fertile n'est pas la même dans les Cannées que dans les Scitaminées, et que cette différence fondamentale entraîne un changement dans la symétrie générale des
fleurs des deux familles. Mais les organes floraux étant jusqu'ici
dénommés sans aucune précision, chaque élément organique
étant méconnu au milieu de ses diverses transformations, il
était impossible que leur position respective fût exactement
indiquée, et qu'on fit ressortir les rapports que les organes floraux ont entre eux. Ainsi, le savant professeur que je viens
de citer compare la position de l'étamine à celle du labelle.
Or, on désigne sous le nom de labelle des parties diverses:
dans les Cannées, on donne ce nom à un staminode interne,
dans les Scitaminées, à deux staminodes externes soudés; aussi
l'étamine est dite opposée au labelle dans les Scitaminées et
placée sur un de ses côtés dans les Cannées; tandis que, selon
nous, dans ces derniers, elle fait partie du labelle vrai que nous
nommons plus exactement synème.

On notera de plus qu'on a admis que les staminodes latéraux
externes des Scitaminées sont des étamines stériles, et qu'on
regarde les staminodes *internes*, formant le synème, comme

une division de la corolle ; qu'on n'a pas nettement apprécié le
nombre des divisions de la fleur, puisqu'on l'a dite formée d'un
calice trilobé, d'une corolle à deux limbes, l'un externe triparti, l'autre interne, à trois divisions aussi, dont la moyenne
est *trilobée*, plus encore trois étamines ; tandis qu'évidemment
si on admet un limbe interne de la corolle à trois lobes dont le
moyen est trilobé, il faut faire rentrer les staminodes externes
parmi les divisions de la corolle, et alors il ne reste plus qu'une
division au système staminaire, c'est l'étamine fertile elle-même.

Enfin, on n'a pas vu que la fleur des Scitaminées est en sens
inverse de celle des Cannées, c'est-à-dire que ses parties ne
sont pas placées dans le même ordre relativement à l'axe de
l'épi. Il résulte de tout cela que, dans les auteurs les plus exacts
et les plus judicieux, on ne peut trouver un exposé net de
l'ordre symétrique des plantes anomales que nous décrivons.
Les figures fictives (*Diagrams*) tracées par M. Lyndley, dans
son savant ouvrage intitulé : *Introduction au système naturel*,
pour exprimer la symétrie des Cannées et des Scítaminées, me
semblent pécher, parce que dans celle des Scitaminées, il
n'est pas tenu compte de l'avortement d'un staminode externe ;
qu'au contraire celui qui disparaît est indiqué comme ayant le
maximum de développement, et dans celle des Cannées ou
Maranthacées, on ne fait pas voir la fleur dans une position
inverse de celle des Scitaminées, et on indique, comme le plus
développé, le staminode habituellement anéanti.

Nous pensons avoir nettement formulé les différences que
présentent dans leur arrangement les systèmes sépalaires et
staminaires. Nous terminerons donc ici le parallèle des Scitaminées et des Cannées.

Nous rappellerons cependant encore que l'anthère des uns et
des autres n'est point semblable. M. R. Brown, qui, le premier, a séparé les Scitaminées des Cannées, a donné à ces dernières, pour l'un de leurs caractères distinctifs, d'avoir l'anthère

simple, tandis qu'elle est double dans les Scitaminées. Mais nous avons prouvé que l'anthère proprement dite est organisée similairement dans les deux ordres, c'est-à-dire qu'elle a deux loges plus ou moins profondément subdivisées ; la seule différence qu'elle présente, c'est que, dans les Cannées, les deux loges sont soudées entre elles par leurs valves internes, qui forment une cloison très-courte ; les valves externes, au contraire, sont très-larges et se détachent presqu'au même point, de sorte qu'il semble qu'il n'y ait qu'une seule suture de débiscence ; tandis que, dans les Scitaminées, les loges ne tiennent au filet que par leur dos ; elles n'ont aucune connexion entre elles ; elles sont plus ou moins écartées, et cachent le style dans le sillon formé par leur écartement.

Le style, dans les Scitaminées, est toujours placé contre le filet de l'étamine fertile, souvent renfermé dans une rainure qui parcourt le filet, puis dans le sillon formé par les loges de l'anthère ; dans les Cannées, le style est rapproché du staminode qui, avec l'étamine, concourt à former le synème ; il est plus ou moins soudé avec ce staminode.

Le stigmate est souvent infundibuliforme dans les Scitaminées ; sa forme paraît varier beaucoup dans les Cannées, mais présente cependant des modifications d'un même type.

Le fruit de ces plantes, naturellement triloculaire et polysperme, varie par des avortements, soit de quelques-unes des loges, soit du plus grand nombre des graines ; il varie encore par sa consistance, il est sec ou charnu.

Dans quelques Scitaminées, la graine est entourée d'une sorte d'arille, variable en sa forme ; l'embryon, placé au centre d'un périsperme, est revêtu à la maturité du sac embryonaire devenu charnu, et qui lui forme une membrane propre que quelques botanistes ont appelée endosperme et que Gærtner et M. R. Brown ont nommée *vitellus* ; les Cannées sont privées de *vitellus*.

Enfin, les Scitaminées sont pourvues généralement d'un principe aromatique qui manque presque absolument dans les Cannées.

MUSACÉES.

Nous avons comparé la conformation générale des Cannées et celle des Scitaminées, et nous avons fait ressortir les signes différentiels qui séparent ces plantes. Il est utile, pour faire apprécier d'une manière complète leur organisation, de les comparer avec les Musacées et les Orchidées, qui, dans l'ordre naturel, seront toujours placées à côté des végétaux dont nous exposons la structure. Nous commencerons par les Musacées, qui ont une profonde analogie avec les deux groupes qui constituaient l'ordre des Balisiers de de Jussieu; elles ont, en effet, le même port, des feuilles convolutives, à nervures médianes, fournissant des nervures latérales, parallèles; elles ont de plus une inflorescence analogue, et, comme nous le verrons, des fleurs présentant un même type fondamental.

Les plantes de la famille des Musacées n'ayant pas été décrites avec une rigoureuse exactitude, je me vois forcé de donner les caractères de quelques genres avec soin, afin d'établir nettement la disposition symétrique des parties.

MUSA.

J'ai analysé plusieurs espèces de ce genre important. Je vais faire connaître leurs caractères essentiels.

Le *Musa coccinea* a les fleurs en épi terminal, garnies de bractées, grandes et lâches. La bractée extérieure, pl. XIV, fig. 1, A, est foliacée au sommet; les autres, B, B, ont seulement une pointe verdâtre; elles sont toutes d'un rouge très-vif, concaves, plus longues que les fleurs; celles-ci, C, C, sont géminées sous chaque bractée.

Les fleurs placées sous les bractées inférieures ont un ovaire infère, pl. XV, fig. 2, A; un calice à deux divisions, dont l'une, B, extérieure ou inférieure, quinquélobée, enveloppe complètement la supérieure C, qui est entière et correspond à l'axe de l'épi; cinq staminodes E, E, plus courts que le style et portés du côté de la division inférieure; supérieurement, vis-à-vis le sépale supérieur, est un espace vide et non une étamine fertile comme l'ont dit plusieurs botanistes qui ont décrit le *Musa*. Dans cet espace, à la base du style, est une glande peu apparente qui secrète une humeur mielleuse très-abondante. Elle tient la place de la sixième étamine. Un style D, un peu courbé à la base vers les staminodes, terminé par trois stigmates agglutinés (écartés artificiellement dans la figure).

Les fleurs supérieures offrent de notables différences; la figure 3 représente une de ces fleurs dont on a enlevé la division externe du calice. Ces fleurs ont un rudiment d'ovaire A; un style D terminé par un stigmate à trois lobes agglutinés, beaucoup plus courts que dans les fleurs femelles; cinq étamines anthérifères, E, E, E, E, E, insérées sur le sommet de l'ovaire, presqu'aussi longues que le style, placées du côté de la division extérieure, et laissant, du côté de la division intérieure C, un espace pour la glande qui remplace l'étamine avortée. On ne voit aucune trace de stylodes (autres que le style dont il vient d'être parlé) sur le sommet de l'ovaire.

La division extérieure du calice, fig. 2, B, et fig. 5, est à cinq lobes, trois extérieurs, fig. 5, A, A, A, mucronés sous le sommet; deux intérieurs, B, B, plus petits, soudés moins haut avec les lobes latéraux externes qu'avec le médian.

La division intérieure, fig. 2 C, et fig. 4, est entière, lancéolée.

Le filet des étamines, fig. 6, est aplati, élargi au sommet; il porte au-dessous du sommet, vers ses bords, deux loges linéaires écartées vers la base, à déhiscence longitudinale.

Le *Musa rosea*, pl. XIII, a la même organisation que le précédent; il en diffère, parce que ses bractées, fig. 6, A, A, sont d'un rose pâle, fortement concaves et étroitement imbriquées, et qu'elles ne s'épanouissent qu'une à une pour laisser voir les fleurs, B, B; la division extérieure du calice a un nombre de lobes variable, fig. 4. Les seules fleurs à pistil parfait et à étamines stériles sont celles qui sont placées sous les deux écailles inférieures. Toutes les autres ont le pistil imparfait et cinq étamines anthérifères, fig. 2; le rudiment pistillaire, C, a dans ces fleurs trois divisions filiformes, l'une souvent plus courte que les autres; quelquefois il n'a que deux divisions; le style, dans les fleurs où il est pourvu d'un stigmate parfait, est semblable à celui du *M. coccinea*. Le nombre des étamines varie, sans doute par la culture, de quatre à huit. La figure 2 montre bien à la base du style la glande, D, peu marquée, enfoncée, secrétant un nectar abondant, et placée vis-à-vis le sépale supérieur, tenant par conséquent la place de la sixième étamine avortée.

Le *Musa paradisiaca*, pl. XV, a une organisation semblable à celle des deux espèces précédentes; les fleurs dont l'ovaire est fécond, fig. 1, placées dans l'aisselle des bractées inférieures, sont réunies trois à six ensemble; leur calice est à deux divisions; la division inférieure, fig. 2 B, est révolutée; elle présente du reste au sommet, fig. 3, cinq divisions, trois extérieures A, A, A, larges. appendiculées au sommet, et deux intérieures, B, B, cachées par les précédentes; la division supérieure, fig. 2 C, est transparente, concave, présentant au sommet une bosse saillante au-dehors, et trois lobes, le médian plus long et muni de stries sur la face interne; on pourrait croire que cette division est formée d'un sépale interne et de la sixième étamine soudés, mais comme la fossette glandulaire, F, est visible à la base du style, au lieu où devrait exister cette étamine, on doit croire que c'est cette glande qui représente l'étamine.

Le style est épais, sillonné, terminé par un stigmate formé de trois lobes pultacés, agglutinés. Les staminodes sont au nombre de cinq, D, D, D, D (le plus petit est·, dans la figure, caché par le style). Ils sont terminés par un appendice qui rappelle l'anthère.

A mesure que les fleurs deviennent plus supérieures, les staminodes deviennent de plus en plus grands, de sorte que dans les dernières fleurs qui ont un ovaire fécond, on trouve quelques filaments qui ont une anthère bien conformée en apparence, mais qui ne contient pas de pollen.

L'ovaire, au contraire, diminue de plus en plus, à mesure que les fleurs s'élèvent sur l'épi; le stigmate devient plus petit et change d'aspect.

Les fleurs qui naissent dans l'aisselle des bractées supérieures, fig. 5, ont un calice semblable aux autres (il est enlevé dans la figure 5). Cinq étamines fertiles, B, B, B, B, B, organisées comme celles des autres espèces; leur filet présente sur leur face interne une côte longitudinale qui s'avance entre les loges. Le style, C, est garni à la base d'une fossette glandulaire qui secrète une humeur abondante et qui tient la place de la sixième étamine; il est terminé par un stigmate subtrilobé, non pultacé.

On voit d'après ces descriptions :

1.º Que les *Musa* ont un calice à deux lèvres, l'une supérieure correspondant à l'axe de l'épi, formée par un sépale interne, l'autre inférieure formée par la soudure de trois sépales externes et de deux internes.

2.º Que les fleurs sont véritablement unisexuelles; les femelles sont inférieures, ont un ovaire fécond, un stigmate trilobé bien conformé, plus cinq staminodes. A la base du style est une fossette glandulaire qui tient la place de la sixième étamine et correspond au sépale supérieur; c'est donc une étamine interne qui avorte, puisque le sépale supérieur est interne ; les fleurs mâles sont supérieures; elles ne contiennent qu'un rudiment d'ovaire et de style, et un stigmate imparfait; elles ont cinq éta-

8

mines anthérifères. La sixième, remplacée comme dans les autres fleurs par une fossette nectarifère peu visible, qui occupe le même point.

Le *Musa paradisiaca*, nous offrant les dégradations successives des deux espèces de fleurs, montre jusqu'à l'évidence que l'un ou l'autre sexe manque par avortement, et que l'un se développe à mesure que l'autre s'oblitère.

Les fleurs des *Musa* ne présentent point de stylodes sur le sommet de l'ovaire ; cela doit être, puisque le système stylaire est complet et symétrique : il présente trois stigmates et souvent le style lui-même offre trois sillons qui indiquent qu'il est naturellement formé de trois parties agglutinées. Dans les fleurs mâles, il y a un style imparfait, trifide.

STRELITZIA.

Ce genre, aux fleurs brillantes et singulières, présente des formes complètement diverses de celles qu'on remarque dans le *Musa* ; mais par cela même il montre combien est précieuse la méthode des analogies, puisque, nonobstant la diversité de conformation que montrent les organes floraux, il laisse voir une disposition symétrique en tout semblable à celle du genre précédemment analysé.

L'inflorescence du *Strelitzia* mérite quelque attention, parce qu'elle paraît anormale, et qu'elle peut toutefois se rattacher aux dispositions ordinaires. La tige est axillaire, garnie de six écailles engaînantes, pl. X, C (les cinq inférieures manquent dans la figure), l'écaille la plus inférieure est à l'opposite de la feuille qui porte la tige dans son aisselle, par conséquent placée du côté du centre du faisceau foliaire. Les fleurs sont entourées d'une grande bractée *e* (septième écaille), placée du côté du centre du faisceau foliaire, répondant, par conséquent, à peu près, à l'écaille la plus inférieure (la base de la grande bractée est coupée dans la figure pour laisser voir les parties qu'elle renferme).

A l'opposite de la grande bractée est un bourgeon, D, qui semble la continuation de la tige ; l'inflorescence, qui paraît terminale, est donc en réalité latérale. Sous la grande bractée sont placées quatre fleurs E, F, G, H, disposées deux à deux. La grande bractée enveloppe immédiatement la fleur E. Les bractées f, g, h, sont plus membraneuses, jaunes, dirigées dans le sens de la bractée, e, et appartiennent en propre aux fleurs F, G, H. Les bractées, i, j, contiennent dans leur aisselle des rudiments de fleurs.

Les fleurs E, F, les plus rapprochées du bourgeon D, fleurissent les premières. Leurs sépales marcessents sont enlevés dans la figure.

On verra plus loin que cette inflorescence irrégulière se rapporte au type régulier de l'*Heliconia*.

La fleur du *Strelitzia reginæ*, pl. IX, fig. 1, présente : trois sépales extérieurs, b', b, b, d'un jaune orangé très-vif; deux d'entre eux, b, b, sont supérieurs (répondant au bourgeon de l'inflorescence ou à l'axe de la tige), ovales, lancéolés, concaves, marqués de quelques côtes saillantes; le troisième, b', est inférieur, étroit, aigu, fortement caréné, à bords révolutés; trois sépales internes d'un bleu d'azur très-pur; deux d'entre eux, sont inférieurs et rapprochés de manière à former une division hastée, fig. 1, c, et fig. 2, dont les deux oreillettes, fig. 1, c', c', sont très-obtuses et courbées en-dedans l'une vers l'autre. Chacun de ces sépales est formé d'un onglet et d'un limbe ; lorsqu'on tire en sens inverse les deux oreillettes, fig. 3, on écarte les bords du limbe qui se touchent, et l'on voit que le limbe est replié en deux parties : la partie externe ou inférieure a son bord soudé ou intimement agglutiné avec le bord du sépale voisin et forme une gouttière à cinq sillons profonds dans lesquels sont logées les anthères, fig. 3;

l'autre moitié, *c''*, *c''*, plus étroite, ondulée, et recourbée en-dehors, touche celui du sépale voisin par la face interne et ferme ainsi la gouttière de la division hastée qui contient les étamines. Au point de jonction des deux parties des limbes naît l'appendice membraneux qui forme, en se prolongeant en bas, les oreillettes *c'*, *c'* ; le sommet des limbes paraît déchiré de manière que la division hastée a quatre lobes au sommet, *e*, *e* (1).

Chacun des sépales qui forment la division hastée a trois gros faisceaux de nervures, deux latéraux composés de sept nervures, un médian composé de cinq. Les deux latéraux correspondants, séparés à leur base, s'unissent plus haut, parce que les deux sépales s'agglutinent. Les nervures secondaires qui proviennent des faisceaux se dirigent en bas. Cette disposition est fort remarquable dans l'appendice dorsal, et est cause qu'il se prolonge au-delà du point où il naît.

L'onglet de chacun des sépales, fig. 2 *i*, *i*, qui concourent à former la division hastée, est large, canaliculé, et, réuni à son semblable, forme un tube qui renferme les étamines et le style. Du côté de la surface extérieure de la division hastée, l'un des bords recouvre simplement l'autre ; du côté de la surface interne, les bords s'enveloppent en formant un double repli, c'est-à-dire que l'un se porte en-dedans et se replie en-dehors ; la partie ainsi repliée est recouverte par le bord de l'autre sépale qui s'infléchit aussi, et replie ensuite en-dehors son bord libre

---

(1) On peut considérer le limbe de ces sépales comme celui d'une feuille gladiée, celle de l'iris, par exemple. Il est plié de manière que les deux moitiés de la face supérieure sont appliquées l'une sur l'autre, et en partie soudées ; les deux bords sont rapprochés : l'externe s'agglutine à celui du côté opposé, et l'interne se rabat en-dehors. Des deux moitiés de la face inférieure, l'une forme la face externe ou inférieure de l'appendice auriculaire ; l'autre sa face interne ou supérieure. La ligne où le limbe est plié, et où commence la soudure de deux moitiés de la face supérieure, forme le bord externe de la division hastée.

qui est visible à l'extérieur, fig. 2 *g*, et se montre comme la continuation du bord libre de l'un des limbes *f'* ; en se repliant de cette manière, les deux sépales enferment le style et les étamines, et les séparent du sépale interne supérieur.

Ce troisième sépale interne, fig. 1 *d*, et fig. 5, est supérieur, court, concave, terminé en pointe recourbée, écarté des deux autres sépales internes ; il les recouvre par ses bords de manière à paraître plus externe et présente sur sa face interne, fig. 5, une saillie longitudinale qui occupe la ligne médiane.

Les étamines sont au nombre de cinq, fig. 3, *g, g, g, g, g* (dans cette figure, la partie des onglets qui forme la partie interne du tube de la division hastée, est enlevée pour laisser voir les filaments ; les bords du limbe sont écartés pour laisser voir les anthères) ; elles ont des filets blancs, longs, grêles, contenus dans le tube formé par les onglets des deux sépales réunis. Ces filets sont un peu renflés à la base et insérés tout au bas du tube ; leurs bases se touchent et semblent former un petit tube dont la substance tapisse la partie inférieure du tube du calice. Ce tube est rempli d'une humeur mielleuse très-abondante ; mais on ne voit pas de glande spéciale chargée de la secréter. Le tube staminaire est un peu plus profondément fendu au point où manque l'étamine. Ce point correspond exactement au sépale interne supérieur.

Les anthères sont très-longues, logées dans le tube formé par le limbe de la division hastée ; chacune est logée dans un sillon particulier. Chaque sillon correspond à l'un des faisceaux de nervures des limbes ; le sillon qui reçoit l'étamine médiane, c'est-à-dire celle qui est placée vis-à-vis le sépale externe inférieur, est formé par les deux bords correspondants des sépales qui forment la division hastée, et offrent par conséquent deux faisceaux de nervures au lieu d'un.

L'étamine qui correspond au bord de celui des sépales de la division hastée qui recouvre l'autre, paraît, à sa base, aussi

proche du bord du sépale recouvert. Par conséquent on pourrait penser qu'elle correspond au troisième sépale interne, qui
est dans leur intervalle. Elle serait ainsi une étamine interne.
Mais en observant avec attention, on reconnaît que c'est l'intervalle réservé à l'étamine absente qui correspond au troisième
sépale interne.

Les sillons forment cinq saillies sur le milieu de la face extérieure de la division hastée. Les anthères sont très-longues,
très-étroites, agglutinées au fond des sillons qui les contiennent;
elles sont formées de deux loges adnées sur la face interne du
filet qui les dépasse au sommet, et elles descendent un peu plus
bas que le limbe; presque toujours l'une des deux loges de
chaque anthère descend plus bas que l'autre, fig. 4; elles ne
présentent dans le fond de leur cavité qu'une ligne fort peu
saillante, de manière qu'elles ne me paraissent pas subdivisées
par le trophopollen. Le pollen qu'elles renferment est formé de
grains gros, blanchâtres, parfaitement sphériques.

Le style, fig. 3, *f'*, est blanc, ferme, très-dur, un peu
sinueux à la base et courbé pour se porter dans la gouttière de
la division hastée qui contient les étamines.

Le stigmate, *f*, est très-épais et dépasse la division hastée
dont il est en partie enveloppé. Il est formé de trois divisions
profondes, accolées, bifurquées au sommet, glandulaires extérieurement. Cette surface glandulaire, à laquelle s'attache le
pollen, s'arrête un peu au-dessus de la base de chaque division.

HELICONIA.

Le genre *Heliconia* paraît avoir une grande analogie avec le
Strelitzia. Cependant il offre des dissemblances frappantes dans
la symétrie générale de la fleur.

A la dernière exposition de la Société d'horticulture de Gand,
j'ai eu occasion d'observer une espèce de ce genre : elle portait
le nom de *H. speciosa* ou *brasiliensis*.

Cette plante a une inflorescence terminale, pl. XII, fig. 7 , qui se compose de grandes bractées concaves, écarlates, distiques, au nombre de cinq à six, recouvrant chacune quatre à six fleurs, placées deux à deux sur plusieurs rangées, pédicellées, garnies de bractées petites, membraneuses. Ce mode d'inflorescence est le type de celui qu'on remarque dans le *Strelitzia*, qui n'en diffère que parce qu'il se compose d'une seule bractée, renfermant un fascicule de fleurs axillaires. Les bractées et les fleurs supérieures sont représentées par le bourgeon, pl. X, D, qui est arrêté dans son développement.

Chaque fleur de l'*Heliconia* a un ovaire infère, pl. XII , fig. 3, *a* ; trois sépales externes, *b, b, b*, alongés, blanchâtres, brunissant par la dessiccation ; deux sont supérieurs (c'est-à-dire placés du côté de l'axe de l'épi; comme dans le *Strelitzia* ils sont placés du côté du bourgeon qui termine l'axe) et un inférieur. Ce dernier a les deux bords libres; l'un des supérieurs (celui qui est au côté externe du fascicule) a un bord couvert, l'autre les deux bords recouverts. Cette disposition est un peu sujette à varier.

Les sépales internes forment une enveloppe, *c*, fendue latéralement (du côté externe du fascicule), blanchâtre, brunissant par la dessiccation. Au premier aspect, cette enveloppe paraît formée d'une seule pièce, mais elle est réellement formée de trois sépales fortement agglutinés. On peut, en effet les séparer sans aucune déchirure ; on voit, quand ils sont séparés, que l'un d'eux, celui qui est placé entre le sépale externe inférieur et le sépale supérieur qui se trouve au côté interne du fascicule, a les deux bords recouverts par les deux autres ; cette disposition prouve que la séparation ne s'est pas faite par déchirure.

On voit aussi, lorsqu'on coupe une fleur transversalement, très-près du sommet de l'ovaire, que cette enveloppe est formée de trois parties, fig. 6 , N.º 4, 5, 6, séparées par la substance des sépales externes, N.º 1, 2, 3.

Chaque fleur renferme cinq étamines, fig. 4 *d, d, d, d, d,* insérées au bas de l'enveloppe interne, et placées alternativement vis-à-vis des sépales internes et externes. Vis-à-vis celui des sépales externes supérieurs qui est placé du côté extérieur du fascicule, et conséquemment vis-à-vis la fente de l'enveloppe interne, il n'y a pas d'étamine. L'étamine manquant (la sixième) est remplacée par un staminode, fig. 4, *e*; ce staminode est à trois pointes; il forme à sa base un tube, parce que les deux pointes latérales sont jointes par une lame qui part de leur face interne, fig. 5; ce staminode est soudé par la face dorsale avec le sépale externe correspondant.

Les anthères, fig. 4 *d, d, d, d, d,* sont à deux loges adnées, s'amincissant à la base, souvent inégales à la base et au sommet et surmontées par une pointe formée par le filet.

Le style, fig. 4 *f,* est marqué de trois sillons qui le partagent en trois parties convexes; celle qui correspond au staminode est plus épaisse, un peu aplatie, ce qui donne au style une apparence tétragone.

Le stigmate est subtrilobé.

On aura remarqué que les fleurs qui sont géminées, dans chaque fascicule, sont disposées en sens inverse, puisque l'enveloppe florale interne de chaque fleur s'ouvre du côté extérieur du fascicule : le staminode, répondant à la fente de l'enveloppe interne, est conséquemment à droite dans une fleur, à gauche dans l'autre; on voit une disposition analogue dans le *Calathea zebrina.*

On aura remarqué aussi que les sépales de cette espèce d'*Heliconia* sont placés comme ceux du *Strelitzia :* dans les deux genres, deux sépales externes sont supérieurs et un inférieur; un sépale interne est supérieur et deux inférieurs.

Mais le système staminaire offre une grave dissemblance. Dans le *Strelitzia,* non plus que dans le *Musa,* on ne voit aucune trace de la sixième étamine. Dans l'*Heliconia* celle-ci est représentée par un staminode fort remarquable, et ce qu'il y a de plus notable, c'est que l'étamine qui manque dans le *Musa* et le *Strelitzia* est une étamine interne; c'est celle qui devrait répondre au sépale interne supérieur. Dans l'*Heliconia*, le staminode représente une étamine externe, car il est réellement plus extérieur que les étamines internes, et il correspond à un sépale externe, avec lequel même sa face dorsale est soudée.

On ne peut prendre ce staminode pour une division analogue au sépale interne et supérieur du *Musa* ou du *Strelitzia*, car le système sépalaire est complet, il a ses six divisions, et d'ailleurs le staminode correspond à un sépale externe, et occupe la place d'une étamine externe.

On est donc forcé d'admettre dans les Musacées une différence dans la symétrie, comme on en a vu une entre les plantes qui constituaient la famille des Balisiers de de Jussieu (Scitaminées et Cannées).

Les diverses espèces du genre *Heliconia* présentent la disposition singulière que je viens de décrire. Mais elles offrent quelques modifications du même type.

J'ai vu en fleur, dans les serres du jardin des plantes de Paris, l'*Heliconia Bihai*, qui se distingue par ses feuilles très-grandes, engaînantes, ovales, à nervure moyenne très-saillante; à nervures latérales fines, parallèles, dont quelques-unes, disposées régulièrement, sont plus fortes. Ces feuilles sont tout-à-fait semblables à celles d'un *Musa*.

L'*H. Bihai* a les fleurs en épi terminal, pl. XI, fig. 1, formé de quatre grandes bractées distiques, larges, d'un pourpre foncé sur le dos, d'un jaune orangé sur les bords. Chaque bractée recouvre un grand nombre de fleurs garnies de bractées partielles, blanches, minces, etc.

Chaque fleur, fig. 2, a un ovaire, *a*, subtrigone, blanchâtre; trois sépales externes blancs; l'un, *b*, est supérieur (correspondant à l'axe de l'épi); il a ses deux bords recouverts; les deux autres *b'*, *b'*, latéraux-inférieurs, sont fortement agglutinés aux sépales internes. Celui qui est au côté extérieur du fascicule a les deux bords libres, l'autre a l'un des bords recouverts. ; plus intérieurement sont trois sépales internes, l'un inférieur, les autres latéraux-supérieurs, tellement agglutinés qu'on ne peut les séparer. Cependant, à la base, du côté intérieur, on peut distinguer et séparer le sépale médian des deux autres. Ces trois sépales constituent une division, *c*, verte sur les bords, enveloppant les étamines et présentant une fente supérieure, parce que les bords supérieurs des sépales internes latéraux ne sont pas unis.

Les six sépales sont soudés à la base de manière à former un tube, fig. 3 *d*, qui porte les étamines.

Les étamines sont au nombre de cinq, fig. 2, *d, d, d, d, d,* à filets blancs, aplatis, à loges jaunes, adnées, séparées dorsalement par la substance du filet ; le style, *e*, est blanc, subulé, trigone, terminé par un stigmate très-petit, subtrilobé. Les étamines et le style sont courbés à la base, pour suivre l'enveloppe formée par les sépales internes.

Le staminode, fig. 3, *g*, est plan, entier, aigu, infléchi, inséré en haut du tube, comme les étamines, correspondant au sépale externe supérieur, avec lequel il est soudé, et correspondant, en même temps à la fente de la division formée par les sépales internes agglutinés.

On voit que cette espèce se distingue particulièrement de celle que nous avons décrite, sous le nom de *H. brasiliensis,* par la forme du staminode qui est plan et entier, non tubulé ni tricuspide, par la position des sépales externes et internes, et par celle du staminode qui est supérieur et non supérieur latéral. Elle diffère encore par les caractères des fleurs, des bractées, etc.

L'*Heliconia humilis* a la plus grande analogie avec l'*H. Bihai,* par la disposition de ses bractées colorées, de ses

fleurs, etc.; il lui ressemble surtout par la position du stami
node qui est directement supérieur, et qui a la même forme.
Le sépale supérieur est beaucoup plus large qùe les autres dans
l'*H. humilis*.

L'*H. psittacorum* diffère beaucoup des autres par son port :
ses fleurs, au nombre de 7 à 8, sont en épi terminal, garni
d'une bractée; elles sont rougeâtres, marquées d'une tache
noire vers le sommet, etc. Elles se distinguent surtout par la
situation des sépales et du staminode : selon Redouté, parmi les
sépales externes deux sont supérieurs et un inférieur. C'est la
même position qu'on observe dans l'*Heliconia brasiliensis;* mais
le staminode ne correspond pas à l'un des sépales supérieurs; il
correspond au sépale inférieur.

Ainsi dans l'*H. psittacorum*, le staminode est placé directement en bas (pl. XII, fig. 9); il est latéral et supérieur dans
l'*H. brasiliensis* (pl. XII, fig. 6); il est tout-à-fait supérieur
dans les *H. Bihai* et *humilis* (pl. XII, fig. 8).

Ces changements, qui d'abord paraissent avoir quelqu'impor-
portance, n'altèrent cependant en rien la symétrie générale, car
il ne faut, pour les produire, qu'une légère torsion du pédicelle.
Ainsi le staminode qui est inférieur dans le *H. psittacorum*, devient latéral supérieur, comme dans l'*H. brasiliensis*, si le pédicelle se tord un peu, et tout-à-fait supérieur, comme dans les
H. humilis et *Bihai*, si la torsion est plus forte.

Un caractère bien plus important, et qui appartient à tous les
Heliconia, est fourni par la position du staminode, qui est placé
vis-à-vis un sépale externe; tandis que dans les *Musa* et les
Strelitzia, l'étamine avortée est une de celles qui correspondent aux sépales internes.

RÉSUMÉ.

Les descriptions que je viens de tracer font voir que dans les Musacées le calice est hexasépale, et que les étamines sont naturellement au nombre de six, mais que l'une d'elles avorte; que des six sépales, trois sont extérieurs et trois intérieurs.

Ces caractères généraux appartiennent à tous les genres; mais plusieurs dispositions tendent à faire admettre deux groupes distincts dans cette famille, comme dans les Balisiers, Juss.; dans le premier, qui comprend les genres *Musa* et *Strelitzia*, et qu'on peut nommer les *Strelitziées*, l'étamine avortée est complètement oblitérée, on n'en trouve pas de trace : cette étamine avortée est celle qui correspond au sépale interne supérieur, qui a une forme particulière. C'est donc une étamine interne qui manque. Cette disposition est rendue sensible par le tracé fictif donné pl. XVII, fig. 1. Dans le deuxième groupe, qui comprend les *Heliconia* et que nous nommerons les *Héliconiées*, l'étamine avortée est représentée par un staminode, et ce staminode correspond à un sépale externe, pl. XVII, fig. 2, et pl. XII, fig. 6, 8 et 9. Ce staminode appartient donc au verticille staminaire externe.

Le staminode est ou supérieur, ou latéral, ou inférieur; les figures 6, 8, 9, de la planche XII, donnent une idée de ces dispositions.

Les Musacées présentent donc deux symétries différentes; la fleur des Strélitziées est exactement disposée comme celle des Scitaminées; mais l'étamine fertile de celles-ci est précisément celle qui avorte dans les Musacées, tandis que les étamines fertiles des Musacées tiennent la place des staminodes des Scitaminées.

Dans les Héliconiées, c'est une des étamines externes qui avorte, mais elle laisse un staminode pour la représenter. Dans l'*H. psittacorum*, l'étamine avortée est inférieure, comme celle des Scitaminées, qui ne laisse ordinairement aucune trace ; dans les *H. humilis* et *Bihai*, elle devient supérieure ; elle est latérale dans l'*H. brasiliensis*.

Les dispositions que nous venons de noter sont précieuses pour démontrer la réalité de mon opinion sur la nature des appendices pétaloïdes que j'ai nommés staminodes dans les Scitaminées. On observe dans deux groupes, qui ont une structure identique, ce fait remarquable, que les parties, stériles dans l'un, sont fertiles dans l'autre, et que, réciproquement, celle qui est avortée dans celui-là, devient anthérifère dans celui-ci. Et pour que rien ne manque à la démonstration, on trouve que les étamines qui sont fertiles dans les fleurs supérieures des espèces du genre *Musa*, sont, dans les plus inférieures, réduites à l'état de staminode comme dans les Scitaminées ; de plus, dans les fleurs intermédiaires des *Musa paradisiaca* et *coccinea*, les cinq étamines présentent toutes les nuances entre celles qui sont anthérifères et celles qui ne sont plus que des filaments sans fonction, l'anthère s'oblitérant de plus en plus, conservant encore la forme de l'organe mâle, quand le pollen est déjà disparu, devenant ainsi impropre à la fécondation, avant de disparaître tout-à-fait.

Le groupe des Héliconiées confirme encore notre manière de voir, relativement aux changements que peuvent subir les étamines, puisque ce n'est plus une étamine interne qui avorte, mais bien une externe. De pareils faits ne permettent plus d'élever un doute sur la nature des organes avortés.

ORCHIDÉES.

Je crois devoir dire quelques mots sur la symétrie des Orchidées, qui sont rapprochées des groupes précédents par les anomalies qu'elles présentent ; il ne peut être qu'utile de comparer, sous le rapport de l'arrangement général des parties, quatre familles dont les organes éprouvent des altérations si profondes.

Les Orchidées ont un calice à six sépales, parmi lesquels trois sont extérieurs, *Epidendrum*, pl. XVII, fig. 1, D, D, D, et trois plus intérieurs, E, E, F.

Des trois sépales extérieurs, l'un est supérieur, les autres latéraux; des trois sépales intérieurs, l'un est inférieur et les deux autres latéraux. Le sépale inférieur, F, est différent des autres par sa forme et sa structure; on l'appelle *Labelle*. Souvent il présente plusieurs lobes à sa base ou à son sommet.

Souvent aussi il porte des appendices sur sa face interne comme dans les genres *Epidendrum*, pl. XVII, *Zygopetalum*, *Goodyera*, *Vanda*, etc., etc. (1).

Mais ce qui distingue surtout le labelle des autres sépales, ce sont les connexions qui l'unissent plus ou moins avec le gynostème ou corps formé par la soudure du style et du filet des étamines. Sa base se continue évidemment plus ou moins avec la base du gynostème dans tous les genres.

Quelquefois la soudure est portée au maximum, comme dans les genres *Calanthe* et *Epidendrum*, pl. XVII, dans lesquels on voit le labelle, F, soudé avec le gynostème G, jusque vers le sommet.

Le plus grand nombre des Orchidées a une seule étamine soudée avec le style. Cette étamine est supérieure; elle répond au sépale supérieur qui appartient à la rangée externe.

Outre l'étamine, on voit deux tubercules latéraux qui correspondent aux deux sépales internes de la fleur; ces deux tubercules sont considérés comme des étamines avortées, car l'anthère étant unique, il serait contraire à toute idée de symétrie de ne point compléter le cercle staminaire; de plus, et ce

---

(1) J'aurais pu présenter les figures de ces genres et de bien d'autres genres, tels que *Oncidium*, *Brassia*, *Eulophia*, *Calanthe*, *Bletia*, *Xylobium*, *Fernandesia*, *Maxillaria*, *Dendrobium*, *Angræcum*, etc., qui présentent des dispositions analogues. Mais je réserve les détails pour un travail particulier.

fait est décisif, dans le genre *Cypripedium*, pl. XVI, les deux tubercules *g*, *g*, deviennent anthérifères, tandis que l'étamine intermédiaire, *h*, perd son anthère et ne forme plus qu'un tubercule staminodaire. Enfin, dans une monstruosité de l'*Orchis latifolia*, décrite par mon ami, le professeur A. Richard, dans les Mémoires de la société d'Histoire naturelle, le gynostème portait trois étamines fertiles, les deux staminodes étant anthérifères; on ne peut donc avoir de doute sur la nature de ces organes.

Dans cette famille, on constate donc, comme dans la famille des Balisiers, que ce ne sont pas toujours les mêmes éléments organiques qui deviennent aptes à opérer la fécondation, et dans ce cas-ci, l'évidence est absolue, et doit servir puissamment à corroborer l'opinion que j'ai émise sur la nature réelle des parties florales des Scitaminées et des Cannées, et surtout sur l'ordre symétrique que ces organes affectent dans les deux groupes.

D'après les faits précédemment exposés, on a admis que les Orchidées étaient triandres, ayant dans le plus grand nombre des genres une seule étamine fertile et deux latérales infécondes, ayant au contraire les deux étamines latérales fertiles et l'intermédiaire réduite à l'état de castration, dans le genre *Cypripedium*.

Tous ces faits sont bien constatés; étudions maintenant la position des étamines.

Nous avons dit que l'étamine, qui est parfaite dans le plus grand nombre des Orchidées, était supérieure et répondait à un sépale externe. Si nous observons les staminodes latéraux ou les étamines latérales des *Cypripedium*, nous voyons qu'ils répondent aux sépales internes latéraux.

D'après ces dispositions, il semblerait, au premier aspect, que parmi les trois étamines, l'une est externe et que les deux autres appartiennent à un verticille interne : les deux verticilles seraient donc incomplets ; l'externe se composerait d'une seule étamine, l'interne de deux ; il manquerait donc trois étamines, deux externes et une interne.

S'il en était ainsi, et si l'on voulait, dans ce système, compléter l'ordre symétrique, il faudrait se rappeler ce que nous avons dit plus haut du labelle, savoir : qu'il est toujours d'une forme insolite, que presque toujours il a plusieurs lobes, que souvent il porte des appendices de formes variées sur la face supérieure ; qu'enfin sa substance se continue notablement avec celle du gynostème (corps dans la composition duquel entrent les filets des étamines), à tel point que, parfois, il est complètement soudé avec lui.

La conclusion qu'on tirerait de ces faits serait que le labelle représente un sépale et trois staminodes soudés avec lui ; parmi ces staminodes, deux seraient externes et un interne.

Mais il est des faits d'un autre ordre qui tendraient à faire adopter un arrangement symétrique tout différent.

M. His a décrit une monstruosité de l'*Ophrys arachnites*, dans laquelle les deux sépales internes sont convertis en étamines. De sorte que cette variété remarquable offrait trois étamines fertiles.

M. His pense que le labelle représente trois autres étamines, de sorte que la fleur serait, selon lui, hexandre ; mais comme la fleur a en outre deux staminodes, elle deviendrait octandre, ce qui est inadmissible.

Le savant professeur A. Richard (*Monographie des Orchidées des îles de France et de Bourbon*) pense que le labelle ne représente qu'une seule étamine, par conséquent la fleur des Orchidées aurait six étamines : l'une fertile, deux autres représentées par les staminodes, enfin les trois dernières représentées par les deux sépales internes et le labelle.

M. A. Richard remarque que le calice alors n'aurait plus que trois divisions ; mais il note que le genre *Epistephium* de

M. Kunth offre un petit calice extérieur, à trois dents, couronnant le sommet de l'ovaire, et beaucoup plus petit que les sépales qui sont plus intérieurs. Ainsi les Orchidées auraient six étamines et un double calice, ou en totalité six sépales, comme les familles dont nous avons précédemment étudié la structure.

On ne peut s'empêcher de reconnaître que cette opinion réunit de puissantes raisons en sa faveur. Cependant on doit dire que la monstruosité observée par M. His ne suffit pas pour prouver, sans réplique, que les divisions internes sont régulièrement des étamines, puisque des sépales deviennent parfois anthérifères.

La présence du petit calice de l'*Epistephium* est encore un fait isolé, et peut-être n'en peut-on pas conclure que toutes les Orchidées doivent régulièrement avoir ce calice extérieur. Ne serait-il pas possible que le petit calice fût formé par la saillie des bords supérieurs des valves séminifères ? Dans le *Liparis Lœselii*, pl. XVI, les angles des valves sont déjà proéminents ; ils forment des saillies arrondies ; on doit dire pourtant que leur partie moyenne se continue avec les sépales correspondants, sans former de rebord, et qu'ils n'imitent pas tout-à-fait le calice de l'*Epistephium*.

Mais, d'un autre côté, on remarque que les staminodes des Orchidées, en général, ou les étamines des Cypripédiées, sont placées vis-à-vis les sépales internes, tandis qu'ils devraient alterner avec eux, s'ils étaient des étamines de la rangée interne, et si les sépales internes étaient des étamines de la rangée externe.

Enfin la présence des lobes et des appendices du labelle paraît n'être pas suffisamment expliquée, non plus que ses connexions avec le gynostème.

Toutefois, il reste évident que la transformation des deux sépales internes en étamine, et la présence d'un calice exté-

rieur dans l'*Epistephium* sont des faits d'une grande valeur ;
que la soudure des staminodes avec le gynostème, et l'irrégu-
larité de la fleur suffisent pour faire mal apprécier leur position, qu'on peut admettre qu'ils ont quitté la place qu'ils doivent
avoir naturellement ; qu'enfin la bizarre conformation du labelle
trouve une explication acceptable dans l'avortement des deux
étamines inférieures: il semble prendre un accroissement notable
aux dépens de ces deux parties oblitérées. Ce qui confirme cette
pensée, c'est que lorsque les deux étamines avortées se chargent
d'anthère, comme dans la monstruosité décrite par M. A. Richard,
la fleur devient régulière, la division qui représente le labelle
n'ayant ni lobes ni éperon qui puissent la distinguer des autres.
On pourrait donc provisoirement admettre l'opinion du savant
botaniste que nous avons cité. Il faut souhaiter seulement que
quelques faits nouveaux viennent confirmer ceux dont il a si
judicieusement fait usage.

Si donc on admettait dans les Orchidées un calice extérieur,
visible dans l'*Epistephium*, avorté dans les autres genres ; si, par
conséquent, on admettait que les sépales qui paraissent externes
dans le plus grand nombre des genres, sont naturellement les
internes ; si l'on considérait les sépales internes comme représentant les étamines externes, et l'étamine fertile comme
représentant, avec les staminodes, les étamines de la rangée
interne, on obtiendrait une disposition symétrique des parties
absolument semblable à celle des Scitaminées : l'étamine fertile
serait supérieure et appartiendrait au verticille interne.

Les Cypripédiées, par la raison qu'elles ont deux étamines
fertiles, présenteraient une différence notable. Elles sont comme
serait la fleur d'une Scitaminée, dont l'étamine deviendrait stérile et dont le synème porterait deux anthères. Si le synème des
Cannées portait deux anthères, leur fleur aurait quelque chose de
semblable à celle des Cypripédiées, mais elle serait résupinée.

Il est facile de comprendre que dans l'hypothèse où les éta-

mines seraient représentées par l'étamine fertile, les deux staminodes et les lobes surajoutés ou labelle, les analogies seraient
différentes, puisque l'étamine fertile, étant opposée à un sépale
externe, serait externe, tandis que les deux staminodes appar-
tiendraient au verticille interne, puisqu'ils correspondraient
aux sépales internes ; le labelle contiendrait deux étamines
externes, une interne et un sépale interne. La disposition des
sépales serait précisément celle de *l'Heliconia Bihai*, pl. XII,
fig. 8, mais l'étamine fertile des Orchidées occuperait précisément la place du staminode de *l'Heliconia*, et les staminodes
des Orchidées représenteraient les étamines fertiles de *l'Heliconia*. Les Orchidées, du reste, ont quelquefois les fleurs résu-
pinées, alors leurs parties seraient placées comme celles de
l'Heliconia psittacorum, pl. XII, fig. 9.

Mon but, en parlant des Orchidées, n'étant que de comparer
leur symétrie générale à celle des Scitaminées et à celle des
Marantacées, sans entrer actuellement dans aucune discussion
sur les particularités de leur organisation, je m'arrêterai ici, et
je terminerai par la récapitulation rapide des dispositions qu'on
observe dans les quatre groupes dont je viens de m'occuper,
afin que d'un coup-d'œil on saisisse les rapports qu'ils ont entre
eux et les dissemblances qu'ils présentent. Ce sera ma conclusion.

CONCLUSION.

La famille des *Musacées* est, parmi les familles que nous
comparons, celle qui s'éloigne le moins du type régulier des
Monocotylédonés.

Les plantes qui la composent ont un calice à six divisions, trois
internes et trois externes ; elles sont évidemment hexandres :
cinq étamines sont fertiles ; la sixième avorte ; le style est trifide,
ou le stigmate triparti ; aussi les fleurs fertiles n'ont point de

stylodes; cependant, dans certaines fleurs des *Musa*, le stigmate est imparfait, l'ovaire avorte et son rudiment est couronné
d'un stylode à trois divisions; dans les fleurs du *Musa* dont
l'ovaire reste fécond, toutes les étamines avortent.

Les Musacées se divisent en deux groupes : les *Strélitziées* et
les *Héliconiées*.

Dans les *Strélitziées*, les pièces du calice sont diversement
soudées; c'est un des trois sépales internes qui correspond à
l'axe de l'épi, pl. XVII, fig. 1. La sixième étamine avorte
complètement; sa présence n'est indiquée que par une glande
peu perceptible et par la place vide qui se fait remarquer vis-
à-vis le sépale interne supérieur; c'est donc l'étamine interne
supérieure qui disparaît.

Dans les *Héliconiées*, c'est une étamine externe qui avorte;
elle est remplacée par un staminode très-apparent; le sépale externe auquel correspond le staminode est supérieur dans l'*H.
Bihai* et *humilis*, pl. XVII, fig. 2, et pl. XII, fig. 8; latéral-
supérieur dans l'*H. speciosa* ou *brasiliensis*, pl. XII, fig. 6. On
le dit inférieur dans l'*H. psittacorum*, pl. XII, fig. 9; dans ce
cas les sépales sont disposés comme dans les *Strelitziées*, mais
l'étamine avortée n'a pas la même position. Dans l'*H. Bihai*,
les sépales sont placés comme dans les *Marantacées*, et l'étamine avortée correspond à celui des staminodes de ces dernières plantes qui disparaît souvent complètement.

Les *Balisiers* de de Jussieu ont, comme les *Musacées*, un
calice à trois sépales externes et trois internes et six étamines.
Cinq étamines sont stériles, une seule est anthérifère; le stigmate n'est point trilobé; il y a souvent des stylodes.

Les Balisiers se partagent en deux groupes : les *Scitaminées*
et les *Marantacées*.

Les *Scitaminées* ont les sépales externes réunis en un calice
extérieur souvent tridenté, et fendu latéralement, les trois
internes soudés en un calice tubulé, trifide, qui porte les éta-

mines. C'est un sépale interne qui correspond à l'axe de la tige.

La fleur pl. XVII, fig. 3, est donc disposée comme celle des *Strélitziées*, pl. XVII, fig. 1.

Dans le calice on trouve deux staminodes externes plus ou moins développés, quelquefois rudimentaires, quelquefois complètement disparus; tantôt confondus avec le synème, tantôt rapprochés de l'étamine fertile, dont ils semblent des appendices; tantôt paraissant évidemment externes, tantôt au contraire acquérant une position qui semble de plus en plus interne. Le troisième staminode externe n'est pas habituellement visible.

Les staminodes internes sont représentés par une division pétaloïde interne que nous nommons *synème*.

Le synème est formé de deux staminodes internes soudés; le troisième staminode externe s'ajoute peut-être au synème, car ce dernier est parfois trilobé; mais comme il est le plus souvent bilobé, on doit admettre que le troisième staminode externe avorte en entier, comme la sixième étamine des *Strélitziées*. La base interne du synème semble d'une manière ou d'autre se continuer avec l'étamine fertile; il est placé à l'opposite de l'axe de l'épi, mais non d'une manière exacte. L'étamine fertile est à l'opposite du synème et correspond au sépale interne supérieur.

Conséquemment l'étamine fertile des *Scitaminées* représente celle qui avorte complètement dans les *Strélitziées*. Les staminodes représentent les cinq étamines fertiles des *Strélitziées*. Le staminode qui avorte le plus complètement est à l'opposite de l'étamine totalement anéantie dans les *Strélitziées*.

L'anthère des *Scitaminées* est adnée, attachée un peu au-dessus de la base, à deux loges séparées par un sillon qui loge le style; elle est souvent garnie d'appendices; les deux loges sont subdivisées.

Le style est simple; le stigmate plus ou moins concave; le sommet de l'ovaire porte presque toujours deux stylodes.

L'embryon est entouré d'un vitellus.

Dans les *Marantacées* ou *Cannées*, les trois sépales externes restent libres jusqu'au sommet de l'ovaire. Les trois internes se soudent en un calice tubulé, trifide, qui porte les étamines. C'est un sépale extérieur qui correspond à l'axe de l'épi. L'un des trois sépales internes est à l'opposite de l'axe de la tige, deux sont latéraux et supérieur; la fleur, pl. XVII, fig. 4, est donc placée en sens contraire de celle des *Scitaminées* et des *Stréliziées*.

Le calice porte quelquefois trois, mais plus souvent deux staminodes externes; le troisième avortant comme dans les *Scitaminées*; quand il subsiste il correspond à l'axe de l'épi; sa place est donc à l'opposite de celle du staminode qui avorte complètement dans les *Scitaminées*. Les staminodes externes ont une tendance à se porter vers la partie supérieure de la fleur.

Les trois étamines internes sont représentées par une division isolée, et par un synème formé de deux divisions, quelquefois appendiculées. La division qui reste isolée comme l'est l'étamine fertile des *Scitaminées*, est placée au côté inférieur de la fleur, position inverse de l'étamine des *Scitaminées*, et elle est stérile; l'étamine fertile des *Scitaminées* est donc stérile dans les *Marantacées*. Le synème bilobé placé à l'opposite de la division isolée, a un de ses lobes anthérifères, et il est placé au côté supérieur de la fleur, tandis que dans les Scitaminées le synème est inférieur, et a les deux lobes stériles.

L'anthère est attachée par le dos au filet qui s'étend plus ou moins loin sur sa face dorsale. Les deux loges sont étroitement jointes; leurs valves internes sont soudées; les externes se détachent du même point de sorte qu'il semble qu'il n'y ait qu'un seul sillon de déhiscence. Les loges sont souvent subdivisées.

Le style est simple, soudé plus ou moins avec la base du lobe stérile du synème. S'il y a des rudiments obscurs de stylodes, ils sont soudés pareillement avec les staminodes.

La symétrie des *Orchidées* est peut-être encore insuffisamment établie. Si l'on en juge d'après le plus grand nombre des espèces de cette famille, on admet : 1.º un calice à six sépales, trois extérieurs, dont un supérieur et deux latéraux, et trois intérieurs, dont un inférieur (le labelle) et deux latéraux ; 2.º six étamines dont trois extérieures, une supérieure ordinairement fertile (stérile dans les *Cypripédiées*) deux latérales (inférieures) confondues avec le labelle ; trois internes, deux latérales soudées avec le gynostème ordinairement stériles (fertiles dans les *Cypripédiées*), une inférieure confondue avec le labelle. Cependant quelques faits spéciaux tendraient à faire accorder aux *Orchidées* un autre ordre symétrique : dans ce système, il y aurait un calice à trois sépales externes visibles dans l'*Epistephium*, disparaissant dans les autres genres; trois sépales intérieurs (paraissant externes par l'avortement des précédents; trois staminodes externes (sépales internes des auteurs) et trois étamines internes dont une fertile dans le plus grand nombre des genres, mais stériles dans les Cypripédiées, et deux autres représentées par deux tubercules stériles dans presque tous les genres, mais anthérifères dans les *Cypripédiées*.

Nous avons dit quelles raisons militent en faveur de l'une et de l'autre symétrie.

Les étamines, qu'on appellerait internes dans l'ordre symétrique que nous avons exposé le dernier, offrent une différence notable dans les genres de cette famille qui peuvent, par telle considération, être répartis en deux groupes fort inégaux, les *Orchidées* proprement dites ou monanthérées et les *Cypripédiées*.

Dans les *Orchidées* proprement dites, une étamine interne serait fertile, elle correspondrait au sépale interne (externe par apparence) placé du côté de l'axe de l'épi ; les deux autres étamines internes seraient représentées par les deux staminodes externes soudés avec le gynostème ; ils seraient placés vis-à-vis deux staminodes externes (sépales internes des auteurs) au lieu d'être placés vis-à-vis des sépales internes latéraux (sépales externes par apparence).

Dans les *Cypripédiées*, c'est l'étamine supérieure qui est stérile ; les deux staminodes latéraux sont anthérifères.

Le style dans les *Orchidées*, est soudé avec l'étamine fertile, avec les staminodes, qui deviennent anthérifères dans les *Cypripédiées*, et avec le labelle à un degré plus ou moins prononcé.

Ce qui frappe dans ces groupes, c'est que tous présentent les éléments d'un ordre symétrique, et que dans tous le système staminaire éprouve des altérations plus ou moins profondes.

Ce qui frappe encore, c'est que, dans tous, ce ne sont pas les mêmes étamines qui gardent leurs anthères ; elles deviennent tour-à-tour stériles ou fécondes, et ce n'est pas là la moindre preuve qu'on puisse apporter pour démontrer la nature des appendices qui sont portés par le calice.

EXPLICATION DES PLANCHES.

PLANCHE I.re CATIMBIUM (*Globba nutans*).

Fig. 1. *Une fleur complète.* A, bractée; B, trois sépales externes soudés en un calice irrégulièrement trilobé, fendu du côté inférieur; C, C, C, trois sépales intérieurs; D, synème trilobé.

Fig. 2. *Fleur dont les sépales internes C, C, C, sont rabattus sur l'ovaire pour laisser voir* la face interne du synème D, trilobé, à lobe médian prolongé; les deux staminodes externes F, F, qui se portent derrière l'étamine et paraissent insérés sur la face interne du synème; la face dorsale de l'étamine G, et le stigmate H, qui dépasse l'anthère.

Fig. 3. *Fleur, dépouillée des sépales externes et internes, dont le synème est fendu le long de sa ligne médiane jusqu'au sommet de l'ovaire. a,* pédicelle; *b,* ovaire; *c,* tube formé par les sépales internes et le système staminaire; *d, d,* les deux portions du synème fendu sur ligne médiane; *e, e,* deux saillies ou côtes qui règnent sur le milieu de la face interne du synème, et dont les bases s'avancent vers l'étamine sous forme de tubérosités arrondies; *f, f,* staminodes formant à l'intérieur du tube une saillie qui s'avance vers les tubérosités du synème, dont elles sont séparées par une dépression; la base des staminodes, ainsi que ces tubérosités, est recouverte de poils jaunâtres: les deux bords des staminodes sont libres supérieurement, repliés en-dehors, et se continuent avec les bords de l'étamine et le synème.

Fig. 4. *Une étamine grossie.* G, filament; J, J, les deux loges de l'anthère encore closes, séparées par un sillon, M, dans lequel est logé le style, et présentant chacune une suture de déhiscence K, K, le stigmate, H, dépasse l'anthère.

Fig. 5. *La même après la déhiscence.* G, filament; O, O, loges séparées par le sillon M; N, N, fond des loges; L, L, trophopollens qui subdivisent les loges, sans atteindre le bord des valves, ni le sommet, ni la base de la loge; P, P, valves externes; Q, Q, valves internes.

Fig. 6. *Ovaire surmonté par le style et les stylodes.* E, ovaire; I, deux stylodes durs, épais, tronqués, crénelés au sommet, convexes extérieurement, appliqués l'un contre l'autre par une surface plane, placés à l'opposite du style et de l'étamine; H, style filiforme; M, stigmate infundibuliforme.

ALPINIA ALLUGHAS? (Herb. Wallich., Apud. D, B. Delessert.)

Fig. 1. *Fleur entière.* A, ovaire globuleux; B, calice extérieur très-velu, à deux lobes arrondis; c, c, c, sépales intérieurs très-velus, concaves, surtout le supérieur qui porte une pointe subapiculaire; D, synème bifide, à deux lobes émarginés; E, E, deux staminodes externes; F, étamine; G, style.

Fig. 2. *Fleur dont les lobes calicinaux et la moitié du tube sont enlevés.* A, ovaire; B, débris des sépales externes; C, C, débris des sépales internes; D, D, base du synème fendue sur la ligne médiane; E, E, staminodes externes, dont un des bords se continue avec l'étamine, l'autre avec le synème; e, e, saillies formées par les côtes qui sont sur la ligne médiane du synème, et s'avançant vers l'étamine, au-dessous des staminodes qu'elles laissent en-dehors; F, étamine à filet large, marqué d'une rainure qui loge le style, élargi et échancré au sommet, portant sur les bords les loges de l'anthère qui sont écartées au sommet, bilocellées; G, style plus long que l'étamine, sillonné sur la face interne, terminé par un stigmate infundibuliforme, bordé de quelques poils durs; H, H, stylodes, épais, durs, aplatis de dedans en-dehors; l'un de leurs bords correspond au style et à l'étamine, l'autre au synème.

ALPINIA GALANGA.

Fig. 1. *Fleur entière.* A, ovaire; B, calice extérieur; C, C, C, sépales intérieurs; D, synème à trois lobes, le médian bifide; le synème présente sur la ligne médiane deux saillies très-prononcées; E, E, staminodes externes; F, étamine fertile, à filet un peu élargi, garni d'une rainure qui loge le style, à anthère large, émarginée au sommet, etc.; G, style sillonné d'un côté, etc.

Fig. 2. *Synème, staminodes externes, et base de l'étamine fendue verticalement.* D, synème présentant deux côtes très-prononcées, formant à la base deux saillies *d, d,* qui s'étendent jusqu'à la base de l'étamine F, F, en laissant en-dehors les staminodes E, E, dont l'un des bords se continue avec le bord du filet, l'autre avec celui du synème.

Fig. 3. *Ovaire surmonté du style et des stylodes.* A, ovaire; G, style; H, H, stylodes, gros, courts, aplatis, embrassant la base du style par un de leurs bords.

PLANCHE II. CATIMBIUM (*Globba erecta*), Redout. 174.

Fig. 1. *Tige terminée par une grappe dont l'axe est assez épais, pubescent; les pédicelles très-courts; les fleurs assez serrées.*

Fig. 2. *Une fleur entière.* A, pédicelle; B, bractée, toujours latérale et à peine assez large pour embrasser l'ovaire; C, trois sépales externes soudés en un calice régulièrement trilobé, fendu du côté extérieur (ou inférieur), embrassant assez étroitement le tube formé par les sépales internes; D, D, deux sépales internes, luisants, concaves, obtus (le troisième n'est pas visible dans la figure); E, synème trilobé, irrégulièrement sinué, semblable à celui du *Globba nutans;* F, étamine; G, ovaire.

Fig. 3. *Une autre fleur.* A, pédicelle; B, place où était insérée la bractée; C, calice extérieur; D, sépale interne rabattu, pour laisser voir l'étamine F, et deux staminodes externes H, H, insérés à la base du synème; G, ovaire.

Fig. 4. *Fleur dépouillée du calice extérieur, de deux sépales internes du synème, et de la moitié du tube formé par le calice et le système staminaire.* A, pédicelle; G, ovaire; L, L, tube du calice; D, troisièm sépale interne; H, H, deux staminodes; F, étamine redressée artificiellement pour laisser voir les loges de l'anthère, dont les bords sont saillants et arrondis, et dont la structure du reste est semblable à celle du *Gl. nutans;* seulement les loges sont peut-être un peu plus écartées; I, style placé entre les loges de l'anthère: J, stigmate saillant au-dessus de l'anthère; K, K, les deux stylodes qui ne sont pas crénelés.

Fig. 5. *Fleur fendue sur la ligne médiane du synème.* A, ovaire; B, calice extérieur; C, C, C, sépales internes; D, D, les deux parties du synème fendu; E, E, staminodes externes dont l'un des bords se continue manifestement avec l'étamine, et l'autre est rejeté en-dehors, de manière que le synème, qui se continue avec le bord, semble cependant se souder sur la face externe du staminode; e, e, base saillante des staminodes moins velue et descendant moins bas que dans le *Gl. nutans; f, f,* extrémité inférieure des deux côtes saillantes qui règnent sur la face interne du synème, placées plus haut que dans le *Gl. nutans,* séparées de e, e, par une dépression profonde, au fond de laquelle e, e semblent se contourner pour se continuer avec *f, f.*

Observation. Le *Gl. erecta* diffère du *Gl. nutans,* par la grappe non pendante, l'axe moins grèle, moins velu; les pédicelles plus courts, plus épais; les fleurs moins écartées, plus petites; les bractées moins larges, enveloppant moins complètement l'ovaire et le calice extérieur; celui-ci plus étroit, moins fendu, plus régulièrement trilobé; le calice intérieur à trois divisions moins concaves, plus lui-- santes; les stylodes non crénelés.

PLANCHE III. Amomum dealbatum.

Fig. 1. *Fleur entière.* A, ovaire; B, calice extérieur, ample, tri-lobé; C, C, C, sépales internes; D, synème chiffonné par la dessic-cation; E, E, staminodes externes; F, étamine; G, stigmate.

Fig. 2. *Étamine (de grandeur triplée)*. A, filet membraneux, courbé et concave à la base pour former l'entrée du tube F, qui est oblique à cause de la courbure et de la cavité du filet, et à cause de l'insertion des staminodes externes D, D, qui sont soudés avec l'étamine plus haut qu'avec le synème; B, B, loges de l'anthère longues, parallèles; C, appendice terminal de l'anthère, rétréci à la base, présentant au sommet trois lobes, le moyen émarginé, les deux latéraux recourbés; E, E, débris de la base du synème fendue au milieu, et dont la substance semble se continuer latéralement avec celle de l'étamine.

Fig. 3. *Calice extérieur*, à trois lobes, un peu concaves, recourbés au sommet et garnis d'une pointe subapiculaire.

Fig. 4. *Ovaire et style (de grandeur doublée)*. A, ovaire; B, B, débris des enveloppes; C, style; D, stigmate concave, cilié; E, E, stylodes longs, durs, aplatis, recourbés au sommet.

ZINGIBER LIGULATUM.

Fig. 1. *Fleur entière*. B, calice extérieur fendu d'un côté profondément, subunilobé; C, C, C, sépales externes transparents, marqués de lignes pourpres, parfois émarginés, ordinairement aigus; D, synème d'une consistance très-molle, chiffonné par la dessiccation; E, staminode externe, ou partie du synème déchiré (l'état des parties, quand on les a trempées, ne permet pas de décider s'il y a des staminodes distincts); F, étamine fertile; G, stigmate.

Fig. 2. *Étamine grossie*. A, A, loges de l'anthère, larges, rapprochées en bas; aiguës et écartées en haut, placées sur la face interne du filet, dont les bords sont libres et dépassent latéralement les loges dans la partie supérieure; au sommet le filet, dépassant l'anthère, forme un appendice, B, long, subulé, enfermant le style; C, stigmate concave, cilié.

CURCUMA ZERUMBET.

Fig. 1. *Étamine* (de grandeur double); A, A, staminodes externes soudés avec le filet de l'étamine; B, portion libre du filet; C, anthère à loges écartées en bas , recourbées en arrière , à la base et au sommet, après l'anthèse ; attachées sur la face interne du filet, lequel envoie sur les bases divergentes des loges des prolongements D, D, membraneux , qui dépassent ces loges.

Fig. 2. *Style et stigmate ;* le style est très-mince ; le stigmate, membraneux, cilié , fendu d'un côté, présentant du côté opposé une partie épaissie, glandulaire, sillonnée, renversée en-dehors.

Fig. 3. *Style et stigmate vus par le côté opposé à la fente.*

MANTISIA SALTATORIA.

Fig. 1. *Fleur entière grossie.* A , bractée ; B, ovaire ; C, calice externe , bleu , à trois lobes arrondis , plus large que le tube D, qui est formé par les sépales internes, pâle , couvert de poils glanduleux ; E , E, E', sépales internes bleus , arrondis , les deux latéraux, E, E, plans, adhérant très-obliquement à la portion du tube que concourt à former la base du synème, le médian E' galéiforme, inséré plus haut ; F, synème jaune , marqué de poils glanduleux, pendant , bilobé ; sa base remonte fortement vers la partie supérieure de la fleur et forme sur les bords de la division constituée par l'étamine et les staminodes externes un bord membraneux, étroit , terminé de chaque côté par un appendice f, f, de sorte que l'orifice du tube est oblique, et descend plus bas que les appendices f, f, et que le synème paraît ainsi bifide à la base, comme au sommet ; G', G, staminodes externes bleus , presque filiformes, soudés avec le filet de l'étamine au-dessus du point où arrive le synème ; H , filet de l'étamine étroit, canaliculé , la portion qui porte l'anthère est élargie, membraneuse , échancrée à la base , étendue de chaque côté en une oreillette arrondie qui déborde l'anthère ; I , anthère ; J, style, en partie tiré de la gouttière formée par le filet ; K, stigmate.

Fig. 2. *Étamine (grandie).* H, filet ; I , I, les deux loges de l'anthère divergentes à la base ; H', H', la portion dilatée du filet qui porte les loges , formant de larges appendices latéraux qui débordent les loges envoyant des prolongements sur la partie inférieure de celle-ci, ce qui la fait paraître échancrée à la base, et formant un petit appendice terminal obtus, membraneux qui dépasse le sommet des loges ; J, style tiré hors la gouttière du filet ; K , stigmate infundibuliforme, blanc, transparent, cilié.

Fig. 3. *Anthère vue par le dos.* H , filet bleuâtre ; H', H', portion dilatée du filet qui porte l'anthère ; elle est jaune, paraît formée d'une substance distincte du filament, et forme les appendices latéraux et les prolongements qui s'étendent sur la partie inférieure des loges.

Fig. 4. B, ovaire à côtes saillantes ; J, base du style qui est excessivement ténu ; L, L, stylodes filiformes appliqués sur la base du style, et renfermés dans la base du tube qui est un peu dilatée.

GLOBBA ORIXENSIS.

Fig. 1. *Fleur entière (de grandeur double).* B , ovaire tout couvert de petites glandes (ainsi que toutes les parties de la fleur) ; C, calice extérieur trilobé, plus large que le tube D, lequel formé est par les divisions intérieures ; E, E, E', sépales extérieurs, les deux latéraux, E, E, plans, soudés obliquement avec la partie du tube formée par le synème ; le médian, E', concave, réuni au tube à la hauteur du bord supérieur des sépales latéraux ; F, synème pendant, dont la base remonte vers la partie supérieure de la fleur pour se souder avec l'étamine, présentant deux nervures, G, G, très-prononcées, fortement courbée, et formant le contour de l'orifice oblique du calice ; il résulte de là que l'orifice descend plus bas que les bords du synème, et semble diviser sa base ; F', F', staminodes internes, minces, ovales, insérés à peu près au même point que les sépales latéraux, E, E ; H, filet de l'étamine, membraneux, transparent, élargi, surtout en haut ; I, anthère dépourvue d'appendices latéraux, échancrée à la base, dépassée au sommet, attachée par la pointe du filet; J, style filiforme ; K, stigmate concave.

Fig. 2. *Ovaire dégarni des enveloppes florales.* B , ovaire ; J, base du style qui est excessivement ténu ; L, L, stylodes tubulés assez épais, durs, bruns à la base, blanchâtres au sommet.

PLANCHE IV. Hedychium angustifolium.

Fig. 1. *Une division de l'épi;* A, bractée renfermant plusieurs fleurs ; B, une fleur fanée ; C, tube d'une fleur non flétrie ; D, D, D, trois sépales internes, canaliculés, irrégulièrement contournés ; E, synème, bifide, cuculiforme ; F, F, staminodes externes élargis au sommet, et coupés obliquement ; G, filet de l'étamine, canaliculé, renfermant le style ; H, anthère, cachant le style entre les loges ; I, stigmate.

Fig. 2. *Fleur dépouillée des bractées et des sépales internes.* A, ovaire ; B, calice extérieur fendu d'un côté ; C, point d'insertion des sépales internes ; D, synème ; E, E, staminodes externes ; F, filet de l'étamine ; G, anthère ; H, style filiforme, extrait artificiellement de la gouttière de l'étamine ; I, stigmate.

Fig. 3. *Calice extérieur vu par le côté supérieur.*

Fig. 4. *Le même vu par la face inférieure, qui présente une fente profonde.*

Fig. 5. *Ovaire terminé par le style et les stylodes.* A, ovaire ; B, portion du tube rabattue pour laisser voir les parties qu'il renferme ; C, disque épigyne ; D, style ; E, stylodes en partie soudés et formant un corps sillonné.

Fig. 6. *Fleur entière.* a, ovaire ; b, calice externe ; c, c, c, sépales internes ; d, staminode externe ; d', deuxième staminode, dont on voit la base dirigée obliquement en-dedans, un peu recouverte par le bord du synème, e ; f, étamine ; g, style et stigmate.

Fig. 7. *Fleur privée de sépales internes, et dont le tube est fendu en partie du côté du synème.* a, ovaire ; b, calice externe ; d, d, staminodes externes ; e, e, les deux portions du synème fendu avec le tube ; f, étamine, dont les bords, à la base, envoient vers le synème des prolongements qui forment deux rebords ciliés, en-dehors desquels se trouvent les staminodes externes ; g, stigmate.

Fig. 1. *Fleur entière.* A, portion de l'ovaire, couronné de poils un peu roussâtres; B, calice externe, trilobé au sommet, fendu du côté inférieur, mince, transparent, verdâtre, hérissé de poils rares; C, C, C, sépales internes, blancs, se roulant promptement, et paraissant alors plus étroits qu'ils ne le sont; les deux inférieurs répondent aux deux lobes du synème, le supérieur à l'étamine; D, D, synème, grand, bilobé, présentant à la base deux saillies qui s'unissent à la base de l'étamine pour former l'entrée du tube; E, E, staminodes externes dont la base s'enfonce entre l'étamine et le synème, mais intérieurement ne s'interpose pas entre eux; extérieurement cette base est recouverte par le bord correspondant du synème. (La figure les représente écartés pour laisser mieux voir les parties intérieures); F, anthère placée sur la face interne du filet, surmontée d'un petit *mucro* formé par ce dernier, échancrée à la base, renfermant le style entre les loges, dépassée par le stigmate, G.

Observation. Cette fleur, d'un beau blanc, est couverte d'une multitude de petites glandes d'où émane une odeur excessivement suave.

Fig. 2. *Base du tube fendu pour laisser voir les stylodes;* A, sommet de l'ovaire; B, débris du calice externe; C, base du tube; D, base du style; E, E, deux stylodes, jaunâtres, alongés.

Kæmpferia longa, Jacq.

Fig. 1. *Tige florifère sortant du collet de la racine.* A, A, A, bractées; B, B, B, fleurs non épanouies; C, calice externe, tridenté au sommet, fendu d'un côté; D, D, D, sépales internes, canaliculés, blancs, un peu purpurins au sommet; E, E, deux staminodes externes, blancs, très-larges, enveloppant tout-à-fait la base du synème et de l'étamine; F, F, synème profondément bifide, à lobes d'un pourpre violet, veinés de blanc (l'un d'eux accidentellement émarginé); G, extrémité du filet de l'étamine, bifide, pétaloïde.

Fig. 2. *Fleur* (d'un diamètre doublé) *privée du synème et des*

10

*sépales. La base du synème est fendue, pour laisser voir le mode
d'union de l'étamine avec les staminodes et le synème;* a, ovaire;
b, tube formé par les sépales internes et le système staminaire; c, c,
les deux parties de la base du synème fendue le long de la ligne
médiane; d, d, staminodes externes; e, appendice terminal de l'étamine, membraneux, profondément bilobé, muni de deux nervures
qui partent du sommet des loges; f, f, loges alongées, étroites,
s'ouvrant longitudinalement, subdivisées intérieurement par le trophopollen, cachant le style entre elles; g, base du filet de l'étamine;
h, h, processus de la base du filet qui s'unissent aux staminodes externes; i, i, processus qui unissent la base du synème aux staminodes
externes, en se confondant avec les processus h, h; j, stigmate en
entonnoir, cilié; k, style.

Fig. 3. *Section transversale de l'étamine grossie.* a, base du
filet; b, b, loges; c, portion dorsale de l'étamine; d, d, processus
qui subdivisent les loges.

Fig. 4. *Ovaire dépouillé du calice et fendu verticalement.* A,
A, loges de l'ovaire; B, style; C, stigmate; D, D, stylodes filiformes, ayant bien l'apparence de styles stériles, un peu plus jaunâtres que le style, implantés avec celui-ci au milieu du sommet de
l'ovaire et formant un tout symétrique avec lui; l'un des stylodes est
plus long que l'autre et dépasse le tube du calice.

PLANCHE VI. Zerumbet.

Fig. 1. *Tige fleurie de grandeur naturelle.* A, partie du rhizome,
faisant une saillie, a (bourgeon), au-delà de la tige; B, tige florifère,
entièrement couverte d'écailles engaînantes; C, têtes de fleurs, formées d'écailles vertes, à bords blancs et scarieux, concaves, étroitement imbriquées, mais ne formant pas un capitule dur, et recouvrant les fleurs D, D, D, qui les dépassent un peu.

Fig. 2. *Fleur détachée.* A, bractée interne, blanche, transparente, plus mince que les bractées extérieures, placée du côté de
l'axe de l'épi (son sommet est cependant un peu latéral); B, fleur
encore close.

Fig. 3. *La même vue du côté qui correspond à l'axe de l'épi.*

Fig. 4. *Fleur dépouillée de la bractée interne.* A, ovaire; B, calice externe, blanc, transparent, fendu profondément du côté extérieur, muni au sommet de quelques dents inégales. Ce sommet correspond à peu près à la bractée interne.

Fig. 5. *Fleur dont les sépales sont écartés.* A, ovaire; B, calice externe; C, tube formé par les sépales internes; D, D, D, sépales internes très-minces, à peine jaunâtres, marqués de nervures qui deviennent brunes après l'anthèse; E, synème enveloppant l'étamine.

Fig. 6. *Fleur* (augmentée de grandeur) *privée des sépales internes.* A, ovaire; B, calice externe; C, tube formé par les sépales internes; D, base du sépale interne supérieur, il est plus large que les deux autres D'D qui sont soudés plus haut, avec le synème; E, synème quadrilobé; placé du côté extérieur de la fleur, garni de nervures fines, qui s'épanouissent vers le sommet des lobes, et deviennent brunes après l'anthèse; les deux lobes latéraux sont plus petits; ce synème est jaunâtre, à préfloraison corrugative, déplissé artificiellement et par suite tout ridé encore; il serait plus ample, s'il était complètement épanoui; F, étamine vue par le dos qui correspond à l'axe de l'épi; le filet est court, inséré un peu au-dessus de la base de l'anthère; la portion qui correspond à l'anthère est jaunâtre après l'anthèse, elle marquée de lignes noirâtres à la base et entièrement noire au sommet; G, stigmate dépassant le sommet de l'étamine.

Fig. 7. *Anthère vue par la face interne.* A, filament court et une petite portion du tube; B, B, loges de l'anthère, s'ouvrant par une fente longitudinale qui en occupe toute la longueur; C, C, rebords latéraux formés par le filet qui est très-épais, charnu, jaunâtre; D, prolongement du filet qui dépasse les loges et forme un appendice subulé, un peu obtus, enveloppant le style; E, style placé entre les loges de l'anthère, puis en partie enveloppé par l'appendice terminal de l'étamine; F, stigmate infundibuliforme, cilié, blanc, dépassant l'étamine.

Fig. 8. *Ovaire portant le style et les stylodes;* A, ovaire arrondi;

B, débris du tube; C, style long, grêle; blanc; D, stigmate; E, E, stylodes courts, blancs, inégaux, souvent accolés.

PLANCHE VII. Costus speciosus.

Fig. 1. *Un bouton vu par la face aplatie;* A, A', A', sépales externes rougeâtres, soudés jusqu'au milieu de la longueur du tube; A', A', sont carénés; I, ovaire.

Fig. 2. *Fleur vu du côté convexe;* A', A', A, sépales externes; A, est plan; A', A', carénés, I, ovaire.

Fig. 3. *Un bouton plus avancé;* A, A, A, sépales externes; B, B, B, sépales internes, séparés plus profondément que les externes, d'un blanc rosé; I, ovaire.

Fig. 4. *Bouton privé des sépales.* A, A, débris des sépales externes; B, débris des sépales internes; C, C, D', D, D, synème formé de trois staminodes externes D', D, D, et deux internes C, C, ample, blanc, à préfloraison corrugative (après son développement il est beaucoup plus grand que ne le montre la figure); E, filet de l'étamine, vu par la face externe, large, dressé, émarginé au sommet, couvert jusqu'au milieu du dos de longs poils blancs, cilié au sommet; I, ovaire.

Fig. 5. *Fleur dépouillée des sépales et du synème.* A, A, A, débris des sépales externes; B, base du tube formé par les sépales internes et le synème; E, filet de l'étamine vu par la face interne; F, anthère à deux loges séparées par un sillon qui loge le style, soudées par la ligne médiane de leur dos, vers le milieu de la face interne du filet qui les dépasse; G, stigmate dépassant peu l'anthère, infundibuliforme, à deux lèvres d'abord appliquées; H, poils jaunes, corolloïdes, placés sur deux lignes, à la base du style du côté opposé à l'étamine; I, ovaire (il est triloculaire).

Fig. 6. *Synème séparé* (pris aussi dans le bouton). C, C, staminodes externes; D', D, D, staminodes internes; à chacun de ces lobes répond un faisceau vasculaire, ceux des trois lobes moyens peu ramifiés, ceux des lobes latéraux ramifiés extérieurement, dès la base.

Fig. 7. *Anthère coupée transversalement; a , a,* deux loges écartées et unies par le filet, à déhiscence introrse, longitudinale ; ces loges présentent dans leur fond une saillie qui les subdivise et contiennent un pollen à grains sphériques ; *b ,* filet de l'étamine.

Fig. 8. *Style terminé par son stigmate* subbilobé , crénelé.

COSTUS PISONIS (JACUANGA, Nob.)

Fig. 1. *Fleur entière.* A , sommet de l'ovaire ; B , calice externe à trois lobes peu profonds , plus larges que le tube interne, d'un rouge foncé ; C, C, C, sépales internes, soudés, roses ; D , sommet du synème.

Fig. 2. *Fleur privée des sépales.* C, C, C, base des sépales internes ; D, D, D', synème.

Fig. 3. *Partie supérieure du synème détachée et étalée ,* à trois lobes médians C, C, D', courts, épais , jaunâtres, émarginés, et deux latéraux D, D, émarginés aussi, mais ayant la partie extérieure mince, membraneuse et rougeâtre ; C, C, représentent les staminodes internes ; D, D, D', les externes ; ce synème présente cinq faisceaux vasculaires, ceux qui correspondent aux lobes médians sont peu ramifiés, ceux qui correspondent aux lobes latéraux sont ramifiés extérieurement dès la base; sa face externe est couverte de poils corolloïdes épars, renversés, crispulés.

Fig. 4. *Étamine et portion correspondante du tube ;* C, portion du tube, fendu verticalement, garni au sommet de poils corolloïdes H, renversés, jaunâtres ; D, débris du synème ; E, filet de l'étamine, droit, large, ferme, présentant au sommet deux dents séparées par un bord droit, au milieu duquel est parfois une petite dent divisée par une légère incision visible à la loupe ; F, anthère soudée par le dos au milieu du filet; G, stigmate concave terminant le style qui est long, filiforme, placé entre les loges.

OBSERVATION. L'inflorescence de cette plante est un épi globuleux, formé de bractées rougeâtres, épaisses, étroitement imbriquées, concaves, obtuses. Les fleurs sortent une à une des écailles; elles sont longues de un pouce et demi , à peu près.

PLANCHE VIII. Canna indica.

Fig. 1. *Fleur entière.* A, ovaire; B, trois sépales extérieurs, herbacés, distincts; C, C, C, trois sépales intérieurs, un peu jau_nâtres, formant le tube qui porte le système staminaire; D, D, deux staminodes externes, dressés, D′, troisième staminode externe, plus petit que les autres, sujet à avorter, correspondant à l'axe de la tige; tous trois sont d'un rouge vif, portés du côté supérieur de la fleur; E, staminode interne, révoluté, jaune, taché de rouge; F, G, synème bilobé; F, lobe stérile représentant un staminode interne; G, lobe anthérifère; H, style aplati présentant au sommet un stigmate linéaire; le style est soudé à la base avec le staminode F.

Fig. 2. *Une autre fleur* dans laquelle le staminode supérieur (D′, Fig. 1) est avorté; I, J, bractées.

Fig. 3. *Un synème portant son anthère (grossie)*; A, anthère; B, sillon qui sépare les loges et au fond duquel les valves externes se détachent de la cloison formée par la soudure des valves internes. Cette anthère tient au bord de la division du synème qui lui appartient, et qui s'étend jusqu'au milieu du dos de l'anthère; C, staminode interne, soudé avec l'étamine pour former le synème.

Fig. 4. *Anthère coupée transversalement.* A, A, valves externes des loges se détachant, au fond du sillon, de la cloison B, formée par les valves internes soudées; D, D, loges de l'anthère; E, E, saillies (trophopollen) naissant de la cloison B (et non de la partie dorsale des loges comme dans les Scitaminées).

Fig. 5. *Anthère ouverte.* A, strie médiane formée par la cloison très-étroite résultant de la soudure des valves internes, se confondant par conséquent en haut et en bas avec les valves externes, B, B, en formant un repli, C; les valves externes, B, B, sont larges et renversées sur le dos de l'anthère, après l'anthèse; elles occupaient les trois quarts de la circonférence des loges et venaient se souder par leur bord avec la cloison A, avant l'anthèse; D, D, trophopollens qui subdivisaient les loges et ne s'étendant ni jusqu'en haut ni jusqu'en bas des loges.

Fig. 6. *Anthère vue par le dos, après l'anthèse* (elle est naturellement tournée alors en spirale, elle est déroulée ici artificiellement). A, valve externe d'une loge repliée sur le dos de l'anthère B; C, valve externe de l'autre loge aussi repliée.

Fig. 7. *Base du tube du calice fendu.* A, base du synème : B, base du style correspondant au lobe stérile; C, C', très-petits appendices, C' est placé vis-à-vis le style, C, vis-à-vis le bord anthérifère du synème; D, fond du tube; entre les appendices, C, C, et la base du style, il y a aussi une petite cavité tubuleuse.

MARANTA BICOLOR.

Fig. 1. *Une fleur non épanouie.* A, ovaire subtrigone, velu; B, B, B, trois sépales externes, libres, herbacés; C, sépales internes dans la préfloraison.

Fig. 2. *Une fleur s'épanouissant.* A, ovaire; B, B, deux des sépales externes; C, C, C, sépales internes; D, staminodes dans la préfloraison.

Fig. 3. *Une fleur épanouie.* B, B, B, sépales externes; C, C, C, sépales internes, blancs, pétaloïdes, soudés pour former le tube; D staminode externe, émarginé, blanc, taché violet au milieu; D', un second staminode externe semblable, mais plus profondément divisé au sommet; D'', staminode interne opposé au synème, plus court, plus ferme, dressé, tronqué et émarginé au sommet; E, deuxième staminode interne; F, extrémité du style; G, extrémité de l'étamine.

Fig. 4. *Le staminode interne opposé au synème (quadruplé);* il est concave, tronqué, sub-émarginé, et violet au sommet, garni latéralement de deux oreillettes qui s'élèvent presque aussi haut que lui; intérieurement il est garni, à la base, d'une crête longitudinale velue.

Fig. 5. *Le staminode uni à l'étamine,* présentant sur un de ses bords une oreillette recourbée en bas, et engagée dans le tube du calice; l'autre bord n'adhère à l'étamine que par sa base.

Fig. 6. *Une étamine (quadruplée).* D, base du filament; A, partie du filament qui porte l'anthère B sur son bord, et la dépasse au sommet ; cette anthère adhère au filament par son dos dans toute sa longueur ; C, oreillette placée sur le bord du filament qui correspond au staminode qui fait partie du synème : cette oreillette se distingue jusqu'à la base du filament par sa transparence.

Fig. 7. *Une anthère ouverte.* A, B, les deux valves qui se détachent, au fond d'un sillon, de la cloison, C, formée de deux feuillets et constituée par les deux valves internes réunies, de sorte qu'avant la déhiscence, l'anthère ne présente qu'un sillon de déhiscence et paraît uniloculaire.

Fig. 8. *Une anthère coupée transversalement*, pour montrer les deux loges A, B, séparées extérieurement par un sillon, au fond duquel se fait la déhiscence : la loge A est plus saillante que la loge B ; C, partie du filet qui porte l'anthère ; D, cloison du bord de laquelle se séparent les valves. Elle ne produit pas de trophopollen saillant, de sorte que les loges ne sont pas subdivisées.

Fig. 9. *Un rameau fleuri.*

Fig. 10. *Style et stigmate (grossis).* Le style est un peu fistuleux, et présente sur sa face intérieure une strie fort saillante, séparée de l'autre face par un sillon de chaque côté ; il est courbé au sommet ; le stigmate à l'état frais est concave, à trois lobes, un supérieur et deux inférieurs un peu irrégulièrement placés.

Fig. 11. *Style et stigmate à l'état sec (grossi).* C, partie supérieure du style très-fortement pliée ; A, partie stigmatique coupée obliquement vers le style et presque triangulaire ; B, angle de jonction du style et du stigmate très-saillant.

CALATHEA ZEBRINA.

Fig. 1. *Un bouton (diamètre doublé).* a, ovaire ; b, b, b, sépales externes larges, pétaloïdes, bleus, souvent dentés au sommet, entièrement distincts jusqu'à l'ovaire ; c, sépales internes non encore épanouis.

Fig. 2. *Une fleur privée du calice externe.* a, ovaire ; c, c, c, sépales internes, bleus, à limbe ovale, réunis en un tube grêle; *d*, les staminodes encore rapprochés.

Fig. 3. *Un staminode externe placé du côté supérieur de la fleur, un peu latéralement du côté de l'anthère*. Il est marqué sur la face interne de deux côtes dont une fort saillante, replié et un peu ondulé au sommet dans la préfloraison.

Fig. 4. *Un deuxième staminode externe, placé supérieurement du côté de l'oreillette de l'étamine*. Il n'a point de côtes sensibles sur la face interne.

Les staminodes, fig. 3 et 4, sont assez écartés supérieurement; on voit entre eux le dos du synème; ils semblent laisser une place pour un troisième staminode.

Fig. 5. *Un staminode placé à l'opposite du synème, mais un peu latéralement*. Il est plus rapproché du bord du synème qui porte l'oreillette. Le bord du staminode qui se rapproche du synème ne porte pas lui-même d'appendice; son autre bord, au contraire, a, vers le milieu de la hauteur, une oreillette arrondie assez épaisse, et vers le sommet, une autre oreillette membraneuse, aiguë, dressée; ce bord garni d'oreillettes est séparé du bord anthérifère du synème par le style et le stigmate; l'autre bord paraît un peu recouvert par le bord auriculé du synème.

Fig. 6. *Synème*. L'un des bords est épais, arrondi, et porte l'anthère, *a*, sur le dos de laquelle il règne jusqu'au sommet; l'autre bord est mince, membraneux et se termine en une petite oreillette arrondie, *b*.

Fig. 7. *Style et stigmate*. *a*, style soudé avec le tube et plus haut avec le bord anthérifère du synème un peu courbé, plié au sommet presqu'à angle droit, pour présenter le stigmate *c* en avant; l'angle de réunion des deux parties, *b*, est très-saillant; le stigmate est creux, très-profond, et se continue avec un tube plein de matière transparente qui parcourt le style; son orifice paraît comme à deux lèvres: la supérieure beaucoup plus grande, est entourée d'un rebord arrondi. La substance entre ce rebord et l'angle *b* est transparente et comme glutineuse, de sorte que le pollen peut s'y agglutiner: dans l'état de dessication les deux lèvres sont rapprochées , le style un peu plus courbe. Le stigmate, dans l'état frais , vient se placer entre le bord anthérifère du synème et le bord auriculé du staminode interne.

Fig. 8. Section de l'anthère. Les valves sont fortement infléchies; elles vont se fixer à la partie saillante et charnue qui constitue la cloison et forme un trophopollen peu saillant dans chaque loge. La partie dorsale de l'anthère est formée par la substance du filet qui se prolonge jusqu'au sommet.

Fig. 9 et 10. *Symétrie de deux fleurs placées sous la même bractée.* 1 , sépale externe inférieur à deux bords libres; 2, sépale externe inférieur à un bord recouvert (ce sépale est placé du côté de la fleur qui correspond à la fleur voisine); 3, sépale externe supérieur; 4, sépale interne supérieur, à deux bords libres; 5 , sépale interne inférieur à un bord libre; 6, sépale interne inférieur à deux bords recouverts; 7, staminode externe correspondant au sépale externe à deux bords libres; 8 , staminode externe correspondant à un sépale interne supérieur au lieu de correspondre à un sépale externe latéral; 9 , synème correspondant à un sépale interne supérieur, mais plus près du bord voisin de l'axe de l'épi; la partie la plus épaisse est le bord anthérifère; 10 , staminode interne placé vis-à-vis le sépale interne inférieur et s'avançant sous l'oreillette de l'étamine; la partie la plus épaisse est son bord auriculé; 11 , point où le style qui est soudé avec le bord anthérifère du synème vient placer le stigmate en se courbant.

Fig. 11. *Extrémité du style fortement courbé* (*à l'état sec*), terminée par un stigmate A, presque dirigée en haut, comme à deux lèvres ; angle B extrêmement saillant.

MARANTA ABUNDINACEA.

Portion du style et stigmate (*à l'état sec*). Le style, B, est parcouru par un sillon sur la face antérieure ; la partie supérieure du style A est repliée et présente la surface fendue inférieurement et se continuant avec le sillon.

Maranta flexuosa, Nob.

Portion du style et stigmate (*à l'état sec*). Le style est flexueux dans sa partie supérieure ; la partie pliée, A, plus longue que dans le précédent, pliée à angle droit ; l'angle de réunion, B, très-saillant ; la cavité stigmatique est bornée en haut par un rebord jaunâtre, épais ; en bas elle n'est pas fendue.

Observation. Ces stigmates ont été dessinés à l'état sec, ils présenteront certainement des modifications dans les formes quand on les observera à l'état frais.

PLANCHE IX. Strelitzia reginæ.

Fig. 1. *Fleur entière. a*, ovaire ; *b*, *b*, deux sépales externes supérieurs, ovales-lancéolés, concaves, marqués de quelques plis saillants, d'une couleur orangée très-vive; *b'*, troisième sépale externe pareillement orangé, inférieur, suivant la direction des sépales qui renferment les étamines, aigu, étroit, fortement caréné, à bords courbés en-dehors ; *c*, base de deux sépales réunis pour envelopper les étamines; *c'*, *c'*, appendices membraneux de ces sépales se prolongeant en bas en oreillettes larges, obtuses, courbées l'une vers l'autre ; *d*, troisième sépale interne, supérieur, concave, recouvrant les deux autres par ses bords, les trois sépales internes sont d'un bleu d'azur pur ; *e*, stigmate enveloppé en partie par les deux sépales internes inférieurs.

Fig. 2. *Fleur dépouillée des sépales externes et du sépale interne supérieur. a*, sommet de l'ovaire ; *b*, *b*, points d'insertion des deux sépales externes supérieurs ; *d*, point d'insertion du sépale interne supérieur ; *i*, *i*, base ou onglet des sépales internes inférieurs, larges, concaves, comme ondulés antérieurement ; postérieurement l'un des bords recouvre l'autre ; antérieurement les bords éprouvent un double repli, se portant d'abord en-dedans, puis se repliant en dehors, l'une des parties repliées est enveloppée par l'autre, de manière qu'un seul bord, *g*, est visible à l'extérieur ; *f'*, *f*, partie intérieur du limbe des sépales internes inférieurs, se touchant entre elles, fermant la gouttière qui contient les étamines, recourbées en dehors, ondulé, se continuant avec les bords internes des onglets (*f'* se continuant avec *g*); *h*, *h*, ailes membraneuse naissant du point où la partie extérieure du limbe s'unit à l'intérieure (comme si elles étaient formées par la soudure des parties moyennes des limbes) se prolongeant en bas en deux oreillettes *c*, *c*, obtuses, incurvées (redressées ici artificiellement); *e*, stigmate.

Fig. 3. *La même dont la partie supérieure des onglets est enlevée et les bords supérieurs écartés pour laisser voir les étamines. a*, sommet de l'ovaire; *b*, *b*, points d'insertion des sépales externes supérieurs; *d*, point d'insertion du sépale interne supérieur; *c*, *c*, partie externe ou inférieure des onglets concourant à former le tube dans lequel sont enfermés les filets; *h*, *h*, ailes membraneuses des limbes, formant les oreillettes *c'*, *c'*, en se prolongeant en bas; *c''*, *c''*, partie interne ou supérieure des limbes; *e*, *e*, *e*, sommet déchiré de la partie externe ou inférieure des limbes (étendue artificiellement), cette partie présente cinq sillons qui logent les anthères et qui se voient à l'extérieur sous forme de cinq saillies, elle est formée par la partie interne des deux sépales correspondants agglutinés par le bord; *f'*, style, blanc, ferme, un peu sinueux à la base, et se courbant pour se porter dans la gouttière qui contient les étamines (écarté artificiellement dans la partie supérieure); *f*, stigmate très-épais, dépassant la gouttière des anthères qui l'enveloppe en partie, à trois divisions profondes, accolées (écartées artificiellement) bifurquées au sommet, glandulaires sur toute leur face extérieure (excepté à la base) sur laquelle s'attache le pollen; *g*, *g*, *g*, *g*, *g*, cinq étamines à filets blancs, minces, un peu épaissis à la base, insérés sur les sépales un peu au-dessus du sommet de l'ovaire, et tapissant de leur substance le tube court des sépales; les bases sont soudées au point d'insertion, mais plus profondément séparées au point où devraient se trouver la sixième étamine (dans la figure elles sont écartées en ce point artificiellement); les anthères sont longues, étroites, surmontées par une petite pointe formée par le filet; elles descendent un peu plus bas que le limbe de la division bastée qui les loges, et sont agglutinées dans les sillons qui les renferment, elles sont à deux loges adnées sur la face interne du filet, sur lequel elles descendent inégalement à la base. Le pollen est formé de grains sphériques, gros, blanchâtres.

Fig. 4. *Une anthère grossie et coupée transversalement. a,* filet; *b,* partie dorsale de l'anthère (filet); *c, c,* loges introrses, étroites, à deux valves, présentant dans le fond un trophopollen à peine saillant.

Fig. 5. *Sépale interne supérieur détaché et vu par la face interne.* Il est court, concave, terminé par une pointe recourbée, et présente une saillie notable sur la ligne médiane de sa face interne.

PLANCHE X. Strelitzia reginæ (*suite*).

Fig. 6. *Extrémité d'une tige fleurie.* C, bractée engaînante enveloppant la tige; *e,* grande bractée verte, très-ferme enveloppant tout le faisceau des fleurs, placée du côté du centre de l'assemblage des feuilles, et correspondant à peu près à la bractée caulinaire la plus inférieure; *e',* une partie de sa base, l'autre a été enlevée pour laisser voir les parties qu'elle recouvre; D. bourgeon assez épais, charnu, rose, paraissant la continuation de la tige; E, première fleur qui s'épanouit; F, deuxième, placée à côté de la première; G, troisième fleur placée au-dessus de E; H, quatrième fleur, actuellement épanouie, placée à côté de G: les sépales marcessens de E, F, G, ont été enlevés; *f,* base de la bractée qui est placée en-dessous de la fleur F, l'enveloppant seulement un peu à la base; *g,* bractée de la fleur G; *h,* base de la bractée de la fleur H; *i,* bractée enveloppant un rudiment de fleur très-petit; *j,* une dernière bractée, munie aussi à son aisselle d'un rudiment de fleur; les bractées *f, g, h, i, j,* sont membraneuses, plus ou moins colorées en jaune et toutes dirigées dans le sens de la bractée *e,* qui enveloppe immédiatement la fleur E; *k, k, k,* trois sépales externes de la fleur H; l'un est inférieur, deux supérieurs (correspondant au bourgeon D ou à l'axe de l'inflorescence) *l, l,* deux sépales internes formant la division hastée, inférieure; chacun de ces sépales a trois gros faisceaux de nervures, deux latéraux à sept nervures , un médian à cinq ; les deux latéraux correspondants séparés à la base, agglutinés supérieurement. Ces faisceaux fournissent des nervures secondaires qui se dirigent en bas; *m* , troisième sépale interne , rudimentaire , supérieur, enveloppant la base des deux autres ; *n*, stigmate dépassant la division hastée qui contient les étamines et le style.

PLANCHE XI. HELICONIA BIHAI.

Fig. 1. *Fleurs en épi terminal formé de quatre bractées.*

Fig. 2. *Une fleur entière.* *a* , ovaire subtrigone , blanchâtre ; *b*, sépale externe supérieur (correspondant à l'axe de l'épi), ses deux bords sont recouverts ; *b'*, *b'*, les deux autres sépales externes , blancs aussi , fortement agglutinés aux sépales internes , de sorte qu'on ne peut pas les en séparer, l'un a les bords libres (c'est celui qui est en-dehors du fascicule), l'autre un bord libre et un bord recouvert ; *c* , division interne verte dans ses parties latérales ; elle est formée des trois sépales internes , tellement agglutinés qu'on ne peut les séparer : cependant intérieurement on peut séparer la base du sépale interne médian. Les bords supérieurs des sépales latéraux n'étant pas réunis , la division formée des trois sépales présente supérieurement une fente qui regarde l'axe de l'épi. Les six sépales sont soudés à la base de manière à former un tube qui porte les étamines ; *d*, *d*, *d*, *d*, *d*, cinq étamines à filets blancs , applatis , à loges jaunes , adnées, séparées dorsalement par la substance du filet , un peu écartées à la base , surmontées au sommet par un petit prolongement du filet ; *e*, style blanc, subulé, trigone, terminé par un stigmate très-petit, subtrilobé.

Fig. 3. *Une fleur fendue verticalement.* *a* , ovaire; *b* , base du sépale externe supérieur qui est enlevée ; *c*, division formée par l'agglutination des trois sépales internes et des deux externes inférieurs ; *c'*, moitié de cette division qui a été séparée du tube ; *d*, tube formé par la base des sépales ; *e*, *e*, *e*, trois étamines ; *e'*, *e'*, les deux autres étamines. On voit que ces étamines sont insérées au haut du tube formé par les sépales ; elles sont un peu élargies à leur base pour se joindre , et courbées pour se porter en bas avec la division formée de cinq sépales ; *f,* style se portant d'abord un peu vers le haut , mais bientôt recourbé en bas pour suivre les étamines ; *g ,* staminode , plan , entier , aigu , spatulé , infléchi , inséré comme les étamines au haut du tube , correspondant au sépale externe supérieur, avec lequel il est soudé par le dos et correspondant par conséquent à la fente de la division formée par les cinq autres sépales.

PLANCHE XII. HELICONIA BRASILIENSIS.

Fig. 1. *Fleur encore close, vue du côté qui correspond à l'axe de l'épi. a ,* ovaire, rouge, subtrigone (l'un des angles est inférieur) ; *b, b,* deux sépales externes répondant à l'axe de l'épi , le troisième sépale est caché ; *c ,* enveloppe formée par les trois sépales internes agglutinés.

Fig. 2. *La même fleur plus ouverte. a ,* ovaire ; *b , b , b ,* trois sépales externes ; *c ,* enveloppe formée par les sépales internes.

Fig. 3. *La même plus ouverte , vue du côté où s'ouvre l'enveloppe formée par les sépales internes. a ,* ovaire ; *b, b, b,* sépales externes , blancbâtres , brunissant par la dessiccation ; *c ,* enveloppe fendue latéralement , l'un des bords recouvrant l'autre , formée par les sépales internes , blanche , brunissant par dessiccation , marquée de deux côtés sur le dos (signes de réunion des sépales) ; *d ,* étamines.

Fig. 4. *Fleur dépouillée des deux sépales externes , vue du côté par où s'ouvre l'enveloppe interne. a ,* ovaire ; *b ,* base d'un sépale externe supérieur (celui qui est au côté extérieur du fascicule) ; *c, c,* enveloppe interne, dont l'un des sépales a été séparé artificiellement des deux autres ; *d, d, d, d, d,* cinq étamines insérées au bas de l'enveloppe interne, à anthères formées de deux loges adnées, s'amincissant à la base , souvent inégales à la base et au sommet , surmontées par la pointe du filet ; *e ,* staminode tubulé à la base , tricuspide au sommet , placé vis-à-vis la fente de l'enveloppe interne et soudé par la partie inférieure du dos avec le sépale correspondant ; *f,* style marqué de trois sillons qui le partagent en trois parties convexes dont l'une est plus saillante et moins arrondie (celle qui correspond au staminode), ce qui le fait paraître subquadrangulaire ; il est recourbé vers les étamines ; le stigmate est subtrilobé.

Fig. 5. *Staminode vu par la face interne*, tricuspide au sommet; base rendue tubuleuse par une lame qui joint les deux divisions latérales.

Fig. 6. *Tracé représentant l'insertion des parties.* 1, sépale externe inférieur; 2, sépale externe supérieur et latéral correspondant au staminode; 3, le deuxième sépale externe supérieur ; 4, 5, 6, bases distinctes des sépales internes constituant l'enveloppe interne; elles sont séparées par la substance des sépales externes; 7, ligne blanche, épaisse, circonscrivant intérieurement le tube de la fleur, qui est subtrigone ; l'angle le plus arrondi, correspondant au sépale n.o 2, est la place du staminode, il présente un faisceau vasculaire et deux points transparents (le staminode ayant trois lobes); les deux autres angles correspondent aux deux étamines externes, vis à-vis d'eux est une saillie formée par la substance de l'étamine ; ils ont un faisceau vasculaire simple; les intervalles des angles montrent un faisceau vasculaire simple et une saillie, qui sont l'insertion des étamines internes; 8, section de la base du style présentant trois saillies inégales.

Fig. 7. *Inflorescence*, se composant de grandes bractées, *a*, *a*, *a*, etc., concaves, écarlates, distiques, recouvrant chacune quatre à six fleurs pédicellées, garnies de bractées propres, petites, membraneuses.

Fig. 8. *Tracé fictif montrant la disposition des parties florales de l'Heliconia Bihai et de l'H. humilis.* 1, 2, 3, sépales externes; 4, 5, 6, sépales internes agglutinés en une seule enveloppe; 7, 8, 9, 10. 11, étamines (7, 9, 11 sont internes; 8, 10 sont externes); 12, staminode ou troisième étamine externe.

Fig. 9. *Tracé fictif montrant la disposition des parties florales de l'Heliconia psittacorum.* Les mêmes numéros désignent les mêmes parties que dans la figure 8.

Observation. On voit que le staminode est supérieur dans l'*H.*

Bihai et dans l'*humilis* (fig. 8), inférieur dans l'*H. psittacorum* (fig. 9), latéral supérieur dans l'*H. brasiliensis* (fig. 6).

Les sépales ont des positions corrélatives à ces changements.

PLANCHE XIII. MUSA ROSEA.

Fig 1. *Une fleur entière.* A, A, A', A, extrémités des sépales; extrémités des étamines.

Fig. 2. *Une fleur mâle, privée de son calice.* A, rudiment d'ovaire; B, B, B, B, B, étamines; C, rudiment du style, à trois divisions filiformes, inégales; D, glande placée dans l'espace laissé vide par la sixième étamine et enfoncée dans la base du style.

Fig. 3. *Division interne et supérieure du calice détaché.* Elle est concave et entière.

Fig. 4. *Division externe inférieure,* à cinq lobes, dont deux plus internes.

Fig. 5. *Fruit coupé transversalement,* à trois loges; graines attachées à l'angle interne des loges, paraissant unisériées.

Fig. 6. *Un épi formant la terminaison de la tige.* A, A, grandes bractées; B, B, fleurs mâles insérées, deux ou trois ensemble, dans l'aisselle des bractées supérieures; les fleurs sont souvent soudées entre elles; C, C, fleurs femelles fructifiées, elles ne se rencontrent que sous les deux bractées inférieures; D, D, D, etc., cicatrices laissées par la chute des bractées.

OBSERVATION. Cette espèce diffère du *M. coccinea* par les bractées de couleur différente, ne s'écartant que successivement à l'époque de l'épanouissement des fleurs, caduques.

PLANCHE XIV. MUSA COCCINEA.

Fig. 1. *Épi terminal,* garni de bractées dont la plus inférieure, A, est foliacée au sommet, les autres, B, B, ont seulement une pointe verdâtre; elles sont d'un rouge vif, concaves, écartées . plus longues que les fleurs; celles-ci, C, C, sont géminées sous chaque bractée.

11

PLANCHE XV. Musa coccinea (suite).

Fig. 2. *Une des fleurs inférieures (femelles).* A, ovaire après la fécondation ; B, division extérieure ou inférieure du calice enveloppant complètement la supérieure, C ; E, E, cinq staminodes filamentiformes, beaucoup plus courts que le style, et portés du côté de la division inférieure ; D, style terminé par un stigmate à trois lobes agglutinés (écartés artificiellement) ; le style est un peu infléchi à la base du côté des staminodes ; entre sa base et le sépale supérieur est la place vide de la sixième étamine.

Fig. 3. *Une fleur supérieure (mâle) privée (artificiellement) de la division inférieure du calice.* A, rudiment d'ovaire ; C, sépale interne supérieur (rabattu artificiellement) ; D, style terminé par un stigmate à trois lobes rudimentaires agglutinés ; E, E, E, E, E, étamines fertiles, placées du côté de la division inférieure du calice ; du côté de la division supérieure, il y a un espace vide dans le cercle staminaire.

Fig 4. *Division supérieure du calice,* lancéolée, sub-obtuse, embrassante.

Fig. 5. *Division inférieure,* enveloppant la supérieure et terminée par cinq lobes ; trois extérieurs, A, A, A, mucronés sous le sommet ; deux intérieurs, B, B, plus petits, soudés moins haut avec les lobes extérieurs latéraux qu'avec le médian.

Fig. 6. *Une étamine,* formée d'un filet aplati, élargi supérieurement, portant sur sa face interne, vers ses bords, deux loges linéaires, écartées vers la base, s'ouvrant longitudinalement, et surmontées par une petite pointe formée par le filet.

Musa paradisiaca.

Fig. 1. *Une fleur femelle encore close.* A, ovaire ; B, calice. Les fleurs femelles sont placées 3-6 ensemble dans l'aisselle des bractées inférieures.

Fig. 2. *Une fleur femelle, ouverte.* A, portion de l'ovaire; B, division extérieure et inférieure du calice, révolutée au sommet; C, division interne et supérieure, transparente, concave, présentant au sommet une bosse saillante en—dehors, et trois lobes, le médian plus long, infléchi, présentant des stries sur la face interne; D, D, D, D, staminodes (le cinquième plus petit est caché par le style); E, stigmate formé de trois lobes agglutinés, pultacés, portés par un style épais, sillonné, garni à la base d'une fossette F, qui sécrète une humeur sucrée, très-abondante; cette fossette glandulaire répond au point où devrait se trouver la sixième étamine, vis-à-vis le sépale supérieur interne.

Fig. 3. *Division externe et inférieure du calice,* partagée au sommet en cinq lobes : trois extérieurs, A, A, A, larges, appendiculés au sommet; deux intérieurs, B, B, courts, cachés par les précédents.

Fig. 4. *Une fleur femelle dépouillée de ses enveloppes.* A, portion de l'ovaire; B, B, B, cinq staminodes, dont un plus petit, terminés par un appendice qui rappelle l'anthère; C, style; D, stigmate.

Fig. 5. *Une fleur mâle, dépouillée de ses enveloppes* (qui sont semblables à celles de la fleur femelle); A, ovaire rudimentaire; B, B, B, B, B, cinq étamines à filaments aplatis, présentant au milieu une côte longitudinale; anthères formées de deux loges étroites, longues, bordant la partie supérieure du filament et séparées par sa saillie longitudinale; C, style garni à la base d'une fossette glandulaire (tenant la place de la sixième étamine), terminé par un stigmate subtrilobé, non pultacé, lisse.

PLANCHE XVI. Cypripedium insigne.

Observation. Dans cette planche et les suivantes, je ne donne que l'explication des figures nécessaires à l'intelligence de ce mémoire; les autres ont trait à un travail spécial sur les *Orchidées.*

Fig. 1. *Fleur entière.* A, pédoncule nu, pourpre, tout couvert de poils mous, courts, serrés, pourpres; a, ovaire trigone, aminci au som-

met, velu comme le pédoncule ; *b,* bractée embrassante se partageant
facilement le long de l'angle dorsal qui est très-aigu , fendue presque
jusqu'à la base du côté opposé; outre l'ovaire elle renferme un rudiment
de bouton ; *c ,* sépale externe, supérieur, courbé en avant, ondulé sur
les bords , blanc au sommet , vert à la base qui est tachée de pourpre
sale sur la face interne; *d ,* sépale externe inférieur, large , vert,
taché de pourpre en-dedans , formé par la soudure de deux sépales;
d', e, sépales internes alongés, élargis au sommet, verts, tachés de
pourpre en-dedans, hérissés à la base (*e'* est écarté artificiellement);
f, labelle, en forme de sabot , verdâtre , purpurin en-dedans , hérissé à
la base, un peu charnu, les bords de la base repliés en-dedans, jaunes,
luisants ; *g,* staminode supérieur correspondant au sépale externe
supérieur , jaunâtre ,∙à bords repliés en arrière , élargi et grandement
échancré au sommet , mucroné au fond de l'échancrure, portant sur
le dos un tubercule, *h,* arrondi, très-saillant. Ce staminode porte un
grand nombre de poils purpurins sur les deux faces, et est comme
glandulaire; *i,* une anthère; *k,* support particulier de l'anthère,
arrondi , comme recourbé au sommet et portant l'anthère au-dessous
du sommet; *j,* prolongement de la face antérieure du gynostème qui
porte le stigmate , lequel est caché par les bords du labelle.

Fig. 2. *Sépale inférieur détaché,* montrant par ses nervures
qu'il est formé de deux sépales soudés.

Fig. 3. *Labelle séparé.*

Fig. 4. *Gynostème (grossi) vu par la face stigmatique. a,* base
du sépale inférieur formé par la soudure de deux sépales externes;
b, b, base des sépales internes; *c ,* base du labelle qui est très-épaisse;
d , partie inférieure du gynostème∙ présentant sur la ligne médiane
une saillie devenant de plus en plus prononcée vers le haut ; *e,* staminode répondant au sépale supérieur (voir fig. 1); *f, f,* stipes courts,
un peu courbés au sommet,, portant les anthères *g, g,* qui s'insèrent
obliquement au-dessous du sommet par un processus très-court, et
mince; *h,* stigmate discoïde , ovale , convexe , presque lisse, présentant en bas une très-légère impression concave ; ce stigmate est
porté par un prolongement du gynostème très-marqué supérieure-

ment et éloignant le stigmate du staminode, peu marqué inférieurement et rapprochant ainsi le stigmate de la saillie moyenne du
gynostème.

LIPARIS LOESELII.

a, pédicelle contourné de manière à rendre la fleur résupinée;
b, b, valves séminifères larges, planes, subtriangulaires, présentant
une côte saillante sur la ligne médiane; les angles supérieurs de ces
valves sont arrondis, saillants, de manière à dépasser un peu le
sommet de l'ovaire; la partie médiane du bord supérieur n'est point
saillante et ne forme pas de rebord; les bords latéraux sont un peu
saillants; *c*, filet intervalvaire étroit, répondant aux sépales externes;
d, d, d, sépales externes; *e, e*, sépales internes; *f*, labelle; *g*, gynostème; *h*, anthère; *i*, masses polléniques déposées sur le clinandre.

PLANCHE XVII. EPIDENDRUM CILIARE.

Fig. 1. *Fleur entière (quatre fois plus grande que nature)*.
A, pédoncule; A′, pédicelle d'une fleur supérieure; B, bractée
présentant une côte très-saillante; C, ovaire; D, D, D, sépales externes; E, E, sépales internes; F, F, labelle, soudé avec le gynostème, jusqu'aux staminodes, et formant un tube avec lui; le labelle
présente à la base de la portion libre deux tubérosités (staminodes
externes inférieurs?) jaunâtres, mousses, aplaties de dedans en
dehors, se continuant jusqu'aux staminodes: au sommet le labelle
est divisé en deux lobes profondément frangés et séparés jusque près
des tubérosités de la base; entre les lobes naît un lobe médian *f*,
(staminode interne?) très-long, subulé, continuant sa substance
jusqu'à celle des tubérosités entre lesquelles il semble naître; G,
gynostème; dans l'état de dessication il offre une très-grosse nervure
qui correspond au point où s'insère l'anthère, deux autres latérales
qui se rendent au sommet des staminodes, H; enfin du côté du
labelle on trouve trois autres nervures, une correspondant au lobe
moyen du labelle, les autres se rendant au point de jonction du
labelle et des staminodes, H. Entre ces nervures, il est d'autres ner-

vures plus fines ; ces faits tendent à corroborer l'opinion que les appendices du labelle sont des staminodes : comme H ; I , prolongement postérieur du gynostème lacinié , se continuant avec les staminodes , de sorte que l'anthère est complètement cachée.

Tracé fictif montrant la symétrie des Musacées, Scitaminées, Cannées et Orchidées.

Fig. 1. Musacées , *Strélitziées*. A , style régulier à trois divisions; B, étamine interne supérieure, avortée, opposée à un sépale interne; B', B', les deux autres étamines internes ; C', C', C', étamines externes (ces cinq étamines perdent leurs anthères dans les fleurs supérieures du genre *Musa*) ; D, D, D, trois sépales internes, dont deux latéraux inférieurs, un supérieur ; E, E, E, trois sépales externes, dont deux latéraux supérieurs et un inférieur.

Fig. 2. *Héliconiées*. A, style régulier, à trois sillons; B, B, B, trois étamines internes fertiles ; C', C', deux étamines externes fertiles ; C, troisième étamine externe remplacée par un staminode de forme variable, opposée au sépale externe supérieur ; D, D, D, trois sépales internes dont deux latéraux inférieurs et un supérieur : E, E, E, trois sépales externes dont deux latéraux supérieurs et un inférieur.

La disposition des sépales n'est pas toujours la même (voir les *Heliconia*, pl. XII , fig. 6 , 8 et 9) : le sépale auquel répond le staminode devient latéral dans l'*Heliconia brasiliensis*, pl. XII, fig. 6. Il devient tout-à-fait inférieur dans l'*Heliconia psittacorum*, pl. 9. Dans ce dernier cas les sépales sont disposés comme dans les *Strélitziées*, mais l'étamine avortée est inférieure au lieu d'être supérieure, elle correspond à un sépale externe au lieu de correspondre à un sépale interne.

Fig. 3. Scitaminées. A , style ; *a , a ,* stylodes ; B, B, synème formé par deux staminodes internes, inférieurs, soudés ; B', étamine interne supérieure, fertile ; C', C', deux staminodes externes ; C, troisième staminode externe, inférieur, complètement disparu ou confondu avec le synème.

Fig. 4. Cannées. A , style ; *a , a ,* stylodes existant d'une manière douteuse ; B, B, staminodes internes, l'un inférieur libre, l'autre supérieur, constituant le synème avec l'étamine fertile B' ; C, C, staminodes externes latéraux ; C, staminode externe supérieur, manquant souvent ; D, D, D, sépales internes ; E, E, E, sépales externes.

Fig. 5. Orchidées, *Cypripédiées*. A, style ; B', B', deux étamines internes, latérales, fertiles ; B, la troisième étamine interne stérile, disparue, probablement soudée avec le labelle ; C', un staminode externe, supérieur, très-grand, soudé avec le gynostème ; C, C, les deux autres staminodes disparus, soudés probablement avec le labelle ; D, D, D, trois sépales internes inférieurs formant le labelle ; E, E, E, trois sépales externes, un supérieur, deux inférieurs soudés.

Fig. 3. Orchidées, *Monanthérées*. A, style ; B, B, B, trois staminodes internes, les deux latéraux visibles, l'inférieur complètement disparu, sans doute soudé avec le labelle ; C', étamine externe supérieure, fertile ; C, C, deux staminodes externes latéraux disparus, sans doute soudés avec le labelle ; D, D, D, sépales internes, l'inférieur est le labelle ; E, E, E, trois sépales externes, les deux inférieurs rarement soudés.

Observation I. La fleur des *Orchidées* est quelquefois résupinée.

Obs. II. Le tracé est fait suivant l'hypothèse dans laquelle le labelle représenterait trois staminodes et un sépale interne. Dans l'hypothèse qui donne les sépales externes comme avortés et le labelle et les sépales internes comme représentant trois étamines, la symétrie serait semblable à celle des *Scitaminées*.

Obs. III. Les figures en noir indiquent les organes fertiles ; celles qui sont rayées, les organes stériles, mais existant encore ; celles non ombrées les organes disparus, ou existant avec doute.

CATALOGUE DES OISEAUX

SERVÉS EN EUROPE, PRINCIPALEMENT EN FRANCE,

ET SURTOUT DANS LE NORD DE CE ROYAUME.

2.ᶜ Ordre.

oyez Catalogue des Oiseaux du 1.ᵉʳ ordre dans le volume des Mémoires de 1839, 1.ʳᵉ partie, page 419.)

EXPLICATION DES ABRÉVIATIONS.

Lin............... Linnæus, *Systema naturæ*, 13.ᵉ édition, par
                    J. Frid. Gmelin.
Lath .... Latham, *Index ornithologicus*.
Vieill........... Vieillot.
Cuv............. Georges Cuvier.
Less............ R. P. Lesson, Traité d'ornithologie et complé-
                    ments de Buffon.
Dum........... Duméril.
Tem .... C.-J. Temminck.
Mey............ Meyer.
Latr............. Latreille.
Illig............ Illiger.
de Bl........... de Blainville.
Vig............. Vigors.
Briss .... Brisson.
Savig.......... Savigny.
R............... Polydore Roux.
Licht........... Lichtenstein.
Bonap.......... Charles Bonaparte.
Gm............. Gmelin, *Systema naturæ*, 13.ᵉ édition.
Levaill.......... Levaillant, oiseaux d'Afrique, d'Amérique et
                    des Indes.
Pal .... Pallas.
Riss............ Risso.
Bechst.......... Bechstein.
enl .... planches enluminées de Buffon.
Encycl.......... Encyclopédie méthodique.
Morée .... Expédition scientifique de Morée.
Dict. pitto....... Dictionnaire pittoresque d'histoire naturelle et
                    des phénomènes de la nature.
Atl............. Atlas du Traité d'ornithologie, par R. P. Lesson.
Egypte .... Oiseaux de Syrie et d'Egypte, par Savigny.
pl. col .... Planches coloriées, faisant suite à celles enlu-
                    minées de Buffon, par Temminck et Meffrein-
                    Laugier.
Ois. d'Amériq. Sept. Oiseaux d'Amérique septentrionale, par Vieillot.
pl .... planche.
f.............. figure.

CATALOGUE

DES

OISEAUX OBSERVÉS EN EUROPE,

Principalement en France,

ET SURTOUT DANS LE NORD DE CE ROYAUME,

Avec des notes critiques, des observations nouvelles et la description des espèces qui n'ont pas été décrites dans le Manuel d'Ornithologie de M. Temminck;

Par M. C.-D. DEGLAND, Docteur en médecine, Membre résidant.

2.ᵉ ORDRE.

OISEAUX SYLVAINS, *Sylvicolæ*, Vieill.; *Picæ* et *Passeres*, Lin.; Passereaux et Grimpeurs, Cuv.; Cunéirostres, Dum.; *Scansores* et *Ambulatores*, Illig.; *Prehensores* et *Saltatores*, de Blainv.; Omnivores, Insectivores, Granivores, Zygodactyles, Anisodactyles, Alcyons, Chélidons et Pigeons, Tem.

Cet ordre est divisé en deux tribus, d'après la disposition des doigts. Il comprend les Pics, Torcols, Coucous, Becs-Croisés, Durs-Becs, Bouvreuils, Gros-Becs, Fringilles, Sizerins, Bruants, Mésanges, Loriots, Étourneaux, Corbeaux, Pies, Geais, Coracias, Choquards, Casse-Noix, Rolliers, Jaseurs, Hirondelles, Martinets, Engoulevents, Gobe-Mouches, Pies-Grièches, Merles et Grives, Martins, Aguassières, Pégots, Motteux, Alouettes,

Pipis, Hoche - Queues, Fauvettes, Roitelets, Troglodytes, Sittelles , Picchions, Grimpereaux, Huppes, Guêpiers, Alcyons et Pigeons.

1.re *TRIBU*. —ZYGODACTYLES , *Zygodactyli* , Vieill.

Deux doigts devant, deux ou, très-rarement, un seul derrière.

5.e famille. MACROGLOSSES , *Macroglossi* , Vieill.; Pics, Cuv.; Picées , Less.

Langue extensible , très—longue et lombriciforme.

Cette famille très—naturelle ne comprend que les Pics et les Torcols.

15.e genre. Pic , *Picus* , Lin. et des auteurs.

Les Pics sont faciles à reconnaître à leur bec fort, cunéiforme et sillonné en-dessus ; à leur langue très-longue , armée d'aiguillons cornés vers le bout ; à leurs pieds grimpeurs, et à leur queue composée de pennes à tiges raides et élastiques , qui servent d'arc—boutant pour grimper. Ils sont solitaires, habitent les bois , les forêts , et y nichent dans des trous d'arbres naturels, ou qu'ils creusent eux—mêmes.

On les divise généralement en deux sections. Dans la première sont ceux qui ont quatre doigts , deux devant et deux derrière ; dans la seconde , ceux qui n'en ont que trois.

Il existe huit Pics en Europe. On parle d'une neuvième espèce, propre à l'Amerique septentrionale , qui aurait été tuée en Écosse, *Picus Villosus*. Je ne fais que la mentionner, n'ayant pu obtenir aucun renseignement satisfaisant sur son apparition dans la Grande-Bretagne.

1.re Section.

Pic vert , *Picus Viridis*, Lin., Vieill. , Tem. ; *Bec—Bois* ou *Bec-Bos* de nos villageois; enl. 371 ; pl. 57 R. , f. 1. le mâle, f—

2, tête de la femelle , 58 le jeune; Encycl. 212 ,{f. 3 ; atl., pl. 28, f. 1.

Habite toute l'Europe ; sédentaire et commun dans le nord de la France ainsi que dans d'autres points de ce royaume.

Il a l'iris blanc. Le mâle , la femelle et les jeunes diffèrent entre eux. Le premier a le vertex et les moustaches rouges; la seconde n'a qu'une partie de la tête de cette couleur, et les derniers ont le corps varié de taches régulières, brunes et blanches en-dessous et jaunâtres en-dessus.

Le Pic vert est très-nuisible aux arbres de haute-futaie. Il y fait des trous profonds dans lesquels il établit son nid; on en a trouvé jusqu'à trois ou quatre sur le même arbre , creusés évidemment par lui. M. de Kercado, propriétaire , dans le département de la Gironde, ayant remarqué que cet oiseau attaque de préférence les cicatrices et les caries formées par la taille des arbres, conseille, pour diminuer ses dégats ou les empêcher, de laisser un moignon de six à huit centimètres de saillie au lieu de couper les branches à raz de leur naissance , afin d'éviter l'espèce de godet qui se forme par la cicatrice, et qui retient assez d'eau pour commencer la dégradation de l'arbre. Il paraît que le Pic profite volontiers de ces lésions pour creuser son trou et y nicher. (1)

Pic CENDRÉ OU DE NORWÈGE , *Picus canus* , Gm. , Vieill., Tem.; *P. Viridis canus* , Briss.; *P. Norvegicus* , Lath.; *P. Viridicanus.* Mey.; Pl. 59 R., f. 1 , le mâle , f. 2, la femelle.

Habite particulièrement le nord de l'Europe. Abondant , dit-on , en Norwège et en Russie. Ceux que je possède m'ont été envoyés de la Lorraine, où cette espèce passe en automne.

---

(1) Actes de la société Linnéenne de Bordeaux , t. 6 , 4.º livraison.

Le mâle a du rouge sur la tête, la femelle n'en a pas. Ils ont, d'après M. Temminck, l'iris rouge clair.

Pic épeiche ou grand épeiche, *Picus major*, Lin., Vieill., Tem., Cuv. ; *Agachette* de nos villageois ; enl. 195, la femelle; 196, le mâle ; pl. 60 R., f. 1, mâle adulte, f. 2, jeune, f. 3, tête de la femelle adulte ; Encycl., pl. 211, f. 5, le mâle.

Habite la France et toute l'Europe : assez commun dans nos bois, où il niche ; se répand en automne jusque dans les jardins de la ville de Lille.

Il a l'iris brun rougeâtre, et non rouge comme l'a dit M. Temminck. Le mâle se distingue de la femelle par une plaque de plumes rouges à la nuque. Les jeunes de l'année ont, dans les deux sexes, le vertex d'un rouge terne, qui disparaît après la première mue.

Pic mar ou moyen épeiche, *Picus varius*, Lath., Vieill; *P. Medius*, Lin., Tem.; enl. 611, sous le nom de Pic varié à tête rouge; pl. 61 R., le mâle adulte.

Habite aussi la France ; plus abondant dans le midi que dans le nord ; quelquefois dans le Boulonnais; accidentellement en Hollande. Je l'ai reçu de la Lorraine, où il ne paraît pas rare et niche dans les grandes forêts de chênes.

Le dessus de la tête est d'un rouge vif dans les deux sexes; le rouge est moins étendu chez la femelle, et d'une nuance plus faible chez les jeunes. Le dessous de la queue est plus ou moins rougeâtre; l'iris est brun, entouré d'un cercle blanchâtre, suivant M. Temminck.

Petit épeiche, *Picus minor*, Lin., Vieill., Tem.; *Picus varius minor*, Briss.; enl. 598, f. 1, le mâle, f. 2, la femelle; pl. 62 R., le mâle.

Se trouve également en France, mais il est plus rare que les précédents ; il paraît plus répandu dans le nord de l'Europe.

On ne le voit ici que de loin en loin et toujours isolément. On le rencontre assez souvent en Anjou et dans la Lorraine, où il niche. Je l'ai trouvé plusieurs fois, en automne, sur le marché de Lille.

Il a l'iris rouge ; la femelle est privée de cette couleur à la tête.

Pic noir, *Picus martius*, Lin., Vieill., Tem.; enl. 596, le mâle ; pl. 56 R., mâle adulte; Encycl., pl. 211, f. 1.

Habite, suivant M. Temminck, le nord de l'Europe jusqu'en Sibérie, et ne se ferait pas voir en Hollande. L'adulte aurait l'iris blanc jaunâtre, et le jeune cendré blanchâtre.

Je l'ai reçu des Hautes-Pyrénées et des Alpes suisses, où il niche ; on le trouve aussi dans les montagnes boisées du département de l'Isère. Il est très-farouche et on ne l'approche que difficilement pour le tirer.

Le mâle se distingue de la femelle par le rouge de la tête. Les jeunes offrent quelques particularités qui empêchent de les confondre avec les vieux.

Pic leuconote ou a dos blanc, *Picus leuconotus*, Bechst., Tem.

Habite le nord-est de l'Europe. On dit qu'il est très commun en Suède, et qu'on le voit quelquefois en hiver, dans le nord de l'Allemagne.

Il a été tué sur les Pyrénées par M. Ernest Delahaye, et fait partie de la collection de M. son père, bibliothécaire, à Amiens.

Il a l'iris orange, suivant M. Temminck.

2.ᵉ Section.

Pic a pieds vêtus ou picoide, *Picus hirsutus*, Vieill.; *P. tridactylus*, Gm., Tem.; *Picoides europæus*, Less.; ois. de l'Amériq. Sept., pl. 124.

Accidentellement en France. M. Temminck le dit commun en Suisse où il habiterait exclusivement les forêts et les vallées au pied des Alpes. Il paraît certain qu'on ne le trouve point dans les environs de Genève, et qu'il n'est point rare dans le canton de Berne. Je l'ai reçu plusieurs fois de mon honorable ami M. le professeur Schinz de Zurich.

On assure qu'il existe aussi dans le nord de l'Europe, de l'Asie et de l'Amérique.

Le mâle a le vertex jaune, la femelle, noir rayé de blanc. Ils ont l'un et l'autre l'iris bleu, suivant MM. Temminck et Vieillot.

Type du genre ou du sous-genre *Picoides* de quelques auteurs modernes.

16.ᵉ genre. TORCOL, *Yunx* des auteurs.

Ce genre n'est composé que d'une seule espèce qui a le bec conique et pointu, la langue très-extensible mais sans aiguillons, quatre doigts, dont deux antérieurs unis à leur base, la queue à pennes ordinaires, non propres à servir d'arc-boutant comme chez les pics.

TORCOL, *Yunx torquilla*, Lin., Vieill., Tem.; *Torquilla*, Briss.; enl. 698; pl. 63 R.; Encycl. 214, f. 1; atl., pl. 28, f. 2.

Habite la France, niche en Lorraine et en Anjou. On le voit annuellement dans les environs de Lille où il passe en octobre, quelquefois en novembre, et se tient de préférence dans les vergers.

C'est un oiseau solitaire, qui ne vit avec sa femelle que durant le temps des amours. Il habite alors les bois montueux, et se tient en plaine dans d'autres temps. Il a l'iris gris roussâtre.

J'en ai reçu du Sénégal et de New-Yorck qui ne différaient pas de ceux d'Europe.

6.ᵉ famille. IMBERBES, *Imberbi*, Vieill.; Coucous, Cuv.; Sphénoramphes, Dum.; *Amphiboli*, Illig.; Cuculées, Less.

Les Coucous la composent.

17.e genre. Coucou, *Cuculus* Lin. et des auteurs.

Bec légèrement arqué, entier, lisse, un peu comprimé; narines basales, ovoïdes, entourées d'une membrane saillante; langue aplatie, courte et pointue; bouche fendue; gosier large; tarses pas plus longs, et souvent plus courts que le doigt le plus allongé, et emplumés au-dessous du talon; quatre doigts disposés deux à deux, les antérieurs réunis à leur base, les postérieurs entièrement libres; l'externe postérieur versatile; ailes longues, pointues; queue également longue, étagée, composée de dix pennes.

Ainsi caractérisé, ce genre comprend, suivant M. Temminck, le Coucou d'Europe, le Coucou geai, et le Coucou cendrillard. Vieillot a cru devoir en distraire les deux derniers pour les placer dans son genre *Coccyzus*, ou *Couas* de Levaillant, pensant que ces oiseaux, qui se reproduisent par les voies ordinaires, qui établissent un nid, couvent leurs œufs et élèvent leurs petits, devaient former un genre à part du Coucou d'Europe, qui ne construit pas de nid, et dont la femelle dépose ses œufs dans celui de divers petits oiseaux, qui se chargent de l'incubation et de la nourriture des jeunes. Une particularité morale aussi remarquable devrait faire céder les caractères physiques qui déterminent en général les naturalistes dans leurs classifications; mais en considérant que les Coucous geai et cendrillard res-semblent aux vrais Coucous; qu'ils ne présentent pas les carac-tères des *Coccyzus* ou *Couas* (1), qui ont les tarses plus longs, entièrement dénués de plumes, les ailes plus courtes et arron-dies; que M. Temminck affirme d'ailleurs que des Coucous étrangers, dont les formes extérieures ne diffèrent en rien de celui d'Europe, nichent et élèvent leurs petits, nous suivrons

---

(1) M. Temminck écrit *Coccycus*. C'est une erreur, c'est *Coccysus* qu'il faut lire.

l'exemple de ce naturaliste, et comprendrons dans le même genre les trois espèces ci-dessous désignées.

Coucou GRIS OU VULGAIRE, *Cuculus canorus*, Lin., Vieill, Tem.; *Cuculus*, Briss.; enl. 811, le mâle.

Le Coucou vient chaque année passer l'été dans nos bois; y est assez commun et nous quitte en automne. Il se fait entendre quelquefois jusque dans les fortifications de la ville de Lille. On le trouve partout en France, en Suisse, en Italie, en Morée, dans l'Archipel, en Allemagne, en Hollande et jusqu'en Sibérie. J'en ai reçu de New-Yorck parfaitement semblables aux nôtres.

Le Coucou roux, *Cuculus hepaticus* des auteurs, est un jeune de cette espèce dans sa seconde année. J'ai une femelle de cette couleur qui a été tirée dans le mois de mai; elle avait un œuf tout formé que j'ai conservé longtemps. J'ai aussi une autre femelle qui ressemble presqu'entièrement au mâle, elle a seulement un peu de roux au col. Dans la jeunesse et avant la première mue, les Coucous ont une teinte lustrée, roussâtre, tachetée de brun plus ou moins prononcé.

Cette espèce a l'iris jaune citron. La femelle est plus rare que le mâle et est polygame, c'est-à-dire qu'elle fréquente alternativement plusieurs mâles. Elle dépose ses œufs à terre, les prend avec le bec et les transporte dans des nids de petits oiseaux qui se chargent de l'incubation et d'élever les jeunes. M. Florent Prévost, chef des travaux zoologiques au Muséum d'histoire naturelle de Paris, m'a dit avoir tué une femelle qui portait son œuf dans sa gorge et l'avoir retiré intact, tant cette partie est extensible. Ce naturaliste a recueilli des observations fort intéressantes sur le Coucou et se propose de les publier.

Coucou CENDRILLARD, *Cuculus cinerosus*, Tem.; *Cuculus carolinensis*, Briss.; *C. Americanus et dominicus*, Gm.; Coucou de la Caroline, Buff.; enl. 816; Encycl., pl. 220, f. 2.

Habite particulièrement le Nord de l'Amérique. Tué plusieurs fois en Angleterre. M. Yarrell en cite quatre exemples.

L'auteur du *Manuel d'ornithologie* pense que le Coucou cendrillard se reproduit en Europe, parce qu'il a peine à croire à une émigration du nouveau monde en notre continent (1). Il me paraît possible cependant que des individus de cette espèce aient passé des régions boréales de l'Amérique dans celles de l'Europe qui les avoisinent et qu'ensuite ils se soient avancés jusque dans nos contrées. Est-il bien conséquent de dire ailleurs (2) que ces sortes de migrations ne doivent pas étonner, qu'il ne faut qu'un coup de vent pour les opérer, et que c'est probablement à cette cause que l'on doit l'égarement des oiseaux américains, leur passage en Europe et leur apparition sur les côtes d'Angleterre ? Ce n'est pas la seule contradiction que l'on remarque dans l'ouvrage de M. Temminck.

J'ai reçu le Cendrillard de New-Yorck et de la Géorgie où il est commun. On dit qu'il a l'iris rouge.

COUCOU GEAI ou COULICOU NOIR ET BLANC, *Cuculus glandarius*, Tem.; *C. Andalusiæ*, Bris.; *C. glandarius et pisanus*, Gm.; Coucou huppé noir et blanc et grand Coucou tacheté, Buff.; *Coccyzus pisanus*, Savig., Vieill.; *Cuculus macrourus*, Br.; pl. 67 R., le mâle moyen âge, 68 le jeune; pl. col 414, femelle adulte.

Accidentellement dans le midi de la France, en Italie, en Sicile et en Allemagne. Il niche, dit-on, en Andalousie et dans le Levant. Sa patrie est l'Afrique.

Il a, suivant M. Temminck, l'iris jaune à l'état adulte et gris dans sa jeunesse.

---

(1) Manuel, 3.ᵉ partie, p. 279.

(2) Manuel, 4.ᵉ partie, p. 311, 538, et en d'autres endroits de ce volume

2.ᵉ *TRIBU.* — ANIZODACTYLES, *Anizodactyli*, Vieill.

Quatre doigts: trois devant, un postérieur; l'externe toujours dirigé en avant, le pouce quelquefois versatile.

7.ᵉ famille. GRANIVORES, *Granivori*, Vieill.; **FRINGILLÆ,** Less.

Bec court, conique, épais, quelquefois croisé.

Cette famille réunit les Becs-Croisés, le Dur-Bec, les Bouvreuils, les Fringilles, les Sizerins et les Bruants.

18.ᵉ genre. BEC-CROISÉ ou KRINIS, *Loxia*, Briss., Vieill., Tem.; *Curvirostra*, Br.

Les Oiseaux de ce genre sont très-reconnaissables à leurs mandibules fortes, croisées et pointues en sens inverse. Ils sont au nombre de trois et vivent principalement de semences d'arbres verts.

BEC-CROISÉ COMMUN ou des PINS, *Loxia curvirostra*, Lin., Vieill., Tem., Cuv.; *Curvirostra pinetarum*, Br.; enl. 218, me paraît représenter un mâle d'un an; pl. 69 R., mâle adulte; 70, femelle adulte; 71, jeune; Encycl., pl. 144, fig. 2; atl., pl. 61, fig. 2.

Commun en Allemagne et de passage irrégulier dans le nord de la France, quelquefois en bandes considérables. On l'a vu pénétrer jusque dans les jardins pour y manger la graine de tournesol. Il fréquente plus particulièrement les lieux où il y a des pins. Il est aussi de passage irrégulier en Provence. Au printemps et en automne on le voit régulièrement chaque année, sur les Alpes, les Pyrénées, et fort avant dans le Nord. Je l'ai reçu de la Géorgie (Amérique septentrionale).

Il a l'iris brun; le mâle, la femelle et les jeunes, ont chacun un lumage particulier. La livrée rouge est celle du mâle adulte, la livrée vert jaunâtre, celle de la femelle, et la livrée gris verdâtre, plus ou moins tachetée de noir, celle des jeunes avant la première mue. A l'âge d'un an, les mâles prennent une nuance rougeâtre plus ou moins prononcée. Dans l'état de captivité, les adultes perdent leur couleur rouge et deviennent vert tirant sur le jaune, comme les femelles.

Le Bec-Croisé niche dans les Hautes-Pyrénées, en mars et en juin, et aux mêmes époques en Suisse. M. L.-A. Necker en a trouvé un nid sur un sapin, à la fin de mars. Ce nid, composé d'herbe, de mousse et de feuilles de sapin, contenait trois petits couverts de plumes. Leur plumage était d'un vert foncé, moucheté de taches longitudinales noirâtres. Ils n'avaient point encore les mandibules croisées; leur bec était tout-à-fait semblable à celui du Verdier. Le plumage du père était d'un beau rouge, et celui de la femelle était vert (1). C'est donc à tort que M. Temminck dit qu'il ne se tient que dans les bois de pins.

Suivant M. Brehm, il nicherait en toutes saisons, et l'auteur du *Manuel d'ornithologie* assure qu'il niche en décembre comme en mars, avril ou mai. En Suisse et dans les Pyrénées, il s'occupe de sa reproduction toujours aux mêmes époques. Il s'est fait, du 15 juillet à la fin d'août 1838, un passage considérable de Becs-Croisés dans le département du Nord. Ils voyageaient par petites troupes; il y en avait de tous sexes et de tous âges. Ceux que j'ai obtenus ont été ouverts: Les rouges étaient des mâles; ceux d'un vert jaune, des femelles; enfin ceux d'un brun rayé, des jeunes. Les becs variaient en longueur et évidemment à cause de l'âge. Plusieurs étaient plus forts que d'autres qui paraissaient être du même âge. Ce sont sans doute

---

(1) Voyez Mémoire de M. L.-A. Necker sur les Oiseaux des environs de Genève, inséré dans la première partie du 1.er volume des Mémoires de la société physique et d'histoire naturelle de cette ville.

des individus qui offraient cette dernière particularité que M. Millet a observés en Anjou, et qu'il a décrits comme une race appartenant à l'espèce suivante.

Bec–Croisé Perroquet ou des sapins, *Loxia pytiopsittacus*, Bechst., Tem.; *Curvirostra pytiopsittacus*, Br.; enL 218, mâle, sous le nom de Bec–Croisé d'Allemagne.

· De passage accidentel en France; habite les régions du cercle arctique, la Russie, la Pologne et l'Allemagne.

Iris brun. Le mâle est rouge brique, la femelle cendré verdâtre, et le jeune gris. Il est sujet aux mêmes variations que l'espèce précédente.

Bec–Croisé leucoptère, *Loxia leucoptera*, Gm., Vieill., Tem.; *Loxia falcirostra*, Lath.

De passage accidentel en Europe. Il a été tué dans le nord de l'Allemagne et en Angleterre. Habite particulièrement l'Amérique septentrionale, et a été décrit par Wilson sous le nom de *Curvirostra leucoptera*.

19.ᵉ genre. Dur-Bec, *Strobiliphaga*, Vieill.; *Loxia*, Lin.; *Corythus*, Cuv.; *Pyrrhula*, Tem.

Le bec de la seule espèce de ce genre ressemble à celui des Bouvreuils. Il est fort, bombé, et un peu comprimé; la pointe de la mandibule supérieure est recourbée sur l'inférieure qui est droite et mousse.

Dur-Bec rouge, *Strobiliphaga enucleator*, Vieill.; *Corythus enucleator*, Cuv.; *Loxia enucleator*, Gm.; *Pyrrhula enucleator*, Tem.; Dur-Bec du Canada, Buff.; pl. 72 R., jeune mâle; atl., pl. 57, fig. 2.

Des régions arctiques des deux mondes. Commun au Canada; de passage accidentel dans le nord de l'Allemagne et quelquefois en France. Il a été tué près de Charleville et en Provence.

20.ᵉ genre. Bouvreuil, *Pyrrhula*, Briss., Vieill., Tem.; *Loxia*, Lin.

Bec gros, court, bombé en tous sens et crochu à son extrémité; tarses courts; doigts entièrement divisés; ailes médiocres et pointues; queue légèrement fourchue.

Les Bouvreuils ont de grands rapports avec les Fringilles, ce qui a déterminé quelques auteurs à en faire un sous-genre. Leur nourriture consiste en semences et en bourgeons d'arbres.

Bouvreuil vulgaire ou commun, *Pyrrhula vulgaris*, Briss., Tem.; *Pyrrhula europœa*, Vieill.; *Loxia pyrrhula*, Gm.; vulgairement Pionne; enl. 145, fig. 1, mâle, fig. 2, femelle; pl. 73 R., mâle, 74, femelle; Encycl., pl. 149, fig. 4; atl., pl. 61, fig. 1.

Niche dans quelques cantons de notre contrée et dans les pays montueux de la France. L'on en prend en grand nombre dans les mois de décembre et de janvier. Il ne se fait pas voir chaque année dans la Provence.

M. Temminck dit que les prétendues espèces du grand et du petit Bouvreuil ne sont que des variétés dues à des causes qui dépendent de la localité et du plus ou moins d'abondance dans laquelle ces oiseaux ont vécu. Vieillot prétend, au contraire, que ce sont deux races distinctes qui habitent les mêmes contrées et font bandes à part. Quoi qu'il en soit, les grands Bouvreuils sont rares, très-recherchés, et ont un cri plus fort, ce qui les fait distinguer par les oiseleurs. Il s'en est fait un passage considérable en décembre 1830 et en janvier suivant, dans les environs de Lille. On n'en avait pas vu depuis quinze ans. Ils voyageaient par petites troupes et ne se mêlaient pas aux Bouvreuils vulgaires, qui n'ont pas été communs cette année. L'on a pris autant de femelles que de mâles.

Les Bouvreuils ont l'iris brun noir.

BOUVREUIL CRAMOISI, *Pyrrhula erythrina*, Tem.; *Loxia obscura*, Gm.; *Loxia eryth.*, Pal.; *Fringilla eryth.*, Mey.; petit Cardinal du Volga , Sonnini.

Habite la Sibérie et quelques provinces de la Russie. On l'a trouvé dans la vallée du Rhin. Il m'est tout-à-fait inconnu.

BOUVREUIL GITHAGINE, *Pyrrhula gythaginea* , Tem.; pl. col. , 400 , fig. 1, mâle, fig. 2 , femelle; pl. 74 bis R., jeune de l'année en plumage d'automne.

De passage accidentel en Provence et dans les îles de l'Archipel. Habite particulièrement la Nubie et la Syrie. Je possède un très-beau mâle qui a été tué en France.

Il a l'iris et le bec roux vif, suivant P. Roux.

BOUVREUIL A LONGUE QUEUE, *Pyrrhula longicauda*, Tem.; *Loxia Sibirica*, Pal.; Cardinal de Sibérie, Sonnini, dans son édition de Buffon.

Des contrées boréales. Commun l'été en Sibérie ; descend en hiver dans les provinces méridionales de la Russie et quelquefois jusqu'en Hongrie. Cet Oiseau m'est aussi inconnu.

21.º genre. FRINGILLE, *Fringilla*, Lin., Lath., Vieill., Tem.

Bec conique, obtus, plus ou moins pointu, à bords entiers; la mandibule supérieure couvrant les bords de l'inférieure; Palais creux et strié longitudinalement; langue arrondie, cornée et légèrement fendue à sa pointe ; narines rondes plus ou moins cachées par des plumes; ailes et tarses courts; queue moyenne et fourchue.

Les Fringilles vivent généralement de grains dont ils font une grande consommation. Ils n'ont pas tous les mêmes mœurs et le même genre de vie. A cause de ces particularités et de quelques différences dans le bec, on les a divisés en plusieurs genres ou sous-genres. Les caractères sur lesquels on s'est fondé pour établir ces divisions sont peu pronoucés et peu importants. L'auteur qui nous sert de guide s'est contenté de les partager en six sections, savoir : 1.º les Fringilles dont la pointe du bec est comprimée latéralement, plus ou moins alongée, grèle et très-aiguë; 2.º celles dont le bec est un peu ovale, à pointe courte et légèrement obtuse; 3.º celles dont le bec est, à la pointe, un peu épais, incliné et un peu obtus; 4.º celles dont le bec est parfaitement conique, à pointe un peu comprimée et un peu aiguë; 5.º celles dont le bec est plus fort que celui de la Li-note, plus ou moins alongé, à pointe sans compression, légèrement aiguë; 6.º enfin celles dont le bec est aussi ou presque aussi épais que la tête et simplement pointue.

1.ʳᵉ Section.

Fringilles dont la pointe du bec est comprimée latéralement, plus ou moins alongée, grèle et très-aigue.

CHARDONNERET, *Fringilla carduelis*, Lin., Vieill., Tem.; vulgairement Cardonnette; pl. 97 R., mâle, 98, jeune au sortir du nid; Encycl., pl. 161, f. 3; atl., pl. 6, f. 2.

Commun en automne et en hiver; niche sur les petits arbustes à la lisière de nos bois et même sur les arbres de l'esplanade de Lille. Il se fait sans peine à l'état de domesticité, et c'est un de nos oiseaux qui répond le mieux aux soins que l'on prend de son éducation. La captivité apporte souvent des changements dans son plumage. La variété qui a la gorge blanche et qui est connue sous le nom de Chardonneret royal est la plus recherchée et toujours d'un grand prix. Il parait que c'est dans l'âge avancé que le Chardonneret offre cette particularité. Iris bruu foncé.

Il est de passage en grand nombre à Dunkerque, à Cambrai, à Arras et en d'autres localités du royaume. On en fait à Lille un commerce important.

Type du sous-genre *Carduelis*, Cuv.

Linote de montagne ou a gorge jaune, *Fringilla montium*, Lath., Vieill., Tem.; *F. Flavirostris*, Lin.; vulgairement Linot; pl. 93 R., mâle.

Habite le nord de l'Europe. De passage régulier, en automne et au printemps dans les environs de Lille; moins commune que la Linote ordinaire ou des plaines. Rare en Provence et en d'autres localités de la France. J'en ai reçu plusieurs de New-Yorck qui ne diffèrent pas des nôtres.

Elle a l'iris brun.

Tarin, *Fringilla spinus*, Lin., Vieill., Tem.; *Ligurinus*, Briss; enl. 485, f. 3., mâle; pl. 95 R., mâle, 96, femelle: Encycl., pl. 162, f. 3.

De passage annuel et régulier. Un grand nombre de Tarins restent ici l'hiver. Ils commencent à arriver en octobre et nous quittent à la fin de février ou en mars, pour aller nicher dans le nord. Ils sont recherchés pour les volières. Ce sont eux surtout que les gens du peuple condamnent à ces sortes de galères que l'on voit à Lille. Ces oiseaux, qui sont alors attachés par une petite chaîne, se procurent de l'eau et des aliments avec une adresse et une dextérité remarquables.

Ils ont l'iris brun.

Venturon, *Fringilla citrinella*, Lin., Vieill., Tem., enl. 658, f. 2, mâle; pl. 90 R., mâle; Encycl., pl. 163, f. 2.

Habite les contrées méridionales de la France et de l'Europe. Il niche sur les sapins dans les Hautes-Pyrénées.

Iris brun clair.

3.e Section.

Fringilles dont le bec est un peu ovale, à pointe courte et légèrement obtuse.

Cini, *Fringilla serinus*, Lin., Vieill.; enl. 658, f. 1, mâle; pl. 94 R.; vieux mâle, f. 2, femelle adulte.

Habite les mêmes contrées que le précédent et n'est pas
rare dans le midi de la France. Il est, dit-on, très-commun en
Allemagne dans la vallée du Rhin. J'en ai reçu plusieurs des
Hautes-Pyrénées où il niche sur les arbres fruitiers. Je l'ai reçu
aussi de la Lorraine où il niche également dans les vergers.

Le Cini a l'iris brun foncé.

Fringille ou Gros-bec islandais, *Fringilla islandica*,
Faber, Tem.

Nouvelle espèce, intermédiaire au Verdier et au Cini, décrite
par M. Temminck dans la 4.ᵉ partie de son manuel. Elle m'est
inconnue.

Iris brun.

2.ᵉ Section.

Fringilles dont le bec est à la pointe un peu épais, incliné
et un peu obtus.

Moineau franc, *Fringilla domestica*, Lin., Vieill., Tem.;
Passer domesticus, Briss.; Mouchon de nos campagnards,
Pierrot et gros bec de nos citadins; enl. 6, f. 1; pl. 80 R., f. 1;
vieux mâle, f. 2, jeune mâle, 81 femelle; Encycl., pl. 158, f. 2,
mâle en hiver.

Sédentaire et très-commun; niche jusque dans nos villes.
C'est un véritable oiseau parasite qui fait une grande consommation de graines, quoiqu'il vive aussi d'insectes. P. Roux
l'a rencontré à Bombay.

Il a l'iris brun-noisette. Son plumage varie souvent. Je
possède des variétés blanche, noire, couleur café au lait, gris
de lin et panaché.

J'en ai reçu deux d'Italie, mâle et femelle, qui diffèrent
très-peu des nôtres. Ceux de New-Yorck n'en diffèrent pas.

Type du sous-genre *Pyrgita*, Cuv.; *Megalotis*, Sw.

Moineau cisalpin ou a tête marron; *Fringilla cisalpina*, Tem.; *F. Italiæ*, Vieill.; pl. 82 *bis* R., mâle adulte.

Habite toute l'Italie; de passage dans les départements méridionaux de la France. Il a l'iris brun et les mêmes mœurs que le moineau domestique. Je l'ai reçu de Marseille.

Moineau espagnol, *Fringilla hispaniolensis*, Tem.; pl. 84 R., mâle adulte.

Commun en Espagne, en Sardaigne et en Sicile. Je l'ai reçu de la Provence où il est de passage. On le trouve aussi en Egypte et au Japon.

Il a l'iris brun noisette. P. Roux dit qu'il se mêle quelquefois en hiver, ainsi que le précédent, aux bandes de moineaux domestiques.

Friquet, *Fringilla montana*, Lin., Vieil., Tem.; *Passer campestris*, Briss.; vulgairement moinequin; enl. 267, f. 1.; pl. 83 R., mâle; Encycl., pl. 158, f. 3; atl., 62, f. 1.

Sédentaire et commun. Il est répandu en France et dans toute l'Europe. Il habite de préférence les champs et la lisière des bois; en hiver il se mêle aux bandes de moineaux francs. Iris brun foncé.

Fringille pallas, *Fringilla rosea*, Gm., Pall.; *Pyrrhula rosea*, Tem.

Cet oiseau offre tous les caractères des Fringilles de la quatrième section, je le crois mieux placé ici que parmi les Bouvreuils. Il habite en été la Sibérie et passe l'hiver dans les provinces méridionales de la Russie. On l'a tué près d'Abbeville. M. Temminck le comprend dans son genre Bouvreuil.

4.ᵉ Section.

Fringilles dont le bec est parfaitement conique, à pointe un peu comprimée et un peu aiguë.

LINOTE VULGAIRE, GRANDE ET PETITE LINOTE DES VIGNES, *Fringilla linota*, Gm., Vieill.; *F. Cannabina*, Tem.; vulgairement Friant; enl. 485, f. 1, mâle en robe d'été, 151, f. 2, mâle en mue; pl. 91 R., mâle en robe de printemps 92, mâle en robe d'automne.

Niche dans quelques cantons de nos départements septentrionaux; sédentaire et commun en Lorraine, en Anjou; de passage dans les environs de Lille, en automne et au printemps; perd presque toujours, dans l'état d'esclavage, la belle couleur vineuse des plumes de la poitrine; recherchée pour son chant; passe l'hiver dans les parties méridionales de la Provence.

Elle a l'iris brun.

Type du sous–genre *Linaria*, Cuv.

5.ᵉ Section.

Fringilles dont le bec est plus fort que celui des Linotes, plus ou moins alongé, à pointe, sans compression et un peu aigu.

PINSON OU PINÇON, *Fringilla cœlebs*, Lin., Vieill., Tem.; *Fringilla*, Briss.; Pinchon de nos campagnards; Enl. 54, f. 1, mâle; pl. 85 R., mâle, en automne, 86, f. 1, femelle; f. 2, tête du mâle au printemps; Encycl., pl. 59, f. 1; atl., pl. 60, f. 1.

Sédentaire et très–commun; niche dans nos campagnes et dans nos bois; en hiver, il se mêle aux bandes de Moineaux et de Bruants qui descendent jusque dans les cours des fermes. Il est recherché par les oiseleurs, et nos villageois tiennent beaucoup à ceux qui viennent établir leur nid dans le voisinage de leur habitation. Malheur à celui qui oserait les tuer!... On prive cruellement de la vue ceux que l'on tient en cage, dans l'espoir qu'ils répèteront plus souvent leur chant favori.

Iris brun.

Il existe dans les environs de Lille, des amateurs passionnés de ces oiseaux. La gloire d'avoir le Pinson qui chante le plus souvent n'est comparable qu'à celle de posséder le coq le plus terrible dans les combats.

Type du sous-genre *Fringilla*, Cuv., et *Cælebs*, Less.

PINSON D'ARDENNES, *Fringilla monti-fringilla*, Lin., Vieill., Tem.; enl. 54, f. 2; pl. 27 R., f. 1, mâle en automne; f. 2, mâle vieux en automne; pl. 28, femelle; Encycl., pl. 159, f. 3, robe d'hiver ou femelle.

De passage annuel; arrive en grand nombre, aussitôt que la gelée se fait sentir; commun surtout dans les hivers rigoureux; nous quitte à la fin de février. Il habite l'été les régions du cercle arctique.

Les Pinsons d'Ardennes sont, pour nos oiseleurs, un véritable thermomètre, qui non-seulement indique la saison rigoureuse, mais encore sa durée, par le plus ou moins grand nombre d'individus qui composent les bandes. Ce qu'il y a de certain, c'est qu'on n'en voit presque pas dans les hivers peu froids et qu'aussitôt que la température devient douce, ils disparaissent tous.

Cette espèce a l'iris brun.

NIVEROLLE ou PINSON DE NEIGE, *Fringilla nivalis*, Lin., Vieill., Tem.; pl. 89 R., mâle en robe d'été.

De passage accidentel; tué dans les environs d'Amiens à la fin de l'automne. C'est un habitant des hautes montagnes, des Alpes et des Pyrénées, qui voyage durant l'hiver. Dans cette saison, les couleurs sont plus ternes et le mâle n'a presque plus de noir à la partie antérieure du col.

La Niverolle a l'iris brun.

PINSON ROUX, *Fringilla rufa*, Wilson; *F. iliaca et ferruginea*, Gm.

On assure qu'on le trouve quelquefois dans le nord de la Russie. Habite plus particulièrement l'Amérique septentrionale. Celui que l'en m'a donné comme ayant été tué en Russie ne diffère pas de ceux que j'ai reçus de New-Yorck. Je l'indique quoique je ne puisse pas prouver qu'il a été tué en Europe.

6.ᵉ Section.

Fringilles dont le bec est aussi ou presqu'aussi épais que la tête et simplement pointu.

Gros-Bec, *Fringilla coccothraustes*, Tem.; *Coccothraustes vulgaris*, Vieill., *Loxia coccot.*, Gm.; Pinson royal de nos campagnards; enl. 99 et 100; pl. 75 R., mâle; 76, femelle; Encycl., pl. 144, f. 4; atl., pl. 59, f. 2.

Sédentaire; se tient dans les bois durant l'été; s'approche en hiver des habitations et descend jusque dans nos jardins pour y chercher une nourriture qui manque partout ailleurs.

Il est d'un naturel très-silencieux et n'est recherché, par les oiseleurs, que pour ses formes et son plumage.

Il a l'iris blanc tirant sur le rose.

J'ai cru devoir réunir les Gros-Becs aux Fringilles de la sixième section, parce qu'ils ont les mêmes caractères et qu'ils n'en diffèrent que par la grosseur du bec.

Verdier, *Fringilla chloris*, Vieill., Tem.; *Loxia chloris*, Lath.; vulgairement Vert-Montant; enl. 267, f. 2; pl. 77 R., mâle; pl. 78, femelle; Encycl., pl. 149, f. 2.

Commun et sédentaire; habite la lisière des bois et s'approche des habitations en hiver. Très-répandu en France. Le mâle diffère de la femelle. Iris brun.

Soulcie, *Fringilla petronia*, Gm., Lath., Vieill., Tem.; *Passer sylvestris*, Briss.; enl. 225; pl. 79 R.; Encycl., pl. 158, fig. 4.

De passage accidentel dans notre contrée. M. Jules de La-motte l'a trouvé dans les environs d'Abbeville. Je possède un mâle vivant qui a été pris aux filets près de Lille , le 23 octobre 1839. Il a l'iris brun clair.

C'est un oiseau des contrées méridionales de la France et de quelques autres parties de l'Europe. Il est sédentaire en Anjou et aime les lieux boisés. Il n'est pas rare dans la Lorraine et les Hautes–Pyrénées où il niche aussi dans les bois. Il perd en captivité la ligne surcilière jaune et la tache de cette couleur qu'il porte à la poitrine.

Moineau ou Gros-Bec incertain , *Fringilla incerta* , Risso, R., Tem.; pl. 72 bis , R., femelle.

Polydore Roux dit qu'il est de passage en Provence ; que le mâle a été décrit par M. Raffinesque et la femelle par M. Risso. M. Temminck l'admet dans son manuel d'après P. Roux. C'est une espèce fort douteuse et peut-être une variété de la femelle du pinson commun. A en juger d'après le sujet figuré par Roux, il aurait l'iris noir.

On le dit de passage accidentel en Italie et admis également comme espèce par M. Charles Bonaparte.

22.e genre. Sizerin , *Linaria* , Vieil.; *Fringilla* , Lin., Tem., et de la plupart des auteurs.

Les Sizerins sont placés dans le sous-genre *Carduelis* et dans la section des Linotes par Cuvier. Vieillot en a formé un genre qu'il caractérise ainsi : bec plus haut que large, très–court, droit, à pointe grêle et aiguë; mandibule supérieure à bords bidentés vers son origine. Il en admet deux espèces, le Boréal et le Cabaret qui ont été confondus ensemble par plusieurs auteurs.

Sizerin boréal , *Linaria borealis* , Vieill.; *Fringilla linaria* ,

Lin.; pl. 101 R., mâle au printemps, 102, femelle; grand Bougron de nos oiseleurs.

Habite les régions arctiques; assez rare dans nos départements septentrionaux, où il passe irrégulièrement en automne et au printemps. Je l'ai reçu de la Lorraine, où il est aussi de passage.

M. Temminck l'admet enfin, comme espèce, dans son supplément au *Manuel d'ornithologie*, sous le nom de *Gros-Bec boréal*, *Fringilla borealis*. On le trouve au Groënland et au Japon, suivant ce naturaliste. Il a été longtemps confondu avec l'espèce précédente.

Iris brun.

SIZERIN CABARET, *Linaria rufescens*, Vieill.; *Fringilla linaria*, Tem., Bougron ou Cardinal de nos campagnards; enl. 485, f. 2, le mâle; pl. 99 R., vieux mâle au printemps, 100, f. 1, femelle, f. 2, tête du mâle en automne.

De passage régulier en automne et au printemps. Il en est qui ne nous quittent pas durant l'hiver; passe en très-grandes bandes dans lesquelles se trouvent quelques individus de l'espèce précédente.

Le Cabaret est recherché pour les volières, à cause de son plumage, de sa vivacité et de son doux ramage. L'on en voit souvent chez les gens du peuple, condamnés au supplice de la galère. Il perd en cage une grande partie de son éclat; le rouge devient terne.

Iris brun.

23.ᵉ genre. BRUANT, *Imberiza*, Lin., Vieill., Tem.

Bec médiocrement gros, conique, pointu, à bords des mandibules rentrés, à commissures plus ou moins obliques; mandibule supérieure avec ou sans tubercule ou grain osseux en dedans; narines basales, arrondies, recouvertes en partie par les plumes du front; ailes et pieds comme les Fringilles; ongle

13

postérieur court et courbé, ou droit et long; queue plus ou moins fourchue ou arrondie. Je les divise en deux sections à l'exemple de M. Temminck : la première comprend les Bruants proprement dits, c'est-à-dire ceux qui ont l'ongle postérieur court et courbé; la seconde les Bruants éperonniers ou ceux qui ont l'ongle postérieur long et plus ou moins droit, comme les Alouettes. Vieillot a formé de ces derniers son genre Passerine qui me paraît fondé sur des caractères trop peu importants pour être admis.

Les Bruants sont des oiseaux principalement granivores, peu défiants, qui se réunissent l'hiver en bandes nombreuses avec les Fringilles et habitent, durant l'été, les bois, les forêts, les plaines, les marais et les lieux montueux où ils nichent suivant les espèces. On admet celles suivantes : Bruant jaune, Proyer, Zizi, Bruant fou, Ortolan, Bruant de marais, Ortolan de roseaux, Bruant à sourcils jaunes, B. crocote, B. boréal, B. à couronne lactée, B. auréole, B. rustique, B. rutile, B. mitilène, B. cendrillard, B. striolé, B. jacobin, B. gavoué, Ortolan de neige et grand Montain. On cite encore comme ayant été tué en Europe, l'*Emberiza orizyvora*, Lath.; enl. 388, f. 1, et l'*Emb. melanodera*. Le premier aurait été pris en Suisse, et le second en Lorraine, suivant le rapport de M. le professeur Schinz. J'attendrai pour les admettre dans ce catalogue de plus amples renseignements.

1.re Section.

Ongle postérieur court et bombé. Bruants proprement dits.

BRUANT JAUNE, *Emberiza citrinella*, Lin., Vieill., Tem.; Verdière de nos campagnards; enl. 30, f. 1; pl. 104 R., f. 1, mâle, f. 2, tête de la femelle; Encycl., pl. 152, f. 3, mâle; atl., pl. 58, f. 2.

Sédentaire et très-commun dans toute la France; se mêle en

hiver aux bandes nombreuses de Moineaux et de Pinsons. Il descend alors jusque dans la cour des fermes.

L'espèce ne diffère pas à New-Yorck d'où je l'ai reçu en 1834. L'iris est brun.

PROYER, *Emberiza milaria*, Lin., Vieill., Tem.; enl. 233, sous le nom de Bruant de France appelé Proyer; pl. 108 R., f. 1, l'adulte, f. 2, le jeune au sortir du nid; Encycl., pl. 152, f. 4.

Sédentaire : niche dans les champs ; se mêle quelquefois en hiver aux bandes de Moineaux et de Pinsons qui s'approchent des habitations. On le trouve dans toute la France, en Morée et en Hollande.

Il a l'iris brun et les teintes plus claires en été.

ZIZI ou BRUANT DE HAIE, *Emberiza cirlus*, Lin., Vieill., Tem., ; enl. 653, f. 1 ; pl. 105 R., mâle en été, 106, femelle en été.

Vient nous visiter annuellement lorsqu'il y a de la neige et en plus grand nombre dans les hivers rigoureux ; répandu dans les contrées méridionales de l'Europe et de passage en Provence.

On le dit commun dans les vallées du Rhin et du Necker. Il n'est pas rare dans les Pyrénées, où il niche sur les buissons. Sa ponte est de quatre ou cinq œufs avec des lignes et des points bruns. Il a l'iris brun foncé ; la femelle diffère du mâle.

BRUANT FOU ou DES PRÉS, *Emberiza Cia.*, Lin., Vieill., Tem. ; enl. 511, f. 1; pl. 111 R., mâle, 112, femelle ; Encycl., pl. 153, f. 3, sous le nom d'Ortolan de Lorraine mâle.

De passage en Provence et dans le nord de la France. Il est assez rare dans la Lorraine, d'où je l'ai reçu plusieurs fois, et paraît répandu dans les provinces méridionales de l'Europe. M. Temminck fait observer avec raison que la figure de la planche 112 *bis* de l'*Ornithologie provençale* donnée pour une

variété de cette espèce est celle du Bruant cendrillard mâle.
Iris brun foncé.

ORTOLAN PROPREMENT DIT OU DES GOURMANDS, *Emberiza
hortulana*, Lin., Vieill., Tem.; enl. 247, f. 1, mâle; pl. 115
R., f. 1, mâle, f. 2, femelle; Encycl., pl. 152, f. 2.

Commun l'été; niche dans les colzats de quelques cantons des
environs de Lille; chante continuellement durant tout le temps
des amours et se laisse approcher de très-près. Dès le mois de
septembre on ne le voit plus. Il arrive dans le courant d'avril
et ne chante que lorsqu'il est accouplé. C'est un morceau délicieux pour les gourmands, lorsqu'il est gras. On l'a tué en
Angleterre; j'en ai reçu de New-Yorck qui ne diffèrent des
nôtres que par des couleurs plus vives. Ses œufs sont bleuâtres,
tachés de noir.
Iris brun foncé.

BRUANT DE MARAIS OU GROS-BEC, *Emberiza palustris*, Sav.,
R., Tem.; pl. 114 *bis* R., f. 1, mâle après la mue d'été, f. 2,
tête de la femelle.

Cet oiseau est encore peu connu et a été considéré comme un
Bruant par les auteurs ci-dessus désignés. M. Temminck doute
même que ce soit une espèce distincte du Bruant de roseaux,
Emberiza schœniclus : « A mon avis, dit-il, il en est de cet
oiseau comme de tant d'autres animaux des différentes contrées
du globe qui offrent souvent des caractères distincts, surtout à la
vue de quelques échantillons, mais qu'on est forcé de rapporter
à une même souche primordiale, lorsqu'on parvient à comparer les individus en nombre considérable. »
Il est présumable, d'après ce langage, que M. Temminck ne
connaît pas le *Palustris* et que les individus qu'il dit avoir reçus
de son correspondant M. Centraine, n'étaient pas de cette
espèce, mais des Bruants de roseaux, *Schœniclus*, un peu plus

forts et à bec plus gros, que l'on trouve dans le midi et que j'ai reçus plusieurs fois pour des *Palustris*. L'espèce dont il est question dans cet article diffère essentiellement du *Schœniclus* par le bec qui est gros, court, comprimé, bombé, obtus à sa pointe et sans tubercule osseux à sa face interne, tandis que celui de ce dernier est effilé, pointu, moins gros et porte un tubercule osseux à la face interne de la mandibule supérieure. Je possède le sujet mâle décrit par P. Roux. Ce Bruant se rapproche par le bec des Fringilles et surtout des Bouvreuils.

Il est de passage en Provence et en Italie. Il a l'iris brun et son plumage varie suivant les sexes et les saisons.

BRUANT ou ORTOLAN DE ROSEAUX, *Emberiza schœniclus*, Lin., Vieill., Tem.; vulgairement Diale sous sa robe d'hiver, et Moineau de roseaux sous celle d'été; enl. 247, f. 2, mâle; 477, f. 2, femelle; pl. 113 R., f. 2, femelle avant la mue d'automne, 114, femelle adulte.

Commun dans nos marais, où il niche. Nous quitte durant l'hiver et revient dans le mois d'avril. Répandu du midi au nord.

L'espèce est la même à New-Yorck, d'où je l'ai reçue en 1834. Le plumage est différent en hiver qu'en été.

Iris brun foncé.

BRUANT A SOURCILS JAUNES DE SIBÉRIE. *Emberiza chrysophys*, Pall. (1).

Grosseur de l'Ortolan de roseaux; partie supérieure de la tête noire, une ligne longitudinale de plumes blanches au milieu, se confondant en arrière avec une sorte de demi-collier formé de plumes de la même couleur; large et long trait jaune brillant au-dessus de l'œil; parties supérieures du corps d'un ferrugi-

---

(1) Voyage, t. 3, p. 698, N.° 25; Buffon, édit. de Sonnini, t. 49, p. 129.

neux gris brunâtre, plus foncé longitudinalement au centre des plumes, qui sont rousses sur les côtés ; parties inférieures d'un blanc gris au col avec une sorte de plastron de plumes brunes et rousses à la poitrine ; d'un blanc gris au ventre ; moucheté de points bruns à la poitrine et sur les flancs ; queue fourchue ; douze rectrices brunes plus foncées en-dessus ; les trois quarts des externes blanches avec le bout brun en-dehors ; les deux avant-dernières moitié blanches vers la pointe ; rémiges brunâtres avec un liseré roussâtre en-dehors ; pieds brunâtres.

Habite en été la Daourie et la Sibérie ; accidentellement en France ; pris aux filets en automne, derrière la citadelle de Lille. Cet oiseau très-rare, peu connu, est déposé au Musée d'histoire naturelle de cette ville (1). Il diffère beaucoup de celui de l'Amérique septentrionale, *Emberiza superciliosa* de Vieillot.

Iris brun.

BRUANT CROCOTE ; *Emberiza melanocephala*, Gm., Tem.; *Fringilla crocea*, Vieil.; pl. 104 *bis* R., mâle au printemps, 104 *ter*, femelle ; Morée, pl. 4, f. 2.

Du midi de l'Europe : commun en Morée ; accidentellement en Provence et en Allemagne. Il a l'iris brun roux et n'offre qu'un vestige de tubercule au palais. La femelle a un plumage qui diffère de celui du mâle.

BRUANT BORÉAL, *Emberiza borealis*, mihi ; *Passerina borealis*, Vieill.

Sommet de la tête, joues, côtés du col et parties inférieures de tout l'oiseau blancs ; nuque, dessus du col, du corps et les côtés de la poitrine noirs ; quelques plumes de dessus du col

---

(1) Voyez nos planches ci-jointes où il est figuré.

légèrement liserées de fauve ; celles de la tête usées par le frottement et l'action de l'air vif ; petites couvertures des ailes et six rémiges secondaires entièrement ou presqu'entièrement blanches ; les primaires et les rectrices brunes ; les trois pennes externes de la queue blanches, terminées par une bordure brune ; queue légèrement fourchue, composée de douze pennes ; iris brun ; bec noir dans presque toute son étendue, roussâtre à sa base ; pieds bruns ; longueur totale de l'oiseau quinze centimètres. Tels sont plusieurs individus qui m'ont été rapportés d'Islande par un pêcheur de Dunkerque. Il ont été tirés en été. J'en ai vu plusieurs semblables dans la riche collection de M. Jules de Lamotte qui ont été tués par lui en Norwège pour des Ortolans de neige en robe d'été. Mais ils en diffèrent par le bec, les pattes et surtout l'ongle postérieur.

Vieillot n'a décrit que le plumage d'hiver du Bruant de cet article, sous le nom de *Passerina borealis*. Dans cette saison il a le dessus de la tête, les joues, la gorge et la poitrine noirs ; les sourcils blanc roussâtre et le dessus du col roux vif. On trouvera la figure du Bruant boréal à la fin de ce travail.

BRUANT à couronne lactée ; *Emberiza pythyornus*, Pal. ; *Passer esclavonicus*, Briss.

Habite la Sibérie. M. Temminck dit qu'il est commun dans le midi de la Turquie ; qu'on le voit souvent l'hiver en Hongrie, en Bohême, et qu'il a été pris en Autriche près de Vienne.

BRUANT AURÉOLE ; *Emberiza aureola*, Pall., Tem. ; *Passerina aureola*, Vieill.

Oiseau de la Sibérie et du Kamtschatka, tué dans la Crimée, la Silésie et dans les provinces méridionales de la Russie.

BRUANT RUSTIQUE ; *Emberiza rustica*, Pal., Tem.

On dit qu'il se montre accidentellement dans le nord et les

contrées orientales de la Russie voisines de l'Asie. Son existence comme européen est encore contestée. Pallas l'a rencontré dans la Daourie et la Crimée.

BRUANT RUTILE, *Emberiza rutila*, Pal., Tem.

Existe, dit-on, en Russie. Espèce aussi fort douteuse comme oiseau vu en Europe.

BRUANT MITILÈNE, *Emberiza lesbia*, Gm., Tem.; pl. 109 R., f. 1, le jeune, f. 2, l'adulte.

Habite les parties orientales de l'Europe. On le dit commun en Grèce et de passage accidentel en Provence. M. le docteur Schinz l'a reçu de la Morée.
Iris brun.

BRUANT CENDRILLARD, *Emberiza cæsia*, Tem.; pl. 112 bis R, mâle sous le nom de Bruant-fou variété.

Existe en Syrie, en Nubie, en Egypte et en Grèce; accidentellement en Provence où P. Roux l'a trouvé et pris pour une variété du Bruant-fou. J'ai reçu le mâle et la femelle de la Morée.

BRUANT STRIOLÉ; *Emberiza striolata*, Ruppell, Tem.

Je possède le mâle et la femelle depuis longtemps et les ai reçus d'Espagne. Ce Bruant est décrit dans la 4.° partie du *Manuel d'ornithologie*. Il habite l'Andalousie, où il serait assez commun, et a été rapporté d'Egypte par M. Ruppell.

BRUANT JACOBIN; *Emberiza hyemalis*, Lin., Tem.; *Hortulanus nivalis niger*, Briss.; *Passerina hyemalis*, Vieill.

Habite l'Amérique du nord et a été trouvé en Islande.
Iris bleuâtre suivant M. Temminck.

BRUANT GAVOUÉ; *Emberiza provincialis*, Lath., Vieil.; cal.

656, f. 1; pl. 110 R.; Encycl. pl. 153, f. 4, sous le nom de Gavoué de Provence.

Espèce douteuse, qui n'existe dans aucun cabinet de France. On assure cependant qu'on l'a vue au Muséum d'histoire naturelle de Paris.

9.ᵉ Section.

Bruants éperonniers, Plectrophanes, Mey.; Passerines, Vieill.

ORTOLAN DE NEIGE; *Emberiza nivalis*, Lath., Tem.; *Passerina nivalis*, Vieill.; *Plectrophanus nivalis*, Mey.; Bruant de neige, Cuv.; Moineau des dunes, Pinson du nord dans nos villes maritimes; enl. 497, mâle adulte en plumage d'hiver; pl. 103 R., f. 1, mâle en hiver, f. 2, femelle; Encycl., 152, f. 1, individu presque blanc.

De passage annuel; arrive avec les frimats; surtout abondant dans les hivers rigoureux sur nos côtes maritimes; approche quelquefois les habitations des villes de l'intérieur de nos départements septentrionaux; voyage par petites bandes de vingt à trente; habite en été le nord de l'Europe, a, dans cette saison, le bec entièrement noir et n'offre plus alors que deux couleurs, la noire et la blanche, c'est ce qui l'a fait confondre par MM. de Lamotte et Cossette avec le Bruant boréal, qu'ils ont trouvé en Norwège. Il est cependant facile de les distinguer en comparant les becs et les pattes.

BRUANT MONTAIN; *Emberiza lapponica*, Vieill.; *Emb. calcarata*, Tem.; *Fringilla lapponica*, Gm.; grand Montain, Buff. *Plectrophanus calcarata*, Mey.

De passage accidentel. L'on en prend de loin en loin aux filets sur les côtes de Dunkerque, dans les environs d'Anvers et de Metz. J'en ai un qui a été tiré en automne, près de Lille. On le trouve aussi en Angleterre; c'est un oiseau des régions boréales, qui émigre à l'approche de l'hiver. L'iris est brun. Le plumage varie suivant les saisons.

7.° famille. ÆGITHALES , *Ægithali* , Vieill.

Cette famille ne comprend que les Mésanges.

24.° genre. Mésange , *Parus* , Lin. , Vieill. , Tem.

Bec court , conique , droit , subulé , fort , garni à sa base de petites plumes dirigées en avant qui cachent les narines ; quelquefois la mandibule supérieure recourbée, à sa pointe, sur l'inférieure ; d'autres fois , bec mince, effilé et très-pointu ; tarses grêles, scutellés; queue fourchue ou étagée et plus ou moins longue.

Les Mésanges sont d'un naturel vif, courageux , même féroce et d'une grande fécondité. Elles ne craignent pas les oiseaux plus gros qu'elles et les tuent lorsqu'on les tient ensemble dans une volière. Elles habitent les bois , les vergers et les marais où on les voit, sans cesse en mouvement, grimper ou se pendre aux arbres et aux roseaux. Leur nourriture consiste en graines, en insectes et en œufs de Lépidoptères. D'après la conformation du bec, qui n'est pas entièrement la même dans toutes les espèces, on peut les diviser en trois sections ; savoir : 1.° celles à bec épais et à pointe droite ; 2.° celles à mandibule supérieure convexe, dépassant l'inférieure ; 3.° celles à bec mince, effilé et aigu.

1.re Section.

Bec épais, à pointe droite.

Mésange charbonnière : *Parus major*, Gm. , Vieill. , Tem. ; vulgairement *Mazingue ;* enl. 3 , f. 1 ; pl. 117 R. , jeune dans le nid, 118 adulte ; Encycl. , pl. 123 , f. 4.

Sédentaire et très-commune. Elle passe l'automne et l'hiver en troupes ; fréquente nos vergers et jardins. La plupart se retirent au printemps dans les bois et bosquets, où elles nichent ; quelques-unes restent près des habitations. Ce n'est guère avant le mois d'avril que la Charbonnière s'occupe de son nid, quoiqu'elle s'apparie beaucoup plus tôt. Ses œufs, au nombre de douze à quinze, sont pointillés de rouge. Elle a l'iris brun noir. On la trouve à New-Yorck, d'où je l'ai reçue en 1834.

PETITE CHARBONNIÈRE, *Parus ater*, Lin., Vieill., Tem.; pl. 119 R.

De passage et rare dans le nord de la France. On la tue cependant, chaque année, en automne, dans les environs d'Amiens. Je l'ai reçue plusieurs fois de la Lorraine, où elle est aussi de passage. Elle a l'iris brun noir.

NONNETTE CENDRÉE, *Parus palustris*, Gm., Briss., Vieill., Tem.; enl. 502, f. 1; pl. 120, R., mâle.

Vit, l'été, dans nos bois et forêts; s'approche des habitations en septembre et en octobre; on en prend alors un grand nombre dans les environs de Lille.

M. Temminck rapporte à cette espèce la Mésange à tête noire du Canada, décrite par Vieillot sous le nom de *Kiskis*.

Iris brun noir.

MÉSANGE BLEUE, *Parus cœruleus*, Lath., Vieill., Tem.; *Mazingue bleue* de nos campagnards; enl. 3, f. 2; pl. 124 *bis* R.; atl., pl. 66, f. 1.

Sédentaire : commune en automne et en hiver, époques où elle s'approche de nos habitations et fréquente les vergers et jardins. Elle se retire, au printemps, dans les bois et forêts où elle niche. Elle est très-répandue en Europe et ne fait, dit-on, qu'une seule ponte. Je l'ai reçue de New-Yorck.

Iris brun noir.

MÉSANGE HUPPÉE, *Parus cristatus*, Lin., Vieill., Tem.; enl. 502, f. 2; Encycl., pl. 124, f. 1.

On la trouve dans la forêt de Mormal, où elle est sédentaire.
On la trouve aussi en d'autres cantons du Nord de la France,
mais en moins grand nombre. Il paraît qu'on la voit dans
presque toute l'Europe.

Elle niche dans des trous d'arbres; pond six à huit œufs
très-petits, blanc moucheté de roux.

Iris brun roussâtre.

MÉSANGE BICOLORE OU HUPPÉE DE LA CAROLINE, *Parus bicolor*,
Lin., Tem.

Habite l'Amérique septentrionale, le Groënland et la Géorgie,
d'où je l'ai reçue en 1829. On la voit assez souvent en Suède
et en Danemarck. La femelle ne diffère du mâle que par une
huppe moins forte.

Iris noisette.

MÉSANGE AZURÉE OU GROSSE MÉSANGE BLEUE; *Parus cyanus*;
Vieill. *Par. cyaneus*, Pal., Tem.; Encycl., pl. 123, f. 5.

Du nord de l'Europe et de l'Asie. En hiver, dans le centre de
la Russie, en Pologne et quelquefois en Suisse.

MÉSANGE LUGUBRE, *Parus lugubris*, Tem.

Habite la Dalmatie et la Hongrie. Assez répandue dans le
centre de la Russie, en automne. Iris brun.

MÉSANGE à ceinture blanche, *Parus sibiricus*, Gm., Tem.;
enl. 708.

Habite le nord de l'Europe et de l'Asie; descend en hiver
dans quelques provinces de la Russie.

MÉSANGE à longue queue, *Parus caudatus*, Lin., Lath.,
Vieill., Tem.; vulgairement Manche d'Alène; enl. 502, f. 3;
pl. 122 R., mâle; Encycl., 124, f. 3.

Rare dans les environs de Lille. Habite principalement les bois et forêts; se répand en hiver dans presque toute l'Europe et revient au printemps pour nicher. Iris brun noir. Elle paraît commune en Lorraine , en Anjou et dans les Pyrénées.

2.ᵉ Section.

Mandibule supérieure convexe , dépassant l'inférieure.

MÉSANGE MOUSTACHE, *Parus biarmicus*, Lin. , Vieill. , Tem.; enl. 618, f. 1, mâle , f. 2. femelle; pl. 123, R. , mâle , 123 bis femelle; Encycl. , pl. 124, f. 5 , mâle.

Cette espèce habite de préférence le nord de l'Europe. Elle est commune en Hollande et passe , chaque année, derrière la citadelle de Lille , et en d'autres endroits de notre contrée, à la fin d'octobre. Elles sont en petites troupes de dix à douze. Il en est qui nichent dans les fossés de Saint-Omer et les vastes marais de Péronne. Un très-grand nombre couvaient, il y a quelques années, dans les Moëres de Dunkerque ; elles établissaient leur nid dans les huttes en roseaux que l'on construisait pour tirer des canards. Un hiver rigoureux , les oiseaux de proie , une chasse mal entendue , le desséchement de ces marais en ont détruit une grande partie et fait émigrer le reste. On n'en voit plus depuis huit ans.

Ce charmant oiseau vit très-bien en captivité. On le nourrit d'œillette, de noix et de mie de pain. On le dit aussi commun en Italie , dans les marais d'Ostia , qu'en Hollande. Il a l'iris jaune. Sa ponte est de six à huit œufs blanc rosé tacheté de brun.

3.ᵉ Section.

Bec mince effilé et aigu.

MÉSANGE REMIZ ou PENDULINE , *Parus pendulinus*, Lin. , Vieill. , Tem.; enl. 618, f. 3 , 708 le jeune ; pl. 124 R., f. 1, mâle adulte , f. 2, tête du jeune; Encycl. , pl. 124, f. 2.

Niche en Autriche, le long des bords du Danube. Tuée près de Dieppe, par M. Hardy. De passage en Provence et accidentellement en Lorraine.

Iris jaune, suivant M. Temminck.

8.e famille. TISSERANDS , *Textores* , Vieill.

Composée d'un seul genre et d'une seule espèce.

25.e genre. Loriot , *Oriolus* , Lin. , Vieill. , Tem.

Bec alongé, convexe et caréné en-dessus, échancré à son extrémité, narines nues, percées dans une membrane.

On ne connaît que le Loriot qui habite les bois , les vergers, et fixe son nid avec art à une branche d'arbre élevé.

Loriot , *Oriolus galbula* , Gm. , Vieill. , Tem.; vulgairement Compère–Loriot; enl. 26 , mâle; pl. 125 R. , mâle , 126, femelle, 127 , mâle après la première mue; Encycl. , pl. 168, f. 4.

Il arrive à la fin d'avril et nous quitte en septembre. Un grand nombre nichent dans nos bois et font une grande consommation de cerises dans nos vergers. Le mâle , la femelle et les jeunes ont un plumage qui leur est propre. Il est très–répandu en France durant la belle saison. Ses œufs sont blancs et marqués de quelques points noirs quand ils sont vides, mais pleins ils ont une belle teinte rosée. Il a l'iris rouge vif.

9.e famille. LÉIMONITES , *Leimonites* , Vieill.

Elle n'a qu'un genre qui comprend deux espèces , l'Étourneau vulgaire et l'Étourneau unicolore.

26.e genre. Étourneau , *Sturnus* , Lin. , Vieill. , Tem.

Bec longicône , presqu'aussi long que la tête , légèrement déprimé , obtus à sa pointe ; mandibule supérieure formant un angle aigu dans les plumes du front; narines à moitié bouchées par une membrane; ailes et tarses longs.

Les Étourneaux vivent d'insectes et de baies. Ils se tiennent en grandes bandes, l'hiver.

ÉTOURNEAU VULGAIRE OU COMMUN, *Sturnus vulgaris*, Gm., Vieill., Tem.; vulgairement Sansonnet ou Éperon; enl. 75; pl. 128 R., mâle après la première mue; atl., pl. 65, f. 1.

Sédentaire et commun; vit en grandes troupes l'hiver, se mêle alors aux bandes de Corneilles qui ravagent nos champs; niche dans des trous d'arbres, de clochers et des grands édifices de nos villes.

Il est recherché par les oiseleurs, qui lui apprennent à parler et à siffler différents airs populaires. On le trouve dans presque toute l'Europe. Il a l'iris brun noisette.

ÉTOURNEAU UNICOLORE, *Sturnus unicolor*, Tem., Vieill.; pl. col. 111.

Habite la Sardaigne et paraît avoir les mêmes habitudes que l'Étourneau vulgaire. Les deux espèces forment quelquefois entre elles des bandes nombreuses. Il a l'iris brun foncé.

10.ᵉ famille. CORACES, *Coraces*, Daudin, Vieill.; Rolliers, Cuv

Elle est composée des Corbeaux, Pies, Geais, Coracias, Cho-quards, Casse-Noix et Rolliers.

27.ᵉ genre. CORBEAU, *Corvus*, Lin., Vieill., Tem.

Bec robuste, arrondi en-dessus, comprimé, à bords tranchants, entier ou échancré à sa pointe; narines recouvertes de plumes sétacées dirigées en avant; ailes pointues; tarses longs et forts; queue égale ou faiblement arrondie.

Les Corbeaux sont omnivores et ne manquent pas d'intelligence. La plupart vivent en société et se réunissent en grandes bandes l'hiver. Ils habitent, l'été, les bois ou les rochers.

CORBEAU, *Corvus corax*, Lin., Vieill., Tem.; *Corvus*, Briss.; enl. 495; pl. 129 R.; Encycl., pl. 136, f. 1; atl., pl. 35, f. 1.

Habite différentes localités de la France. Niche dans la forêt de Crécy, dans le Boulonnais, en Lorraine, en Anjou et sur les rochers des environs de Namur, où il est sédentaire et solitaire.

On le dit commun dans le nord, surtout en Islande. La femelle est un peu plus petite que le mâle. Il a l'iris brun et cendré.

CORBEAU DE FEROÉ ou LEUCOPHÉE, *Corvus leucophœus*, Vieill., Tem.; *Corvus borealis albus*, Briss.

Habite les îles Feroé et n'a pas été vu ailleurs. Iris noir.

Il n'est pas certain qu'il diffère spécifiquement du *Corvus corax*. C'est, suivant quelques ornithologistes, une variété locale dépendante de l'influence du climat sur la coloration du plumage.

CORBINE, *Corvus corone*, Lin., Vieill., Tem.; Corneille, Briss., Cuv.; vulgairement Corbeau; enl. 483; pl. 130 R.; Encycl., pl. 136, f. 2.

Sédentaire et commune; vit, pendant l'hiver, en société avec les Freux et les Corneilles mantelées qui couvrent nos champs. Au déclin du jour, ces oiseaux gagnent tous ensemble les bois et font retentir les airs de leurs croassements. Un seul arbre porte quelquefois un groupe de 50 à 60 individus.

On dit qu'elle est commune en Morée et au Japon, et qu'on ne la trouve pas en Suède et en Norwège. Elle a l'iris brun foncé. Elle s'allie quelquefois avec la Corneille mantelée et offre diverses variétés. Une Corbine que j'ai reçue de New-Yorck ne diffère pas sensiblement de celles de notre contrée. Elle me paraît seulement un peu plus petite.

CORNEILLE MANTELÉE, *Corvus cornix*, Lin., Vieill., Tem.; *Cornix cinerea*, Briss.; vulgairement Gris-Manteau; enl. 76; pl. 131 R.; Encycl., 136, f. 4.

Habite le nord de l'Europe. Ne vient ici qu'en automne, pour passer l'hiver. Arrive dès la mi-octobre et nous quitte dans le mois de mars. Quelques unes nichent dans le Boulonnais. Rare en Languedoc et en Provence. En grand nombre, l'été, en Suède et en Norwège. Je ne trouve pas de différence dans plusieurs sujets que j'ai reçus de New-Yorck.

J'ai vu des variétés blanche et presque noire.

Iris brun foncé.

Freux ou Frayonne, *Corvus frugilegus*, Gm., Vieill., Tem.; vulgairement Corneille noire; enl. 484; pl. 132 R., f. 1, le jeune, f. 2, tête de l'adulte ou vieux.

Habite, de préférence, les régions septentrionales de l'Europe. Nous ne voyons ici cette espèce qu'en automne et en hiver. Elle fait alors, avec ses congénères, de grands ravages dans nos champs. Quelques individus nichent dans le Boulonnais; rare en Provence. Iris brun noir et non gris blanc comme le dit M. Temminck. Varie accidentellement comme les autres Corneilles.

Choucas ou Petite Corneille des clochers, *Corvus monedula*, Gm., Vieill., Tem.; enl. 523; pl. 133 R.

Sédentaire et commun en France; se réunit en troupes, l'hiver, avec les Corneilles qui sont si communes dans nos campagnes; vit, l'été, avec sa femelle, et niche dans les trous de clochers ou de vieux édifices élevés. Iris blanc.

J'en ai vu des variétés blanche et tapirée de cette couleur.

Il est très-commun en Morée. On assure qu'il y vole en si grandes bandes que le soleil en est obscurci.

Chouc., *Corvus spermogulus*, Frisch, Tem., *Monedula nigra*, Briss., enl. 522.

Espèce très-douteuse, admise depuis peu par M. Temminck.

Ce naturaliste assure qu'on la trouve quelquefois en France et qu'elle est commune en Espagne. N'est-ce pas une variété du Choucas proprement dit ? je ne l'ai vue nulle part. M. de Méezemaker, maire de Bergues, m'écrit cependant qu'il l'a tuée en 1831 dans son jardin, où il venait manger des cerises, en la compagnie de Choucas qui habitent en grand nombre les tours de cette ville. Il est beaucoup plus petit que ceux-ci.

On dit que l'on voit accidentellement dans les contrées orientales de l'Europe, le Corbeau daourien, *Corvus dauricus*. Son existence comme européen est trop douteuse pour le comprendre dans ce catalogue. C'est un oiseau de l'Asie qui a été décrit par Pallas.

28.e geure. Pie, *Pica*, Briss., Vieill.; *Corvus*, Lin.; *Garrulus*, Tem.

Bec médiocre, droit, convexe et un peu échancré à sa pointe; queue très-longue et étagée.

Les Pies sont aussi omnivores et ont de grands rapports avec les Corbeaux. Elles en diffèrent cependant beaucoup par leur marche, qui se compose de petits sauts, tandis que celle des Corbeaux est posée et grave. On en connaît deux espèces.

Pie, *Pica albiventris*, Vieill.; *Corvus pica*, Lin.; *Pica*, Briss.; Agache de nos campagnards; enl. 488; pl. 134 R.; Encycl., pl. 139; atl., pl. 25, f. 2.

Sédentaire et très-commune. S'occupe, dès le mois de février, de la construction de son nid, qu'elle établit sur les arbres. On assure qu'en Norwège elle niche dans les édifices.

L'espèce existe en Morée, au Japon et dans l'Amérique septentrionale. J'en ai reçu une demi-douzaine de New-Yorck, entièrement semblables aux nôtres. Iris noir. Je connais des variétés blanche, rousse, grise et tapirée de blanc.

Pie turdoide, *Garrulus cyanus*, Tem.; *Corvus cyanus*, Pall.

On la dit commune en Espagne. Pallas l'a trouvée en Crimée
et dans la Daourie. Oiseau très-rare et recherché par les collecteurs français; aussi son prix est-il très–élevé.

29.ᵉ genre. GEAI, *Garrulus*, Briss., Vieill., Tem.; *Corvus*,
Lin.

Bec également médiocre, droit, courbé à sa pointe; ailes et
pieds comme les Pies et Corbeaux; queue carrée et légèrement
arrondie.

Les Geais sont vifs et criards. Ils vivent de grains et d'insectes.
Trois espèces.

GEAI, *Garrulus glandarius*; Gm., Vieill., Tem.; *Garrulus* Briss.; Colas de nos campagnards; enl. 481; pl. 135 R.;
atl., pl. 36, f. 1.

Sédentaire et commun; habite nos bois; s'apprivoise et parle
facilement; très–recherché par les enfants qui s'en amusent
beaucoup et leur apprennent à parler. Répandu dans toute
l'Europe. J'en ai reçus de New-Yorck qui ne diffèrent pas des
nôtres. Je possède une variété blanche que je dois à l'obligeance
de M. Verstraete père. Elle a été prise à Menin. J'en ai vu couleur Isabelle et gris de lin.

GEAI à calotte noire, *Garrulus melanocephalus*, Géné.

Habite la Grèce et le Caucase. Il est indiqué et décrit par
M. Temminck plutôt comme une race constante que comme
une espèce. Il dit qu'on le mange dans plusieurs parties de la
Grèce. Je ne le connais pas.

GEAI IMITATEUR, *Garrulus infaustus*, Tem.; *Corvus infaustus*,
Lin.; enl. 608, l'adulte sous le nom de Geai de la Sibérie;
Encycl., pl. 137, f. 4.

Habite la Norwège, la Suède et la Laponie. MM. de Lamotte

et de Cossette en ont rapporté un certain nombre de leur voyage dans le nord.

30.e genre. CORACIAS, *Coracia*, Vieill.; *Corvus*, Lin.; *Coracias*, Briss.; Crave, *Fregilus*, Cuv.; *Pyrrhocorax*, Tem.

Bec entier, alongé, grêle, arrondi, arqué et pointu; ailes et pieds comme les Corbeaux.

CORACIAS à bec rouge, *Coracia erythroramphos*, Vieill.; *Corvus garrulus*, Gm.; *Fregilus graculus*, Cuv.; *Pyrrhocorax graculus*, Tem.; enl. 255; pl. 137 R.; Encycl., pl. 14, f. 3.

D'apparition accidentelle dans notre contrée. Habite les Alpes suisses, les Pyrénées et les montagnes de la Provence; niche dans les fentes de rochers inaccessibles et non sur les arbres. La femelle ressemble au mâle; elle en diffère seulement par la taille qui est un peu plus forte et le bec qui est moins effilé. Cet oiseau paraît moins commun que le précédent. J'en ai trouvé un sur le marché de Lille, en 1825.

Iris brun.

31.e genre. CHOQUARD, *Pyrrhocorax*, Cuv., Vieill., Tem.; *Corvus*, Lin.

Bec médiocre, un peu courbé; mandibule supérieure légèrement échancrée à sa pointe; narines ovoïdes, cachées par les plumes sétacées; pieds forts et ailes étendues.

CHOQUARD DES ALPES, *Pyrrhocorax alpinus*, Cuv., Vieill.; *Corvus Pyrrhocorax*, Lin.; *Pyrrhocorax Pyrrhocorax*, Tem.; enl. 531, represente un jeune; pl. 138 R., l'adulte.

Habite les Alpes et les Pyrénées; niche dans les fentes des rochers escarpés. On le trouve en Provence.. Les jeunes ont les pattes noires, tandis que les vieux les ont rouges.

Iris brun.

32.ᵉ genre. Casse–Noix, *Nucifraga*, Briss., Vieill., Tém.; *Corvus*, Lin.

Bec entier, plus ou moins alongé, un peu dilaté et presque mousse à son extrémité; mandibule supérieure plus longue que l'inférieure; narines rondes, cachées par des plumes sétacées; doigts externes soudés à leur base.

Casse-Noix vulgaire ou moucheté, *Nucifraga guttata et caryocatactes*, Vieil., Tem.; *Corvus caryo.*, Gm.; enl. 50; pl. 136 R.; Encycl., pl. 140, f. 2; atl., pl. 30, f. 2.

De passage irrégulier en France. On en voit ici tous les 5 ou 6 ans et toujours au commencement de l'automne; c'est, dit-on, un habitant des montagnes du Nord.

Le bec de cet oiseau n'offrant pas toujours la même longueur, M. Brehm s'est empressé d'en faire deux espèces sous les noms de *Nucifraga macrorhyncus* et *brachyrhyncus*. M. Baillon d'Abbeville a suivi son exemple dans son catalogue des oiseaux de son pays.

Iris brun.

33.ᵉ genre. Rollier, *Galgulus*, Briss., Vieill.; *Coracias*, Lin., Cuv., Tem.

Bec nu à sa base, plus haut que large, crochu à sa pointe; narines obliques, linéaires, à moitié fermées; tarses plus courts que le doigt du milieu; ailes longues.

Les Rolliers sont farouches et vivent d'insectes. Une seule espèce.

Rollier commun ou d'Europe, *Galgulus garrulus*, Vieill.; *Coracias garrula*, Gm., Tem.; enl. 486; pl. 139 R., mâle adulte; Encycl., pl. 140, f. 4; atl., pl. 49, f. 1.

De passage, de loin en loin et isolément, en Lorraine et dans le nord de la France. On le trouve en Morée, en Italie, dans

les Vosges , en Allemagne, en Suède et fort avant dans le nord.
Je l'ai reçu de la Franche-Comté et des Hautes-Pyrénées. Il est
très-commun en Morée, en automne , et devient alors très-gras.
Il y est recherché pour les tables surtout dans les Cyclades. Je
l'ai trouvé sur le marché de Lille. Iris rose suivant M. Philippe.

11.e famille. BACCIVORES, *Baccivori*, Vieill.

Elle ne comprend qu'un genre et une espèce.

34.e genre. JASEUR , *Bombicilla* , Briss., Vieill., Tem.; *Ampelis*,
Lin.

Bec court, fendu , glabre, déprimé et trigone à sa base,
fléchi et échancré à sa pointe ; narines ovoïdes , percées de part
en part ; pieds assez courts ; ailes médiocres ; de petites palettes
rouges à l'extrémité de plusieurs rémiges secondaires ; queue
moyenne et arrondie.

JASEUR DE BOHÈME ou GRAND JASEUR, *Bombycilla garrula*,
Vieill. , Tem.; *Ampelis garrulus*, Gm.; *Bomby. Bohemica*,
Briss.; enl. 261; pl. 137 R.; Encycl., pl. 189, f. 3; atl., pl. 59,
f. 2.

Nous le voyons dans les hivers rigoureux. Il s'en est fait un
passage considérable en 1828; on en a tiré jusque dans les
jardins de nos villes. Nous en avons eu un autre en 1834,
quoique le froid fût très-modéré.

Habite, durant l'été, les parties orientales du nord de l'Europe.
On le trouve quelquefois en Provence.

Iris brun roux.

12.e famille. CHÉLIDONS , *Chelidones*, Vieill.; *Fissirostres*,
Cuv.

Elle se compose des Hirondelles, Martinets et Engouleve-
ments. Ces espèces nous quittent en hiver et ne vivent que
d'insectes ailés qu'ils saisissent en volant. Quatre genres.

35.e genre. HIRONDELLE , *Hirundo*, Lin. , Vieil. , Tem. , Cuv.

Bec très-court, glabre, fendu , déprimé, presque triangulaire à sa base , étroit et courbé à sa pointe ; ailes très-longues, pieds très-courts.

Les Hirondelles vivent d'insectes qu'elles saisissent en volant. On en compte six espèces.

HIRONDELLE DE CHEMINÉE , *Hirundo rustica*, Gm., Vieill. , Tem., Cuv.; *Hir. domestica*, Briss.; enl. 543, f. 1; pl. 141 R.

Très-répandue en France; niche dans l'intérieur des habita-tions et des écuries.

Iris brun noir.

Varie assez souvent. J'en ai une gris de lin et une autre tapirée de blanc.

HIRONDELLE DE FENÊTRE, *Hirundo urbica*, Lin. , Vieill.; Tem.; petite Hirondelle ou Martinet à cul blanc, *Hirundo minor seu rustica* , Briss.; enl. 54, f. 2 , sous le nom de petit Martinet; pl. 144 R. ; Encycl., pl. 133, f. 4; atl., pl. 34, f. 2.

Commune dans toute la France. Arrive avant l'espèce précé-dente et nous quitte fort tard. On en voit dans les environs de Lille, jusqu'au 25 décembre , lorsque la saison est tempérée. Varie accidentellement.

Iris noir.

HIRONDELLE ROUSSELINE OU A TÊTE ROUSSE , *Hirundo rufula* , Tem.; *Hirundo capensis*, Gm.; enl. 723 , f. 2, la femelle. Levaill. , pl. 246 , f. 1 , le mâle.

Habite principalement le midi de l'Afrique; de passage en Sicile, dans les îles de l'Archipel et en France. On assure qu'on la prend chaque année à Saint-Gille, dans le courant de mai. On l'a tuée près de Gênes.

Elle a , dit-on, l'iris noir.

HIRONDELLE DE RIVAGE, *Hirundo riparia*, Lin., Vieil., Tem.; enl. 543, f. 2; pl. 143 R.; Encycl. pl. 134, f. 3.

Ne se trouve que dans certains cantons du nord de la France. Un assez grand nombre nichaient dans les fortifications de Lille avant les réparations qu'on y a faites; niche encore dans celles de Cambrai; dépose ses œufs dans des trous sur les bords de l'eau; sa ponte est de trois à cinq œufs blancs lustrés. Habite aussi les Pyrénées.

Cette espèce est beaucoup moins commune que celles précédentes; dès qu'on l'inquiète, elle quitte le lieu où elle a établi sa résidence. Elle arrive après et part avant les autres Hirondelles.

Iris brun clair.

HIRONDELLE DE ROCHER, *Hirundo montana*, Vieil.; *H. rupestris*, Lin., Tem.; pl. 142 R., l'adulte.

Habite la Sicile, la Sardaigne, les Alpes, les Pyrénées et le nord de l'Afrique; de passage dans le département de l'Isère, en Provence et en Languedoc.

Iris noisette foncé suivant les uns, et d'une couleur aurore suivant P. Roux.

HIRONDELLE BOISSONNEAU, *Hirundo Boissonneauti*, Tem.

M. Temminck décrit, sous ce nom, une Hirondelle que je ne connais pas, qui lui a été envoyée par M. Boissonneau, marchand d'objets d'histoire naturelle à Paris, lequel lui a assuré qu'elle a été capturée dans le midi de l'Espagne. Il paraît que l'auteur du manuel l'a reçue aussi de la Grèce et de Tripoli, du moins une note fort peu claire semble le dire. Voyez la 4.ᵉ partie de cet ouvrage, p. 653.

36.ᵉ genre. MARTINET, *Cypselus*, Illig., Vieill., Cuv., *Micropus*, Mey.

Bec comme celui des Hirondelles; narines fendues longitudinalement, ouvertes, garnies sur les bords de petites plumes; ailes très-longues; tarses très-courts; pouce dirigé en avant; ongles crochus et aigus.

Les Martinets ont les mêmes habitudes que les Hirondelles et vivent comme elles d'insectes, qu'ils saisissent en volant. On en connaît deux espèces.

MARTINET NOIR, *Cypselus apus*, Illig., Briss.; *Hirundo apus*, Gm.; Martinet de muraille, *Cyps. murarius*, Tem.; enl. 542, f. 1; pl. 145 R.; Encycl., pl. 135, f. 4; atl., pl. 34, f. 1.

Commun en été; niche dans les trous de clochers, de murailles et des édifices élevés; arrive après et nous quitte avant les hirondelles.

Iris brun gris foncé.

MARTINET à ventre blanc, *Cypselus alpinus*, Vieill., Tem.; *Hirundo melba*, Lin.; *Cypselus melba*, Br.; pl. 146 R

Habite les Alpes et les Pyrénées, d'où je l'ai reçu plusieurs fois. On le trouve aussi en Provence, en Languedoc, en Italie et en Sardaigne. Il a été tué plusieurs fois en Angleterre.

Iris brun foncé suivant M. Temminck et noisette suivant M. Philippe.

37.ᵉ genre. ENGOULEVENT, *Caprimulgus*, Lin., Vieill., Tem.

Bec flexible, fendu jusqu'au-delà des yeux, très-déprimé à sa base, garni de soies; mandibule supérieure crochue, l'inférieure retroussée; narines larges, fermées par une membrane couverte de plumes; doigts antérieurs réunis; pouce versatile, articulé sur le côté interne du tarse; doigt intermédiaire pectiné.

Le genre de vie des Engoulevents a de grands rapports avec celui des Hirondelles; ils se nourrissent, comme elles, d'insectes ailés, mais ne se font voir qu'au déclin du jour et pendant la nuit. Deux espèces seulement sont admises: l'Engoulevent vulgaire et celui à collier roux. On dit que l'on a trouvé dans la Provence l'Engoulevent à queue étagée du Sénégal, *Caprimulgus climacurus*, Vieill.; mais Polydore Roux n'ayant pu obtenir ni me donner le moindre renseignement sur l'apparition de cet oiseau dans la contrée qu'il habitait, je ne le comprends pas dans ce catalogue.

Engoulevent vulgaire, *Caprimulgus vulgaris*, Vieill.; *Capri. Europæus*, Gm., Tem.; tête de chèvre ou Crapaud volant, *Caprimulgus*, Briss.; enl. 193; pl. 147 R., mâle; Encycl., pl. 98, f. 3; atl., pl. 33, f. 2.

Niche dans nos bois et ne vole que le soir; arrive dans le mois de mai et nous quitte à la fin de septembre. Plus commun dans le midi que dans le nord.

Le mâle se distingue de la femelle par deux taches blanches à l'extrémité des pennes externes de la queue.

Iris brun noir.

Engoulevent à collier roux, *Caprimulgus ruficollis*, Vieill., Tem.; pl. 148 R.

Habite le midi de l'Espagne et se fait voir quelquefois en Provence, mais très-rarement. On l'a tué près de Marseille.

Iris brun noir.

13.º famille. MYIOTHÈRES, *Myiotheres*, Vieill.; Muscicapidées, Less.

Un seul genre, comprenant cinq espèces.

38.º genre. Gobe-Mouche, *Muscicapa*, Lin., et des auteurs.

Bec médiocre, trigone, garni de soies longues et raides, déprimé à sa base, comprimé vers la pointe qui est courbée et échancrée; narines couvertes en partie par quelques poils dirigés en avant.

Les Gobe-Mouches se nourrissent uniquement d'insectes. On en connaît quatre espèces.

GOBE-MOUCHE VULGAIRE, *Muscicapa grisola*, Gm., Vieill., Tem.; Tappe à Mouques de nos campagnards; enl. 565, f. 1; pl. 149 R., l'adulte; Encycl., pl. 190, f. 1.

Niche dans nos jardins et bosquets; nous quitte en automne pour revenir en avril; répandu dans les contrées tempérées de l'Europe; rare en Hollande. Point de différence entre le mâle et la femelle.

Iris noir.

GOBE-MOUCHE NOIR OU BEC-FIGUE *Muscicapa atricapilla*, Gm., Vieill.; *Musci. luctuosa*, Tem.; enl. 665, f. 2, le mâle, f. 3, la femelle; pl. 150, f. 1, R., mâle adulte en livrée d'été, f. 2, femelle.

De passage en petit nombre dans le nord de la France en automne et au printemps; niche quelquefois dans le Boulonnais et les environs de Lille; habite de préférence les contrées méridionales de la France et de l'Europe. On ne le trouve pas en Hollande. Je l'ai reçu plusieurs fois des Pyrénées et de la Lorraine où il n'est pas rare. Il a l'iris noir.

Cet oiseau prend beaucoup de graisse en automne et est alors fort recherché pour les tables dans les localités de la France où il passe en grand nombre. M. Darracq dit que c'est à tort qu'on lui a imposé le nom de Bec-Figues; qu'il ne touche jamais aux figues; que les habitants de la contrée qu'il habite ne le connaissent que sous le nom de *Bergeron* et désignent sous celui de Bec-Figue la *Sylvia hortensis*, qui ne vit en automne que de ce fruit.

GOBE-MOUCHE à collier, *Muscicapa streptophora*, Gm., Vieill.; *Musc. collaris*, Bechst; *Musc. albicollis*, Tem.; pl. 151 R., le mâle en livrée d'été; Encycl., pl. 190, f. 6.

De passage accidentel dans notre contrée; trouvé près de Lille en mai; point en Hollande ; habite particulièrement le centre de l'Europe. On me l'a envoyé de la Lorraine où il niche. Iris noir comme le précédent.

GOBE-MOUCHE ROUGEATRE, *Muscicapa parva*, Bechst. , Tem.

Habite la Hongrie et les environs de Vienne en Autriche. Il paraît rare partout ailleurs. M. Schinz m'écrit qu'il a été trouvé en Suisse.

14.ᵉ famille. COLLURIONS, *Colluriones*, Vieill.; *Accipitres*, Lin.; Dentirostres, Cuv.; Crenirostres , Dum.; Laniadées, Less.

39.ᵉ genre. PIE-GRIÈCHE, *Lanius*, Lin. et des auteurs.

Bec fort, convexe, très-comprimé, garni de soies raides, denté et crochu à sa pointe; narines presque rondes à moitié fermées par une membrane voûtée; ailes à pennes bâtardes; tarses assez longs , scutellés; queue moyenne ou étagée.

Les Pies-Grièches ont des habitudes et des mœurs remarquables. Elles sont courageuses , très-querelleuses et cruelles. Leur nourriture consiste en gros insectes et en petits animaux. On en compte sept espèces.

PIE-GRIÈCHE GRISE, *Lanius excubitor*, Lin., Vieill., Tem.; *Lanius cinereus*, Briss.; vulgairement Agachette; enl. 445; pl. 152 R. ; Encycl. , pl. 171 , f. 3.

Sédentaire : habite nos bois et forêts. Elle n'est que de passage dans la Provence et le département des Basses-Pyrénées. Iris brun.

PIE-GRIÈCHE MÉRIDIONALE , *Lanius meridionalis*, Tem., R.; pl. col. 143; pl. 153 R., le mâle.

Sédentaire en Italie et dans le nord de l'Afrique. Très-rare et accidentellement en Provence. Suivant Vieillot , elle habiterait aussi le nord de l'Amérique et ne différerait en rien de la Pie-Grièche boréale, *Lanius borealis*.

Iris noir.

Pie-Grièche d'Italie ou a poitrine rose, *Lanius minor*, Lin.; *Lan. Italicus*, Lath.; enl. 32; pl. 154 R., f. 1, mâle adulte, f. 2, tête du jeune de l'année.

Habite le midi de l'Europe, l'Espagne, l'Italie, la Turquie; de passage en Languedoc et en Provence, dans les mois d'avril et de septembre; quelquefois aux environs de Paris. On l'a trouvée en Suisse.

Iris noir grisâtre.

Pie-Grièche rousse; *Lanius rutilus*, Vieill.; *Lanius rufus*, Briss.; *Lan. collurio rufus* et *Pomœranus*, Gm.; vulgairement Agachette rousse; enl. 9, f. 2, mâle, 31, f. 1, le jeune et non la femelle; pl. 157 R., mâle adulte, 158, femelle adulte.

Habite nos bois l'été; plus rare que la Pie-Grièche grise; nous quitte l'hiver. On la trouve dans toute la France et elle est commune en Lorraine, dans les Basses et les Hautes-Pyrénées.

Iris brun clair.

Pie-Grièche couronnée ou a capuchon, *Lanius cucullatus*, Tem.

Tuée dans les départements de l'ouest de la France, notamment en Bretagne. M. Boissonneau, qui me l'a procurée, il y a longtemps, m'a assuré l'avoir reçue du midi de l'Espagne. Elle a beaucoup de ressemblance avec la *Tchagra*; mais elle en diffère sensiblement par une taille plus forte et des teintes plus prononcées. Je lui avais donné le nom de *Coronatus*. M. Temminck la rapporte au *Lanius rutilus*, Var. C. de Lath., et à la Pie-Grièche rousse du Sénégal, enl. 579, f. 1. Je doute qu'il ait raison sur ce dernier point.

PIE-GRIÈCHE BRUN-MARRON , *Lanius castaneus*, Lin., Risso.

Elle est indiquée comme oiseau d'Europe par M. Risso. Ce naturaliste dit qu'elle a la queue cunéiforme ; que les rectrices du milieu sont d'une couleur ferrugineuse à leur extrémité ; que le corps est en-dessus d'une couleur marron et blanc en-dessous ; que sa taille est de onze pouces et qu'elle habite les bois des Alpes méridionales pendant toute l'année. Je ne l'ai vue dans aucun cabinet. Est-ce bien une espèce ? d'après une description aussi succinte, il est impossible d'émettre une opinion à ce sujet.

ÉCORCHEUR, *Lanius collurio*, Briss., Vieill., Tem.; *Lanius minor*, Lin.; pl. 155 R., mâle, 156, femelle.

Habite nos bois ; répandu non seulement en France, mais encore dans toute l'Europe. Je l'ai reçu de New-Yorck parfaitement semblable au nôtre.

Iris brun.

15.e famille. CHANTEURS, *Canori*, Vieill.

Cette famille comprend les Grives et Merles, les Turdoïdes, les Martins, les Aguassières, les Accenteurs, les Motteux, les Alouettes, les Pipis, les Hoche-Queues, les Fauvettes, les Roitelets et les Troglodytes.

40.e genre. GRIVE ou MERLE, *Turdus*, Lin., Briss., Vieill., Tem.

Bec comprimé et recourbé, légèrement dentelé à sa pointe et quelques poils isolés à sa base ; narines ovoïdes, à moitié fermées par une membrane ; tarses longs ; doigt externe soudé à son origine.

Les Grives et les Merles sont frugivores et insectivores. Ils émigrent, en général, en grandes bandes. Leur chair est bonne et très-recherchée en automne dans quelques espèces.

On admet aujourd'hui les espèces suivantes ; Grive chanteuse , Draine, Grive dorée , Litorne , Mauvis , petite Grive , Merle noir, Merle à plastron , Merle erratique , Merle à gorge noire , Merle Naumann , Merle blafard , Merle à sourcils blancs , Merle de roche et Merle bleu.

M. Brehm , en qui on ne doit avoir qu'une confiance limitée , pour les raisons données ailleurs, indique comme européen le Merle aurore, *Turdus auroreus*, Pallas , et M. Temminck , dans la 3.ᵉ partie de son manuel, donne la traduction de la . description faite par cet ornithologiste.

On l'aurait tué en Allemagne en 1820 et en 1826. On cite aussi le *Turdus ruficollis* et le *Turdus kamtschatkensis*, Pennant. Le premier est un oiseau de la Sibérie et le second du Kamtschatka. M. Risso parle du *Turdus barbaricus*, Lin. , qu'il aurait trouvé sur les Alpes maritimes, et M. Boié du *Turdus ou Ixos Squamatus*, Tem., qui aurait été pris dans l'île Heligoland. Le *Squamatus* habite Java ; comment a-t-il pu de là gagner une île du nord? une pareille émigration n'est pas probable. Si réellement il y a été pris , c'est sans doute un individu échappé d'une cage. M. Boié n'aurait-il pas considéré comme tel un *Turdus auroreus* ?

GRIVE CHANTEUSE OU DES VIGNES, *Turdus musicus* , Lin. , Vieill. Tem.; *Turdus minor*, Briss.; enl. 406; pl. 164 R.; Encycl., pl. 174, f. 1.

Passe en grand nombre en octobre dans nos départements septentrionaux et revient en mars. C'est de toutes les Grives la plus délicate et la plus recherchée par les gourmands. Quelques-unes nichent dans nos bois. Varie souvent; j'en ai une blanche et une tapirée de cette couleur.

Iris brunâtre.

DRAINE OU DRENNE , *Turdus viscivorus* , Lin., Vieill.; *Turdus major*, Briss.; vulgairement Grive du pays; enl. 489; pl. 162 R.; Encycl., pl. 174, f. 2.

Espèce la plus grande; sédentaire et solitaire dans nos départements du nord; niche dans les bois; de passage en Provence et en Lorraine; quelques-unes cependant y sont sédentaires comme dans notre contrée; niche aussi dans les forêts peu élevées des Pyrénées.

Iris noisette brunâtre.

GRIVE DORÉE, *Turdus aureus*, Faune de la Moselle; *T. Varius, seu Withei*, Tem.

Figurée sous ce dernier nom par M. Gould, naturaliste anglais.

Cet oiseau est ainsi décrit dans la Faune du département de la Moselle, année 1836 :

« Longeur 11 pouces 3 lignes.

» A beaucoup de rapports avec la Grive Draine, mais ses proportions sont d'un tiers plus fortes; toutes les parties supérieures de son plumage sont d'un brun olivâtre clair, à reflets dorés obscurs, chaque plume terminée par une tache noire en forme de demi-lune, dont le côté antérieur est légèrement concave; les parties inférieures telles que la gorge, le cou et la poitrine, sont d'un blanc jaunâtre qui se fond sur les côtés avec les teintes plus foncées du dessus du corps, mais le ventre est d'un blanc pur; toutes les plumes de ces parties terminées aussi par une légère tache noire en demi-lune, coupée carrément ou en ligne droite en avant, au lieu que dans la Draine, ces taches sont plus petites, triangulaires et en fer de lance; couvertures alaires supérieures noires, terminées de blanc roussâtre qui remonte en pointe sur la tige de la plume; pennes primaires d'un brun noirâtre, liserées de roussâtre et blanches intérieurement, à l'exception de la première; pennes secondaires roussâtres en-dehors et noirâtres en-dedans, avec la partie mitoyenne intérieure blanche; couvertures inférieures des ailes blanches et noires dans le milieu, ce qui forme sous l'aile une bande de cette dernière couleur; queue noire, à l'exception des quatre plumes intérieures qui sont d'un roux olivâtre en-dessus, les suivantes terminées par une tache blanche, et la dernière bordée de roussâtre. »

M. J. Holandre, conservateur du musée d'histoire naturelle de Metz, dit que cet oiseau a été tué à quelques lieues de cette ville, dans le mois de septembre, en la compagnie d'autres Grives; qu'un individu semblable existait en 1820 au Muséum de Paris sous le nom de Draine, variété A, et qu'aujourd'hui plusieurs individus de la Nouvelle-Hollande, qui paraissent de la même espèce, y sont désignés sous le nom de *Turdus squamatus*.

Serait-ce le *Turdus auroreus* de Pallas, décrit par M. Brehm, qui aurait été pris près de Braconswick en 1820, et près de Breslaw en 1826 ?

M. Temminck, dans la 4.ᵉ partie de son Manuel, décrit ce Merle et le désigne, d'après M. Gould, sous le nom de *Turdus varius seu Withei*, et dit qu'il visite accidentellement l'Europe occidentale et qu'il a été tué en Angleterre, à Hambourg sur le Rhin et en Allemagne.

LITORNE, *Turdus pilaris*, Lin., Vieill., Tem.; vulgairement double Grive; enl. 490 sous le nom de Calandrotte; pl. 164 R.; Encycl., pl. 178, fig. 1, mal faite.

De passage régulier après les précédentes; en moins grand nombre au printemps qu'en automne.

Elle voyage par grandes bandes, et quelques unes restent quelquefois dans nos campagnes durant tout l'hiver. Elle a l'iris brun. Son plumage varie souvent. J'en possède une rousse et une tapirée de blanc. Quelques couples nichent annuellement dans les environs de Bergues.

15

MAUVIS, *Turdus iliacus*, Lin., Briss., Vieill., Tem.; enl. 51; pl. 161 R.; Encycl., pl. 174, fig. 4.

De passage annuel et régulier en grand nombre en octobre et en novembre. Cette espèce arrive en même temps et après la Grive chanteuse; voyage, comme la Litorne, par grandes bandes; très-répandue aussi dans toute la France; niche dans le nord de l'Europe. Varie accidentellement. J'en ai une couleur isabelle.

Iris brun.

PETITE GRIVE, *Turdus minor*, Lath., Br.

M. Brehm assure qu'elle a été tuée le 22 décembre 1825 dans le duché d'Anhalt-Gotha, près de l'Elbe. M. le professeur Schinz m'écrit que M. Naumann, autre naturaliste allemand, l'a reçue en chair en 1838, provenant d'une forêt de cette contrée où elle a été tirée. Ne la connaissant pas, je ne puis en donner la description. Il est probable cependant que je l'ai reçue dans un envoi qui m'a été fait de New-Yorck en 1834, à en juger par la courte description qui se trouve page 102, 3.e partie du *Manuel d'ornithologie*.

MERLE NOIR, *Turdus merula*, Lin., Vieill., Tem.; Merle de France, Buff.; Merle commun, Cuv.; vulgairement Mouviard; enl. 2, mâle, 155, femelle; pl. 166 R., mâle, 167, femelle; Encycl., pl. 196, f. 1 ;atl., pl. 38, f. 1.

Sédentaire, solitaire, défiant et très-recherché par les oiseleurs; s'apprivoise aisément et apprend à siffler et même à parler; répandu dans toute la France et très-sujet à varier. J'en possède un blanc, des panachés et un gris de lin. P. Roux a figuré, pl. 170, une variété constante qui a, dans sa jeunesse, la queue traversée d'une large bande blanche et qui ne s'éloigne pas des montagnes des environs de Nice. Dès la première mue le blanc disparaît.

Iris brun noir.

MERLE A PLASTRON OU A COLLIER, *Turdus torquatus*, Lin., Vieill., Tem.

De passage annuel en octobre, en novembre et au printemps à la fin d'avril et au commencement de mai. Le passage a été considérable dans les environs de Lille au printemps dernier. Il voyage isolément, niche sur les Hautes–Pyrénées, en Suisse et en Allemagne. On le trouve non seulement dans toute la France, mais encore dans presque toutes les parties de l'Europe.

Iris brun noisette.

MERLE ERRATIQUE OU LITORNE DU CANADA, *Turdus migratorius*, Lin., Vieill., Tem.; *Turdus Canadensis*, Briss.; enl., 556, f. 1.

Tué plusieurs fois en Allemagne. Habite principalement l'Amérique-Septentrionale. Je l'ai reçu de New-Yorck et de la Géorgie, où il est très–commun. Le pasteur Brehm dit qu'on en a vu dans les environs de Vienne en Autriche.

Iris brun noir.

MERLE A GORGE NOIRE, *Turdus atrogularis*, Tem., Vieill.

Habite la Hongrie et la Russie. M. Risso l'indique comme sédentaire à Nice.

Il a été figuré par M. Naumann en Allemagne, et en France par M. Werner, dans l'atlas du Manuel de M. Temminck.

Iris brun noir suivant ce dernier naturaliste.

MERLE NAUMANN, *Turdus Naumannii*, Tem., Vieill.; pl. col. 514, mâle adulte sous le nom de Merle Eunome.

Habite les contrées orientales de l'Europe, la Hongrie et la Dalmatie. On le dit de passage en Autriche

MERLE BLAFARD OU PALE, *Turdus pallidus*, Pall, Gm., Tem.;

pl. col. 115, jeune sous le nom de Merle Daulias; *Turdus Wernerii*, Bonelli; *Turdus Naumannii* de l'atlas du Manuel d'ornithologie par Werner (1).

On assure qu'il a été tué en Saxe, en Silésie, dans les environs de Turin et sur les Alpes maritimes. M. le professeur Schinz m'écrit qu'un individu tiré dans une forêt de l'Allemagne, en 1838, a été envoyé à M. Naumann.

MERLE A SOURCILS BLANCS, *Turdus Sibiricus*, Pall., Gm., Tem.

Espèce de la Sibérie qui, dit-on, a été tuée dans la Russie méridionale. Elle est décrite avec soin dans le supplément du Manuel ornithologique de M. Temminck.

MERLE DE ROCHE, *Turdus saxatilis*, Lath., Vieill., Tem.; *Turdus* et *Lanius infaustus*, Gm.; enl., 562, mâle.

Habite la Suisse, la Franche-Comté, les Pyrénées, la Provence, l'Italie et la Corse; recherche les lieux arides et sauvages.

La femelle diffère du mâle et les jeunes des vieux.

Iris brun clair.

MERLE BLEU, *Turdus cyanus*, Gm. et des auteurs; enl. 250 sous le nom de Merle solitaire femelle d'Italie, représente un jeune mâle; pl. 173 R, mâle et 174 femelle adultes.

Habite le midi de l'Europe, l'Espagne, la Sardaigne, la Corse, la Morée; n'est pas rare dans la Provence, où il est sédentaire, et dans la Franche-Comté aux environs de Besançon.

Iris brun clair. La femelle et les jeunes ont un plumage qui diffère de celui du mâle.

---

(1) Je cite à regret cet ouvrage, parce que les figures sont en général très-mauvaises et indignes d'un peintre du Muséum d'histoire naturelle de Paris.

41.ᵉ genre. TURDOIDE , *Ixos* , Tem.

Ce genre , nouveau pour l'ornithologie européenne , est ainsi
caractérisé par M. Temminck : « Bec plus court que la tête ,
comprimé , fléchi dès sa base , pointe courbée et faiblement
échancrée ; des poils roides à la base du bec ; narines basales,
latérales , ovoïdes , à moitié fermées par une membrane nue ;
pieds courts et faibles, à tarse plus court que le doigt du milieu ;
ongles courts et grêles ; ailes courtes et arrondies. »

TURDOIDE OBSCUR , *Ixos obscurus* , Tem.

Je possède cet oiseau depuis long-temps. Je l'ai acheté à
M. Boissonneau, qui m'a assuré l'avoir reçu de l'Andalousie où
il serait assez commun. M. Temminck le décrit dans la 4.ᵉ partie
de son Manuel.

42.ᵉ genre. MARTIN , *Acridotheres* , Vieill. ; *Pastor*, Tem.

Bec en coin , allongé , faiblement déprimé , droit , courbé
seulement à la pointe, qui est légèrement échancrée ; narines à
moitié fermées par une membrane, couvertes de petites plumes ;
pieds forts ; tarses plus longs que le doigt du milieu.

Une seule espèce est connue. Elle vit d'insectes et paraît
avoir les mêmes mœurs que les Étourneaux.

MERLE ROSE OU MARTIN ROSELIN , *Turdus roseus* , Vieill. ;
T. seleusis, Gm. ; *T. merula rosea* , Briss. ; *Pastor roseus*, Tem. ;
enl. 251 sous le nom de Merle couleur de rose de Bourgogne ;
pl. 177 R., l'adulte, 177 *bis* , f. 1 , jeune de l'année, f. 2, tête
du jeune dans la seconde année; Encycl., pl. 176, f. 4, l'adulte.

De passage dans le midi de l'Europe; accidentellement dans
le nord; quelquefois en Provence , en Lorraine, dans les départements des Vosges , des Hautes-Alpes et en d'autres localités
de la France. On l'a tué dans les environs d'Abbeville et trouvé
en Angleterre et en Suisse.

Iris brun foncé suivant M. Temmínck.

43.ᵉ genre. Aguassière, *Hydrobata*, Vieill. ; *Sturnus*, Lin. ; Cincle, *Cinclus*, Tem.

Bec droit, arrondi et emplumé à son origine, finement denxtelé sur les bords et fléchi à sa pointe ; narines fendues en long et recouvertes par une membrane.

Les Cincles recherchent les bords des eaux limpides et les lieux rocailleux où il existe des cascades. C'est au fond de l'eau qu'ils trouvent leur nourriture qui paraît consister en chevrettes et en mollusques d'eau douce.

Cincle plongeur, *Hydrobata albicollis*, Vieill. ; *Cinclus aquaticus*, Bechst, Tem. ; *Sturnus cinclus*, Gm. ; Merle d'eau, Buff. ; enl. 940 ; pl. 178 R., l'adulte, 179, le jeune avant la première mue.

Assez répandu en Europe. Habite la Suisse, l'Allemagne, la Hollande, l'Italie, les Pyrénées et divers points de la France où il y a des cascades et des eaux vives. Celles de la Nive, depuis Cambo jusqu'à sa source, sont fréquentées par un grand nombre de Cincles.

Le mâle a le blanc de la poitrine plus étendu que la femelle, bordé de roux, et est un peu plus petit qu'elle. Celle-ci a l'abdomen pointillé de blanc gris.

Iris noisette.

Cincle a ventre noir, *Cinclus melanogaster*, Br.

Il habiterait, suivant le pasteur Brehm, les parties orientales du nord et on le trouverait sur les bords de la Baltique dans les hivers rigoureux. M. Temminck doute que ce soit une espèce, et peut-être n'est-ce qu'une variété individuelle. On ne saurait qu'approuver la circonspection du célèbre naturaliste hollandais, sachant que M. Brehm fait des espèces pour la moindre différence qu'il remarque dans la distribution des couleurs, la longueur du bec, des pattes, etc. Toutefois, M. Temminck, dans la 4.ᵉ partie de son Manuel, dit qu'il en a reçu deux du colonel de Feldegg et qu'ils lui paraissent être des Cincles plongeurs d'un âge avancé ou de simples variétés locales.

CINCLE PALLAS, *Cinclus Pallasii*, Tem.

Cette espèce, peu connue et très-rare, habite, dit-on, la Crimée, et aurait, suivant M. Temminck, l'iris bleu.

44.ᵉ genre. ACCENTEUR ou PÉGOT, *Accentor*, Bechst, Vieill., Tem.; *Motacilla*, Lin.

Bec de moyenne longueur, plus large que haut à sa base, échancré et acéré à sa pointe, à bords recourbés en-dedans; narines percées dans une membrane.

Les Accenteurs ont été réunis aux Fauvettes par Vieillot dans l'Encyclopédie et dans une Monographie inédite des Fauvettes et des Pouillots. Ils vivent d'insectes.

PÉGOT, ou FAUVETTE DES ALPES, *Accentor alpinus*, Vieill., Tem.; *Motacilla alpina*, Gm.; enl., 668, f. 2; pl. 204 R.; Encycl., pl.116, f. 3, sous le nom d'Alouette des Alpes.

D'apparition accidentelle dans le nord de la France. Il a été tué à Saint-Omer. C'est un oiseau des montagnes les plus élevées des Alpes et des Pyrénées. Il se montre l'hiver en Provence et a été trouvé en Angleterre.

Iris brun clair.

MOUCHET ou FAUVETTE D'HIVER, *Accentor modularis*, Vieill., Tem.; *Motacilla modularis*, Gm.; Traine-buisson ou Fauvette d'hiver, Buff.; vulgairement Moineau de haie; enl. 115, f. 1; pl. 205 R.; Encycl., pl 114, f. 3.

Habite la France et presque toutes les parties tempérées de l'Europe. Se tient dans les bois durant l'été, s'approche des habitations dès le mois de novembre, et descend en hiver jusque dans la cour des fermes, pour y manger des graines. Il vit très-bien en volière. On lui donne la même nourriture qu'aux oiseaux granivores.

Iris brun.

ACCENTEUR MONTAGNARD, *Accentor montanellus*, Tem., Vieill.; *Sylvia montanella*, Lath.; *Motacilla montanella*, Pall.

Oiseau de la Sibérie, que l'on voit, dit—on, assez souvent l'hiver en Crimée, et quelquefois en Hongrie et en Italie.

ACCENTEUR CALLIOPE, *Accentor Calliope*, Tem.; *Motacilla Calliope*, Gm., Pall.; *Turdus Calliope*, Lath.

Habite particulièrement le Kamtschatka, la Sibérie et le Japon. On le trouve quelquefois dans les provinces méridionales de la Russie européenne.

Iris brun suivant M. Temminck.

45.e genre. MOTTEUX ou TRAQUET, *OEnanthe*, Vieill.; *Motacilla*, Lin.; *Sylvia*, Lath.; *Saxicola*, Bechst, Tem.

Bec grêle, droit', plus large que haut à sa base qui est garnie de quelques poils, très-fendu; mandibule supérieure un peu obtuse, échancrée et courbée seulement à la pointe; narines à moitié fermées par une membrane; tarses plus ou moins longs; queue légèrement fourchue.

Les Motteux se nourrissent de graines et surtout d'insectes. Ils habitent de préférence les lieux arides et incultes, les landes et les rochers. Ils ont la singulière habitude de remuer leur queue.

MOTTEUX NOIR ou TRAQUET RIEUR, *OEnanthe leucurus*, Vieill.;

Turdus leucurus, Lin.; *Saxicola cachinnans*, Tem.; Merle à queue blanche, Cuv.; pl. 197 R., le mâle.

Habite le midi de la France ; les Pyrénées, d'où je l'ai reçu plusieurs fois, l'Espagne, la Corse et la Sardaigne.

La femelle diffère du mâle ; ses couleurs sont plus sombres.

MOTTEUX CENDRÉ OU TRAQUET MOTTEUX, *OEnanthe cinereus*, Vieill.; *Motacilla œnanthe*, Gm.; *Saxicola œnanthe*, Tem.; vulgairement Cul blanc ; enl., 554, f. 1, le mâle, f. 2, la femelle; pl. 198 R.

Niche dans les terrains arides et élevés des environs de Lille. Arrive en avril et nous quitte dans le courant de septembre et quelquefois d'octobre; commun sur les côtes de Dunkerque, lors de son passage en automne et au printemps. Ses voyages se font par petites bandes. C'est un manger délicat lorsqu'il est gras.

Les Motteux que l'on prend sur les bords de la mer sont beaucoup plus forts que ceux qui nichent dans nos plaines et diffèrent aussi par le plumage, qui offre plus de roux en été.

Iris brun foncé.

MOTTEUX OU TRAQUET STAPAZIN, *OEnanthe stapazina*, Vieill.; *Saxicola œnanthe*, Tem.; pl. 199 R., f. 1, le vieux mâle, f. 2, la femelle.

Des contrées méridionales de la France. Très-commun, dit-on, en Dalmatie et en Morée. Je l'ai reçu de Marseille et des Hautes-Pyrénées.

Iris brun foncé.

MOTTEUX REGNAUBY OU TRAQUET OREILLARD, *OEnanthe albicollis*, Vieill.; *Saxicola aurita*, Tem.; pl. 200 R., le vieux mâle.

Du midi de la France. Moins commun que le précédent. Je l'ai reçu plusieurs fois des Hautes-Pyrénées.

Iris brun foncé.

MOTTEUX PLESCHANK ou TRAQUET LEUCOMÈLE, *Saxicola leu-comela*, Tem.; *Sylvia leucomela*, Vieill.

Habite les parties orientales du midi de l'Europe, le Levant, la Crimée et les bords du Volga, où il a été rencontré par Pallas. C'est un oiseau fort rare qui se trouve dans peu de collections.

Iris noirâtre suivant Vieillot.

TARIER, *OEnanthe rubetra*, Vieill.; *Motacilla rubetra*, Gm.; *Saxicola rubetra*, Tem.; vulgairement Fauvette d'herbes; enl., 678, f. 2, mâle.

Commun dans le nord de la France en été. Niche dans nos prairies et nos champs de colza; arrive dès la fin de mars et nous quitte en octobre et en novembre. On le trouve dans presque toutes les parties tempérées de l'Europe.

La femelle diffère du mâle et les jeunes des adultes.

Iris brun foncé.

TRAQUET ou RUBICOLLE, *OEnanthe rubicolla*, Vieill.; *Motacilla rubicolla*, Gm.; *Saxicola rubicolla*, Tem.; enl., 678, f. 1; pl. 201 R., vieux mâle, Encycl., pl. 117, f. 4, le mâle.

Il est beaucoup moins commun que le précédent. Un petit nombre niche dans notre contrée. On le rencontre dans presque toute l'Europe.

La femelle diffère également du mâle et des jeunes.

Je possède une variété blanche.

Iris brun noir.

46.ᵉ genre. ALOUETTE, *Alauda*, Lin. et des auteurs.

Bec cylindrique , entier, plus ou moins long et épais , plus ou moins droit ou arqué , garni à sa base de petites plumes dirigées en avant ; narines arrondies , à demi closes par une membrane ; deux pennes secondaires des ailes allongées et échancrées ; ongle postérieur subulé , plus ou moins droit , souvent plus long que le pouce ; queue de longueur moyenne , plus ou moins fourchue.

Les alouettes se nourrissent de graines , d'herbes et d'insectes ; elles ne perchent généralement pas et se tiennent à terre dans les champs. Onze espèces sont admises ; savoir : l'Alouette des champs , la Lulu , l'Alouette hausse-col noir , l'Alouette Kolly , le Cochevis , la Calandrelle , l'Alouette isabelline , la Calandre , l'Alouette nègre , l'Alouette Dupont et la Bifasciée. On trouve encore indiquées, dans l'Encyclopédie méthodique , l'Alouette du Mongole , *Alauda Mongolia* , Pallas , et l'Alouette peinte , *Alauda picta* , Hermann. La première aurait été tuée dans la Russie méridionale (1) et la seconde près de Strasbourg (2). Cette dernière pourrait bien n'être qu'une variété accidentelle. Nous divisons les Alouettes, à l'exemple de M. Temminck , en trois sections. La première comprend cellés qui ont le bec moins gros , cylindrique et presque droit ; la seconde , celles qui ont le bec gros et fort , et la troisième , celles qui ont le bec aussi long ou plus long que la tête et légèrement arqué.

1.ʳᵉ Section.

Alouettes qui ont le bec moins gros, cylindrique et presque droit.

ALOUETTE DES CHAMPS , *Alauda arvensis* , Lin. , Vieill. , Tem. ; *Alauda* , Briss. ; vulgairement Aloue ; enl. 363 , f. 1 ; pl. 180 R. ; Encycl. pl. 110 , f. 4.

---

(1) Pall., Voyage , t. 3 , p. 697 ; Encycl., t. 1 , p. 315.
(2) Encycl., t. 1 , p. 323.

Sédentaire et commune. Il s'en fait néanmoins un passage considérable dans le mois d'octobre. Lorsqu'il y a de la neige, on en prend par milliers aux lacs sur nos côtes maritimes. Très recherchée par nos oiseleurs à cause de son chant. C'est un manger très délicat , en automne.

Elle a l'iris brun. J'en possède une noire , une isabelle, une rousse , une gris-de-lin et une autre à pennes blanches. La Coquillade et l'Alouette d'Italie , de Buffon , me paraissent être deux variétés de cette espèce.

Type du genre *Alauda* , Less.

ALOUETTE LULU , *Alauda cristatella* , Lath., Vieill. ; *Al. arborea* , Lin. , Tem. ; Cujelier, Buff. ; vulgairement petite Aloue; enl. 503, f. 2, sous le nom de petite Alouette huppée ; pl. 183 R.

De passage irrégulier ; répandue dans presque toutes les parties de la France et de l'Europe. Elle voyage par petites troupes qui ne se mêlent pas aux grandes bandes d'Alouettes communes. Il en reste quelquefois en Provence durant l'hiver. On la dit sédentaire dans les Landes. Elle se perche.

Iris brun.

ALOUETTE HAUSSE-COL NOIR , *Alauda alpestris* , Vieill., Tem. ; *Al. sibirica et flava*, Gm. ; *Phileremos alpestris*, Br, ; enl. 650, f. 2, sous le nom d'Alouette de Sibérie.

On la trouve en hiver dans les environs de Nancy , dans les plaines de la vallée du Rhin , et en Angleterre. M. Temminck dit qu'elle niche en Hollande. Elle est répandue dans le nord de l'Europe, de l'Asie et de l'Amérique.

Cette Alouette se trouve dans presque toutes les collections de France ; mais il n'y en a peut-être pas une qui ait été tuée en Europe. Toutes celles que vendent les marchands de Paris comme européennes sont exotiques.

Type du genre *Brachonyx* , Less.

ALOUETTE KOLLY, *Alauda Kollii*, Tem.; pl. col. 305, f. 1.

Cette Alouette a été décrite et figurée par M. Temminck. Elle a été prise près de Dijon et paraît être le seul individu connu.

ALOUETTE COCHEVIS, *Alauda cristata*, Lath., Briss., Vieill., Tem.; vulgairement Aloue huppée; enl. 503, f. 1; pl. 184 R.; Encycl., pl. 111, f. 3; Atl., pl. 66, f. 2.

Sédentaire. Habite les champs qui avoisinent les grandes routes, sur lesquelles ont la voit à chaque instant, y chercher de la nourriture dans la fiente des chevaux. Plus recherchée par les oiseleurs que l'Alouette commune, parce qu'elle apprend plus facilement les airs de la serinette. Sa chair est moins bonne que celle de cette dernière. On la trouve dans beaucoup d'endroits en France.

Iris brun noisette.

Deux Alouettes du midi de l'Espagne, que je possède, ressemblent beaucoup au Cochevis; mais elles en diffèrent par le bec qui est plus court, la mandibule supérieure qui est moins fléchie à son extrémité, par une taille sensiblement moins longue et ses couleurs plus foncées.

ALOUETTE CALANDRELLE, *Alauda arenaria*, Vieill.; *Al. brachydactyla*, Leisler, Tem.; pl. 182 R.; Encycl., pl. 232, f. 1.

Habite la Provence, la Champagne, les Pyrénées, le long de la Méditerranée et dans presque tout le midi de l'Europe. Il y en a qui passent l'hiver en Provence et d'autres qui se rendent en Afrique, pour y passer cette saison. Un grand nombre nichent dans le département des Hautes-Pyrénées d'où je l'ai reçue plusieurs fois; je l'ai reçue aussi de la Lorraine.

Iris brun clair.

ALOUETTE ISABELLINE, *Alauda isabellina*, Tem.; pl. col. 244, f. 2, d'après un sujet d'Arabie.

Habite la Grèce et l'Espagne. Elle ressemble à la Calandrelle; mais elle est plus forte. Je l'ai reçue de la Morée où elle n'est pas rare, quoiqu'il n'en soit pas question dans la relation de l'expédition scientifique ordonnée par le gouvernement.

2.ᵉ Section.

Alouette à bec gros et fort.

CALANDRE, *Alauda calandra*, Lin., Vieill., Tem.; *Alauda Sibirica*, Pall.; enl. 363, f. 2; pl. 185, f. 1, R., f. 2, jeune au sortir du nid.

Habite les parties les plus méridionales de la France, les Pyrénées, l'Espagne, l'Italie', la Sardaigne, la Morée et le nord de l'Afrique.

Iris brun.

La femelle diffère peu du mâle, mais les jeunes, avant la première mue, sont très-reconnaissables.

Type du genre *Calandra*, Less.

ALOUETTE NÈGRE, *Alauda tatarica*, Pall., Lin; *Al. mutabilis*, Gm.; enl. 650, f. 1; Encycl., pl. 112, f. 4, sous le nom d'Alouette noire.

Habite l'Asie. On l'a trouvée dans plusieurs provinces de la Russie et en Italie. On dit qu'elle passe l'été dans le midi de la Tartarie et l'hiver sur les bords de la mer Caspienne. Suivant M. le professeur Lichtenstein, le plumage noir pur est la robe de printemps des vieux oiseaux. Sa robe se forme par l'usé des bordures colorées des plumes. En automne le plumage est jaune gris; le ventre, les ailes et la queue sont noirs, les pennes secondaires des ailes et de la queue sont bordées de gris blanc; à la poitrine il y a des plaques écailleuses vers les bords les plus étroits des plumes. Les jeunes de l'année n'offrent presque pas de noir et ont le bec moins fort.

ALOUETTE DUPONT, *Alauda Dupontii*, Vieill., Tem.; pl. 186 R.

accidentellement en Provence et dans les îles d'Hyères. Habite
yrie, quelques parties de la côte barbaresque et le midi de
pagne. On en a trouvé plusieurs sur le marché de Marseille.
is brun suivant P. Roux.

ALOUETTE BIFASCIÉE, *Alauda bifasciata*, Lichtenstein, Tem.;
col. 393.

le passage accidentel en Provence et en Sicile. On dit qu'elle
commune dans l'île de Candie et qu'on la trouve dans le
i de l'Espagne. Cette Alouette ressemble beaucoup à la
cédente. Elle a l'iris brun.

Du genre Sirlis, *Certhilauda*, Less.

17.e genre. PIPI, *Anthus*, Vieill., Tem., et des auteurs mo-
nes; *Alauda*, Lin.

lec glabre à sa base, grêle, à bords fléchis en–dedans au
ieu, échancré à sa pointe; ongle postérieur le plus long,
alé et plus étendu que le pouce :
Les Pipis sont insectivores; ont de grands rapports avec les
ouettes et les Bergeronnettes et établissent, pour ainsi dire,
passage insensible des unes aux autres. Leur plumage varie
vant l'âge, les saisons, l'état de mue et les localités qu'ils
itent. Aussi n'est-il pas étonnant que toutes les espèces ne
nt pas bien connues; que plusieurs aient été confondues
r'elles et portent le même nom, tandis que des individus
ne même espèce aient été décrits sous des dénominations
érentes, suivant les lieux où ils ont été trouvés. De là les
thus *petrosus, rupestris, palustris, littoralis*, etc., qui ne
stituent qu'une seule espèce; de là aussi les *aquaticus,*
ntanus, *campestris*, qui ne sont que des états différents de la
polette. D'après la comparaison de tous les Pipis que je me

suis procurés, et les travaux récents de M. Temminck (1), je
n'admets que les espèces suivantes : Pipi des buissons, P. rousselin, P. spipolette, P. obscur, P. à gorge rousse, P. des arbres
et Pipi richard.

PIPI DES BUISSONS OU FARLOUSE, *Anthus sepiarius*, Vieill.;
Alauda mosellana, Gm.; *Alauda sepiaria*, Briss.; *Anthus pra-
tensis*, Tem.; vulgairemeut Pieuquette; enl. 660, f. 2, sous le
nom de Cujelier; Encycl., pl. 116, f. 1; Atl., pl. 71, f. 1.

De passage dans les mois de septembre, d'octobre et de mars.
Quelques uns nichent dans nos herbes. C'est le plus petit des
Pipis d'Europe et un fort bon manger en automne, époque où
il est gras. Très-commun dans presque toute la France. On le
prend en grand nombre à son passage d'octobre dans les environs de Lille. On le trouve en hiver en Dalmatie et en Sicile.

Iris noir.

Le plumage du Pipi des buissons offre de grandes variations
dans les teintes et les taches, suivant l'âge, les saisons et les
localités qui l'ont vu naître. C'est à cette espèce qu'il faut
rapporter, suivant moi, l'*Anthus tristis* de M. Baillon, décrit
ainsi, dans le catalogue des oiseaux d'Abbeville :

« Les parties supérieures d'un brun olive; les parties inférieures d'un blanc obscur, varié de noir; la poitrine et les hy-
pochondres offrent des taches oblongues très-noires, et striées
sous l'aile; le bec brun; l'ongle postérieur long, peu courbé et
très-aigu; les pieds bruns; longueur totale 4 pouces 6 lignes (2). »

PIPI ROUSSELIN, *Anthus rufus*, Vieill. ; *Motacilla masciliensis*,
Gm.; *Anthus campestris*, Bechst., *Anth. rufescens*, Tem.; la
Rousseline Buff.; enl. 661, f. 1, sous le nom d'Alouette des ma-
rais; pl. 191 R., f. 1, l'adulte, f. 2, tête du jeune.

___

(1) Voyez la 4.e partie de son Manuel d'ornithologie, p. 6a3 et suiv.
(2) Traduction littérale.

ᴉᴦge irrégulier, en septembre et en avril, dans le nord
ᴀce; très-rare dans les environs de Lille; se fait voir
ᴀce dans les premiers jours d'avril et dans le mois
possède plusieurs individus qui ont été pris en Lor-
le trouve quelquefois en Hollande et on le dit très-
dans les Etats-Romains et dans d'autres contrées de
M. Millet dit qu'en Anjou, on le voit sur les collines
s, arides et parmi les bruyères. Il établit son nid au
buisson ou dans une touffe d'herbes; que ses œufs au
le 4 ou 5 sont bleuâtres, marqués de petites taches et
roux et violacés.

m foncé. Varie suivant l'âge et les saisons.

᷄OLETTE ou Spioncelle, *Anthus aquaticus*, Bechst.,
em.; *Alauda campestris et spinoletta*, Gm., et des
vulgairement Aloue des marais; enl. 661, f. 2, sous le
ᴏ᷄ette Pipi; pl. 192 R., la robe d'hiver.

ᴀge annuel, en automne et au printemps, dans les envi-
ᴉlle, toujours en petit nombre; niche en France, en
dans l'orient de l'Europe sur les montagnes élevées
; fait deux couvées par an. Iris brun clair.

ᴏ᷄it, sur les Pyrénées au printemps, à une hauteur
ᴉᴠᴉᴇ au-dessus du niveau de la mer et près de Bagnères,
s du midi, à la fin de juillet. Le mâle et la femelle se
ᴀt en été, mais les jeunes sont plus petits et offrent
s différente et un plus grand nombre de taches. Le
u Pipi spioncelle a lieu dans les régions tempérées de
, et s'opère le long des eaux, des rivières et des fleuves.
ᴀs *aquaticus* est l'oiseau jeune ou adulte en robe d'au-
d'hiver, époques où il descend dans les vallées et
ᴉ les bords des eaux. L'*Anthus montanus* de quelques
st l'oiseau en livrée d'été, et durant tout le temps qu'il
haut des montagnes.

16

PIPI OBSCUR OU MARITIME, *Anthus obscurus* , Tem.; *Alauda obscura*, Gm.; *Anth. littoralis* , Br. ; *Alauda aquaticus*, Gould, suivant M. Temminck ; Encycl. T. 1 , p. 312.

Le Pipi obscur est connu depuis longtemps par les amateurs du nord de la France , qui lui ont donné le nom sous lequel il est désigné dans la 4.e partie du Manuel d'ornithologie. Je l'ai compris en 1831 dans mon catalogue des Oiseaux de cette contrée. Il opère ordinairement son passage sur les bords de la mer ou dans le voisinage des côtes. Je l'ai trouvé en automne 1839 derrière la citadelle de Lille , ainsi que le Pipi rousselin. M. Descourtils, lorsqu'il habitait Montreuil-sur-Mer, se le procurait chaque année en automne.

On le voit pendant ses passages , au printemps et en automne, dans les falaises et les joncs situés à l'embouchure de l'Adour dans le département des Basses-Pyrénées, surtout dans les irrigations formées par la marée où il trouve une abondante nourriture , qui paraît consister en insectes marins et fluviatiles. M. de Lamotte m'écrit qu'il l'a tué dans quelques îles de la Bretagne. Il niche dans les parties septentrionales de l'Europe, à Féroë , en Norwège et sur les côtes nord de l'Angleterre. Il ne paraît être que de passage, comme en France, en Hollande, en Danemarck et en Suède.

L'*Anthus palustris* , Meissner, qui aurait été tué en Suisse, où il habiterait les marais , doit être rapporté à cette espèce, ainsi que l'*Anthus rupestris* de Faber , qui aurait été pris dans le nord de l'Allemagne , de même l'*Anthus littoralis* du pasteur Brehm qui paraît être l'oiseau en robe d'hiver ou de voyage.

Le Pipi maritime a l'iris brun foncé; varie surtout suivant les saisons et les localités qu'il habite.

PIPI à gorge rousse , *Anthus rufogularis* , Br., Tem.

Oiseau d'Egypte et de Syrie , de passage accidentel en Allemagne, en Sardaigne , en Sicile et en Dalmatie. Il aurait l'iris

un et quelque ressemblance avec l'*Anthus sepiarius*. Il m'est
connu.

Pipi des arbres, *Anthus arboreus*, Vieill., Tem.; Farlouse ou
ouette des prés, Buff.; Pipi des buissons, Tem. (1); vulgaire-
ent double Pieuquette; enl. 660, f. 1, l'adulte sous le nom de
rlouse; pl. 187 R.; Encycl., pl. 111, sous le nom d'Alouette
s prés.

On le trouve dans toute l'Europe. Niche dans nos herbes;
us quitte en octobre pour revenir à la fin de mars; de passage
Provence.

La Pivotte Ortolane de Buffon, enl. 654, f. 2, est, suivant
Roux, un jeune individu de cette espèce.
Iris brun.

Pipi richard, *Anthus Richardi*, Vieill., Tem.; pl. 189 R.,
0, après la mue d'automne; Encycl., pl. 232, f. 3; pl. col. 101.
Habite le midi de la France, l'Espagne et l'Allemagne. De
ssage irrégulier dans les environs de Lille et de Dunkerque,
mai, octobre et quelquefois en novembre. On l'a tué en
rtois et en Picardie. Il a été désigné sous le nom de *Anthus lon-*
pes par feu M. Marchand, dans la Faune de la Moselle, année
25.

Type du genre *Corydilla*, Less.

48.e genre. Hoche-queue ou Bergeronnette; *Motacilla*,

---

1) Pourquoi M. Temminck a-t-il interverti les noms, et appelle-t-il Pipi des
ssons le Pipi des arbres, et Pipi des prés celui de cet article? Pourquoi aussi
mer à celui-ci le nom de Farlouse, puisqu'il rapporte le Pipi de ce nom, enl.
1, f. 1, à son *Anthus arboreus*? Ne pourrait-on pas lui appliquer les reproches
il a adressés à Vieillot, et lui dire qu'il vaut mieux conserver une dénomi-
ion ancienne ou consacrée par l'usage, que de la changer sans motifs, et
dre la synonymie plus obscure? Qui se serait jamais douté qu'il est préfé-
le de traduire *Anthus arboreus* par Pipi des buissons?

Lath., Vieil., Tem.; *Motacilla* et *Budytes*, Cuv., et de quelques auteurs.

Les oiseaux de ce genre sont très-reconnaissables. Ils ont le bec grêle, droit, cylindrique, échancré à la pointe et anguleux entre les narines qui sont glabres et ovales ; les tarses longs et minces, le double plus long que le doigt du milieu ; l'ongle du doigt postérieur beaucoup plus étendu que ceux des doigts de devant et plus ou moins courbé ; la queue très–longue et égale ; l'une des grandes couvertures se prolonge jusqu'à l'extrémité des rémiges.

Les Bergeronnettes habitent les lieux découverts, les champs, les prairies et le bord des eaux ; recherchent presque toutes les troupeaux et vivent d'insectes. Leur mue est double et s'opère à la fin des mois de juillet et de février. Elles ont un vol court, ondulé et l'habitude de remuer la queue lorsqu'elles se posent à terre, mais d'une manière différente que les Motteux. On en compte généralement sept espèces : la Lavandière, la Bergeronnette lugubre, la Bergeronnette Yarrell, la Bergeronnette jaune, la Citrine, celle de printemps et la Flavéole. Quelques naturalistes, principalement M. Charles Bonaparte, admettent plusieurs autres espèces que M. Temminck regarde comme des variétés ou des races locales plus ou moins constantes de la *Motacilla alba* et de la *Flava*.

LAVANDIÈRE OU BERGERONNETTE GRISE, *Motacilla alba*, Vieill., Tem.; *Mot. alba et cinerea*, Gm.; *Motacilla*, Bris.; vulgairement Hoche-queue ; enl. 652, f. 1, robe d'été, 674, f. 1, jeune avant la première mue sous le nom de Bergeronnette grise ; pl. 193 R., f. 1, robe d'hiver, f. 2, moitié de la robe d'été ; Encycl., pl. 123, f. 1, sous le nom de Bergeronnette de printemps.

Commune et sédentaire ; une grande partie émigre néanmoins chaque année. Elle fréquente de préférence les lieux où il y a es bestiaux. On la voit suivre le cultivateur qui laboure. Elle st très-répandue en France et dans d'autres contrées de Europe. M. Temminck assure qu'on ne l'a jamais trouvée en Angleterre. Iris brun noir. Son plumage varie suivant l'âge et s saisons.

BERGERONNETTE LUGUBRE, *Motacilla lugubris*, Pall., Tem.

Décrite comme européenne par M. Temminck; confondue depuis longtemps avec l'espèce suivante; très-rare dans les collections de France. Ce naturaliste dit qu'elle est très-répandue dans la Crimée, qu'on la trouve en Hongrie et accidentellement en Italie, en Provence et en Picardie. Elle aurait, suivant cet auteur, l'iris jaune.

BERGERONNETTE YARRELL, *Motacilla Yarrellii*, Ch. Bonap.

Rare dans le nord de la France où elle niche quelquefois. possède un beau mâle adulte qui a été tiré, sur un champ es de Lille, dans le mois de juin. De passage, en automne et au intemps, dans diverses localités du royaume. C'est à tort que L. Temminck, qui ne la considère que comme une variété ou ice locale, dit qu'elle n'habite que la Grande-Bretagne et qu'elle ne se fait voir qu'accidentellement sur le continent. Elle est pas rare en Anjou : M. Millet, qui l'a confondue, comme beaucoup d'ornithologistes, avec la *Lugubris*, assure qu'elle y t commune; qu'elle y arrive vers le milieu de l'automne et part vers la fin de mars; que tous les individus d'un même anton se réunissent par troupes plus ou moins nombreuses, ur effectuer leur départ, et que les mâles et les femelles sont ors en habits de noces.

Cette espèce a l'iris brun et paraît fréquenter les mêmes lieux ue la Lavandière.

BERGERONNETTE JAUNE OU BOARULE, *Motacilla boarula*,

Vieill., Tem.; *Mot. boarula*, Gm., *Mot. flava*, Briss.; *Mot.*; *chrysogastra*, Bechst.; enl. 28, f. 1, sujet en robe d'hiver, 674, f. 2, individu en mue de printemps; pl. 195 R., f. 1, mâle en été, f. 2, moitié du mâle en hiver; Encycl., pl. 122, f. 5.

Niche dans nos départements septentrionaux, mais en très-petit nombre. On ne la rencontre guère qu'en automne dans les environs de Lille et toujours isolément. Je l'ai vue quelquefois en hiver, dans la cour de quelques grandes maisons de la ville; c'est au printemps qu'on la trouve, principalement en Provence. On dit qu'elle est sédentaire dans les Basses–Pyrénées et qu'on ne la voit jamais dans le nord de l'Europe.

Son plumage varie suivant l'âge et les saisons, comme toutes les espèces du genre.

Elle a l'iris brun noir.

BERGERONNETTE CITRINE OU A TÊTE JAUNE; *Motacilla citreola* et *citrinella*, Pall.; *M. citreola*, Tem.

Espèce très-rare et peu connue, que je n'ai vue nulle part. Habite la Russie orientale et l'Asie, près de Boukhara, d'où elle a été rapportée par le docteur Eversmann. On dit qu'elle a été tuée en Ligurie en 1821 et qu'elle est comprise par le professeur Calvi dans le catalogue des Oiseaux de cette contrée.

BERGERONNETTE DE PRINTEMPS, *Motacilla flava*, Lin., Vieill, Tem.; *M. verna*, Briss.; *Budytes flavus*, Cuv.; pl. 196 R., f. 1, le mâle, f. 2, le jeune; Encycl., pl. 122, f. 4, sous le nom de Lavandière.

Très–commune; niche dans nos champs de colza; arrive en avril et nous quitte à la fin d'octobre et de novembre. On en prend un très–grand nombre aux filets, à ces deux époques, derrière la citadelle de Lille; elle est très–répandue non seulement en France mais aussi dans toutes les parties de l'Europe.

Elle a l'iris brun noir et varie suivant l'âge, le sexe et les saisons et même suivant les climats, si toutefois la Flavéole et les Bergeronnettes à tête cendrée et à tête noire appartiennent à cette espèce, comme le prétend M. Temminck, après avoir dit ailleurs que la *Flava* est, dans toutes les contrées qu'elle habite, exactement la même. Voilà encore une contradiction qui ne devrait pas exister dans l'ouvrage de ce savant.

BERGERONNETTE FLAVÉOLE, *Motacilla flaveola*, Tem.

Commune en Angleterre : on la trouve dans les environs de Lille, d'Amiens et d'Abbeville où elle est de passage. Elle passe également dans les champs près de Bagnères de Bigorre, dans le mois de septembre et rarement au bord de l'eau et dans les prairies. Elle est indiquée dans la Faune de Maine-et-Loire comme une variété de la *Flava*. M. Florent Prévost la vend depuis longtemps sous le nom de *Motacilla anglorum*.

Iris brun noirâtre.

BERGERONNETTE MÉLANOCÉPHALE, *Motacilla melanocephala*, Lichtenstein, Ch. Bonaparte.

Elle est considérée par M. Temminck comme une variété ou une race de la *Flava*, mais moins constante que la précédente. Il assure que M. Michaelles partage son opinion et qu'il a dans sa collection les individus les plus marquants qui servent à prouver que le cendré, de la Bergeronnette de printemps, prend quelquefois une teinte plus ou moins noire. Je possède la véritable *Melanocephala* des auteurs italiens et plusieurs *Flava* avec la tête d'un noir plus ou moins foncé, sans lignes sourcilières. En les comparant, on remarque une différence notable dans les couleurs des petites couvertures des ailes et dans la longueur du bec. Celui-ci est plus fort et plus long dans l'individu de cet article, et le jaune des petites couvertures forme des croissants très-prononces à l'extrémité de chaque plume. Quoi qu'il en soit, on trouve la Mélanocéphale en Dalmatie, en Sicile et dans le nord de l'Asie. Elle est rare en Italie et a été trouvée en Suisse.

Le docteur Eversmann l'a tuée dans son voyage à Boukhara; M. le professeur Schinz l'a reçue de la Grèce et me l'a envoyée; M. Delahaye l'a obtenue de Pise et M. Feldegg l'a rapportée de Dalmatie.

BERGERONNETTE A TÊTE GRISE, *Motacilla cinereo-capilla*, Ch. Bonaparte.

C'est sans doute une des *Flava* avec la tête cendrée noire et sans bande sourcilière, que l'on trouve dans le nord de la France, que M. Charles Bonaparte à décrite et figurée comme espèce nouvelle, sous cette dénomination. Il dit qu'elle est commune en Italie et qu'on ne la voit pas dans le Nord. Il se trompe sur ce dernier point, puisque je me la suis procurée sur le marché de Lille.

BERGERONNETTE FELDEGG, *Motacilla Feldeggii*.

Elle doit être rapportée à l'une des deux espèces ou races précédentes. M. Temminck pense qu'elle pourrait bien être le produit de leur mélange.

49.e genre FAUVETTE, *Sylvia*, Lath., Vieill.; *Motacilla*, Lin.; Bec-Fin , Tem.

Bec fin , subulé, un peu dilaté à sa base, étroit vers sa pointe, plus ou moins large , garni de quelques soies à ses angles ; mandibule supérieure échancrée à son extrémité et souvent inclinée; mandibule inférieure droite , entière; narines couvertes d'une membrane ; langue lacérée à sa pointe ; tarses maigres et allongés; trois doigts devant et un derrière, les externes réunis à leur base; l'ongle postérieur le plus fort ; queue de forme variable.

La plupart des Fauvettes sont de passage en France. Leur nourriture consiste en insectes et quelques baies ou fruits

Elles se tiennent dans les bois, les vergers, les jardins et
bords des eaux ; font deux ou trois couvées par an ; les
partagent l'incubation et quelques uns font entendre
et plus ou moins mélodieux, pendant toute la durée des
L Elles ont des couleurs plus vives et plus nettes dans le
se dans le nord, surtout celles à plumages verts et jaunes.
lus grande confusion a régné, et tout n'est pas encore
l, dans la nomenclature des espèces de ce genre fort
sux. Des auteurs ont divisé, ainsi que le fait observer
l, ce qu'on devait réunir ; d'autres au contraire ont réuni
l fallait diviser. Les figures qui ont été publiées, loin
rter quelque lumière, n'ont fait qu'augmenter la confu-
les sont, en général, mal faites, inexactes, et il en est,
les moins défectueuses, qui ne se trouvent pas d'accord
s texte. Aussi rien n'est plus difficile que de donner une
mie exacte des Fauvettes, et, sans les écrits de Vieillot
l. Temminck qui nous font mieux connaître les caractères
s à chaque espèce, il serait impossible d'en faire le dénom-
t. Afin d'en faciliter la détermination, je les diviserai en
rs groupes et m'écarterai un instant de l'ordre suivi
steur qui me sert de guide.

1ʳᵉ Section.

retles qui ont la tête effilée ; la queue longue, étagée ; la
relte, élancée. Becs–Fins riverains de M. Temminck.

sxBOLLE, *Sylvia turdoïdes*, Mey., Tem., Cuv.; *Turdus
naceus*, Gm., Vieill.; vulgairement Fauvette ou Rossi-
e marais ; enl. 513 ; pl. 165 R.; Encycl., pl. 175, f. 1.

-commune, du printemps à l'automne, dans le nord de la
. Habite les marais et les étangs boisés ; y établit son
nsi que dans les fossés des places fortes. Ses œufs, au

nombre de quatre ou cinq, sont obtus, bleu verdâtre ou grisâtre, parsemés de taches et de points noirâtres et cendrés, variables, et plus ou moins rapprochés.

Durant la saison des amours, on entend le mâle chanter du matin au soir, attaché à la tige d'un jonc ou d'un roseau. Il est alors peu farouche et se laisse aisément approcher. Lorsqu'on tire après lui et qu'on le manque, il s'enfonce dans les plantes et reparaît presque aussitôt, en répétant son chant, *cra, cra, cara, cara*, au sommet d'une tige de roseau ou d'herbe.

On ne l'entend plus après les premiers jours de juillet, époque où les nichées sont terminées.

Cette espèce arrive vers la mi-avril et nous quitte à la fin d'août. Elle est également commune dans d'autres départements de la France, en Hollande, en Suisse et en Piémont. Elle forme le passage des Grives aux Fauvettes. Elle a l'iris brun grisâtre.

FAUVETTE RUBIGINEUSE, *Sylvia rubiginosa*, Vieill.; *Sylvia galactodes et rubiginosa*, Tem.

Habite le midi de l'Espagne, la Grèce et le Caucase. Vieillot dit qu'on la trouve dans les environs de Gibraltar et qu'elle se tient ordinairement sur les bords des eaux. M. Temminck l'a rangée d'abord parmi ses Becs-Fins Riverains, et dans la troisième partie de son Manuel, il l'a placée parmi ses Sylvains. Cette Fauvette n'est pas encore bien connue, quoiqu'elle se trouve dans presque toutes les collections de France. Latham l'indique comme une variété du *Turdus arundinaceus*, notre *Sylvia arundinacea*.

FAUVETTE DES OLIVIERS, *Sylvia olivetorum*, Tem.

Nouvelle espèce décrite par M. Temminck dans la quatrième partie de son Manuel. Ce naturaliste dit qu'elle a été décou-

ar M. Strickland, qui s'en procura deux individus au
ps 1836, dans les îles Ioniennes, près de Zante, où
n'est pas rare.

oiselte.

connais pas cette espèce. Je ne la place ici que d'après
ations fournies par M. Temminck.

ETTE EFFARVATE ou BEC-FIN DE ROSEAUX, *Sylvia stre-*
Vieill. ; *Sylvia arundinacea*, Lath., Tem.; Effarvate,
article de la Rousserolle; Fauvette de Roseaux, même
partie historique; *Motacilla arundinacea*, Gm.; *Cur-*
undinacea, Briss.; vulgairement Petite-Rousserolle;
R.

le ce pays dans la belle saison; arrive dans le courant
et part à la fin d'août; fréquente les bords des rivières
marais couverts de joncs et de roseaux; très-difficile à
asse qu'elle se tient presque toujours cachée dans les
où elle se fait entendre et cherche sa nourriture.

arvate se trouve dans presque toute l'Europe tempérée.
les plus grands rapports avec la Rousserolle, par sa
son plumage, son genre de vie, la position de son nid
e la couleur de ses œufs. Vieillot, qui croyait la recon-
dans la *Sylvia palustris* de Meyer, l'a confondue avec
ate, dans le nouveau Dictionnaire d'histoire natu-
) et dans l'Encyclopédie méthodique (2). Il ne regardait
ernière que comme une race de celle-ci, qui n'en
: que par des dimensions plus grandes et une légère
dans les couleurs. Il paraît que le naturaliste allemand
connu l'Effarvate et qu'il a pris pour elle la Verde-

édit., t II, p. 182.
nithol., p. 416.

rolle. M. Temminck rapporte à la Fauvette de cet article les *Calamoherpe alnorum* et *Brehmii,* du pasteur Brehm, et probablement on doit y joindre sa *Calamoherpe piscinarum, qui*, au dire de l'auteur, ressemble tout à-la-fois aux *Sylvia arundinacea* et *Palustris* et à la *Calamoherpe alnorum.*

FAUVETTE VERDEROLLE, *Sylvia palustris*, Bechst., Tem.; *Sylvia strepera*, 2.ᵉ race, Vieill.; pl. 227 *bis* R.

Cette espèce, confondue avec la précédente par Vieillot, a été enfin admise par ce naturaliste dans une monographie inédite sur les Fauvettes et Pouillots, qui m'a été communiquée par M. Gervais, préparateur de l'illustre professeur M. de Blainville. Elle en diffère par un peu plus de grosseur ; par le bec qui est plus allongé, plus large, et d'une teinte orangée à l'intérieur ; par le plumage qui tire plus sur le verdâtre; les deux premières rémiges qui sont de la même longueur, tandis que la première est plus courte que la deuxième dans l'Effarvate.

La Verderolle paraît habiter notre contrée : je l'ai tuée en mai, près de la forêt de Phalempin, dans un petit bois longeant un large fossé plein d'eau stagnante. On la trouve dans le midi de la France, en Suisse, dans quelques parties de l'Allemagne et en Hollande. Elle n'est pas rare en Provence et en Anjou. M. Millet (1), qui paraît l'avoir observée avec soin, dit qu'elle est très-commune sur les bords de la Loire, partout où il y a des oseraies; qu'elle y arrive à la mi-mai et repart à la fin d'août; que son chant ne ressemble à aucun ramage des autres de ce genre; qu'elle le modifie de manière à ne lui donner que parfois toute l'extension possible ; que le plus souvent, il est rendu à demi-voix; que l'on dirait un oiseau

---

(1) Faune de Maine-et-Loire, t. 1, p. 199

raintif qui n'ose la déployer dans toute son étendue. Il n'en
erait pas ainsi suivant M. Temminck (1) ; son ramage serait
singulièrement varié, et elle imiterait, à s'y méprendre, le chant
'autres oiseaux, particulièrement celui de la *Sylvia hippolais*,
otre *Polyglotta*. Mais n'est-ce pas le chant de celle-ci qu'il
entendu ? Elle habite aussi quelquefois les roseaux, et il est
icile de les prendre, de loin, l'une pour l'autre.

Fauvette des joncs ou **Phragmite**, *Sylvia schœnobaenus*,
ath., Vieill. ; *Motacilla schœnobaenus*, Gm.; *Sylvia phragmitis*.
echst., Mey., Tem. ; pl. 230, R., mâle ; Savig, pl. 13, f. 4.

Commune en été dans le nord de la France ; y arrive à la fin
'avril et part en septembre et en octobre. Niche dans les
marais, les étangs et les rivières couvertes d'herbes, de joncs
u de roseaux. Elle est également commune en Lorraine, en
Anjou et en d'autres localités du royaume. Elle n'est pas rare
n Angleterre et en Hollande. On la trouve en Allemagne, en
uisse et en Italie.

Elle a l'iris brun et son plumage est sujet à varier.

Fauvette des marais ou **Bec-Fin aquatique**, *Sylvia palu-
licola*, Vieill.; *Sylvia salicaria*, Mey.; *Sylvia aquatica*, Tem.;
l. 231 R.

On la trouve quelquefois aux environs de Lille et d'Amiens,
ans les plaines, le long des remises et des buissons.

Elle habite plus particulièrement le midi de l'Europe, les
ords du Var, du Rhône, et les marais des environs d'Arles.
e l'ai reçue de la Lorraine où elle paraît très-rare. On la dit
ommune en Suisse et en Italie.

Elle a beaucoup de rapport avec la Fauvette de joncs, dont

(1) Manuel, 3.e partie, p. 117.

elle a, à peu près, les mœurs et les habitudes; mais il est facile de l'en distinguer par la taille un peu plus petite, une bande médiane jaunâtre au sommet de la tête, séparée de deux autres d'un brun noirâtre. Elle a l'iris brun.

M. Temminck rapporte cette espèce à la *Sylvia aquatica* de Latham, à la *Motacilla aquatica* de Gmelin et à la *Sylvia schœnobaenus* de Scopoli. Vieillot est d'un avis contraire et prétend que la *Schœnobaenus* est un Tarier femelle ou un jeune mâle après la mue, et que l'*Aquatica* de Latham et de Gmelin est le même oiseau sous une dénomination différente.

FAUVETTE FLUVIATILE ou BEC-FIN RIVERAIN, *Sylvia fluviatilis*, Mey., Vieill., Tem.

Oiseau peu connu, qui habite les bords du Danube en Autriche et en Hongrie. Je ne l'ai vu nulle part. M. Temminck fait remarquer que le sujet donné pour son Bec-Fin riverain, dans l'atlas du Manuel, a été figuré d'après un individu d'une autre espèce. Les planches de cet ouvrage, ainsi que je l'ai déjà dit, sont, en général, mal faites, fautives, et indignes de M. Werner, qui n'aurait pas dû prêter son nom pour d'aussi mauvaises figures.

FAUVETTE LOCUSTELLE, *Sylvia locustella*, Lath., Mey., Vieill., Tem.; Fauvette grise tachetée, *Curruca grisea nævia*, Briss.; supplément, p. 5, f. 3; enl. 581, f. 3, sous le nom d'Alouette locustelle; pl. 229 R., qui paraît représenter un sujet tiré au printemps; Savig., pl. 13, f. 3.

De passage en petit nombre dans le nord de la France. Niche quelquefois dans les environs de Lille. J'ai un mâle qui a été tué près de cette ville dans le mois de juillet. On voit la Locustelle, au printemps et en automne, dans les campagnes qui avoisinent Amiens et Abbeville. Elle se laisse difficilement approcher, et se fait entendre le soir sur les pommiers, surtout lorsque le ciel est serein. Son chant a beaucoup de rapport avec celui des Sauterelles ou avec le bruit que produit le grain sous la meule ; il est tantôt clair, aigu et prolongé ; tantôt ce n'est qu'un simple gazouillement fort agréable qui fait croire que l'oiseau est éloigné tandis que l'on est fort près de lui.

Il pousse parfois un cri tellement prolongé (près d'une minute), dit M. Millet, qu'il lui a valu, dans les environs de Beaupréau, où il est commun, le nom de *Longue-Haleine*. Ce cri paraît n'être qu'un cri de rappel propre aux deux sexes. En effet, ajoute ce naturaliste, après sa production on voit le mâle ou la femelle arriver par petits vols de vingt à trente pieds, répondant par un cri semblable ; voler de nouveau s'il se trouve éloigné de l'objet de ses désirs, et l'atteindre après avoir parcouru de branche en branche les buissons qui les séparaient. M. Guilloux a observé un nid de Locustelle sur un genêt, il était à peu de distance de la terre ; composé d'herbes entrelacées, mais sans art, contenant cinq œufs ovales, de la grosseur de ceux de la Grisette, blanchâtres, marqués de petits points et de petites taches cendrées, et d'autres d'un cendré olivâtre sur le gros bout seulement (1). C'est donc à tort que Vieillot dit que son nid est d'une élégante structure et que ses œufs sont d'un bleu pâle ou d'un blanc bleuâtre.

Cette Fauvette habite, de préférence, en France, les taillis, les champs de genêts, les bois et les terrains montueux. Ce n'est qu'au printemps qu'on la trouve dans les roseaux. Elle arrive dans nos contrées en avril et nous quitte en octobre. Je l'ai reçue de la Lorraine et de la Provence où elle est rare. On la trouve aussi en Angleterre, en Allemagne, et quelquefois en Hollande.

Elle a l'iris brun gris et une teinte générale plus verte au printemps qu'en automne.

---

(1) Ouvr. cité, t. 1, p. 205 et suiv.

M. Brehm décrit une Fauvette sous le nom de *Calamoherpe tenuirostris*, qui habiterait le nord et le nord-est de l'Allemagne. Elle aurait de la ressemblance avec la Locustelle et serait un peu plus grande. Est-ce bien une espèce ? Ainsi que je l'ai dit ailleurs, on ne saurait être trop réservé dans l'admission des nouvelles espèces décrites par cet ornithologiste allemand. Il ne lui faut qu'une légère différence dans le plumage et dans les proportions d'un oiseau pour le séparer spécifiquement. M. Temminck, qui émet la même opinion dans les troisième et quatrième parties de son Manuel d'Ornithologie, dit qu'il tient de M. Hardy, de Dieppe, que la *Calamoherpe tenuirostris* n'est rien autre qu'une Locustelle.

FAUVETTE CETTI, *Sylvia platura*, Vieill.; *Sylvia cetti*, Marmora, Tem., Vieill.; enl. 655, f. 2, sous le nom de Bouscarle; pl. 212 R.

Habite le midi de l'Europe, l'Italie, la Sicile, la Toscane et surtout la Sardaigne. Quelques individus ont été tués en Provence et en Angleterre.

La Cetti se tient sur les bords des rivières, s'y cache dans les buissons, fait entendre un son sonore et mélancolique. Iris brun clair. P. Roux a figuré les œufs dans son Ornithologie.

FAUVETTE OU BEC-FIN TRAPU, *Sylvia certhiola*, Tem., Vieill.; *Turdus certhiola*, Pall.

Très-rare. Habite la Russie méridionale. M. Temminck dit que l'atlas du Manuel par Werner représente un vieux mâle.

FAUVETTE DES SAULES, *Sylvia luscinoïdes*, Savig., R., Vieill., Tem.; pl. 211 *bis* R.

On la trouve en Toscane et quelquefois en Provence, où elle fréquente les bords des eaux boisés. Elle arrive dans les environs de Pise au mois d'avril et en part en automne. M. Savi, quoique certain qu'elle y niche, n'a pu encore trouver son nid.

Son plumage a de grands rapports avec celui de la *Sylvia fluviatilis*. Seulement chez cette dernière les taches du col sont plus prononcées et s'étendent depuis la gorge inclusivement jusqu'à la poitrine ; tandis que chez la *Luscinoïdes* elles ne sont que très-peu apparentes. Il existe aussi une différence dans les proportions. Celles de la Fauvette de cet article sont moins fortes.

Iris jaunâtre, suivant P. Roux.

FAUVETTE SAVI, BEC-FIN MÉLANOPOGON OU A MOUSTACHES NOIRES, *Sylvia melanopogon*, R., Vieill., Tem.; pl. 233 R.

Accidentellement dans le nord de la France, en Provence et en Toscane; paraît habiter particulièrement les marais des États de Raguse et de Rome.

Quoiqu'elle se trouve dans un grand nombre de collections de France, son genre de vie, son nid et ses œufs ne sont pas connus.

M. Temminck, qui la décrit dans la 3.ᵉ partie de son Manuel, fait observer avec justesse que sa planche coloriée 245, f. 2, qui la représente, a une teinte trop rousse. Vieillot l'a admise aussi comme espèce et décrite d'après le professeur Savi, qui, le premier, l'a fait connaître.

Iris jaune, suivant M. Temminck.

FAUVETTE CYSTICOLE, *Sylvia cysticola*, Vieill., Tem.; pl., col. 6, f. 3; pl. 232 R.

Habite les contrées méridionales, les marais de Rome, de la Toscane, de la Sardaigne et de la Sicile. On la trouve aussi en France sur les bords du Var. Suivant M. le professeur Schinz, la femelle pond 4 à 6 œufs d'un blanc pur, changeant quelquefois en rose ou bleu très-clair. M. le docteur Savi, qui l'a observée avec soin dans les marais de Pise, dit qu'elle y

17

fait trois couvées ; la première à la mi-avril et la dernière dans le mois d'août ; qu'elle se tient, en arrivant, dans les champs de blé, où elle établit son premier nid, et plus tard dans les marais, où elle fait sa dernière ponte. Elle émigre et a l'iris brun. P. Roux a figuré le nid et les œufs.

FAUVETTE ou BEC-FIN LANCÉOLÉ, *Sylvia lanceolata*, Tem.

Oiseau décrit et donné comme une espèce nouvelle par M. Temminck. Le sujet qui a servi pour sa description est le seul connu. Il lui a été communiqué par M. Bruch, de Mayence, et a été pris près de cette ville. Je le place ici d'après la recommandation du naturaliste qui le fait connaître.

2.ᵉ Section.

Fauvettes à bec plus fort, à tarses plus courts et plus épais, Fauvettes proprement dites ; Becs-Fins Sylvains de Temminck.

ROSSIGNOL, *Sylvia luscinia*, Lath., Vieill.; *Motacilla luscinia*, Lin.; *Luscinia*, Briss.; enl. 615, f. 1; Encycl. pl. 113, f. 3; pl. 211 R.

Commun dans nos bois et bosquets où il niche. Arrive à la fin d'avril; se fait entendre aussitôt qu'il est accouplé et nous quitte dans le courant de septembre.

On le trouve l'été dans toute la France et presque toute l'Europe. Très-recherché par les oiseleurs à cause de son chant.

Iris brun noisette.

GRAND ROSSIGNOL ou BEC-FIN PHILOMÈLE, *Sylvia philomela*, Bechst., Tem.; *Motacilla major*, Briss.

Habite les contrées orientales de l'Europe. On dit qu'il est commun en Espagne et qu'on le rencontre en Allemagne, principalement dans la Poméranie. On l'a trouvé en Suisse.

FAUVETTE ou **BEC-FIN SOYEUX** , *Sylvia sericea*, Natt., Tem.

Habite l'Italie : a, dit-on, les mœurs du Rossignol. Je ne connais pas cette espèce.

FAUVETTE GRISE OU ORPHÉE ; *Sylvia grisea*, Vieill.; Fauvette, *Curruca*, Briss.; *Motacilla hortensis* Gm.; *Sylv. Hortensis*, Lath.; *Sylv. orphea*, Tem.; Fauvette et Colombaude, Buff.; Fauvette proprement dite, Buff.; enl. 579, f. 1; pl. 218 R., f. 1, le mâle, f. 2, la femelle ; Encycl., pl. 114, f. 1.

Cette Fauvette, qui habite de préférence les provinces méridionales de la France, niche en petit nombre dans le Boulonnais et quelques autres cantons de nos départements septentrionaux. On la trouve aussi en Lorraine, dans les Pyrénées, en Suisse, en Savoie et en Italie.

Elle a, suivant les uns, l'iris blanc et brun suivant P. Roux. Le mâle est un peu plus fort que la femelle et a la tête plus noire.

FAUVETTE ÉPERVIÈRE ou **BEC-FIN RAYÉ**, *Sylvia nisoria*, Bechst, Vieill., Tem.; pl. 222 R., le mâle.

De passage accidentel en Provence; assez commun en Autriche, près de Vienne; quelquefois en Piémont. Je l'ai reçue de la Norwège.

Iris d'un beau jaune ardent, suivant Vieillot. Il a l'œil si étincelant dit cet ornithologiste, qu'étant dans une volière avec d'autres petits oiseaux, on croit voir un Épervier au milieu de ses victimes.

FAUVETTE ou **BEC-FIN RUPPEL**, *Sylvia Ruppellii*, Tem.; pl. col. 245, f. 1, le mâle.

Habite les bords de la mer rouge et se fait voir dans l'île de Candie et quelques autres îles de l'Archipel.

Cette espèce nouvelle a été décrite dans la 3.e partie du Manuel de M. Temminck.

FAUVETTE A TÊTE NOIRE , *Sylvia atricapilla* , Lath. , Vieill. , Tem. ; *Motacilla atricapilla* , Gm. ; *Curruca atricapilla* , Briss. ; pl. 215 R.

Commune dans nos bois , bosquets et jardins , ainsi que dans presque toutes les parties de l'Europe. On en voit dès les premiers jours d'avril ; elle nous quitte en automne avec ses congénères.

Cette espèce est très-recherchée par les oiseleurs , à cause de son chant mélodieux.

Elle a l'iris brun noirâtre. J'ai une variété noire.

FAUVETTE DES FRAGONS ou BEC-FIN MÉLANOCÉPHALE , *Sylvia ruscicola* , Vieill. ; *Sylv. melanocephala* , Tem. ; Fauvette à tête noire de Sardaigne , Sonnini ; pl. 210 R. , f. 1 , le mâle , f. 2 , tête de la femelle.

Habite nos départements méridionaux. Elle n'est pas rare en Provence , en Languedoc et dans les Hautes-Pyrénées. On la trouve aussi en Italie , en Sardaigne et en Espagne.

Iris et tour des yeux rougeâtres.

FAUVETTE SARDE , *Sylvia sardonia* , Vieill. ; *Sylv. Sarda* , Tem. ; pl. col. 24 , f. 2 , mâle adulte.

On doit la connaissance de cette Fauvette à M. le chevalier de la Marmora. On la rencontre en Sardaigne et en Corse où elle paraît commune. Vieillot dit qu'on la voit quelquefois en Provence. Il est bien étonnant que P. Roux n'en parle pas dans son Ornithologie. J'ai reçu cette espèce de la Sardaigne , par l'entremise de mon honorable ami M. Schinz.

FAUVETTE ÆDONIE ou BRETONNE , *Sylvia ædonia* , Vieill. , *Sylv. hortensis* , Tem. ; petite Fauvette , Buff. ; vulgairement Fauvette grise.

Très-commune : habite nos bois , bosquets , vergers et jardins ;

arrive à la fin d'avril et nous quitte dès l'approche de l'automne. On la dit plus abondante dans le midi que dans le nord; elle prend beaucoup de graisse en automne et peut alors rivaliser avec l'Ortolan des gourmands, par la délicatesse de sa chair. Les gastronomes la nomment Bec-Figue. Ce nom lui convient d'autant mieux, dit M. Ulysse Darracq (1), qu'elle a un goût décidé pour ce fruit, dont elle se nourrit presqu'exclusivement à cette époque de l'année.

Vieillot en admet deux races dont l'une serait seulement plus grosse et plus longue que l'autre. Je n'ai jamais remarqué de différence dans le grand nombre de celles que j'ai vues ou tuées.

Iris brun.

FAUVETTE PIPI, *Sylvia anthoides*, Vieill., *Sylv. noveborasensis et tigrina*, Var., Lath.; pl. 12 des Oiseaux de l'Amérique septentrionale.

Accidentellement dans le nord de l'Europe; habite l'Amérique septentrionale. Vieillot en a vu une qui a été tuée en Suède, dans le cabinet de feu M. Dufresne, chef des travaux zoologiques au Muséum d'histoire naturelle de Paris. Il n'est pas étonnant qu'on l'ait trouvée en Europe; il est facile de passer des régions arctiques de l'Amérique, dans celles de notre continent qui les avoisinent et ensuite de s'avancer jusqu'en Suède et en Danemarck, où elle a été tirée. Elle passe à New-Yorck, d'où j'en ai reçu plusieurs, en mars, septembre et octobre. J'en ai reçu aussi de la Nouvelle-Géorgie.

FAUVETTE BABILLARDE, *Sylvia garrula*, Bechst., Vieill.; *Sylv. curruca* et *Sylviella dumetorum*, Lath., Tem.; *Curruca garrula*, Briss.; *Motacilla curruca* Gm.; Grisette, Buff., description; enl.

---

(1) Catalogue cité plus haut.

580, f. 3; pl. 216 R.; connue à Paris sous le nom de Grisette,
tandis que la précédente y porte le nom de Babillarde; Savig.,
pl. 5, f. 3.

On la trouve rarement ici, peut-être à cause de ses habitudes
Elle recherche les taillis épais et solitaires; nous ne la voyons
que dans le mois de mai. Elle habite la Provence, le Languedoc
et les Pyrénées pendant toute la belle saison. Je l'ai reçue plusieurs fois de la Lorraine. Il est facile de la distinguer de la
Grisette, *Sylvia cinerea.*

C'est, suivant P. Roux, à cette Fauvette qu'il faut rapporter
la Bouscarle de Buffon et non à la Fauvette cetti, comme le
fait M. Temminck.

Iris brun noisette.

FAUVETTE CENDRÉE OU GRISETTE, *Sylvia cinerea,* Lath., Mey.,
Bechst., Vieill., Tem.; *Motacilla cinerea* et *Sylvia,* Gm.; pl 21,
f. 1, *Curruca cinerea,* Briss.; Babillarde, Buff., partie historique
et description; gorge blanche, variété de la petite Charbonnière,
Buff.; vulgairement Babillarde; enl. 579, f. 3, sous le nom de
Grisette; pl. 220 R; Savig., pl. 5, f. 2.

La plus commune de nos Fauvettes; niche dans les bois,
bosquets, buissons et surtout dans les champs de colza; nous
quitte en automne pour revenir au printemps; elle est répandue
dans presque toutes les parties de la France et de l'Europe. Elle
est connue à Paris sous le nom de Babillarde et la vraie Babillarde, sous celui de Grisette.

Iris brun clair.

FAUVETTE ROUSSELINE, *Sylvia fruticeti,* Bechst., Mey., Vieill.;
enl. 581, f. 1, sous le nom de Fauvette rousse et non la
description.

Une espèce ou une variété constante de la Grisette, est
décrite sous ce nom, par Vieillot. Elle se distingue d'elle, dit ce
naturaliste, par la nuance roussâtre répandue sur la plus grande

partie de son plumage ; par une taille moins longue ; par les yeux d'un brun foncé ; par la teinte des trois premières rectrices et par la proportion de la première et de la quatrième rémige. Son nid, ses œufs et son chant différeraient essentiellement. Elle ne se montrerait dans nos contrées qu'en automne, quelquefois au printemps et n'y nicherait pas comme la Grisette, qui est extrêmement commune pendant tout le temps que dure sa reproduction. M. Temminck considère la Rousseline comme une jeune *Sylvia cinerea ;* d'autres la regardent comme la femelle de celle-ci. J'ai trouvé plusieurs fois la *Fruticeti* sur notre marché et toujours vers la fin d'août. Je crois que ce n'est qu'une variété.

FAUVETTE A LUNETTES , *Sylvia conspicillata* , de la Marmora , R., Tem., Vieill.; pl. col. 6, f. 1 , le mâle au printemps.

Habite la Provence, le département du Gard, les Hautes-Pyrénées, les États-Romains et la Sardaigne ; niche dans le midi de la France.

Cette espèce offre des différences suivant le sexe , l'âge et la saison. Son genre de vie a de grands rapports avec celui de la Grisette.

Iris brun clair.

FAUVETTE PIT-CHOU , *Sylvia ferruginea*, Vieill.; *Motacilla provincialis*, Gm.; *Sylv. dartfordiensis*, Lath. ; *Sylv. provincialis* , Tem.; enl. 655, f. 1, le mâle un peu trop gros ; pl. 219 R. , le mâle en robe d'été.

De passage accidentel dans nos départements septentrionaux ; tuée dans les environs de Montreuil-sur-Mer ; habite particulièrement le midi de la France et de l'Europe.

Elle fréquente, dans les Hautes-Pyrénées, les mêmes localités que la Gorge Bleue, *Sylvia cyanocula*, mais choisit les endroits secs pour établir son nid. Dans les Landes marécageuses, au bas de la commune d'Ondres, en se dirigeant vers la mer ; elle vit toute l'année, en assez grand nombre, dans les buissons de l'*Ulex Europœus* et de l'*Erica scoparia* (1). Elle a été observée en Anjou et dans le Poitou. On l'a trouvée en Bretagne et en Angleterre, même pendant l'hiver. Elle quitte la Provence dans cette saison.

Iris brun marron suivant les uns, roux jaunâtre suivant P. Roux, et noisette chez le jeune suivant M. Millet.

Vieillot décrit une Fauvette qui nous est inconnue et dont ne parle aucun auteur, sous le nom de Brunette, *Sylvia fuscescens*. Il dit qu'elle se trouve dans nos contrées méridionales; qu'elle a été envoyée de Montpellier à M. Baillon qui la conserve dans son cabinet; qu'elle a de grands rapports avec le Pit-Chou, mais qu'elle en diffère particulièrement en ce qu'elle n'a aucune trace de ferrugineux dans le plumage, et qu'elle n'a point de blanc dans l'aile, ni dans la queue. De plus, ses proportions sont plus fortes. Est-ce une espèce ou une simple variété ? Nous engagerons le naturaliste qui l'observera dans son pays natal à résoudre cette question.

PASSERINETTE, *Sylvia passerina et subalpina*, de plusieurs ornithologistes; pl. col. 251, f. 2, le mâle, f. 3, la femelle; pl. 218 R.

Habite le midi de la France, l'Italie et la Sardaigne; n'est pas rare en Provence et en Languedoc, dans les mois d'avril et d'octobre, époques où elle opère son passage. Elle a l'iris noir suivant P. Roux.

Cette Fauvette offre des différences remarquables suivant l'âge et les saisons. M. Savi et P. Roux ont prouvé que le Bec-Fin subalpin est un individu de cette espèce. M. Temminck,

_____

(1) Jules Darracq, catalogue cité.

dans son supplément au Manuel d'ornithologie, s'est rangé à
l'avis de ces deux naturalistes. Le vieux mâle, au printemps, est
ce qu'on appelle *Sylvia subalpina*; la femelle, à la même époque
est la *Sylvia passerina* de Roux; les jeunes, suivant qu'ils se
rapprochent plus ou moins de la mue, constituent la Passerinette
mâle et femelle des auteurs. Le mâle en automne doit être
rapporté au Subalpin du Manuel de M. Temminck.

Suivant ce naturaliste, la *Sylvia leucopogon* de M. Meyer
serait un mâle de cette espèce. M. le docteur Savi ne partage
pas son opinion, parce que le naturaliste allemand décrit en
même temps la femelle et fait de sa *leucopogon* une espèce
distincte de la *Sylvia subalpina*. Cette Fauvette aurait été tuée
en Sicile et ressemblerait à celle de cet article.

FAUVETTE FLAVÉOLE, *Sylvia flaveola*, Vieill.; enl. 581.

Cette espèce n'est pas admise par M. Temminck. On doit sa
connaissance à Vieillot qui a observé plusieurs individus tués
en Lorraine, dans les roseaux, au milieu des étangs. Celles que
je possède viennent de Metz et je les dois à l'obligeance de
M. Meslier de Rocan, ex-intendant militaire.

Elle a l'iris noisette foncé; les parties supérieures d'un vert
olive rembruni aux ailes et à la queue; les parties inférieures
d'un beau jaune; le bec comprimé dans toute sa longueur,
bleuâtre au-dessus, jaunâtre en-dessous, aussi haut que large
à sa base; les pieds gris-brun.

Cette Fauvette est sans doute confondue avec l'Ictérine et la
Lusciniole. On la distingue facilement de ces deux espèces, qui
offrent à peu près les mêmes teintes, en comparant le bec qui
est grêle, effilé, aigu et comprimé dans toute son étendue,
tandis qu'il est plus ou moins déprimé dans les autres (1). Elle

(1) Voyez pl. 3, fig. 2, à la fin de ce travail.

est d'ailleurs un peu plus petite, a la première rémige plus longue que la quatrième et sensiblemeut plus courte que la troisième. Ses couleurs sont plus vives et plus prononcées.

FAUVETTE ICTÉRINE; *Sylvia icterina*, Vieill., Tem.

Habite la France, l'Italie et la Hollande; nous la trouvons l'été dans nos marais; mais elle est rare. Elle est enfin admise par M. Temminck, sous le nom de Bec–Fin ictérine.

Cette Fauvette a la première rémige sensiblement plus longue que la quatrième, le bec un peu déprimé à sa base, ensuite aussi haut que large et plus court que celui de la Flavéole et de la Lusciniole, avec lesquelles il est facile de la confondre. Elle est un peu plus forte que la première et plus petite que la dernière qui a d'ailleurs un bec plus long, plus fort et plus aplati. Elle vit dans les marais boisés et a été confondue probablement avec les autres à plumage analogue, et surtout avec la Lusciniole qui préfère les jardins et bosquets aux roseaux.

Iris brun foncé, comme la précédente et la suivante (1).

FAUVETTE LUSCINIOLE OU POLYGLOTTE, *Sylvia polyglotte*, Vieill.; Fauvette à poitrine jaune, *Sylv. hyppolaïs*, Tem.; grand Pouillot., Cuv.; Contrefaisant de nos oiseleurs; Fauvette des roseaux, Buff., description; pl. 224 R.

On la trouve dans presque toute l'Europe. Commune l'été dans nos jardins, bosquets et bois marécageux; arrive dans le mois d'avril et nous quitte en automne. Elle est rare en Provence et en Languedoc.

Elle a l'iris brun foncé, le bec très-déprimé dès la base jusqu'au-delà du milieu, ensuite aussi large que haut (2). C'est à tort que M. Temminck cite l'Enluminure de Buffon, 581. Cette figure représente la Flavéole, surtout par le bec.

---

(1) Voyez pour le bec, pl. 3, f. 4, à la fin de ce travail.
(2) Id., pl. 3, f. 5.

Les œufs de la Lusciniole sont d'un assez beau rouge marqués de taches noirâtres, et non d'un blanc rougeâtre marqué de taches rouges, comme le dit M. Temminck.

2.ᵉ Section.

Fauvettes à queue assez longue, légèrement fourchue ou égale, tête arrondie et bec plus fort et plus large à la base. Rubiettes, Cuv.; Becs-Fins Sylvains, Tem.

GORGE BLEUE proprement dite, *Sylvia cyanocula*, Mey., Tem.; *Sylvia suecica*, Lath., Vieill.; *Motacilla suecica*, Lin.; enl. 361, f. 2, mâle avec la tache blanche; 610, f. 1, mâle sans tache blanche, f. 2, femelle, f. 3, jeune; Encycl., pl. 117, f. 3.

Habite le midi de la France; niche dans les joncs, sur les saules et les osiers, près de l'eau; de passage, de loin en loin, dans les environs d'Amiens, d'Abbeville et de Lille.

Iris brun.

La *Sylvia Wolfii* du pasteur Brehm est de la même espèce que sa *Suecica*, qui est celle de cet article. Elle n'en diffère que par l'absence de la tache blanche au milieu du bleu d'azur, et une légère variation dans la longueur des tarses (1).

GORGE BLEUE SUÉDOISE ou de SIBÉRIE, *Sylvia suecica*, Lin.; *Motacilla cærulecula*, Pall.; *Sylvia cærulecula*, Licht.

Habite le nord de l'Europe. Accidentellement en France et en Allemagne. Elle a été tuée à la fin d'avril 1836, sur le bord du marais de Sin, près de Douai, et donnée à M. Courtray, receveur municipal de cette ville. On assure qu'on la trouve quelquefois en Bourgogne. MM. Jules Delamotte et de Cossette

---

(1) La longueur des tarses varie beaucoup dans cette Fauvette comme dans plusieurs autres, aussi ne peut-on tenir compte des différences pour constituer des espèces.

l'ont rapportée en 1829 de la Suède et de la Norwège. Ils l'ont trouvée dans les mois de mai et juillet, sur toutes les montagnes, et dans les vallées où il y a des buissons de bouleau nain et de saule. Elle est très-commune sur le Dowrefield.

Cette Fauvette a une espèce de hausse-col roux vif au bas du bleu d'azur du col et de la poitrine, puis une ceinture de plumes bleues, puis rousses, et ensuite grises. Le roux de la queue est plus ardent que celui de la *Cyanocula ;* le noir y est plus foncé; la ligne qui, du bec, passe au-dessus et derrière les yeux, est d'un gris plus clair. On dit qu'en vieillissant elle perd la tache rousse de la poitrine ; que la femelle n'a pas la gorge bleue, et que les jeunes ont le devant du col moucheté de rouille et bordé d'un cercle ponctué de noir.

Iris brun.

Rouge-gorge, *Sylvia rubecula*, Lath., Vieill., Tem.; *Motacilla rubecula*, Lin.; Marie godrie, Maroille, Maroyette, dans nos campagnes; enl. 361, f. 1; pl. 216 R.; Encycl., pl. 117, f. 2.

Une partie est sédentaire; le plus grand nombre nous quitte en automne. Elle pénètre en hiver jusque dans les habitations, où elle obtient souvent l'hospitalité en faveur de sa familiarité et de son chant. Elle se retire dans les bois au printemps et y passe la belle saison. C'est un des oiseaux qui nichent les premiers. On le trouve partout en France et dans presque toute l'Europe.

Iris brun foncé.

Rossignol de muraille ou gorge noire, *Sylvia phœnicurus*, Lath., Vieill., Tem.; *Motacilla phœnicurus*, Lin.; vulgairement Rouge-Queue; enl. 351, f. 1, le mâle, f. 2, la femelle; pl. 214 R., le mâle, 215, la femelle; Encycl., pl. 113, f. 4.

Commun en France. Niche dans nos campagnes, les bois et bosquets. Nous le voyons depuis le mois de mai jusqu'au mois d'octobre. On le trouve dans presque toute l'Europe. J'en ai reçu un de New-Yorck, qui est entièrement semblable à ceux de notre contrée.

Iris brun noir.

ROUGE-QUEUE TITHYS, *Sylvia tithys*, Lath., Vieill., Tem.; *Motacilla phœnicurus*, var., *Erithacus, Tithys, Gibraltariensis, Atrata*, Gm., mâle; Bec-Figue noirâtre, Buff., édit. Sonnini; Rouge-Queue à collier, Buff., femelle; Rouge-Queue, Briss., femelle; pl. 208 R., f. 1, le mâle, f. 2, la femelle.

Habite la Lorraine, la Bourgogne et autres localités de la France; rare en Provence et accidentellement en Angleterre. Plusieurs couples établissent leur nid chaque année à l'hôtel-de-ville de Lille; ils arrivent en avril et partent dans le courant d'octobre. Niche dans les trous et crevasses des murailles de ce bâtiment, qui est élevé et vieux; fait deux couvées; sa ponte est de quatre ou cinq œufs.

Iris brun noir.

Je possède un Rouge-Queue mâle de la Norwège qui diffère beaucoup de notre Tithys, et s'il ne constitue pas une nouvelle espèce, c'est au moins une race constante et locale, puisqu'il ne quitte pas plus le Nord que la *Sylvia suecica*, et qu'il y remplace le *Tithys*, comme celle-ci remplace la Gorge-Bleue des régions tempérées. J'en ai vu plusieurs autres tout-à-fait semblables au mien, venant de la même contrée, chez un marchand de Paris. La femelle diffère aussi de celles de nos Rouges-Queues.

4.ᵉ Section.

Pouillots ou Muscivores.

Les Pouillots ont à peu près tous la même taille, les mêmes couleurs, et le même genre de vie. Ils construisent leur nid à terre, d'où leur vient le nom vulgaire de *Fourneau*. Il est facile de les confondre entr'eux si on ne les examine avec une attention toute particulière.

POUILLOT SYLVICOLE ou **BEC-FIN SIFFLEUR**, *Sylvia sylvicola*, Lath., Vieill.; *Sylvia sibilatrix*, Tem.; pl. 225 R.

Habite la Lorraine, la Provence, l'Italie et l'Allemagne. Rare ici, où il arrive vers le mois de mai, se tient constamment dans les bois et disparaît à la fin d'août. Ceux que je possède viennent des bois des environs de Metz. Je les dois à l'obligeance de M. Meslier de Rocan.

Iris couleur noisette foncé.

Ce Pouillot a été confondu avec la *Motacilla hippolais*, Gm. Il en diffère par la taille, par les teintes des parties supérieures, le chant, les proportions des premières rémiges et les œufs.

POUILLOT COLLYBITE ou **BEC-FIN VÉLOCE**, *Sylvia collybita*, Vieill.; *Sylvia rufa*, Lath., Bechst., Mey., Tem.; *Motacilla rufa*, Lin.; *Curruca rufa*, Briss.; petite Fauvette rousse du texte de Buff.; pl. 223 R.

Pas rare en France, en Allemagne et en Italie. Arrive, mais en petit nombre, dans nos départements septentrionaux, à la fin de mars, et nous quitte en automne. Quelques-uns restent en Provence durant l'hiver. On le dit rare, l'été, dans les environs de Metz, et commun à son passage d'automne, époque à laquelle on le prend aux pièges.

Iris brunâtre.

POUILLOT FITIS ou **BEC-FIN POUILLOT**, *Sylvia fitis*, Bechst., Mey., Vieill.; *Motacilla trochilus*, Gm.; *Sylvia trochilus*, Lath., Tem.; Pouillot, *Asilus*, Briss.; vulgairement **Fourneau**; pl. 288 R., la robe d'été.

Arrive dans le mois de mars et part à la fin d'août et en septembre. Habite nos bois, ainsi que le précédent. Il est commun ici , en Provence , en Languedoc , sur les Pyrénées , dans les environs de Paris et en Lorraine. Il paraît très-répandu en France et dans toute l'Europe. M. Millet lui donne à tort la taille du Tarin ; il n'est guère plus gros que le Roitelet. La femelle est un peu plus petite que le mâle. L'iris est brun roussâtre.

Le Pouillot à ventre jaune , *Sylvia flaviventris* , Vieill. , est un individu de cette espèce , en robe d'automne. Je me le pro-cure dans le mois d'août , et ne l'ai jamais vu à une autre époque de l'année.

POUILLOT BONELLI OU BEC-FIN NATTERER , *Sylvia Bonellii* , Vieill. ; *Sylvia Nattererii* , Tem. ; pl. col. 24 , f. 3 ; pl. 226 R.

Habite le centre et le midi de l'Europe. N'est pas rare en Provence , en Anjou et dans la Lorraine. M. Meslier de Rocan l'a tué plusieurs fois dans un bois voisin de Metz , où il niche dans un endroit très-touffu. Il a été trouvé dans les environs d'Abbeville , par M. Jules Delamotte. M. Millet le dit très-commun dans les bois et les forêts des arrondissements de Baugé , Saumur et Beaupréau ; y arrive à la mi-avril et repart à la fin d'août.

Iris brun foncé.

Ce Pouillot n'est distingué de ses congénères que depuis 1815. Vieillot l'a décrit d'après une seule dépouille provenant d'un individu tué dans le Piémont , et qui lui a été communiqué par Bonelli. M. Temminck le donne comme une espèce nouvelle trouvée par M. Natterer , près d'Algézyras.

46.e genre. ROITELET , *Regulus* , Vieill. , Cuv. , Tem. , Br.

Bec très-grêle , court , droit , comprimé , légèrement échancré à la pointe ; narines ovales , recouvertes par deux petites plumes décomposées et dirigées en avant.

Les espèces , au nombre de trois , sont les plus petites d'Europe. Elles ont les plus grands rapports avec les Fauvettes, et peut-être a-t-on tort de les en séparer. Vieillot semble reconnaître qu'il n'aurait pas dû en former un groupe distinct, en les y réunissant dans l'Encyclopédie méthodique et dans sa Monographie inédite des Fauvettes et des Pouillots.

Leur nourriture consiste en petits insectes. Ils sont très-agiles et sans cesse en mouvement. Ils ne paraissent pas très-sensibles au froid.

ROITELET HUPPÉ, *Regulus cristatus*, Vieill., Tem.; *Sylvia regulus*, Lath.; *Regulus crococephalus*, Br., pl. 234 R., f. 1, le mâle, f. 2, tête de la femelle ; Encycl., pl. 122, f. 2.

De passage annuel par petites bandes, en automne ou en hiver, et dans le mois d'avril ; se laisse facilement approcher et prendre, vers le soir, à la main. On le rencontre dans presque toute l'Europe, et il niche dans les montagnes de France, de l'Allemagne et de l'Angleterre.

Iris noir.

ROITELET A MOUSTACHE OU A TRIPLE BANDEAU, *Regulus mystaceus*, Vieill.; *Reg. ignicapillus*, Tem., Br.; enl. 65, f. 3; pl. 235 R., le mâle.

De passage irrégulier en novembre dans notre département du Nord où il est rare, ainsi que dans la Provence. Il a été long-temps confondu avec l'espèce précédente dont il a les habitudes, et avec laquelle il opère ses migrations. Il est sédentaire, et niche, ainsi que le huppé, dans les Basses-Pyrénées.

Iris noir.

ROITELET MODESTE, *Regulus modestus*, Gould, Tem.

Nouvelle espèce, décrite d'après M. Gould, dans la 4.e partie du Manuel d'ornithologie, et rapportée de la Dalmatie par M. le colonel de Feldegg. Elle n'aurait point de huppe sur la tête, celle-ci serait remplacée par trois bandes jaunes dont les latérales seraient plus colorées.

47.e genre. Troglodyte, *Troglodytes*, Vieill.

Bec aussi très-grêle, mais allongé et légèrement arqué; narines ovales, recouvertes d'une membrane; ailes courtes, arrondies, concaves; queue le plus souvent relevée; tarses longs et minces.

On n'en connaît encore qu'une seule espèce qui a les mœurs et les habitudes des Fauvettes parmi lesquelles elle est rangée dans l'Encyclopédie et dans la Monographie inédite des Fauvettes et Pouillots.

Troglodyte, *Troglodytes Europæa*, Vieill.; *Motacilla troglodytes*, Gm.; *Regulus*, Briss.; *Sylvia troglodytes*, Tem.; vulgairement Rotelot ou Rotelet; enl. 65, f. 2; Encycl., pl. 122, f. 1.

Commun et sédentaire ici; niche sous les toits de chaume. Habite toute l'Europe.

Iris brun foncé.

16.e famille. GRIMPEREAUX, *Anerpontes*, Vieill.

Cette famille comprend les genres Sittelle, Picchion et Grimpereau. Tous les individus qui la composent grimpent sur les arbres, les murailles ou les rochers. Ils ont les pieds médiocres, les tarses nus, annulés; quatre doigts, dont trois devant et un derrière, tantôt égaux, tantôt inégaux; le bec court ou long, droit ou plus ou moins arqué, terminé en coin ou en pointe aiguë; les rectrices lâches ou raides.

48.e genre. Sittelle, *Sitta*, Lin., Lath., Vieill., Tem.

Ce genre comprend quatre espèces dont trois seulement sont décrites par M. Temminck. Elles ont le bec entier, fort, cunéiforme; les narines recouvertes par les plumes du *capistrum*;

18

la langue courte, bifide à sa pointe ; le pouce long, avec l'ongle crochu et fort.

Les Sittelles ont les habitudes des Pics, mais elles grimpent aux arbres, en tous sens, et ne se soutiennent pas par la queue. Elles vivent d'insectes et de graines, surtout de chenevis et de tournesol.

SITTELLE OU TORCHE-POT, *Sitta Europœa*, Gm., Vieill., Tem.; *Sitta*, Briss.; enl. 623, f. 1; pl. 237 R.; Encycl., pl. 163, f. 6.

Habite nos grands bois. Elle n'est pas rare dans la forêt de Mormal, et celles de pins et de sapins dans les Hautes-Pyrénées. On la trouve dans toute l'Europe. Une femelle tuée le 24 avril 1833, près de Lens, avait l'iris roux clair.

SITTELLE SYRIAQUE OU DES ROCHERS, *Sitta syriaca*, Ehrenberg, Tem.; *Sitta rupestris*, Centraine.

Habite particulièrement le Levant et la Syrie. Elle n'est pas rare en Grèce et en Dalmatie. On en reçoit beaucoup d'Alger, ce qui la répand dans les collections de France. Celle que je possède vient de la Grèce.

SITTELLE SOYEUSE, *Sitta sericea*, Tem.

Accidentellement en Dalmatie, d'où elle a été rapportée par M. Feldegg et donnée à l'auteur du Manuel d'ornithologie, qui la décrit dans la 4.ᵉ partie de son ouvrage.

Elle habite particulièrement la Sibérie et le Caucase.

SITTELLE A TÊTE NOIRE, *Sitta melanocephala*, Vieill.

M. de Lamotte m'écrit qu'elle est de passage dans le nord de l'Europe. Mais il ne m'indique pas le lieu où on la voit.

C'est un oiseau de l'Amérique septentrionale que j'ai reçu de New-Yorck et de la Géorgie, où il est commun.

49.ᵉ genre. GRIMPEREAU, *Certhia*.

Bec grêle, allongé, plus ou moins arqué, comprimé sur les côtés, pointu; narines basales, demi-closes, placéés dans un sillon longitudinal; tarses et ailes courts; queue à pennes raides, usées et pointues. Une seule espèce qui grimpe comme les Pics en s'appuyant sur sa queue, et se nourrit d'insectes.

GRIMPEREAU D'EUROPE OU FAMILIER, *Certhia familiaris*, Gm., Vieill., Tem.; *Certhia*, Briss.; vulgairement Grimpart; enl. 681, f. 1; Encycl., pl. 125, f. 3.

Sédentaire et commun dans les campagnes des environs de Lille. Il grimpe sans cesse sur les arbres à la manière des Pics. Il est de passage en Provence. L'espèce est la même à New-Yorck, d'où je l'ai reçu en 1834; seulement les couleurs sont plus nettes. Il est difficile de distinguer le mâle de la femelle; les jeunes ont le bec moins long et plus frêle que les vieux.

Il a l'iris brun.

50.ᵉ genre. PICCHION, *Petrodroma*, Vieill.; *Certhia*, Lin., Lath.; *Tichodroma*, Illig., Tem.; Échelette, Cuv.

Ce genre n'a, comme le précédent, qu'une espèce qui a le bec très-long, grêle, arqué, pointu, déprimé et triangulaire à sa base, arrondi dans le reste de son étendue; la langue pointue, garnie de petits crochets sur les côtés; l'ongle postérieur mince, courbé, aussi long que le doigt; la queue légèrement arrondie, avec les baguettes faibles. Elle ne grimpe pas comme les Grimpereaux et Sittelles, mais se cramponne sur les murailles, où elle trouve sa nourriture, qui consiste en insectes et en œufs d'insectes.

GRIMPEREAU DE MURAILLE OU TICHODROME ÉCHELETTE, *Petrodroma muraria*, Vieill.; *Tichodroma phœnicoptera*, Tem.; enl. 372, f. 1, robe d'été considérée comme celle du mâle, f. 2, robe d'hiver indiquée pour celle de la femelle; Encyl., pl. 128, f. 2.

Habite la France et les contrées méridionales de l'Europe.
On le trouve sur les montagnes élevées des Alpes et des Pyrénées, en été, et dans les plaines et les vallées, en hiver. Je l'ai
reçu de Briançon, de Besançon et de Grenoble. Passe périodi-
quement en Anjou, mais toujours isolément. Il grimpe contre
les murailles des grands édifices des places fortes ou des
rochers coupés à pic, pour y chercher sa nourriture. Il en est
qui ont le bec plus long que d'autres, comme dans l'espèce
précédente, les Huppes, les Casse-Noix, etc. M. Brehm,
d'après cette particularité dépendante de l'âge et peut-être
d'autre cause, en a établi plusieurs espèces purement nomi-
nales.

Iris brun foncé.

17.ᵉ famille. ÉPOPSIDES, *Epopsides*, Vieill.

Les oiseaux de cette famille ont le bec plus long que la tête
et plus ou moins arqué. Ils cherchent leur nourriture dans la
terre qu'ils fouillent avec leur long bec, et sont remarquables
surtout par deux rangées de longues plumes sur les parties latérales de la tête, qui forment une huppe qu'ils baissent ou relèvent
à volonté.

51.ᵉ genre HUPPE, *Upupa*, Lin., Vieill., Tem.

Bec long, un peu arqué, trigone à sa base, grêle dans le
reste de son étendue ; mandibule supérieure plus étendue que
l'inférieure ; narines petites, situées à la base du bec ; langue
très-courte et obtuse ; ailes et queue assez longues. Une seule
espèce le compose. Elle est solitaire et vit d'insectes, de larves
et de vers.

HUPPE, *Upupa epops*, Lin., Vieill., Tem.; *Upupa*, Briss.; vulgairement Coq des champs; enl. 52; pl. 240 R.; Encycl.,
pl. 132, f. 1.

De passage régulier dans les mois d'avril et d'octobre. Elle est solitaire et plus répandue dans le midi que dans le nord. On assure qu'elle niche dans l'arrondissement de Valenciennes et qu'elle établit son nid dans des trous de vieux arbres. Très-commune dans les Hautes et Basses-Pyrénées où elle niche.

Iris brun clair.

18.ᵉ famille. PELMATODES, *Pelmatodes*, Vieill.; *Leptoramphes*, Dum.; les Guêpiers et Martins-Pêcheurs, Cuv.; les Alcyons, Tem.

Cette famille est composée des Guêpiers et des Martins-Pêcheurs qui ont le bec plus long que la tête, droit ou arqué; les pieds courts et les doigts extérieurs réunis dans la plus grande partie de leur étendue.

52.ᵉ genre. GUÊPIER, *Merops*, Lin., et des auteurs.

Ce genre ne comprend encore que le Guêpier vulgaire et le Guêpier Savigny. Il est caractérisé ainsi : bec allongé, tétragone, épais à sa base, pointu, légèrement courbé, à arête vive; narines arrondies, petites, en partie cachées par des plumes; ailes longues et pointues; queue étendue et fourchue avec deux brins plus ou moins longs sur les côtés. Les Guêpiers se nourrissent d'insectes et surtout de guêpes. Ils saisissent leur proie en volant comme les Hirondelles et nichent dans des trous en terre qu'ils creusent, dit-on, eux-mêmes.

GUÊPIER COMMUN, *Merops apiaster*, Gm., Vieill., Tem.; *Apiaster*, Briss.; enl. 938; pl. 241, R.

Habite le midi de l'Europe : de passage régulier en Provence et accidentel en d'autres localités de la France. Il arrive dans la Provence en grandes troupes au printemps et en moins grand nombre en automne. On l'a tué dans les environs de Montreuil-sur-Mer.

Iris rouge suivant P. Roux, et rose chez les jeunes, suivant M. Temminck.

On dit que l'on a vu le *Merops indicus* dans la Turcomanie, et qu'il existe dans le midi de l'Espagne un Guêpier plus petit et avec les brins de la queue plus longs que celui qu'on trouve en France. Ne serait-ce pas le Guêpier Savigny, indiqué ci-dessous ?

GUÊPIER SAVIGNY, *Merops Savignyi*, Vieill., Tem.; Levaill., pl. 6 et 6 bis.; *Merops persicus*, Pall.

Décrit comme européen dans la Faune d'Italie et dans la 4.ᵉ partie du Manuel d'ornithologie. Un mâle et une femelle ont été tués près de Gênes. Sa patrie est l'Afrique.

53.ᵉ genre. ALCYON; *Alcedo*, Lin., et des auteurs.

Bec long, fort, droit, quadrangulaire, pointu, légèrement dentelé vers le bout; narines étroites, situées près du *capistrum*, recouvertes d'une membrane transparente; langue courte, déliée et triangulaire dans presque toute son étendue; ailes et queue courtes; tarses également courts; trois doigts devant et un derrière, les extérieurs soudés en grande partie.

Les Martins-Pêcheurs sont au nombre de deux en Europe; vivent de poissons et nichent dans des trous en terre le long des rives.

MARTIN-PÊCHEUR, *Alcedo ispida*, Lin., Vieill., Tem.; vulgaire-ment Pecque-Roches; enl. 77.

Habite toute la France. Sédentaire et très-commun l'hiver le long des fossés et des rivières. Niche en ¦terre dans nos marais boisés, souvent dans des trous de rats ou de taupes à terre; ses œufs sont blancs et oblongs.

Le vieux mâle diffère de la femelle du même âge et des jeunes individus.

Il a l'iris brun roux.

Martin-Pêcheur pie, *Alcedo rudis*, Lin., Tem.; enl. 716, l'adulte sous le nom de Martin-Pêcheur huppé du cap de Bonne-Espérance, 62, le jeune sous celui de Martin-Pêcheur du Sénégal.

Habite l'Espagne et plus particulièrement l'Afrique, du nord au midi. Accidentellement dans les îles de l'Archipel.

L'iris est, dit-on, brun roux.

19.ᵉ famille. COLOMBINS, Vieill.; Pigeons, Cuv.; Péristères, Dum.; Colombinées, Leach.

Cette famille conduit naturellement au troisième ordre. Les oiseaux qui la composent réunissent les caractères communs aux Passereaux et aux Gallinacées. Les Colombes appartiennent par leur bec, leur jabot, leur nourriture aux derniers; par leurs pieds, leurs mœurs et leurs habitudes aux premiers. A cause de ces motifs quelques ornithologistes en ont formé un ordre particulier sous le nom de Passerigalles. Elles sont mono-games, vivent de graines et nichent sur les arbres ou dans des trous de rochers ou de vieilles masures élevées.

54.ᵉ genre. Colombe, *Columba* des auteurs.

Bec grêle, flexible, renflé vers le bout, incliné à sa pointe, garni d'une membrane à base plus ou moins gonflée où existent les narines; pieds courts; doigts articulés sur le même plan.

Les Colombes vivent volontiers en troupes, pondent deux œufs, rarement trois, que le mâle et la femelle couvent alterna-tivement. On en compte six espèces.

Pigeon ramier, *Columba palumbus*, Lath., Gm., Vieill., Tem.; vulgairement *Pigeon massart*; enl. 314; Encycl., pl. 79, f. 1.

Arrive vers la fin de février par petites troupes, s'apparie de suite et niche dans nos bois; nous quitte en octobre et en novembre ; quelques-uns restent durant l'hiver à moins qu'il ne soit trop rigoureux. Il est répandu en Europe. C'est un bon manger quand il est jeune et gras. J'en ai vu sur notre marché dans le mois de janvier 1840. La femelle est un peu plus petite que le mâle. Les jeunes avant la première mue diffèrent des adultes.

Iris jaune blanchâtre.

PIGEON SAUVAGE OU COLOMBIN, *Columba œnas*, Lin., Vieill, Tem.; vulgairement petit Massart; pl. 244 R.

De passage dans les mois de mars et de novembre dans le nord de la France ; quelques uns y nichent dans les bois ; j'en ai vu de jeunes sur notre marché le 2 mai 1840. Il est plus répandu dans le midi. La chair des jeunes est aussi très-bonne.

Iris rouge brun.

PIGEON BISET, *Columba livia*, Briss., Lath., Vieill., Tem.; Pigeon de Roche, Cuv.; enl. 510; pl. 245 R.

Habite quelques îles de la Méditerranée, la Grèce et les îles Féroé ; de passage accidentel en Provence et dans le département des Basses-Pyrénées.

Il a le croupion blanc, les ongles plus acérés que le Biset domestique et l'iris rouge jaunâtre.

PIGEON EGYPTIEN; *Columba ægyptiaca*, Lath., Tem.

Il paraît qu'on le rencontre assez souvent dans le midi et l'est de l'Europe. M. le professeur Schinz m'écrit qu'on le trouve en Grèce ; le docteur Eversmann l'a rapporté de Boukara où il a été tué. Il habite particulièrement l'Egypte et m'est tout-à-fait inconnu.

PIGEON PASSAGER, *Columba migratoria*, Lin., Vieill.; *Col. canadensis*, Gm.; enl. 176, femelle.

Tué en Angleterre, en Norwège, en Russie et vu plusieurs fois en mer. C'est un oiseau de l'Amérique septentrionale, qui, au dire de Vieillot, traverse, au printemps et en automne, les contrées qui sont entre le 20.e et le 60.e degré de latitude nord. Ces pigeons voyagent en si grand nombre que leur vol obscurcit le soleil. Il n'est donc pas étonnant que des individus aient passé des régions boréales les plus reculées du nouveau continent dans celles d'Europe qui les avoisinent et qu'ensuite ils se soient avancés jusqu'en Angleterre où un a été tué en décembre 1825, dans le Fifeshire, suivant le rapport de M. Temminck.

Iris orange, d'après Vieillot.

TOURTERELLE, *Columba turtur*, Lin., Vieill., Tem.; enl. 394; pl. 246 R.; Encycl. pl. 81, f. 3.

Commune dans nos bois où elle niche. Arrive vers la fin de mars et en avril, repart dans le courant de septembre. Répandue en Europe du sud au nord.

L'adulte a l'iris rouge jaunâtre et le jeune, gris rougeâtre. Les œufs, au nombre de deux, sont blancs ainsi que ceux du Ramier et du Colombin.

CORRECTIONS ET ADDITIONS.

1.er Ordre. Voyez Mémoires de la Société, année 1839, 1.re partie, page 422.

Page 421, 3.e ligne, *Temminck*, lisez *Temminck*.

Page 433, 28.e ligne, *est l'Aigle à tête blanche*, lisez *et l'Aigle*, etc.

Page 438, 3.e et 4.e lignes, *aille*, lisez *taille; ections*, lisez *sections*.

Page 445, 1.re ligne, *mutanus*, lisez *mutans*.

Page 455, 1.re et 2.e lignes, *diurna*, lisez *surnina; nyctole*, lisez *nyctale*.

Page 437, j'ai dit, d'après M. Philippe, que les œufs du Jean-le-Blanc sont petits, ronds, blancs et lustrés. M. Moquin-Tandon, professeur à la Société des sciences et au jardin des plantes de Toulouse, me mande que j'ai été induit en erreur; que les œufs sont, au contraire, un peu alongés et bleuâtres. Je recevrai toujours avec plaisir les communications de ce savant et me ferai un devoir de les consigner dans mon travail.

EXPLICATION DES PLANCHES.

Pl. 1.re, f. 1, Faucon Pojana, voyez Mémoires de la Société, année 1839, 1.re partie, page 445, f. 2, bec du grand Épervier, voyez même page; f. 3, bec de l'Épervier commun, voyez même page.

Pl. 2, f. 1, Bruant à sourcils jaunes; f. 2, Bruant boréal, robe d'été; f. 3, bec du Bruant des marais, voyez page 196 de ce volume; f. 4, bec du Bruant des roseaux, voyez p. 197.

Pl. 3, f. 1, Turdoïde obscur, voyez p. 229; f. 2, bec de la Fauvette flavéole, vu de côté, en-dessus et en-dessous; f. 3, bec de la Fauvette verderolle, vu de côté, en-dessus et en-dessous; f. 4, bec de la Fauvette ictérine, vu de côté, en-dessus et en-dessous; f. 5, bec de la Fauvette lusciniole, vu de côté, en-dessus et en-dessous.

DIPTÈRES EXOTIQUES

NOUVEAUX OU PEU CONNUS,

Par M. J. Macquart, Membre résidant.

———

SUITE

DE LA SUBDIVISION DES TÉTRACHŒTES.

Depuis que nous avons divisé le groupe des Diptères Tétra-chœtes en Tanystomes et en Brachystomes, la suite de nos observations sur les espèces exotiques nous a démontré que les caractères sur lesquels nous les avons fondées étaient plus ou moins entachés d'instabilité, par le grand nombre de modifications nouvelles que nous avons eu l'occasion de signaler. Le principal de ces caractères, celui d'où est tiré le nom des deux divisions, consiste dans les dimensions respectives de la trompe, ordinairement alongée, menue, coriacée, dans les Tanystomes; courte, épaisse, membraneuse, dans les Brachystomes. Or, les dimensions, dans toutes les parties des êtres organisés, sont fort variables et peu propres à caractériser des groupes considérables. Dans chacune des tribus naturelles qui composent la famille des Tanystomes, la trompe est sujette à perdre les dimensions qui appartiennent au plus grand nombre, et à se confondre avec celle des Brachystomes, et vice versâ. C'est ainsi que la longue trompe des Empides, des Vésiculeux, des Némestrinides, s'accourcit dans les Hilares, les Acrocères, les Hirmonèvres, et que la trompe épaisse et courte des Mydasiens, des Anthraciens, des Syrphies, des

Dolichopodes, s'alonge et s'atténue dans les Céphalocères, les Mulions, les Rhingies, les Orthochiles.

L'un des caractères qui distinguent encore les deux familles, consiste dans l'insertion du style des antennes, et, quoiqu'il se montre plus constant que le précédent, de nombreuses exceptions viennent également l'accuser d'instabilité. Cette insertion, ordinairement apicale dans les Tanystomes, est dorsale dans le genre Ocydromie, de la tribu des Hybotides, et dans le genre Athérix, de celle des Leptides; ordinairement dorsale dans les Brachystomes, elle est apicale dans les Céries, les Callicères, les Chymophiles, parmi les Syrphies et dans une partie des Dolichopodes.

La même impuissance de caractériser nettement ces deux familles se manifeste dans les nervures des ailes. Les deux cellules sous-marginales qui distinguent ordinairement les Tanystomes se réduisent à une dans une partie des Empides et des Vésiculeux, comme dans les Brachystomes.

Cette variabilité des caractères distinctifs des deux groupes nous détermine à les supprimer, de sorte que nous divisons immédiatement en tribus la grande série des Tétrachœtes, dont le caractère essentiel, tiré de la composition de la trompe et de l'insertion de ses palpes, est aussi constant que ceux qui reposent sur ses dimensions le sont peu. La seule exception qui se présente consiste dans l'oblitération des deux soies maxillaires qui sont rudimentaires dans une petite partie de ces Diptères, tels que les Dolichopodes, quelques Empides et Vésiculeux.

La considération la plus importante que présentent les Tétrachœtes, c'est la série qu'ils forment, c'est la progression organique qu'ils suivent et qui se manifeste d'une manière plus sensible et plus continue que dans les Entomocères, où nous avons vu les Tabaniens, suivis des Stratiomydes, sans autre transition que la faible tribu des Xylophagiens.

Entre les Mydasiens et les Dolichopodes, qui occupent les deux extrémités de la série des Tétrachœtes, tous les degrés relatifs de la grandeur à la petitesse, de la force à la faiblesse, sont remplis sous le rapport des divers organes en particulier ; nous voyons, par exemple, la trompe des Asiliques assez robuste pour percer l'enveloppe la plus dure des autres insectes ; celle des Bombyliers et des Syrphies ne peut que humer le suc des fleurs ; et pour remplir ces deux destinations, elle se modifie diversement, ainsi que nous l'avons dit plus haut, en conservant sa composition essentielle. Les antennes passent aussi progressivement de la forme qu'elles présentent dans les Mydasiens et qui les rapproche des Entomocères, à celle qu'elles affectent dans la plupart des Syrphies et des Dolichopodes, et qui se reproduit dans la généralité des Diptères inférieurs. Les nervures des ailes montrent encore plus cette progression, en descendant du plus haut degré de réticulation dans les Mydasiens et les Némestrinides, à une grande infériorité, dans les Dolichopodes, et dans une partie des Empides et des Vésiculeux.

Du reste, cette série, ainsi que toutes celles des êtres organisés, est complexe ; elle ne peut se présenter que d'une manière très-imparfaite sous la figure linéaire ; mais la filiation naturelle des diverses tribus qui la composent est convenablement figurée par un arbre généalogique, dont la base est occupée parallèlement par les Mydasiens et les Némestrinides, qui paraissent se rattacher aux Pangonies et aux Acanthomères, tiges principales des Tabaniens et des Notacanthes, parmi les Entomocères. Les Mydasiens se lient de près aux Asiliques, dont la longue suite conduit, par son extrémité, aux Hybotides; celles-ci sont suivies de près par les Empides, dont les dernières se rapprochent des Dolichopodes, qui terminent la série par cette branche.

De leur côté, les Némestrinides se lient aux Bombyliers,

dont le long rameau est pour cette branche ce que celui des Asiliques est pour la précédente, et qui s'arrête à la hauteur des Empides.

Un autre rameau qui paraît sortir de la base des Asiliques constitue la tribu des Xylotomes suivie des Leptides, à laquelle se rattache le beau groupe des Syrphies.

Cette appréciation des différeuts degrés de composition organique qui forment la série des Tétrachœtes, est faite d'après la considération simultanée des organes extérieurs dont les modifications ont le plus d'importance physiologique : les antennes, la trompe et les ailes considérées dans leurs nervures. Elle aurait offert un résultat un peu différent, si nous l'eussions faite d'après chacun de ces organes pris à part. Si nous n'avions égard qu'aux antennes, les Mydasiens domineraient toute la série, qui se terminerait par les Syrphies, dans lesquelles cet organe prend généralement la modification propre aux familles inférieures de Diptères. Si nous ne voyons que la trompe, les Némestrinides occupent le sommet, et les Dolichopodes, le degré le plus bas; mais le plus et le moins de développement n'est que dans les dimensions des parties. Si nous ne considérons que les ailes, les Némestrinides et les Dolichopodes se trouvent également aux deux extrémités, mais en suivant une autre ligne.

La série des Tétrachœtes n'est pas seulement complexe sous le rapport des diverses branches dont elle se compose ; elle l'est encore en ce que toutes les tribus en forment de secondaires qui concourent à la formation de la principale, et dont plusieurs, celles des Asiliques, des Bombyliers, des Syrphies, ont une grande étendue, et présentent de nombreux degrés de l'échelle organique.

La filiation de ces insectes se manifeste particulièrement par les nombreuses modifications des organes, observées dans les Diptères exotiques. Ils contribuent à rendre la série plus continue et plus nuancée.

TÉTRACHÈTES, TÉTRACHÈTÆ.

Antennes alongées, de cinq articles distincts. Trompe à lèvres terminales épaisses.

Palpes menus, pointus, uns. Point d'ocelles. Ailes à cellules sous-marginales fermées; trois ou quatre postérieures...... **1. MYDASIENS.**

Antennes de trois articles. Des ocelles. Ailes à cellules sous-marginales ouvertes; cinq postérieures...... **2. ASILIQUES.**

Face à moustache. Pieds hérissés de soies.

Tête petite, sphérique. Antennes à 1.er article souvent peu distinct. Thorax élevé.

Abdomen menu. Tarses à deux pelottes.

Trompe horizontale. Palpes d'un seul article. Ailes à cellule sous-marginale unique; anale ordinairement grande...... **3. HYBOTIDES.**

Trompe dirigée en bas. Palpes ordinairement de deux articles. Ailes à cellule anale petite...... **4. EMPIDES.**

Abdomen fort épais, vésiculeux. Tarses à trois pelottes...... **6. VÉSICULEUX.**

Face sans moustache. Pieds peu munis de soies.

Ailes à cinq cellules postérieures.

Trompe ordinairement menue, alongée, dirigée sous le corps. Ailes ordinairement réticulées; cellules postérieures en grande partie fermées...... **5. NÉMESTRINIDES.**

Trompe ordinairement épaisse, courte.

Tarses à deux pelottes. Style des antennes court...... **7. XYLOTOMES.**

Tarses à trois pelottes, quelquefois rudimentaires. Style des antennes alongé...... **8. LEPTIDES.**

Tête de grandeur ordinaire. Thorax peu élevé.

Ailes à quatre ou à trois cellules postérieures.

Style des antennes apical, court. Ailes ordinairement à deux cellules sous-marginales et quatre postérieures...... **9. BOMBYLIERS.**

Style des antennes ordin.t dorsal, alongé.

Une cellule sous-marginale et 3 postérieures.

Ailes à cellules basilaires et discoïdale distinctes; anale alongée...... **10. SYRPHIES.**

Ailes à cellules basilaires et discoïdale confondues; médiastine imparfaitement double; anale courte. Trompe à soies maxillaires rudimentaires et palpes déprimés. Pieds longs et menus...... **11. DOLICHOPODES.**

5.ᵉ TRIBU.

VÉSICULEUX , INFLATA. (Supplément.)

Les deux genres Mésocère et Ptérodontie n'ayant pu être décrits dans le premier volume que lorsque notre travail sur cette tribu était déjà sous presse, nous n'avons pu ni les comprendre dans le tableau synoptique, ni en représenter les figures. Nous réparons cette omission en donnant ici un nouveau tableau qui les renferme, et en les figurant pl. 1 , fig. 1 et 2.

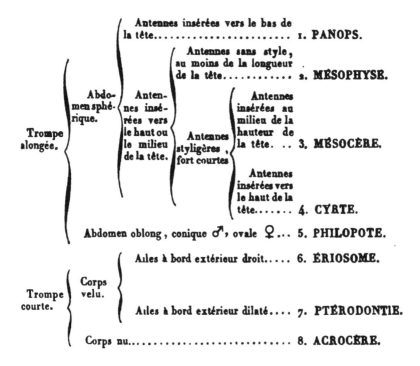

Trompe alongée.
— Abdomen sphérique.
— — Antennes insérées vers le bas de la tête...................... 1. PANOPS.
— — Antennes insérées vers le haut ou le milieu de la tête.
— — — Antennes sans style, au moins de la longueur de la tête........... 2. MÉSOPHYSE.
— — — Antennes styligères , fort courtes
— — — — Antennes insérées au milieu de la hauteur de la tête. .. 3. MÉSOCÈRE.
— — — — Antennes insérées vers le haut de la tête....... 4. CYRTE.
— Abdomen oblong , conique ♂, ovale ♀... 5. PHILOPOTE.
Trompe courte.
— Corps velu.
— — Ailes à bord extérieur droit..... 6. ÉRIOSOME.
— — Ailes à bord extérieur dilaté.... 7. PTÉRODONTIE.
— Corps nu............................. 8. ACROCÈRE.

6.ᵉ TRIBU.

NÉMESTRINIDES , NEMESTRINIDÆ, *Macq. S. à B.*

Corps large. Tête ordinairement de la largeur du thorax. Trompe alongée, menue, dirigée en avant ou en-dessous.

Front et face ordinairement larges ♂ ♀ , séparés par un sillon transversal. Antennes courtes, distantes, insérées près du bord intérieur des yeux; 1.ᵉʳ article cylindrique; 2.ᵉ cyathiforme; 3.ᵉ fusiforme; style alongé, composé de quatre articles, dont les trois premiers sont cylindriques, de grosseur décroissante; premier court; les deux suivants un peu alongés et d'égale longueur entr'eux; le 4.ᵉ aussi long que les trois premiers ensemble et effilé. Trois ocelles, dont les latéraux sont insérés au bord intérieur et postérieur des yeux. Écusson à rebord. Organe sexuel peu développé, présentant ♂ extérieurement deux valves latérales, se joignant en-dessus en s'échancrant, et une en—dessous; à l'intérieur, deux pièces contiguës à leur base, divergentes et renflées à l'extrémité. Pieds presque nus ; trois pelottes aux tarses. Cuillerons petits, fort velus. Ailes ordinairement réticulées vers l'extrémité; deux ou trois cellules sous—marginales; ordinairement cinq postérieures, dont la 4.ᵉ est fermée; 3.ᵉ et 5.ᵉ longeant le bord intérieur.

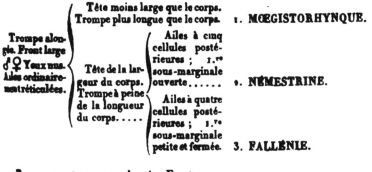

		Tête moins large que le corps. Trompe plus longue que le corps.	1. MŒGISTORHYNQUE.
Trompe alongée. Front large ♂ ♀ Yeux nus. Ailes ordinairement réticulées.	Tête de la largeur du corps. Trompe à peine de la longueur du corps....	Ailes à cinq cellules postérieures ; 1.ʳᵉ sous-marginale ouverte......	2. NÉMESTRINE.
		Ailes à quatre cellules postérieures ; 1.ʳᵉ sous-marginale petite et fermée.	3. FALLÉNIE.

Trompe courte ou peu alongée. Front assez étroit. Yeux velus. Ailes non réticulées. ..... 4. HIRMONÈVRE.

Cette tribu est peu nombreuse, mais elle est remarquable par plusieurs de ses caractères et surtout par le réseau qui occupe le plus souvent les ailes, formé par un grand nombre de petites nervures transversales que l'on ne trouve dans aucun

19

autre Diptère, et semblables à celles des Névroptères, quoiqu'il soit facile d'y retrouver le type propre aux Tanystomes. Elle se rapproche, par son ensemble organique, des Bombyliers et des Anthraciens ; elle forme avec ces tribus une série particulière dont elle est le sommet, et elle est dans ce nouveau groupe ce que les Mydasiens sont à l'égard des Asiliques et des autres tribus qui s'y réunissent.

Pourvus le plus souvent d'une longue trompe, inclinée dans le repos, les Némestrinides, comme tout le groupe qu'elles dominent, ne s'en servent pas comme ces derniers pour vivre de proie, mais pour puiser le suc des fleurs en volant rapidement autour d'elles.

Les Némestrinides exotiques, comme le petit nombre de celles qui habitent l'Europe, appartiennent aux climats méridionaux, particulièrement vers le 30.ᵉ degré de latitude septentrionale et méridionale. De plus de vingt espèces connues, sept habitent le nord de l'Afrique, cinq le cap de Bonne-Espérance. Pallas en découvrit plusieurs aux bords de la mer Caspienne et sur les croupes du Caucase ; enfin, quelques-unes se trouvent disséminées à Java, à la Nouvelle-Hollande, au Brésil et au Chili.

1.ᵉʳ G. MŒGISTORHYNQUE, Mœgistorhynchus, *Nob. Partim Nemestrina, Latr.*

Caractères génériques : Tête moins large que le thorax. Trompe ordinairement beaucoup plus longue que le corps ; lèvre supérieure, languette et soies de la longueur du corps ; palpes assez courts, de trois articles distincts ; le premier élargi en-dessous ; le second arrondi ; le troisième rond, beaucoup plus petit que le deuxième ; les premier et deuxième munis d'une touffe de longues soies dirigées en-dehors ; troisième, à touffe dirigée en avant. Front et face de largeur médiocre, à poils assez longs ; sillon transversal caché par les poils ; le premier assez étroit postérieurement dans les mâles. Antennes peu éloignées l'une de l'autre. Yeux nus. Écusson à rebord très-marqué. Abdomen à touffes de poils aux côtés des deuxième, troisième et quatrième segments. Pelottes des tarses grandes. Ailes étroites, plus ou moins réticulées dans la deuxième cellule sous-marginale et dans les première, deuxième, troisième et cinquième postérieures; la troisième sous-marginale ordinairement simple; base des deuxième et troisième sous-marginales de la même largeur; une nervure avec un appendice, ébauchant une cellule fausse (Spuria), anastomosée à la nervure axillaire.

La *Nemestrina longirostris*, Wied., différant des autres espèces par la plupart de ces caractères, nous l'en séparons pour en former ce genre dont le nom exprime la longueur extraordinaire de la trompe. C'est un des Diptères les plus remarquables de l'ordre entier. Il habite le cap de Bonne-Espérance.

D'après les observations de M. Westermann, consignées dans une lettre à M. Wiedemann, la nature semble lui avoir assigné pour nourriture exclusive le miel d'une certaine espèce de *Gladiolus*. L'insecte apparaît au commencement d'octobre, lors de la floraison de cette plante, et M. Westermann a remarqué que la corolle de la fleur est précisément de la même longueur que la trompe du Diptère. Lorsqu'il fait du vent, il a beaucoup de peine à introduire sa trompe; car il ne peut le faire qu'au vol, et sans pouvoir l'étendre horizontalement, comme le font si aisément les Bombyliers. Il manque souvent l'embouchure, et reconnaît son erreur en touchant le sable; il s'élève ensuite de nouveau, voltige autour de la fleur, et renouvelle ses essais jusqu'à ce qu'il parvienne à atteindre le nectaire. Pendant tout ce temps il est facile de l'approcher et même de le toucher. En général son vol est très-pénible. L'accouplement dure fort long-temps. Dès que la fleur du *Gladiolus* se fane cet insecte disparaît.

M. Wiedemann considère comme une seconde espèce la *Nemestrina brevirostris*, Wied., qui ne se distingue du *Longirostris* que par les dimensions de la trompe et par d'autres différences légères. Elle a été également trouvée au Cap par M. Westermann.

1. MŒGISTORHYNCHUS LONGIROSTRIS. NEMESTRINA ID., *Wied.*, *Macq.*

Niger, glauco-maculata; cervino-hirta. Alis fuscis, limpide fenestratis. Proboscide corpore quadruplo longiore. (Tab. 1, f. 3.)

Long. 7 l. ♂.

M. Wiedemann n'a décrit que le mâle, et les cinq individus que j'ai sous les yeux sont aussi de ce sexe; mais Westermann a pris souvent les deux sexes de cette espèce, ainsi que du *Brevirostris.*

Du Cap.

2. G. NÉMESTRINE, NEMESTRINA, *Latr.* — FALLENIA, *Meig.* — RHYNCHOCEPHALUS, *Fischer.*

Caractères génériques. Tête de la largeur du thorax. Trompe moins longue que le corps; lèvre supérieure, languette et soies de la longueur de la trompe. Palpes un peu alongés, presque nus, de deux articles distincts, ordinairement cylindriques; le premier assez alongé, droit; le deuxième moins alongé, relevé et arqué. Front et face larges, revêtus de poils courts; sillon transversal ordinairement très-distinct. Antennes très-distantes. Yeux nus. Écusson à rebord peu marqué. Pelottes des tarses ordinairement petites. Ailes de largeur médiocre, plus ou moins réticulées dans les deuxième et troisième cellules sous-marginales, les première et deuxième postérieures; quelquefois non réticulées : point de cellule fausse.

Ce genre, qui comprend le plus grand nombre d'espèces de la tribu, présente quelque diversité dans la disposition des nervures des ailes. Le réseau qu'elles forment est plus ou moins serré par le nombre très-variable des nervures transversales ; quelquefois même ces dernières disparaissent entièrement.

L'Égypte et le cap de Bonne-Espérance sont les pays où ils sont le plus communs et le plus nombreux en espèces.

1. NEMESTRINA RUFICORNIS , *Nob.*

Nigra , flavo hirta. Antennis testaceis. Abdomine rufo, medio nigro. Pedibus rufis. Alis basi flavidis, fascia fuscanis , apice limpidis. (Tab. 2 , fig. 5.)

Long. 5 1 ♂.

Trompe noire, longue de trois lignes. Palpes fauves. Barbe à poils jaunes. Face lisse, luisante, testacée; côtés à duvet et poils jaunes, ainsi que le front; celui-ci à bande transversale au milieu, d'un testacé brunâtre, luisante, sans duvet, mais à poils fauves ; sommet à tache triangulaire (comprenant les ocelles), également luisante, testacée; ocelles noirs. Antennes et style d'un testacé fauve. Thorax à poils jaunes; poitrine à poils bruns. Abdomen à poils fauves; chaque segment à large tache noire au milieu, avec les côtés et les incisions fauves; poils des deux premiers segments brunâtres et plus longs que les autres; cinquième, sixième et septième noirs, à duvet brunâtre; ventre fauve; les trois derniers segments noirs. Pieds fauves; cuisses antérieures à base brune en-dessus; intermédiaires presqu'entièrement fauves; postérieures brunes, à extrémité fauve.

D'Égypte. Nous l'avons reçue de M. le marquis Spinola.

2. NEMESTRINA ÆGYPTIACA , *Wied.*

Nigra , griseo hirta. Pedibus ferrugineis. Alis fuscanis, apice limpidis. (Tab. 2 , fig. 4.)

M. Wiedemann a décrit le mâle. Nous avons observé la femelle , qui n'en diffère sensiblement que par l'oviductus alongé et terminé par deux lobes un peu alongés et courbés en haut à l'extrémité.

3. NEMESTRINA FASCIATA , *Bosc, Macq. S. à B.*

Nigra, flavido hirta. Abdominis segmento secundo partim flavido. Alis haud reticulatis. (Tab. 2, fig. 3.)

D'Égypte. Olivier. Muséum.

Cette espèce ressemble au *N. caucasica*, Wied. (*Fallenia id.*, Meig.) Cependant elle en diffère en ce qu'elle n'a pas l'organe sexuel ferrugineux, et les pieds d'un gris brun.

4. NEMESTRINA OSIRIS, *Wied. Supp.*

Nigra, griseo hirta. Fronte, antennis, pedibusque nigris. Abdomine rubro; vitta nigra. (Tab. 2, fig. 2.)

Un individu ♂ que nous rapportons à cette espèce a une bande transversale blanchâtre à la base du front, surmontée d'une bande transversale testacée, rétrécie sur les côtés. Le ventre est testacé, sans bande longitudinale.

L'aile que nous représentons pl. 2, fig. 2, est très-réticulée. Outre les cellules qui le sont ordinairement dans ce genre, les marginale et troisième, quatrième et cinquième postérieures le sont aussi.

D'Égypte. Muséum.

5. NEMESTRINA CINCTA, *Nob.*

Cinerea. Thorace nigro, cinereo pubescente; lineis tribus maculisque duabus albidis. Abdominis secundo tertioque segmentis vittâ fuscâ interruptâ. Alarum basi fuscana. (Tab. 2, fig. 1.)

Long. 6 $\frac{1}{2}$ l. ♀.

Trompe noire, longue de 3 $\frac{1}{2}$ l. Palpes fauves. Barbe blanchâtre. Face et front d'un fauve pâle. Antennes : les deux premiers articles fauves; le troisième brun ; style fauve. Ocelles légèrement entourés de noirâtre. Les deux petites taches blanchâtres du thorax sont aux extrémités intérieures de la suture. Abdomen : la bande du deuxième segment formée de deux taches alongées, lisses, atteignant à-peu-près les côtés ; celle du troisième formée de taches plus petites, chacune aussi éloignée des côtés que de l'autre. Pieds fauves;

pelottes fort petites. Ailes réticulées; troisième cellule postérieure simple; base légèrement brunâtre jusqu'à la moitié de la longueur.

De l'Arabie. Olivier. Muséum.

Il serait possible que ce fût une variété du *N. reticulata.*

6. NEMESTRINA JAVANA , *Nob.*

Nigra cærulea , griseo hirta. Abdominis incisuris cinereis. Alis pallidis.

Long. 6 $^1/_2$ l. ♂.

Trompe noire, longue de 3 $^1/_2$ l. Palpes fauves. Barbe d'un blanc jaunâtre. Face et front fauves, à poils blanchâtres antérieurement, jaunâtres postérieurement; vertex noir, à poils jaunâtres. Antennes : les deux premiers articles fauves; troisième et style noirs. Thorax à poils d'un gris jaunâtre, clair-semés sur le dos, denses sur les côtés; lignes grises peu distinctes. Abdomen à poils clair-semés; ventre à incisions fauves. Cuisses noires; jambes et tarses fauves; pelottes assez grandes. Cuillerons jaunâtres. Ailes à base un peu roussâtre, réticulées; troisième cellule postérieure simple.

De Java.

3. G. FALLÉNIE, FALLENIA, *Meig.*, *Macq. S. à B.*

Caractères génériques des Némestrines; articles des antennes sphériques. Ailes non réticulées; quatre cellules postérieures ; première et quatrième fermées; troisième sous-marginale également fermée et petite, pl. 2, fig. 6.

Ce genre, qu'on devrait peut-être réunir au précédent, présente cependant dans les nervures des ailes des modifications assez importantes. Non-seulement elles ne forment pas de réseau, ce qui se trouve aussi quelquefois dans les Némestrines, mais le nombre des cellules postérieures, ordinairement de cinq, est réduit à quatre par l'absence de la nervure transversale qui sépare la troisième de ces cellules de la cinquième. De plus, la forme de la troisième sous-marginale et de la pre-

mière postérieure est insolite et propre au *F. fasciata*, type
de ce genre.

Ce Diptère appartient à l'Asie occidentale comme à l'Europe
méridionale. Pallas l'a trouvé dans les montagnes de la Crimée,
sur les bords des ruisseaux, butinant le suc de la fleur des
Sauges. Nous en possédons un individu du midi de la France,
trouvé par M. de Fonscolombe.

4. G. HIRMONÈVRE, Hirmoneura, *Meig.*, *Macq.*

Caractères génériques : Corps large. Tête de la largeur du
thorax. Trompe tantôt inclinée, courte, épaisse et à grosses
lèvres terminales; tantôt alongée, menue et à petites lèvres.
Palpes tantôt cachés, tantôt à troisième article relevé. Antennes
à troisième article conique, plus ou moins alongé. Face plus
ou moins convexe. Front assez étroit ♂ ♀. Yeux velus; trois
ocelles; antérieur distant des autres. Abdomen assez court,
formé de quatre segments distincts ♀; oviducte alongé, de cinq
articles. Pieds postérieurs alongés. Ailes écartées, non réticulées; deux cellules sous-marginales, aboutissant, ainsi que
les trois premières postérieures, au bord extérieur; quatrième
fermée; troisième et cinquième formant une bordure intérieure.

La forme brève et épaisse que prend ordinairement la
trompe des Hirmonèvres a fait méconnaître leur affinité avec
les Némestrinides; mais de récentes observations ne nous permettent plus d'en douter. D'abord, dans une espèce nouvelle,
la trompe est longue et menue comme dans les genres précédents, et c'est encore une preuve de l'instabilité de cet organe
dans sa forme. En second lieu, le style des antennes est composé entièrement comme dans les autres genres de cette tribu,
c'est-à-dire de quatre articles diminuant graduellement de
grosseur; organisation propre aux Némestrinides. Enfin, les
ailes, quoique non réticulées, s'en rapprochent aussi, et elles
n'en diffèrent réellement que par deux cellules sous-marginales

au lieu de trois, réduites ainsi par l'absence de la nervure transversale qui, dans cette tribu, divise la première en deux.

Nous ne connaissons que quatre espèces d'Hirmonèvres, bien disséminées sur le globe : l'espèce européenne, découverte en Dalmatie, une du Brésil, une du Chili, et la dernière de la Nouvelle-Hollande.

1. Hirmoneura novæ hollandiæ, *Nob.*

Thorace castaneo. Abdomine fusco. Pedibus rufis. Alis fuscanis. (Tab. 2, fig. 7.)

Long. 8 l. ♀.

Trompe noire, abaissée perpendiculairement, égalant en longueur la hauteur de la tête, assez épaisse, à lèvres terminales épaisses; labre, soies maxillaires et palpes testacés. Face et front châtains, à duvet d'un gris jaunâtre pâle; face un peu convexe. Yeux à duvet jaunâtre dans la partie supérieure, blanchâtre dans l'inférieure. Antennes : les deux premiers articles testacés; le troisième noir, ainsi que le style. Thorax à petits poils noirs; côtés à duvet blanchâtre et poils jaunes. Abdomen d'un brun-noirâtre, à petits poils noirs; premier segment et base du deuxième à poils jaunes; ventre à poils jaunes; partie antérieure des segments testacée; oviductus châtain, à dernier article noir. Cuillerons jaunes, à poils jaunes. Ailes d'un brun grisâtre, à base et bord extérieur plus foncés.

De la Nouvelle-Hollande. Muséum.

2. Hirmoneura chilensis, *Nob.*

Thorace nigro; scutello, abdomine, pedibusque testaceis. Alis fuscanis. (Tab. 2, fig. 8.)

Long. 4 ¹/₂ l. ♂.

Trompe noire, menue, trois fois aussi longue que la hauteur de la tête, abaissée sous le corps; lèvres terminales peu distinctes; labre et soies maxillaires testacés, n'atteignant que les trois quarts de la longueur de la trompe. Palpes courts, ferrugineux. Face convexe, testacée, à duvet grisâtre. Front très-étroit, presque linéaire au milieu, un peu élargi en-dessus et en-dessous, noir, à duvet roussâtre. Antennes testacées; troisième article assez alongé, conique. Yeux très-velus de poils roussâtres. Côtés du thorax à poils roux. Premier segment de l'abdomen et petite tache dorsale au second, noirâtres; une ligne noirâtre à la base des troisième et quatrième.

Du Chili. M. Gay. Muséum.

3. HIRMONEURA NIGRIPES, *Nob.*

Nigra. Thoracis lateribus, abdominisque incisuris flavi-pilosis. Pedibus nigris. Alis fuscanis, limbo interno subhyalino.

Long. 7 l. ♀.

L'individu type de cette espèce a eu des parties collées qui font soupçonner qu'elles n'appartiennent pas toutes à la même espèce. La tête, qui paraît avoir été collée, et dont le front est couvert de colle, appartient peut-être à une Némestrine ou à une Pangonie. La trompe est menue, abaissée perpendiculairement, un peu plus longue que la hauteur de la tête, à lèvres terminales peu distinctes. Les yeux sont nus. Les nervures des ailes ne diffèrent pas de celles de l'*H. Novæ-Hollandiæ.*

Patrie inconnue. Muséum.

7.ᵉ TRIBU.

XYLOTOMES, XYLOTOMÆ.

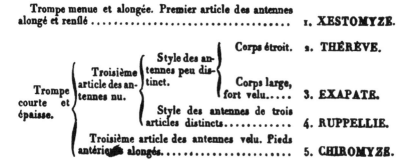

Trompe menue et alongée. Premier article des antennes alongé et renflé			1. XESTOMYZE.
		Corps étroit.	2. THÉRÈVE.
Trompe courte et épaisse.	Troisième article des antennes nu.	Style des antennes peu distinct. Corps large, fort velu.....	3. EXAPATE.
		Style des antennes de trois articles distincts............	4. RUPPELLIE.
	Troisième article des antennes velu. Pieds antérieurs alongés.......................		5. CHIROMYZE.

Cette tribu est voisine, mais distincte de la suivante, particulièrement par le style des antennes court et souvent peu distinct, par les palpes ordinairement d'un seul article cylindrique, à extrémité renflée et arrondie, et par les deux pelottes des tarses. Elle présente peu de modifications. Concentrée dans le seul genre Thérève, en Europe, elle offre un peu plus de diversité parmi les espèces exotiques qui, d'ailleurs, ne sont nombreuses que dans ce même genre.

Nous comprenons dans cette tribu les Xestomyzes, que leur trompe alongée a fait placer parmi les Bombyliers, mais qui, par les autres caractères, ont plus de rapports avec les Xylotomes. Les Ruppellies et les Chiromyzes se distinguent surtout par la conformation de leurs antennes.

La répartition géographique des Xylotomes présente les trente espèces exotiques de Thérèves, répandues sur les différentes parties du globe; les trois Chiromyzes sont propres à l'Amérique; les deux Xestomyzes et l'unique Ruppellie appartiennent à l'Afrique.

1. G. XESTOMYZE, Xestomyza, *Wied.*, *Macq. S. à B.*

Ce genre, qui a été compris jusqu'ici dans la tribu des Bombyliers parce que la trompe est alongée, nous paraît mieux placé parmi les Xylotomes, à cause du peu d'importance de ce caractère, par la raison que les ailes ont cinq cellules postérieures, et que le corps n'est pas velu, comme dans les premiers.

Les deux espèces connues sont d'Afrique.

1. Xestomyza lugubris, *Wied.*, *Macq.*

Nigra nitens. Halteribus coccinelleis. Alis infumatis, costa maculisque flavidis. (Tab. 4, fig. 2.)

La description de M. Wiedemann ne fait pas mention du sexe. Un individu ♀ du Muséum, rapporté du Cap, par Delalande, diffère de cette description par le thorax sans lignes jaunâtres.

2. G. THÉRÈVE, Thereva, *Latr.*

Nous connaissons environ trente espèces de Thérèves exotiques (un peu plus qu'en Europe). Elles présentent peu de modifications organiques. Cependant le corps est plus ou moins étroit ; la face est tantôt nue, tantôt couverte de poils ; elle est alongée dans la *T. inconstans*, Wied. Les ailes varient assez dans la disposition de leurs nervures : la deuxième cellule sous-marginale est quelquefois appendiculée ; la petite nervure qui sépare la cellule basilaire externe de la première postérieure est située plus ou moins avant dans la longueur de la discoïdale ; celle-ci, dans la *T. thoracica*, Nob., n'a pas sa base en pointe comme les autres, mais appuyée sur une nervure transversale ; la quatrième postérieure, ordinairement ouverte, est quelquefois fermée ; enfin, cette dernière, dans la *T. notabilis*, Nob., est divisée en deux par une nervure transversale fort anomale, et qui est peut-être accidentelle, cette espèce n'étant encore représentée que par un seul individu.

Les Thérèves exotiques se répartissent à-peu-près en nombre égal en Afrique, en Asie, et dans les deux Amériques. L'Australie n'en compte encore qu'une seule, mais c'est l'espèce la plus remarquable par sa grandeur, la *T. bilineata*, Fab. MM. Webb et Berthelot ont trouvé dans les îles Canaries deux espèces européennes, les *T. plebeia* et *annulata*.

1. Thereva thoracica, *Nob.*

Thorace rufo. Abdomine pedibusque nigris. Alis subhyalinis : nevris fuscano marginatis. (Tab. 5, fig. 1.)

Long. 3 l. ♀.

Face à duvet blanc. Front noir. Antennes fauves ; troisième article brunâtre. Thorax et écusson d'un fauve vif. Les deux premiers segments de l'abdomen à bord postérieur blanchâtre. Jambes sans soies ; ongles et pelottes des tarses fort petits. Ailes : quatrième cellule pos-

térieure fermée ; base de la discoïdale non formée en pointe, mais
carrée et étroite ; petite nervure transversale située près de la base
de la discoïdale.

De l'Égypte. Muséum.

2. THEREVA OLIVIERII, *Nob.*

*Nigra, albido pubescens. Abdominis segmento secundo albo
marginato. Alis hyalinis, apice fuscano.*

Long. 4 ¹/₂ l. ♀.

Corps étroit. Trompe un .peu saillante. Palpes jaunes. Face et front
à duvet blanc, sans poils ; ce dernier à tache rhomboïdale d'un noir
luisant ; une autre tache noire au vertex. Les antennes manquent.
La bande blanche du deuxième segment de l'abdomen est au bord
postérieur. Jambes dénuées de soies ; cuisses et jambes antérieures
et postérieures d'un fauve obscur. Pieds postérieurs noirs ; ongles et
pelottes des tarses très-petits. Balanciers bruns, à tête blanchâtre.
Ailes : le tiers postérieur brunâtre ; un peu d'hyalin au milieu des
cellules ; quatrième postérieure fermée.

De Bagdad. Olivier. Muséum.

3. THEREVA APPENDICULATA, *Nob.*

*Albido pubescens. Abdominis incisuris flavidis. Pedibus flavis.
Alis albis.* (Tab. 5, fig. 3.)

Long. 4 ¹/₄ l. ♀.

Face et front à duvet et poils blancs ; ce dernier sans tache noire.
Antennes noirâtres ; premier article à poils blancs. Thorax à lignes
peu distinctes. Cuisses brunâtres, à duvet blanc ; jambes sans soies,
mais à poils fins et nombreux du côté postérieur. Balanciers jaunâtres. Ailes blanches, à base, bord extérieur et nervures marginales jaunâtres ; deuxième cellule sous-marginale appendiculée à sa
base ; quatrième postérieure ouverte.

Du Brésil. Muséum.

4. **Thereva senilis**, *Wied.* — *Bibio id.*, *Fab.*

Thorace plumbeo. Abdomine albo-sericeo. Pedibus nigris. Alis flavido-limpidis.

Nous rapportons à cette espèce un individu du Muséum qui diffère de la description de Wiedemann et de Fabricius par la couleur fauve des jambes. Il a la face et le front nus, et la quatrième cellule postérieure des ailes largement ouverte.

Du Brésil. Delalande. Muséum.

5. **Thereva notabilis**, *Nob.*

Fuscana. Abdomine maculis dorsalibus nigris. Alis cellulis posticis sex. (Tab. 5, fig. 4.)

Long. 4 $\frac{3}{4}$ l. ♀.

Trompe saillante. Face cendrée. Front peu rétréci postérieurement d'un gris jaunâtre en avant, brunâtre en arrière. Antennes fauves; les deux premiers articles à soies noires; le troisième à petit style noir, incliné. Thorax à bandes peu distinctes; écusson jaunâtre. Abdomen d'un fauve brunâtre, bordé de poils noirs surtout vers l'extrémité; premier segment grisâtre, sans tache; celle du deuxième au milieu du segment; celle des troisième et quatrième au bord antérieur. Pieds fauves; jambes armées de soies. Balanciers fauves. Ailes un peu jaunâtres au bord extérieur, grisâtres à l'intérieur; quatrième cellule postérieure divisée en deux par une nervure transversale.

Du Chili. M. Gay. Muséum.

6. **Thereva lugubris**, *Nob.*

Nigra subnitida. Alis fuscis. (Tab. 5, fig. 2.)

Long. 4 $\frac{3}{4}$ l. ♀.

Trompe saillante. Face et front nus (peut-être dénudés); ce dernier sans tache luisante; un peu de duvet blanc sur les côtés. Antennes noires; les deux premiers articles à poils très-courts; troisième manque. Thorax sans bandes (peut-être dénudé). Pieds noirs, nus.

Ailes d'un brun noirâtre ; cellule discoïdale assez étroite et alongée ; quatrième postérieure ouverte ; anale fermée avant le bord de l'aile.

Du Chili. M. Gay. Muséum.

Cette espèce diffère des autres par la saillie de la trompe, par la nudité apparente de la face, du front, des antennes, par l'absence de taches luisantes au front, et par les pieds dénués de soies.

7. THEREVA CHILENSIS, *Nob.*

Atra, albido tomentosa. Abdomine incisuris albidis. Tibiis testaceis.

Long. 2 ¹/₂ l. ♀.

Face et partie antérieure du front blanches', presque nues ; la première courte. Antennes noires, insérées en-dessous de la moitié de la hauteur de la tête : les deux premiers articles presque également courts, à poils courts ; troisième peu alongé. Thorax à bandes peu distinctes. Abdomen : les quatre derniers segments courts, à bord postérieur rougeâtre et duvet blanc. Jambes antérieures brunes. Ailes à fond blanchâtre et nervures noires, légèrement bordées de brun ; tache stigmatique brune, petite.

Du Chili. Muséum.

8. THEREVA RUFICORNIS, *Nob.*

Nigra. Antennis rufis. Abdominis apice rufo. Alis hyalinis, macula fuscana.

Long. 3. l. ♂.

Face et partie antérieure du front noires. Antennes : les deux premiers articles fauves ; le troisième manque. Abdomen : septième segment et organes sexuels fauves. Pieds antérieurs d'un fauve brunâtre ; tarses bruns ; les autres manquent. Balanciers noirs. Ailes hyalines ; base et bord extérieur jaunâtres ; nervures brunes ; une petite tache brunâtre à la base des deuxième cellule sous-marginale et postérieure.

Cette espèce qui se trouve à côté de la précédente dans la collection du Muséum, lui ressemble beaucoup, et n'en est peut-être qu'une variété; cependant les différences qui l'en distinguent paraissent spécifiques.

De la Caroline. Muséum.

9. THEREVA HOEMORRHOIDALIS, *Bosc.*

Nigra. Abdominis apice rufo. Alis hyalinis.

Long. 3. l. ♂.

Face et partie antérieure du front à duvet blanc. Antennes noires; premier article un peu alongé, garni de soies. Le troisième manque. Thorax à duvet un peu ardoisé; une bande dorsale et deux taches latérales noires; côtés à duvet et poils blancs. Abdomen à léger duvet blanc sur les côtés et en-dessous; septième segment et organes sexuels fauves, velus en-dessous. Pieds fauves; cuisses noires, à duvet blanc; jambes garnies de petites soies; extrémité des antérieures noire, ainsi que les tarses. Balanciers noirâtres. Ailes hyalines, un peu jaunâtres, ainsi que les nervures; quatrième cellule postérieure fermée.

De la Caroline, rapportée et étiquetée par Bosc. Muséum.

3. G. EXAPATE, EXAPATA, *Nob.*

Corps large, velu. Tête hémisphérique, de la largeur du corps. Face et front velus. Des ocelles. Antennes de la longueur de la tête; premier article cylindrique velu, un peu alongé; deuxième cyathiforme, velu; troisième conique, un peu plus long que le premier, terminé par un style fort court, de deux articles. Abdomen ovale, déprimé, assez court. Pieds assez menus. Ailes à quatrième cellule postérieure et anale fermées.

Nous formons ce genre pour un Diptère qu'à sa forme et à sa fourrure épaisse, nous avons pris d'abord pour un Anthrax, et auquel nous avons reconnu ensuite les principaux caractères des Thérèves. Ces caractères fixent sa place dans la tribu des Xylo tomes, mais il n'était pas possible de le considérer comme une Thérève. C'eût été méconnaître l'importance des différences qui changent totalement le faciès, et le confondre avec des Diptères dont la nature l'a nettement distingué. La formation d'un nouveau genre pouvait seule le placer convenablement. Le nom que nous lui donnons fait allusion à son apparence trompeuse.

Ce Diptère a été trouvé en Sicile, et nous a été communiqué par M. Pilate, jeune entomologiste distingué.

1. EXAPATA ANTHRACOIDES, *Nob.*

Corpus fulvo hirtum. (Tab. 5, fig. 7.)

Long. 4 l. ♂.

Face couverte de poils d'un beau fauve. Front de même; les poils fauves sont bordés postérieurement et extérieurement de poils noirs. Vertex à duvet fauve et soies noires. Derrière de la tête, thorax et abdomen hérissés de poils fauves, sur un fond noir velouté; les deux derniers segments bordés de poils noirs; ventre presque nu, noir, à reflets grisâtres et incisions blanchâtres, interrompues au milieu; un peu de poils blanchâtres fins et alongés. Cuisses noires; antérieures et intermédiaires à longs poils jaunâtres, clair-semés; jambes et tarses d'un jaune pâle, à petites soies noires; un peu de noir à l'extrémité des jambes et des articles des tarses; les deux derniers articles de ceux-ci noirs. Balanciers noirâtres. Ailes un peu grisâtres; nervures transversales légèrement bordées de brunâtre; tache stigmatique brune, étroite; quatrième cellule postérieure fermée, avec pétiole, ainsi que l'anale.

Ce singulier Diptère réunit à tous les caractères des Thérèves (et particulièrement les cinq cellules postérieures des ailes) la forme du corps des Anthrax.

De Sicile et vraisemblablement du Nord de l'Afrique. Elle m'a été communiquée par M. Pilate.

4. G. RUPPELLIE, RUPPELLIA, *Wied., Macq.*

M. Wiedemann a formé ce genre caractérisé particulièrement par le style de trois articles des antennes, pour une seule espèce, *R. semiflava*, découverte en Egypte. (Tab. 5, fig. 5.)

4. G. CHIROMYZE, Chiromyza, *Wied.*, *Macq.*

Ce genre, dont les principaux caractères sont les antennes velues et les pieds antérieurs alongés, ne se compose encore que de trois espèces propres au Brésil et décrites par M. Wiedemann. Nous en représentons l'antenne. (Pl. 5, fig. 6.)

8.ᵉ TRIBU.

Leptides, Leptides.

Trompe longue, menue, couchée sous le corps.....		1. LAMPROMYIE.	
Trompe courte et é- paisse.	Palpes couchés sur la trompe.	Yeux nus.....	2. LEPTIS.
		Yeux velus.,...	3. DASYOMME.
	Palpes relevés. Cellule anale des ailes fermée...................		4. CHRYSOPYLE.

Cette petite tribu présente moins d'espèces exotiques connues que d'européennes; plusieurs genres même, les Athérix, les Spanies, les Clinocères sont jusqu'ici entièrement indigènes et les autres sont mixtes, à l'exception du genre Dasyomme que nous avons formé pour une Leptide du Chili.

Nous comprenons dans cette tribu le genre Lampromyie, qui ne s'y rattache que faiblement, mais qui diffère plus encore des tribus voisines.

1. G. LAMPROMYIE, Lampromyia, *Macq.*

Depuis que nous avons formé ce genre dans les suites à Buffon, nous avons trouvé parmi les Diptères rapportés des îles Cana- ries par MM. Webb et Berthelot une espèce nouvelle que nous avons décrite dans l'ouvrage publié par ces célèbres voyageurs.

Dans les considérations que nous avons émises sur la place que tient ce genre dans l'ordre naturel, nous avons montré

comment il se refusait à entrer dans aucune des tribus connues
des Tanystomes. Nous aurions dû ajouter, et nous le faisons ici,
que malgré la longueur de la trompe, il se rapproche davantage,
par l'ensemble de ses caractères et particulièrement par la conformation des antennes et le nombre des nervures alaires, de la
tribu des Leptides, et qu'il a surtout des rapports avec notre
genre Vermileo dont il présente le faciès. La considération
de la longueur de la trompe, ainsi que nous avons eu plusieurs fois l'occasion de le dire, ne doit pas être tenue pour
importante, à cause des nombreux exemples de trompes
longues dans les tribus où elle est habituellement courte, et
vice versâ.

1. LAMPROMYIA CANARIENSIS, *Macq.*, Hist. des Canaries de Webb
et Berthelot.

*Grisea. Thorace fasciis nigris. Abdomine nigro incisuris albis.
Pedibus rufis. Alis fuscanis.* (Tab. 3 *bis*, fig. 1.)

Long. 5. 1. ♂.

Semblable à la *L. pallida.* Un point noir de chaque côté du front,
près des antennes. Celles-ci noires; premier article brun. Thorax à
trois bandes noires, contiguës; bandes latérales testacées; côtés
jaunâtres, à taches noires, luisantes. Abdomen d'un noir luisant;
incisions fauves, à reflets blancs. Pieds fauves; cuisses postérieures
brunes en-dessus. Ailes jaunâtres; nervures bordées de brun; cellule
anale fermée, sans pétiole.

2. G. LEPTIS, LEPTIS, *Fab.*

Les espèces exotiques de ce genre, à l'exception d'une seule
sur quinze à vingt, appartiennent à l'Amérique et pour la plupart à la Pensylvanie. Elles ressemblent plus ou moins à celles
de l'Europe. La seule modification organique que nous ayons
observée, est la moustache du *L. mystacea*, Nob.

1. **Leptis mystacea**, *Nob.*

Thorace fusco. Abdomine fusco, fasciis ferrugineis. Alis hyalinis, fasciis duabus apiceque fuscis. (Tab. 3 *bis*, fig. 2.)

Long. 4. l. ♂.

Palpes brunâtres, à extrémité ferrugineuse, menue, et poils blancs. Face blanche, couverte de poils blancs. Front antérieurement blanc; vertex noir. Antennes noirâtres; deuxième article à extrémité jaunâtre; troisième fort court. Thorax un peu velu. Abdomen : les bandes ferrugineuses au bord postérieur; celles des deuxième, troisième et quatrième segments larges, rétrécies sur les côtés ; celles des cinquième et sixième triangulaires ; celle du septième très-étroite; ventre ferrugineux; les trois derniers segments noirs, à incisions ferrugineuses. Cuisses noirâtres, testacées en-dessus; jambes antérieures et intermédiaires d'un jaune blanchâtre, à extrémité noirâtre; postérieures d'un testacé obscur. Balanciers obscurs. Ailes à base et bord extérieur un peu jaunâtres; les bandes interrompues en zig-zag et sur les nervures transversales.

De l'Amérique septentrionale. M. Bastard. Muséum.

2. **Leptis boscii**, *Nob.*

Ferruginea. Thorace nigro fasciato. Abdomine maculis dorsalibus nigris. Alis nervis fusco marginatis.

Long. 3 ¹/₂. l. ♂.

Palpes ferrugineux. Face et front noirs. Antennes ferrugineuses; style noir. Les bandes noires du thorax presque contiguës; écusson a base brune. Pieds fauves ; jambes antérieures d'un jaune blanchâtre; tarses antérieurs noirâtres; intermédiaires et postérieurs bruns, à premier article d'un fauve brunâtre. Balanciers fauves. Ailes un peu jaunâtres; bord postérieur légèrement bordé de brun; nervures longitudinales bordées de brun vers l'extrémité ; les transversales également bordées; stigmate brun.

De la Caroline. Bosc. Muséum.

Cette espèce ressemble au *L. strigosa*, Meigen.

3. G. DASYOMME, Dasyomma, *Nob.*

Caractères génériques des Leptis. Corps luisant. Trompe un peu plus longue que la hauteur de la tête. Palpes assez épais. Face arrondie, non saillante. Front assez large ♂ ♀. Yeux velus. Antennes insérées un peu plus bas que la moitié de la hauteur de la tête; les deux premiers articles un peu plus alongés, à soies plus alongées; style plus droit. Abdomen moins alongé, moins conique. Pieds peu alongés; ergots des jambes petits. Ailes : petite nervure transversale située à-peu-près au tiers de la longueur de la cellule discoïdale ; base de la quatrième postérieure aussi large que celle de la cinquième.

Un Diptère découvert au Chili par M. Gay présente les caractères propres aux Leptis, avec ces nombreuses différences qui ne permettent pas de le comprendre parmi eux. Nous le considérons donc comme type d'un nouveau genre, dont le nom exprime l'un des caractères principaux, les yeux velus.

D'après le nombre assez considérable d'individus des deux sexes rapportés du Chili par M. Gay, il paraît que l'espèce y est assez commune.

1. Dasyomma cærulea, *Nob.*

Thorace cærulescente. Abdomine cæruleo. Alis fuscis; stigmate nigro. (Tab. 4, fig. 1.)

Long. 2 ²/₃ l. ♂ ♀.

Soies de la trompe jaunâtres. Poils des yeux noirâtres. Antennes noires. Thorax et abdomen presque nus. Pieds noirs. Balanciers noirs. Stigmate des ailes grand, s'étendant sur les cellules médiastine et marginale.

Du Chili. M. Gay. Muséum.

4. G. CHRYSOPYLE, Chrysopyla, *Macq.*

M. Wiedemann, en décrivant le *Leptis thoracica*, Fab., de

l'Amérique septentrionale, a négligé de mentionner la section de ce genre à laquelle il appartient, d'après la classification de Meigen que suit cet auteur. L'inspection que nous en avons faite nous a appris qu'il fait partie de la seconde section dont nous avons formé le genre Chrysopyle, et distinguée de la première par les palpes relevés, l'insertion des antennes au milieu de la hauteur de la tête, la cellule anale des ailes fermée, et quelques autres caractères. Le duvet doré qui revêt le thorax sur un fond noir velouté est encore une marque distinctive de ce genre ; et comme ce duvet se trouve aussi dans les *Leptis ornata, fusca* et *basilaris*, que nous ne connaissons que d'après les descriptions de Say et de Wiedemann, nous croyons qu'ils appartiennent aussi au genre Chrysopyle.

1. Chrysopyla thoracica. Leptis id., *Fab.*, *Wied.*

Atra. Thorace fulvo-piloso. Abdomine utrinque maculis argenteis. (Tab. 3 *bis*, fig. 3.)

Ce joli Diptère diffère des espèces d'Europe par l'insertion des antennes vers le milieu de la hauteur de la tête. La femelle seule est bien connue. Un individu mâle que M. Wiedemann y rapporte sans certitude, et qui y ressemble, a, sur l'abdomen, des bandes jaunes, étroites, un peu interrompues au milieu, et les ailes sont assez hyalines, seulement brunâtres au tiers du bord.

De l'Amérique septentrionale. M. Bastard. Muséum.

9.ᵉ TRIBU.

BOMBILIERS, Bombiliarii. (Tableau des genres.)

rieures , rarement à trois.

Les deux genres Bombyle et Anthrax étaient primitivement très-naturels, très-distincts l'un de l'autre, et fondés, au moins en apparence, sur des caractères importants ; mais lorsque des groupes nouveaux vinrent se ranger autour d'eux et que Latreille institua les deux tribus dont ils sont les types, on ne tarda pas à reconnaître que la plupart de ces modifications tendaient à les rapprocher et à les confondre. Chaque caractère différentiel d'une tribu se retrouva dans quelques genres de l'autre, et surtout depuis que les explorations exotiques ont fait connaître un grand nombre de combinaisons organiques nouvelles, les limites s'effacèrent complètement. En effet, la trompe épaisse et courte des Anthrax s'atténue et s'alonge assez souvent, comme chez les Bombyles, et *vice versâ*. Le front des mâles, large chez les premiers, se rétrécit fréquemment comme celui des derniers ; l'insertion soit distante, soit rapprochée des antennes, ne présente pas plus de constance ; et il en est de même de la forme des yeux, ovale ou réniforme. Quant à la conformation du corps, autant elle établit de différences entre les Bombyles et les Anthrax, autant les nombreuses modifications qu'elle présente dans les genres intermédiaires tendent-elles à confondre les deux tribus. Tout nous démontre donc l'impossibilité de les conserver, parce que les caractères sur lesquels elles sont fondées manquent tous de stabilité. Mais il en est tout autrement de ceux qu'elles ont en commun : la fourrure épaisse mais bien peu adhérente du corps, les écailles souvent argentées que recouvre cette fourrure, la ténuité des pieds, la petitesse des pelottes tarsales et le dégré de composition des nervures alaires, sont autant de liens qui les unissent entr'elles et qui les distinguent des autres Tanystomes. Le caractère tiré des ailes surtout est d'une constance parfaite et leur appartient exclusivement ; nous voulons parler des cellules postérieures, au nombre de quatre au lieu de cinq. Si nous considérons la dégradation progressive qui se manifeste sous ce rapport chez les Diptères, et qui est admirablement en harmonie avec celle que subissent simultanément les autres organes, nous ne pourrons méconnaître l'importance d'un caractère en apparence si insignifiant, et en même temps la place que ce groupe occupe naturellement dans la série, c'est-à-dire entre ceux qui ont cinq cellules postérieures aux ailes et ceux qui n'en ont que trois. Il est vrai que le nombre des sous-marginales s'accroît assez souvent, qu'il est alors de trois et même quelquefois de quatre au lieu de deux, et que les ailes semblent gagner d'un côté ce qu'elles perdent de l'autre; mais ces cellules supplémentaires ne sont formées que de nervures transversales dont l'importance physiologique paraît moins importante que celle des longitudinales, sans doute parce qu'elles communiquent moins directement avec la base d'où elles tirent leurs moyens d'action.

D'après ces considérations, nous ne formons de ces Diptères qu'une seule tribu, qui semble peu naturelle à cause des deux types principaux qu'elle présente, mais qui nous paraît indivisible depuis la découverte de toutes les modifications qui les lient entr'eux.

Ce sont surtout les Bombyliers exotiques dont les organes se modifient avec plus de diversité. Ils se répartissent dans les trente-un genres dont nous composons la tribu, tandis que ceux de l'Europe, beaucoup moins nombreux, se concentrent dans dix groupes génériques. Sur près de trois cents espèces exotiques connues, en y comprenant celles, de la Barbarie, de l'Égypte et de l'Asie occidentale, qui se retrouvent en Europe, plus de la moitié appartient à l'Afrique, un tiers à l'Amérique, et le reste à l'Asie. L'Océanie n'en compte presque pas encore.

1. G. COLAX, Colax.

Ce genre présente un singulier assemblage de caractères: le faciès des Anthrax, point de cavité buccale ni de trompe, comme la plupart des Œstrides, et les ailes à nervures disposées comme dans les Némestrines, mais sans réseau. Il en résulte que la tribu de Diptères dont la trompe est le plus développée et celle où elle n'existe même pas, se lient entr'elles par ce genre intermédiaire. (Tab. 3, fig. 2.)

Deux espèces exotiques, décrites par Wiedemann, le composent : l'une du Brésil, l'autre de Java.

2. G. EXOPROSOPE, Exoprosopa, *Nob.*

Caractères génériques des Anthrax. Face proéminente, plus ou moins conique. Antennes : troisième article ordinairement alongé, subulé ; style distinct, ordinairement une fois moins long que cet article. Ailes : trois cellules sous-marginales, quelquefois quatre.

Nous considérons comme génériques ces caractères qui distinguent un assez grand nombre d'espèces comprises jusqu'ici dans le genre Anthrax, et leur réunion constante ajoute à leur importance. Le nom que nous donnons à ce genre exprime la proéminence de la face.

Ce groupe, supérieur aux autres Bombyliers par le développement des antennes et par une nervure de plus dans les ailes, l'est également par la grandeur qu'atteignent généralement les espèces qui le composent.

Ce genre présente quelques modifications organiques assez remarquables. La trompe est alongée dans l'*E. singularis;* les palpes sont contournés en spirales dans l'*E. erythrocephala;* les cuisses et les jambes sont garnies, dans l'*A. pennipes*, d'une sorte d'écailles membraneuses, étroites à la base, assez larges à l'extrémité, qui est un peu sinuée, vue au microscope. Les ailes ont la cellule marginale divisée en deux par une nervure transversale dans l'*O. oculata;* la troisième sous-marginale est également divisée en deux dans plusieurs espèces, telles que l'*O. erythroceph ela, Srvillei, cerberus.* La première postérieure l'est aussi dans le *singularis*, la deuxième dans le *vari-nevris*, la troisième dans le *pentala*. La première postérieure est fermée dans le *lugubris*, le *bagdadensis*, l'*Olivierii*; presque fermée dans l'*oculata*; la discoïdale a le bord intérieur très-sinueux dans l'*argyrocephala*, le *pentala*, et, de plus, appendiculé dans le *varinevris*.

Malgré la constance avec laquelle ces nervures se présentent généralement dans les individus de la même espèce, nous avons observé et représenté quelques légères anomalies accidentelles.

Les couleurs des ailes sont très-diversifiées et contribuent à la distinction des espèces.

Les Exoprosopes, qui ne comprennent qu'un petit nombre d'espèces européennes, en comptent plus de soixante exotiques, dont environ la moitié appartient à l'Afrique, le tiers à l'Asie, et le reste à l'Amérique septentrionale, à l'exception de deux Brésiliennes.

A. Ailes à quatre cellules sous-marginales.

1. EXOPROSOPA AUDOUINII, *Nob.*

Nigra. Thorace flavo hirto. Abdomine duabus fasciis albis. Alis basi margineque externo-fuscis. (Tab. 16, fig. 1.)

Long. 7 ¹/₂ l. ♂.

Face et front bruns, à duvet fauve. Antennes noires. Écusson testacé. Abdomen : la première bande de duvet blanc au bord antérieur du troisième segment; la deuxième plus étroite au bord antérieur du sixième; les autres segments à petits poils noirs; les côtés des trois premiers bordés de poils jaunes; les autres de poils noirs : ventre noir, à incisions et reflets blancs. Pieds noirs. Balanciers bruns. Ailes : le bord brun fondu avec le reste; quatre cellules sous-marginales.

Des Indes orientales. Muséum.

2. Exoprosopa sphinx. Anthrax id. , *Fab.,* *Wied.*

Omnino flavo hirta. Alis fuscis. Pedibus testaceo–flavidis.

Ces auteurs ne font pas mention de sexe. Le seul individu que nous avons observé est une femelle. La face est testacée, à duvet jaune. Le front est noir, à duvet jaune et poils noirs. Les jambes ne sont pas noires du côté intérieur. Les ailes ont quatre cellules sous-marginales disposées comme dans la pl. 16, fig. 7.

De Pondichéry. Muséum.

3. Exoprosopa obliqua, *Nob.*

Nigra, flavo hirta. Scutello lateribusque abdominis testaceis. Alis dimidiato–fuscis, sinu magno. (Tab. 16, fig. 8.)

Long. 4 $^1/_2$ l. ♀.

Thorax et abdomen en partie dénudés; ce dernier à bandes blanches sur chaque segment, et des taches latérales, testacées, sur les quatre premiers; côtés bordés de poils jaunes sur les premiers, et de noirs sur les derniers; ventre fauve, à poils jaunes. Pieds noirs. Balanciers jaunâtres. Ailes : quatre cellules sous-marginales.

De l'île de Timor. Muséum.

4. Exoprosopa tantalus. Anthrax id. , *Fab., Wied., Macq.*

Nigra, rufo hirta. Abdomine atro; fascid maculisque quatuor niveis. Alis fuscis.

Ces auteurs n'ont pas distingué les sexes. Nous avons observé les différences sexuelles qui sont légères et qui consistent dans un organe copulateur peu développé dans le mâle et un oviductus peu saillant dans la femelle. Le front est un peu plus large dans cette dernière.

De Java et de Tranquebar. Muséum.

5. Exoprosopa erythrocephala. Anthrax id., *Fab., Wied., Macq.*

Nigra. Abdomine cyaneo. Capite fulvo. Alis nigris; guttd, fascid apiceque limpidis. (Tab. 16, fig. 4, et Tab. 19, fig. 2.)

Cette espèce varie beaucoup sous le rapport des taches hyalines des ailes. Dans les mâles, qui sont plus petits que les femelles, la bande transversale est moins large et est ordinairement formée de trois taches ; elle l'est de deux dans la plupart des femelles. Il y a aussi quelque diversité dans la deuxième cellule sous-marginale, dont la base forme un angle plus ou moins ouvert. Dans un individu ♂ du Muséum, la base de cette cellule en présente une petite supplémentaire.

Cette espèce se trouve dans la plus grande partie de l'Amérique méridionale. Commune au Brésil et à la Guyane. M. Durville l'a trouvée à la Conception, au Chili.

6. Exoprosopa cerberus. Anthrax id., *Fab.*, *Wied.*

Nigra. Thorace rufo hirto. Abdominis basi apiceque fasciis medio maculis transversis niveis. Alis fusco variis.

Ces auteurs n'ont pas fait mention du sexe. Un individu du Muséum est une femelle. Comme les ailes n'en sont pas conformes à la description, nous les représentons pl.] 16, fig. 5. Il y a quatre cellules sous-marginales.

Du Brésil, au midi de la capitainerie de Goyaz.

7. Exoprosopa proserpina. Anthrax id., *Wied.*

Nigra. Collari rufo. Abdomine fasciis maculisque albis. Alis nigris ; fasciâ abbreviatâ, guttulis duabus apiceque limpidis ; hoc punctis nigris.

M. Wiedemann n'a fait mention ni du sexe ni de la patrie. Nous avons observé les deux sexes, qui ne se distinguent entre eux que par les différences ordinaires. Les ailes sont assez variables dans la grandeur des taches hyalines.

De St.-Domingue et de Cuba. MM. de la Sagra et Poey. Muséum et collection de M. Serville.

8. Exoprosopa albicincta, *Nob.*

Nigra , flavo hirta. Scutello testaceo. Abdomine albo fasciato. Alis : parte externâ fuscâ , internâ fuscanâ. (Tab. 16, fig. 7.)

Long. 5 l. ♀.

Face peu saillante, arrondie, à poils fauves, ainsi que le front. Antennes noires. Thorax et abdomen (en partie dénudés), ce dernier à bord antérieur du troisième segment blanc; des vestiges de poils blancs sur les côtés des autres ; les trois premiers bordés extérieurement de poils jaunâtres ; les autres bordés de poils noirs. Pieds noirs. Balanciers bruns. Ailes : la moitié brune, fondue avec la brunâtre ; quatre cellules sous-marginales.

Patrie inconnue. Muséum.

AA. Trois cellules sous-marginales.

9. Exoprosopa pandora. Anthrax id. , *Fab., Meig.*

Nigra. Abdomine fasciis interruptis argenteis. Alis fusco-nigris, maculis fenestratis ; apice margineque postico profundè sinuato hyalinis.

Cette espèce se trouve au nord de l'Afrique comme au midi de l'Asie occidentale et de l'Europe. La face est saillante. Le troisième article des antennes est subulé. Les ailes ont la première cellule postérieure fermée.

10. Exoprosopa albiventris, *Nob.*

Nigra. Thorace flavo hirto. Abdomine segmentis quatuor primis albo, ultimis flavido tomentosis. Alis basi margineque externo rufis. (Tab. 18, fig. 10.)

Long. 6 l. ♂.

Face et base du front à poils fauves; partie postérieure du dernier à poils noirs. Antennes noires. Écusson testacé. Abdomen : cinquième, sixième et septième segments à duvet jaunâtre. Pieds noirs. Balanciers jaunâtres.

De l'île de Scio. Olivier. Muséum.

Nous rapportons à la même espèce des individus d'Arabie qui n'en diffèrent que par une taille moindre et des ailes moins colorées.

11. EXOPROSOPA ARGYROCEPHALA , *Nob.*

Nigra. Capite argenteo. Thorace flavo hirto. Abdomine albo fasciato. Alis margine externo fusco. (Tab. 18, fig. 5.)

Long. 6 $\frac{1}{2}$ l. ♂.

Trompe saillante. Face et front couverts de duvet ou d'écailles argentées ; la première à reflets jaunes ; vertex noir. Antennes noires ; style assez court et un peu épaissi. Thorax à quatre bandes de duvet blanchâtre peu distinctes, sous les poils jaunes ; côtés testacés ; une tache argentée de chaque côté, entre les hanches antérieures et intermédiaires. Écusson testacé. Abdomen : les bandes de duvet blanc au bord antérieur des segments, bordées de duvet fauve, nuancé avec le noir qui termine chaque segment. Pieds testacés ; tarses noirs. Balanciers jaunâtres. Ailes : le bord s'étend jusqu'aux trois quarts de la longueur ; nervures intérieures bordées de brun.

Nous le croyons du nord de l'Afrique, et nous y rapportons un individu plus petit et surtout plus étroit qui vient du Portugal. Muséum.

12. EXOPROSOPA LUTEA , *Nob.*

Flavo hirta. Thorace nigro. Abdomine rufo. Alis parte externa rufâ, internâ fuscanâ; puncto centrali fusco. (Tab. 17, fig. 11.)

Long. 6. l. ♀.

Face et front à petits poils fauves ; partie postérieure de ce dernier à petits poils noirs. Antennes : les deux premiers articles testacés ; troisième manque. Écusson testacé. Abdomen : les trois premiers segments à petite tache au milieu. Pieds fauves ; tarses noirâtres. Balanciers fauves. Ailes : la petite tache brune à la base de la cellule discoïdale.

Du nord de l'Afrique; elle se trouve aussi en Espagne. Muséum.

13. Exoprosopa varinevris, *Nob.*

Nigra. Thorace rufo hirto. Abdomine flavido hirto. Scutello testaceo. Alis fuscis, nevris nigro marginatis. (Tab. 17, fig. 8.)

Long. 5 6 l. ♂ ♀.

Trompe non saillante. Face avançant en cône; face et front testacés, à duvet et petits poils roussâtres. Antennes noires; style distinct. Premier segment de l'abdomen à poils jaunâtres, alongés sur les côtés. Balanciers noirs, à tête blanchâtre à l'extrémité. Ailes : le centre des cellules moins obscur et quelquefois hyalin; trois sousmarginales (la nervure qui sépare la deuxième de la troisième quelquefois incomplète); une petite cellule supplémentaire dans la troisième postérieure (cette petite cellule quelquefois subdivisée elle-même).

D'Alger. Muséum.

14. Exoprosopa bovei, *Nob.*

Flavido hirta. Thorace nigro. Abdomine rufo. Alis fuscanis, duobus punctis, apice limboque interno sublimpidis. (Tab. 17, fig. 10.)

Long. 6 l. ♀.

Trompe ne dépassant pas l'épistome. Face et front bruns, à petits poils fauves. Antennes : premier et deuxième articles fauves; troisième noirâtre, à style distinct, une fois moins long que l'article. Écusson testacé. Premier segment de l'abdomen noir au milieu; deuxième à petite tache noire au milieu. Pieds testacés; tarses noirâtres. Balanciers jaunes. Ailes : les petites taches pâles à la base de la première et de la quatrième cellules postérieures; la partie brunâtre échancrée dans la cellule discoïdale.

D'Égypte. M. Bové. Muséum.

15. Exoprosopa singularis, *Nob.*

Fuscana, flavido hirta. Alis basi flavidis, medio fuscanis, apice limpidis, punctis fuscis. (Tab. 17, fig. 3.)

Long. 7 ¹/₂ ♀.

Trompe plus longue que la tête. Face et front testacés, à duvet jaune. Antennes : les deux premiers articles testacés ; troisième noir. Thorax à deux bandes longitudinales noirâtres. Tarses antérieurs noirâtres. Balanciers jaunâtres. Ailes : des points brunâtres sur la jonction des nervures.

Dans les quatre individus que nous avons observés, la première cellule postérieure est divisée en deux par une nervure transversale vers les trois quarts de la longueur de la cellule discoïdale, anomalie qui ne paraît pas être accidentelle.

D'Arabie. Olivier. Muséum.

Nous rapportons à cette espèce un individu qui ne diffère de cette description que par les couleurs plus foncées, surtout des ailes, dont la base et la moitié extérieure sont brunes ; il a été rapporté de Tanger par M. Goudot.

16. EXOPROSOPA OLIVIERII, *Nob.*

Testacea, flavo hirta. Thorace nigro. Alis fuscanis, basi limboque externo flavido ; celluld posticd prima clausd. (Tab. 17, fig. 4.)

Long. 5 ¹/₂ l. ♀.

Ecusson testacé. Un peu de noir aux trois premiers segments de l'abdomen, au milieu du bord antérieur. Pieds fauves ; tarses noirâtres. Ailes : une petite tache brunâtre, peu distincte à la base des troisième et quatrième cellules postérieures.

D'Arabie. Olivier. Muséum.

17. EXOPROSOPA LUGUBRIS, *Nob.*

Thorace nigro, flavido hirto. Scutello abdomineque testaceis. Alis fuscis, nervis rufo marginatis ; maculis duabus albidis. (Tab. 17, fig. 1.)

Long. 7 ¹/₂ l. ♀.

Face et front fauves. Antennes : premier article fauve ; les autres noirs. Abdomen : les quatre premiers segments ont une tache noire, centrale, hémisphérique, dont la base est au bord antérieur des segments ; ventre entièrement fauve. Pieds fauves. Balanciers jaunâtres. Ailes d'un brun foncé; la première tache couvre la partie postérieure de la cellule discoïdale et se prolonge sur la troisième postérieure ; la deuxième tache est au bord intérieur près de la base de l'aile.

D'Arabie. Olivier. Muséum.

18. Exoprosopa bagdadensis, *Nob.*

Testacea , flavo hirta. Thorace nigro. Alis basi flavidis , fasciâ obliquâ fuscanâ, apice limpidis; cellulâ posticâ primâ clausâ. (Tab. 17 , fig. 5.)

Long. 7 l. ♀.

Trompe un peu saillante. Face un peu proéminente, à duvet jaune, ainsi que le front. Antennes : les deux premiers articles testacés; troisième noir. Écusson testacé, comme l'abdomen et les pieds. Balanciers jaunes. Ailes : première cellule postérieure fermée assez loin du bord de l'aile ; quelques taches brunâtres à la base des cellules.

De Bagdad. Olivier. Muséum.

19. Exoprosopa notabilis , *Nob.*

Nigra. Abdomine chalybeo. Pedibus testaceis. Alis nigris; maculâ rotundâ, puncto apiceque limpidis. (Tab. 17 , fig. 7.)

Long. 8 l. ♀.

Face et front bruns, à duvet blanchâtre ; ce dernier à poils noirs. Antennes noires. Bord antérieur et côtés du thorax à poils d'un roux vif. Balanciers noirs.

Cette jolie espèce est voisine de l'*A. apicalis*, Wied., dont les pieds noirs sont lanugineux; peut-être est-ce la femelle. M. Wiedemann n'a pas mentionné le sexe des individus qu'il a décrits.

Sénégal. Collection de M. Serville.

20. Exoprosopa robertii , *Nob.*

Nigra, flavo hirta. Abdominis lateribus rufis. Alis maculá _ centrali magná, fuscá, excisá. (Tab. 17, fig. 9.)

Long. 7. l. ♂.

Ecusson fauve. Les côtés des quatre premiers segments de l'abdo—men d'un fauve transparent, recouverts de poils jaunes; les bords des trois premiers à poils jaunes; les autres à poils noirs; ventre fauve. Pieds noirs. Balanciers jaunâtres. Ailes à base jaunâtre.

Du Sénégal. M. Robert. Muséum.

21. Exoprosopa senegalensis. *Nob.*

Nigra. Capite rufo. Scutello testaceo. Alis fuscis, fasciâ apicéque limpidis. (Tab. 17, fig. 2.)

Long. 7. l. ♀.

Face fauve, à duvet jaune. Front fauve antérieurement, à petits poils noirs; une petite tache brune au milieu. Antennes fauves; deuxième article noirâtre; troisième brièvement conique. Thorax (dénudé); des vestiges de poils jaunes sur les côtés; une tache jaune de chaque côté du bord postérieur; poitrine testacée. Abdomen (dénudé); des vestiges de poils blancs sur les côtés des deuxième et troisième segments, ainsi qu'aux bords postérieurs des suivants; côtés à poils noirs; deuxième à fond testacé sur les côtés et au bord postérieur. Cuisses d'un brun noirâtre; jambes et tarses d'un testacé foncé. Balanciers fauves. Ailes à bord extérieur testacé.

Du Sénégal. M. Robert. Muséum.

22. Exoprosopa consanguinea , *Nob.*

Nigra. Thorace anticé flavido hirto; scutello testaceo. Alis nigris; puncto centrali apiceque griseis.

Long. 6 ½. l. ♀.

Trompe menue, un peu saillante. Face et front d'un testacé obscur, à petits poils noirs, et duvet d'un gris roussâtre. Antennes : premier article testacé. Thorax (dénudé), une petite bande de poils d'un blanc jaunâtre au-dessus de l'insertion des ailes; côtés à poils noirs. Abdomen (dénudé), côtés d'un testacé obscur; ceux du premier segment à poils roux ; ventre d'un brun noirâtre. Pieds noirs. Balanciers bruns. Ailes : outre la petite tache grise, centrale , il y en a une alongée à la base de la première cellule sous-marginale et un point à celle de la discoïdale.

Du Sénégal. Collection de M. Serville.

Cet Anthrax diffère peu de l'*A. megerlei*, Meig. , dont le bord antérieur, et les côtés du thorax ont des poils roux , et dont le ventre est fauve. Il n'en est peut-être qu'une variété.

23. EXOPROSOPA TRICOLOR, *Nob.*

Nigra , flavido hirta. Scutello testaceo. Abdominis lateribus testaceis. Alis limpidis , basi rufis , fascid fuscd , obliqud , emarginatd (Tab. 17, fig. 12.)

Long. 6 l. ♀.

Face à petits poils fauves ainsi que la partie antérieure du front; partie postérieure à poils noirs. Antennes noires. Abdomen (dénudé) ; les quatre premiers segments bordés de poils jaunes , les autres de noirs. Pieds noirs. Balanciers jaunes.

Du Sénégal. Collection de M. Serville.

24. EXOPROSOPA OCULATA, *Nob.*

Nigra , flavido-hirta. Alis basi , margine externo , maculisque oculatis fuscis. (Tab. 16 , fig. 6.)

Long. 3 ¹/₂ l. ♂.

Trompe saillante. Face et partie antérieure du front à poils jaunes ; partie postérieure à poils noirs. Antennes noires ; troisième article subulé, à article distinct. Thorax et abdomen (en grande partie dénudés) ; côtés du thorax à poils noirs , mêlés de quelques jaunes. Côtés de l'abdomen bordés de poils noirs ; premier segment bordé de poils jaunes; ventre noir. Cuisses et tarses noirs; jambes testacées. Balanciers bruns. Ailes : cellule marginale divisée en deux par une nervure transversale; première postérieure presque fermée.

Du Sénégal. Muséum.

25. EXOPROSOPA PUSILLA , *Nob.*

Nigra, flavo hirta. Abdomine albo fasciato. Alis fuscis, punctis flavis; apice margineque interno limpidis. (Tab. 18. fig. 7.)

Long. 3 l. ♀.

Thorax et abdomen (en partie dénudés), ce dernier à bande blanche sur le troisième segment, et des vestiges de blanc sur les cinquième et sixième. Pieds noirâtres ; jambes testacées. Balanciers brunâtres. Ailes : la limite de la partie brune à plusieurs sinuosités dont une profonde.

Du Sénégal. Muséum.

26. EXOPROSOPA HEROS. ANTHRAX ID., *Wied.*

Flavido hirta. Abdomine albo fasciato. Alis limpidis, puncto et basi fuscanis.

M. Wiedemann n'a décrit que le mâle. Nous avons observé les deux sexes qui ne se distinguent entr'eux que par les organes copulateurs.

Dans cette espèce, les ailes sont gauffrées ; la base de la première sous-marginale est un peu moins reculée que celle de la première postérieure : la petite nervure transversale varie de position ; elle est située tantôt au tiers , tantôt aux deux tiers de la longueur de la discoïdale. Dans l'un des nombreux individus que nous avons observés , l'aile droite présente une seconde nervure transversale qui divise la première cellule postérieure comme dans l'*A. singularis.* (Tab. 17, fig. 3.)

Du Cap. Muséum.

27. EXOPROSOPA MACULOSA. ANTHRAX ID., *Wied.*

Nigra, flavido tomentosa: Abdomine albo fasciato. Alis basi fuscis, margine maculatis.

Nous rapportons à cette espèce un individu qui diffère de la description de M. Wiedemann en ce que le bord extérieur brun des ailes ne présente pas deux petites taches hyalines. Cet auteur ne fait pas mention de sexe. L'individu que nous avons observé est mâle. L'écusson est testacé, ainsi que les incisions de l'abdomen (dénudé). Les cuisses sont rougeâtres ; les jambes et les tarses noirs. La première cellule postérieure des ailes est fermée.

Du Cap. Collection de M. Serville.

8. EXOPROSOPA VENOSA. ANTHRAX ID., *Wied.*

Nigra, flavido tomentosa. Abdomine albo fasciato. Venis alarum omnibus fusco limbatis.

M. Wiedemann ne fait pas mention de sexe. Nous avons observé les deux qui ne se distinguent que par les différences ordinaires.

Du Cap. Collection de M. Serville.

9. EXOPROSOPA PENTALA, *Nob.*

Nigra, flavo hirta. Scutello testaceo. Abdominis segmento secundo albo fasciato. Alarum basi fuscâ, nervis transversis fusco marginatis. (Tab. 18, fig. 3.)

Long. 5 l. ♀.

Bord antérieur de l'écusson noir. Le bord antérieur du deuxième segment de l'abdomen à petits poils blancs, ainsi que le dernier ; les autres à poils jaunes ; des vestiges de poils blancs sur les côtés des troisième et quatrième. Pieds d'un testacé obscur. Balanciers brunâtres. Ailes : troisième cellule postérieure divisée en deux par une nervure transversale.

Dans l'individu que nous avons observé, à l'aile droite, la deuxième cellule sous-marginale et la première postérieure présentaient (*a* et *c*), une petite nervure transversale près de sa base ; à l'aile gauche, la deuxième postérieure avait une petite nervure (*b*) transversale, également près de sa base.

Du Cap. Delalande. Muséum.

Cet Anthrax a des rapports avec l'*A. varinevris*, Nob., d'Alger; et n'en est peut être qu'une variété. Il a le corps plus large.

30. EXOPROSOPA CAFFRA, *Nob.*

Nigra, flavo hirta. Scutello, margineque abdominis testaceis. Alis dimidiato fuscis; puncto fusco in parte limpidâ. (Tab. 18, fig. 9.)

Long. 5 1. ♀.

Face et partie antérieure du front testacées; ce dernier à poils noirs. Antennes noires; premier article testacé en–dessous. Thorax et abdomen (en grande partie dénudés); les trois premiers segments à taches latérales testacées; côtés de ces segments bordés de poils fauves; les autres, de poils noirs: ventre testacé, à duvet blanchâtre. Pieds noirs. Balanciers bruns. Ailes: la petite tache est à la base inférieure de la deuxième cellule postérieure.

Du Cap. Delalande. Muséum.

31. EXOPROSOPA CAPENSIS. ANTHRAX ID., *Wied.*

Flavido hirta et tomentosa. Abdomine albido fasciato. Alis fuscanis, apice limpidis, fusco punctatis.

M. Wiedemann ne fait pas mention de sexe. Nous avons observé des mâles. Dans cette espèce, la face est proéminente et le troisième article des antennes est subulé, à style distinct. La partie antérieure, noire des segments de l'abdomen est plus ou moins échancrée au milieu; le pétiole de la troisième cellule postérieure des ailes est fort court.

Du Cap. Muséum et collection de M. Serville.

32. EXOPROSOPA PUNCTULATA, *Nob.*

Nigra, flavido hirta. Scutello rufo. Alis margine externo punctisque fuscis. (Tab. 18, fig. 2.)

Long. 6 l. ♂.

Thorax et abdomen (en partie dénudés). Bord antérieur de l'écusson noir. Pieds d'un fauve brunâtre, à duvet jaunâtre ; tarses noirs.
Balanciers brunâtres. Ailes : bord extérieur brun ; les points bruns
sur les nervures transversales.

Du Cap. Collection de M. Serville.

33. Exoprosopa pennipes. Anthrax id., *Wied.*

Nigra. Abdomine submetallico. Alis nigris, apice limpidis.
Tibiis posticis pennatis. ('Tab. 19, fig. 3.)

Suivant M. Wiedemann cette espèce est de Java. Nous y rattachons
des individus rapportés du Cap par Delalande. Ils diffèrent de cette
description par des poils roux aux côtés du premier segment de
l'abdomen. Les épaules et l'écusson sont testacés. L'abdomen est d'un
bleu foncé. Les écailles des cuisses postérieures ne garnissent que le
tiers postérieur.

Ces écailles, vues au microscope, vont s'élargissant de la base à
l'extrémité qui est terminée carrément.

34. Exoprosopa bengalensis, *Nob.*

Nigra. Thorace flavido hirto. Abdomine albo hirto. Alis mar-
gine externo punctisque tribus nigris. (Tab. 18, fig. 4.)

Long. 5 l. ♀.

Face à petits poils jaunes, ainsi que le front. Antennes noires ;
style distinct. Thorax et abdomen (en partie dénudés) ; côtés bordés
de poils noirs ; les deux premiers segments bordés de poils jaunes.
Pieds noirs ; jambes testacées. Balanciers noirs. Ailes : les taches
noires sur les nervures transversales ; troisième cellule postérieure
longue, à pétiole très-court.

Du Bengale. M. Roux. Muséum.

35. Exoprosopa javana, *Nob.*

Nigra. Thorace flavo hirto ; scutello testaceo. Abdomine albido

fasciato. Alis dimidiato fuscanis; parte limpidâ puncto fusco.
(Tab. 18, fig. 6.)

Long. 4 ¹/₂ l. ♀.

Face et front à duvet fauve; ce dernier à poils noirs. Antennes
noires. Abdomen assez court; les côtés bordés de poils noirs; les deux
premiers segments bordés de poils blanchâtres. Cuisses brunes;
jambes et tarses noirs. Balanciers bruns.

De Java. M. Leschenault. Muséum.

36. Exoprosopa uraguayi, *Nob.*

*Nigra, flavo hirta. Scutello apice testaceo. Alis margine externo
fusco.* (Tab. 18, fig. 8.)

Long. 4 l. ♀.

Face et front à petits poils jaunes. Antennes noires. Abdomen (en
partie dénudé); bord antérieur des segments à poils jaunes; ventre
à incisions testacées. Pieds bruns. Balanciers jaunâtres. Ailes : partie
brune assez étroite.

Du Brésil, depuis l'embouchure de l'Uraguay jusqu'aux Missions.

37. Exoprosopa sancti pauli, *Nob.*

*Nigra, rufo hirta. Scutello margineque abdominis testaceis.
Pedibus rufis. Alis margine externo fuscano.*

Long. 4 l. ♂.

Face et front fauves, à duvet jaune; ce dernier à poils noirs dans
sa moitié postérieure. Antennes : les deux premiers articles testacés;
le troisième noir. Abdomen : bord extérieur et incisions des segments
testacés; deuxième à bord antérieur blanchâtre. Tarses bruns. Balanciers jaunâtres. Ailes à base et bord extérieur d'un brunâtre roux,
fondu avec la partie claire; première cellule postérieure fort rétrécie
à l'extrémité; nervures comme dans l'*Uraguayi*. (Tab. 18, fig. 8.)

Cette espèce ressemble à l'*E. Uraguayi*, mais les couleurs
sont moins obscures. Ce n'en est peut-être qu'une variété.

Du Brésil, au nord de la Capitainerie de Saint-Paul. Muséum.

38. Exoprosopa fasciata , *Nob.*

Nigra, flavido hirta. Scutello testaceo. Abdomine fasciis flavidis. Ano albo. Alis parte externâ fuscâ. (Tab. 17, fig. 6.)

Long. 6 l. ♂ ♀.

Trompe menue, dépassant la face de la longueur de la tête. Face un peu saillante, à duvet jaunâtre, ainsi que le front. Antennes : premier article testacé. Pieds noirs. Balanciers bruns. Ailes : la partie brune s'affaiblissant par nuances et ensuite d'un brunâtre pâle jusqu'au bord intérieur.

Dans les différents États unis de l'Amérique septentrionale. Collection de M. Serville.

Nous rapportons à cette espèce des individus qui n'en diffèrent que par les pieds testacés.

39. Exoprosopa rubiginosa , *Nob.*

Atra, flavo hirta. Scutello testaceo. Alis fuscanis. (Tab. 18, fig. 11.)

Long. 5 ¹/₂ l. ♂.

Face et front (dénudés) ; péristome testacé. Antennes noires. Thorax et abdomen (dénudés) ; les deuxième et troisième segments à tache latérale testacée ; les trois premiers bordés de poils jaunes ; les autres de poils noirs ; ventre : les trois premiers segments à incisions testacées. Ailes : la couleur brunâtre graduellement plus foncée au bord extérieur.

De Philadelphie. Collection de M. Serville.

40. Exoprosopa emarginata , *Nob.*

Nigra, flavo hirta. Scutello testaceo. Abdominis lateribus testaceis ; ano albo. Alis fuscis ; sinu marginis interni apiceque limpidis.

Long. 5 l. ♀.

Thorax et abdomen (en partie dénudés) ; côtés du premier à poi
d'un fauve vif. Côtés de l'abdomen garnis de poils jaunes au bo
antérieur de chaque segment, de poils noirs au bord postérieur ; l
deux derniers à duvet blanc ; ventre testacé, à poils jaunes. Pie
noirs. Balanciers bruns, à tête jaunâtre. Ailes : les nervures et les co
leurs disposées à peu près comme dans l'*A: tricolor*, pl. 17, fig. 1:
mais sans fauve à la base.

De Philadelphie. Collection de M. Serville.

41. EXOPROSOPA PHILADELPHICA, *Nob.*

Nigra, flavo hirta. Scutello testaceo. Abdomine rufo fasciat
ano rufo. Alis fuscis, fascid basali, maculd centrali, margi
interno apicoque limpidis, sinuatis. (Tab. 18, fig. 1.)

Long. 4, 5 ¹/₂ l. ♀.

Face à duvet fauve, ainsi que le front ; celui-ci à petits poils noi
Antennes noires ; style distinct. Abdomen : cinquième segment entià
ment noir ; les deux derniers entièrement couverts de duvet rou
les deux premiers bordés latéralement de poils jaunes ; les autres, (
noirs ; ventre fauve, à poils jaunes. Pieds noirs.

De Philadelphie. Collection de M. Serville.

Cette espèce ne diffère guères de l'*Emarginata* que par l'ex
trémité de l'abdomen rousse et par la disposition des couleu
des ailes.

3. G. TOMOMYZE, TOMOMYZA, *Wied., Macq.*

Ce genre caractérisé surtout par la saillie de la face, par
disposition des antennes et par les segments séparés chacun p
un léger étranglement, a pour type une espèce africaine.

1. TOMOMYZA ANTHRACOIDES, *Wied., Macq.*

Nigra, nitens. Abdomine niveo notato. Alis infumatis. (T₁
16, fig 9.)

Du Cap.

4. G. SPOGOSTYLE, Spogostylum, *Nob.*

Caractères génériques des Anthrax. Face sans saillie, couverte d'une moustache assez courte , s'étendant jusqu'à l'épistome. Front velu. Troisième article des antennes court, arrondi antérieurement ; style de deux articles distincts, cylindriques ; premier de la longueur de l'article ; deuxième un peu plus court, terminé par quelques petits poils. Abdomen court, terminé en pointe ♀. Ailes trois fois aussi longues que l'abdomen ; trois cellules sous-marginales ; première et deuxième appendiculées.

Nous formons ce genre pour un Bombylier qui diffère des autres par ces caractères, et particulièrement par la moustache qui couvre la face, par le style des antennes, la brièveté de l'abdomen et la longueur des ailes. Le nom générique exprime la conformation en pinceau du style des antennes.

Ce Diptère a été rapporté du Brésil ou du Chili par M. Gaudichaud.

1. Spogostylum mystaceum, *Nob.*

Nigra. Thorace flavido tomentoso. Abdomine incisuris albo tomentosis. Alis basi fuscanis , punctis fuscis.

Long. 6 l. ♀.

Trompe courte. Face plane, à petite moustache fauve, serrée, inclinée et ne dépassant pas l'épistome. Front à duvet d'un gris jaunâtre et poils noirs. Antennes noires, courtes ; troisième article arrondi, à style de la longueur des antennes. Pieds noirs. Balanciers brunâtres. Ailes alongées : les points bruns placés sur la base des principales cellules ; trois cellules sous-marginales ; les deux premières appendiculées à leur base.

Du Brésil ou du Chili. M. Gaudichaud. Muséum.

5. G. ANTHRAX, Anthrax, *Linn., Fab., Latr., Meig , Wied.,* Macq.

Face plane. Troisième article des antennes cépaliforme. Ailes à deux cellules sous-marginales.

Ce genre primitif que nous restreignons aux espèces distinguées par ces caractères communs à la presque totalité de celles de l'Europe, en compte actuellement plus de cent exotiques, répandues sur toutes les parties du globe et réparties ainsi qu'il suit : le tiers en Afrique, partagé assez également entre les parties septentrionales et le Cap, avec un petit nombre appartenant à la Nubie, au Sénégal et à la Guinée. Quelques-unes de l'Algérie se trouvent aussi en Europe (1). L'Asie en présente à peine vingt disséminées en Arabie, en Perse, au Bengale et à Java ; et l'Australasie, deux ou trois. En Amérique, plus de cinquante espèces se partagent en nombre à peu près égal les deux grandes divisions, et se trouvent particulièrement au Brésil, au Chili, au Mexique et aux Etats-Unis.

Ce genre fort homogène présente peu de modifications organiques, si ce n'est dans les ailes et surtout dans la disposition des nervures. Le troisième article des antennes est terminé par un petit pinceau de poils dans l'*A. œdipus*. L'*A. angustipennis* est fort remarquable par la forme étroite de ces organes. La cellule marginale se singularise par le profond sinus qu'elle présente à son extrémité dans l'*A. luctuosa*. Les deux sous-marginales sont appendiculées à leur base dans les *A. punctulata*, *confluens*, *maculipennis* et quelques autres ; et il est très-rare qu'une seule de ces cellules le soit ; les bases des premières sous-marginale et postérieure sont ordinairement conniventes et situées vers le milieu de la longueur de la discoïdale ; cependant elles sont quelquefois séparées, et alors celle de la première sous-marginale est plus rapprochée de la base de l'aile, et celle de la première postérieure se rapproche le plus souvent de l'extrémité de la discoïdale. La nervure qui ferme la discoïdale du côté intérieur est plus ou moins sinueuse et présente

---

(1) Telles sont les *A. flava*, *circumdata*, *sinuata*, *leucogaster*, *fenestrata*.

aussi parfois un appendice. Enfin la quatrième cellule postérieure est divisée en deux par une nervure transversale dans l'*A. simson* et quelques autres.

Outre les différences spécifiques que présentent ces modifications des nervures, les ailes en fournissent plus encore dans les couleurs dont elles sont généralement décorées. A l'exception du groupe dont les ailes sont hyalines, tel que l'*A. flava*, dans les autres espèces, elles sont très-diversement maculées, ponctuées, arrosées, nuancées ou à couleurs brusquement tranchées. Toutes ces livrées concourent à distinguer les espèces avec les caractères que fournissent les autres parties du corps.

A. Les deux cellules sous-marginales appendiculées à leur base.

1. ANTHRAX ARGYROCEPHALA, *Nob*.

Nigricans, flavido hirta. Capite anticè argenteo. Abdomine lateribus albo pilosis. Alis dimidiato fuscanis. (Tab. 20, fig. 6.)

Long. 3 l. ♂.

Trompe alongée, menue. Face et moitié antérieure du front à poils blancs, moitié postérieure à poils noirs. Antennes noires; troisième article subuliforme. Thorax et abdomen d'un fond gris noirâtre mat, à poils jaunes; bord postérieur de l'écusson d'un noir luisant; côtés de l'abdomen et ventre à poils blancs. Pieds noirs. Ailes: base de la première cellule sous-marginale située au-delà de celle de la discoïdale, au tiers de la longueur de cette cellule; petite nervure transversale située un peu au-delà du milieu de la longueur de cette cellule, qui présente un petit appendice au bord intérieur.

D'Alger. Muséum.

2. ANTHRAX SEMIARGENTEA, *Nob*.

Nigra. Capite anticè argenteo. Abdomine parte anticâ argenteâ. Alis dimidiato fuscis. (Tab. 20, fig. 8.)

Long. 3 l. ♂ ♀.

Face un peu saillante , à poils argentés, ainsi que la partie antérieure du front. Antennes : troisième article subuliforme; les trois premiers segments de l'abdomen à écailles blanches, ainsi que le bord antérieur du quatrième (échancré au milieu) ; deuxième et troisième ordinairement à tache dorsale noire. Pieds noirs. Ailes : base de la première cellule sous-marginale située en-deçà de celle de la discoïdale ; petite nervure transversale située au-delà du milieu de la longueur de la discoïdale ; cette cellule à appendice au bord intérieur.

D'Alger. Elle a été aussi trouvée en Sardaigne par M. Gené.

Cette espèce ressemble à l'*A. mœgera*, Meig., mais elle présente plusieurs différences.

3. ANTHRAX PUNCTULATA , *Nob.*

Nigra. Pedibus rufis. Alis fusco punctatis. (Tab. 19 , fig. 7.)

Long. 5 l. ♂.

Thorax et abdomen (en grande partie dénudés), d'un noir un peu ardoisé. Thorax à duvet grisâtre et poils noirs ; côtés à poils jaunâtres; écusson noir. Abdomen : des vestiges de duvet blanc à l'extrémité; côtés bordés de poils noirs ; les deux premiers segments bordés de poils blanchâtres. Cuisses brunes. Balanciers brunâtres. Ailes : base et bord extérieur un peu brunâtres ; des points bruns sur les nervures transversales ; les deux cellules sous-marginales appendiculées à leur base.

Du Cap. Collection de M. Serville.

A l'individu que nous avons observé il se trouve une tête que nous croyons, sans certitude , substituée à la véritable. Elle est couverte de duvet roussâtre. La face est proéminente.

4. ANTHRAX MACULIPENNIS , *Nob.*

Nigra. Abdomine incisuris albis; lateribus nigro hirtis. Alis dimidiato fuscis, punctisque fuscis. (Tab. 20 , fig. 3.)

Long. 4 l. ♀.

Face et front à poils noirs , un peu alongés. Thorax et abdomen (dénudés); ce dernier à vestiges de poils blancs aux incisions, et poils noirs sur les côtés. Pieds noirs. Ailes : la partie brune fondue avec l'autre qui est grisâtre ; les taches brunes sont sur les nervures transversales : les deux sous-marginales appendiculées à leur base.

Du Cap. Collection de M. Serville.

Cette espèce ressemble à l'*A. punctipennis.*

5. ANTHRAX INCISURALIS, *Nob.*

Nigra, griseo nigroque hirta. Abdominis incisuris albis. Alis hyalinis ; basi punctisque quatuor fuscis. (Tab. 20, fig. 4.)

Long. 3 $^{3}/_{4}$. l. ♀.

Face et front à poils noirs. Thorax dénudé ; côtés à poils gris. Abdomen : bord des segments, à l'exception du premier, à poils blancs. Cuisses noires, à duvet jaunâtre ; jambes testacées ; tarses obscurs. Ailes : les petites taches des ailes sont à la base des cellules rapprochées de la base ; bases des deux sous-marginales appendiculées.

Du Cap. Collection de M. Serville.

Cette espèce ressemble à l'*A. difficilis*, Meig., à l'*A. pusilla*, Wied., et à l'*A. maculipennis ;* elle n'est peut-être qu'une variété de cette dernière.

6. ANTHRAX RUBIGINIPENNIS, *Nob.*

Nigra. Abdomine albo maculato. Alis fuscanis, basi rufis. (Tab. 19, fig. 10.)

Long. 7 l. ♀.

Face et front à poils noirs. Troisième article des antennes conique. Thorax et abdomen (en grande partie dénudés) : côtés du thorax à poils noirs. Abdomen : chaque segment à deux taches blanches latérales plus ou moins rapprochées. Pieds noirs. Ailes d'un brunâtre clair ; base et principales nervures d'un fauve vif ; les deux cellules sous-marginales appendiculées à leur base.

De la Perse. Olivier. Muséum.

M. le marquis Spinola m'en a aussi envoyé un individu ♀ que je crois d'Egypte.

Dans l'individu que nous décrivons, il y a, à l'aile droite, à la base de la troisième cellule postérieure, une petite nervure que nous indiquons par des points.

7. ANTHRAX PERSICA, *Nob.*

Albido hirta ? Abdomine lateribus rufis. Alis hyalinis; cellulis submarginalibus appendiculatis. (Tab. 21, fig. 2.)

Long. 6 l. ♂.

Face à poils jaunâtres. Front à duvet blanchâtre et poils noirs. Thorax et abdomen (dénudés); côtés de ce dernier à fond fauve et poils blanchâtres. Ailes à base et cellule médiastine jaunâtres; un point brunâtre à la base de la première postérieure.

De la Perse. Muséum.

8. ANTHRAX LONGIPENNIS, *Nob.*

Nigra, albido hirta. Abdomine incisuris albis. Alis hyalinis, elongatis; cellulis submarginalibus appendiculatis. (Tab. 21, fig 2.)

Long. 3 ¹/₂ l.

Écusson bordé de soies noires. Segments de l'abdomen, à l'exception du premier, bordés postérieurement de petits poils blancs. Dessous du corps à poils blanchâtres. Jambes antérieures et intermédiaires d'un testacé châtain. Ailes une fois plus longues que le corps, à base et cellules costale et médiastine jaunâtres; un appendice de nervure à la base des deux cellules sous-marginales.

De Bagdad. Olivier. Muséum.

9. ANTHRAX DISTIGMA, *Wied.*

Nigra. Abdominis apice niveo. Alis basi sinuato et punctis duobus nigris.

M. Wiedemann n'indique pas le sexe de l'individu qu'il décrit et qui est de Java. Nous y rapportons une femelle que M. Duvaucel a rapportée du Bengale. Elle diffère de la description par une troisième petite tache brune sur la nervure transversale qui sépare la cellule discoïdale de la deuxième postérieure. Dans cette espèce les cellules sous-marginales sont appendiculées à leur base.

10. ANTHRAX EMARGINATA , *Nob.*

Nigra, flavo hirta. Alis dimidiato fuscis ; parte fuscá interné emarginatá. (Tab. 21 , fig. 6.)

Long. 6 l. ♀.

Face et front à poils noirs. Corps (en grande partie dénudé). Pieds noirs. Ailes à deuxième cellule sous-marginale appendiculée ; premières sous-marginale et postérieure à base contiguë.

De l'île de Timor. Muséum.

11. ANTHRAX SIMSON , *Wied., Fab. A. scripta, Th. Say. — Nemotelus ,* (Tab. 29, fig. 11.) Degeer.

Nigra. Thorace tomento rubido , cinerascente. Abdomine argenteo maculato. Alis limpidis ; maculis confluentibus fuscis.

Parmi ces auteurs, Wiedemann et Th. Say ont distingué le sexe, et ils n'ont fait mention que des femelles. Nous avons observé les deux. Les mâles ont l'armure copulatrice assez développée. Les pièces qui servent à saisir la femelle sont un peu velues, au nombre de six, et recouvertes latéralement par deux valves ciliées.

Dans cette espèce, la troisième cellule postérieure est divisée en deux par une nervure transversale.

De l'Amérique septentrionale. Muséum.

12. ANTHRAX CEPHUS , *Fab., Wied.*

Atra. Apice abdominis albo. Alis fusco-nigris.

Ces auteurs ne font pas mention de sexe, et ils donnent pour patrie à cette espèce l'Amérique méridionale. Nous y rapportons un mâle qui est conforme à leur description et qui est de la Géorgie d'Amérique. La deuxième cellule sous-marginale est sinueuse et appendiculée, comme dans l'*A. confluens ,* pl. 19, fig. 9.

22

13. ANTHRAX BASTARDI , *Nob.*

Flavido hirta. Fronte nigro. Facie albidd. Alis hyalinis.
Cellulá submarginali primd appendiculatd. (Tab. 20 , fig. 3.)

Long. 5–6 l. ♂.

Front antérieurement à petits poils noirs et blanchâtres. Face à poils blanchâtres. Thorax et abdomen (en grande partie dénudés), des vestiges de poils jaunâtres ; les deux premiers segments bordés de poils jaunâtres ; les autres bordés de poils noirs ; troisième et sixième à touffe de poils blancs de chaque côté du bord postérieur. Dessous du thorax et de l'abdomen à poils blanchâtres. Pieds noirs ; cuisses intermédiaires et postérieures testacées en-dessous. Ailes à base et cellule médiastine brunes ; première sous-marginale appendiculée à sa base.

De l'Amérique du Nord. M. Bastard. Muséum.

14. ANTHRAX CONFLUENS , *Nob.*

Nigra , flavido hirta. Abdomine ano albo. Alis maculis , ple-
rumque confluentibus. (Tab. 19 , fig. 9.)

Long. 5 l. ♂.

Face et front à duvet fauve et poils noirs. Antennes noires. Côté de l'abdomen bordés de poils noirs ; les deux premiers segments bordés de poils jaunes. Pieds testacés ; cuisses brunes. Balanciers bruns. Ailes : cellules sous-marginales appendiculées à leur base ; un autre appendice à l'angle de la nervure sous-marginale et à celui de la quatrième postérieure.

Patrie inconnue. Muséum.

15. ANTHRAX IRRORATA , *Nob.*

Nigra , nigro hirta. Abdomine albo variegato. Alis fusco
hyalinoque irroratis. (Tab. 20 , fig. 6.)

Long. 4 $^{1}/_{4}$ l.

Face et front à poils noirs. Abdomen (en partie dénudé) , des vestiges de poils blancs au bord des segments, et des touffes blanches sur les côtés. Pieds noirs. Ailes : cellules sous-marginales appendiculées ; un autre appendice au milieu de la nervure sinueuse qui sépare les deux sous-marginales, et une encore à l'angle de la nervure intérieure de la discoïdale.

De la Caroline et de la Géorgie. Muséum et collection de M. Serville.

16. ANTHRAX TESTACEA, *Nob.*

Thorace nigro ; scutello abdomineque testaceis albido hirtis. Pedibus rufis. Alis hyalinis basi flavidâ, fascid obliquâ fuscanâ; nervorum basi pallidâ. (Tab. 19, fig. 4.)

Long. 5 $\frac{1}{2}$ l. ♀.

Trompe un peu saillante. Face testacée, à duvet blanchâtre. Front brun (dénudé). Antennes manquent. Côtés du thorax testacés. Tarses bruns. Balanciers jaunes. Ailes : base de la première cellule sous-marginale, et des première, troisième et quatrième postérieures pâle, entourée de brunâtre.

D'Arabie et d'Égypte. Olivier. Muséum.

À l'aile droite de l'un des individus que nous avons observés, la deuxième cellule sous-marginale est divisée en deux par une nervure transversale, *a*.

17. ANTHRAX BRUNNIPENNIS, *Macq.* Hist. des Canaries de Webb et Berthelot.

Nigra flavido pilosa. Alis brunneis. (Tab. 20, fig. 12.)

Long. 6 l. ♂.

Face sans saillie, à poils d'un blanc jaunâtre ou jaunes. Front large antérieurement, étroit postérieurement; base à poils jaunâtres; le reste à poils noirs. Antennes noires; troisième article court, conique; style une fois plus long que l'article, un peu renflé à l'extrémité. Thorax à poils d'un gris jaunâtre; côtés et 'poitrine à poils blancs. Abdomen à poils d'un gris jaunâtre. Pieds fauves; tarses noirâtres. Balanciers bruns. Ailes brunes ; l'intérieur des cellules postérieures et du bord intérieur un peu clair ; deux cellules sous marginales ; basilaire externe une fois plus longue que l'interne.

Des îles Canaries.

18. ANTHRAX FIMBRIATA , *Meig.*, *Macq.* — *A. Afra, Fab., Latr.*

Nigra. Thoracis limbo albo. Abdomine fasciis albis ; primâ in medio. Alis hyalinis , basi fuscis. (Tab. 21 , fig. 1.)

Cette espèce se trouve au Sénégal et aux Indes orientales, comme dans l'Europe méridionale. La petite nervure transversale est située au tiers de la longueur de la cellule discoïdale.

19. ANTHRAX CONOCEPHALA , *Nob.*

Nigra , albido hirta. Capite conico. Alis : margine externo fusco , ante apicem interrupto. (Tab. 20 , fig. 1.)

Long. 4 $^1/_2$ l. ♀.

Face formant une saillie conique fauve. Front noir, à base fauve. Antennes à premier article noir ; le reste manque. Pieds noirs, à duvet jaunâtre. Ailes : base de la première cellule sous-marginale très-éloignée de celle de la première postérieure ; celle-ci située aux trois quarts de la longueur de la discoïdale.

Cette espèce se distingue par la forme de la tête. Elle se rapproche des Lomaties par les nervures des ailes et par la bande brune du bord extérieur, également élargie et interrompue ; mais les autres caractères et surtout l'abdomen la retiennent parmi les Anthrax.

Du cap de Bonne-Espérance. Collection de M. Serville.

20. ANTHRAX PICTIPENNIS, *Wied.*

Nigra , fulvo hirta. Alis flavo fuscoque variis , apice limpidis.

Dans cette espèce du Cap les nervures des ailes sont disposées comme dans la pl. 14, fig. 2. *Anisotamia centralis.*

Du Cap. Muséum.

21. ANTHRAX FENESTRALIS, *Nob.*

Nigra, flavido hirta. Scutello testaceo. Abdomine segmentis tertio et posterioribus albo hirtis. Alis hyalinis, fasciâ obliquâ fuscâ, cum maculis hyalinis. (Tab. 20 , fig. 5.)

Long. 3 $\frac{1}{2}$ l. ♀.

Face fauve, avançant en petite pointe conique. Front fauve, a poils noirs. Antennes noires : troisième article terminé en pointe conique. Thorax à petite tache de poils blancs sous l'insertion des ailes. Abdomen : les deux premiers segments à fond noir et côtés testacés ; les autres à fond noir et bord postérieur testacé ; les poils blancs des derniers segments sont courts et jaunâtres. Pieds bruns, à duvet jaunâtre. Ailes : les taches hyalines de la bande irrégulière brune sont sur les nervures transversales du milieu.

Du Cap. Collection de M. Serville. Le Muséum en contient un individu qui a été rapporté du Portugal.

22. ANTHRAX ARABICA, *Nob.*

Nigra, flavo hirta. Antennarum stylo subincrassato. Alis dimidiato fuscis ; parte fuscâ subsinuatâ. (Tab. 21, fig. 7.)

Long. 4 l. ♀.

Corps (presque dénude). Epistome un peu saillant. Style des antennes conique. Pieds noirs. Ailes à partie obscure légèrement sinueuse et un peu nuancée avec la partie hyaline. La nervure, base de la deuxième cellule postérieure, est oblique du dedans au-dehors au lieu de l'être du dehors au-dedans, comme dans les autres espèces.

D'Arabie. Muséum.

23. ANTHRAX DUVAUCELII, *Nob.*

Nigra, albido hirta. Alis hyalinis ; quatuor maculis fuscis. (Tab. 20, fig. 7.)

Long. 4 l. ♂.

Face et front à duvet blanchâtre et poils noirs. Thorax et abdomen (en grande partie dénudés). Pieds noirs. Ailes à base et cellule costale et médiastine un peu jaunâtres ; les taches sont à la base des cellules sous-marginale, discoïdale et troisième postérieure.

Du Bengale. M. Duvaucel. Muséum.

24. ANTHRAX GORGON, *Fab., Wied.* — A. MAIMON, *Fab.*

Fuliginoso - nigra, flavido–tomentosa.' Abdomine maculato. Alis ad costam fuscanis, fusco sex maculatis.

Nous rapportons à cette espèce un individu qui ne diffère pas de la description de l'*A. maimon*, Fab., qui n'est qu'une variété de l'*A. gorgon*. Elle diffère de la description de ce dernier par l'écusson entièrement noir, et par l'abdomen, qui n'a qu'un peu de fond fauve sur les côtés. Fabricius et M. Wiedemann ne font pas mention du sexe ; l'individu que nous avons observé est une femelle.

Du Brésil, au nord de la Capitainerie de St.-Paul. Muséum.

25. ANTHRAX GIDEON, *Fab., Wied.*

Nigra, nigro hirta. Abdomine utrinque maculá transversá niveá. Alis dimidiato nigris sinu magno postico. (Tab. 20, fig. 11.)

Long. 3 $\frac{1}{2}$ l

Nous rapportons à cette espèce un individu ♀ qui diffère de la description ci-dessus par l'absence de la tache transversale blanche sur l'abdomen. Il est vrai que cet individu a le corps en partie dénudé. La description de la partie noire des ailes ne paraît pas exacte. Ces auteurs ne font pas mention du sexe.

Dans cette espèce, les premières cellules sous-marginale et postérieure ont leur base à la même hauteur, au tiers de la discoïdale.

De l'Amérique méridionale. Muséum.

26. ANTHRAX ANGUSTIPENNIS, *Nob.*

Nigra. Abdominis apice argenteo. Alis angustis, hyalinis, margine externo nigro, emarginato. (Tab. 21, fig. 9.)

Long. 4 1. $^3/_4$ ♂.

Face à duvet gris. Front noir. Abdomen : cinquième, sixième et septième segments à poils ou écailles d'un blanc argenté en-dessus ; organe sexuel noir. Pieds noirs. Balanciers noirs. Ailes longues et étroites ; le bord noir s'étend jusqu'à l'extrémité ; il occupe les cellules costale, médiastine, marginales, et basilaire externe, qui sont toutes fort rétrécies à l'exception de la dernière.

Dans l'individu que nous décrivons, il y a, à l'aile droite, une ner-vure transversale qui forme une petite cellule anomale à la base de la troisième postérieure, et que nous avons indiquée par des points dans la figure.

De la Guyane, aux sources de l'Oyapock. Muséum.

27. Anthrax durvillei, *Nob.*

Nigra, flavo hirta. Pedibus testaceis. Alis fuscis; punctis flavidis; margine interno apiceque sublimpidis sinuatis. (Tab. 19, fig. 8.)

Long. 5 $^1/_2$ 1. ♀.

Face et front à petits poils jaunâtres. Antennes noires. Dessous du thorax à poils noirs ; écusson noir. Abdomen : côtés bordés de poils jaunes et noirs. Tarses bruns. Balanciers fauves. Ailes : les petites taches jaunâtres sont à la base des cellules postérieures.

Du Chili, province de la Conception. M. Durville.

28. Anthrax hypoxantha, *Nob.*

Nigra, flavido hirta, subtus rufa. Capite rufo. Alis dimidiato fuscis, punctis pallidis. (Tab. 21, fig. 8.)

Long. 5 1. ♀.

Epistome assez saillant. Antennes : premier article fauve, les autres noirs : troisième terminé en cône. Front large ♀. Abdomen : bord postérieur du quatrième et du cinquième segment et sixième et septième à fond fauve. Pieds d'un fauve pâle. Ailes : partie obscure à bord intérieur sinueux et un peu nuancé ; les petites taches pâles situées à la base des nervures ; troisième cellule postérieure à pétiole très-court.

Du Chili. M. Gay. Muséum.

29. ANTHRAX GAYI , *Nob.*

Nigra, flavido hirta. Alis dimidiato fuscis ; parte fuscá interná rotundatá. (Tab. 21 , fig. 5.)

Long. 3 l. ♂ ♀ ?

Face et front à léger duvet grisâtre. Thorax et front (en partie dénudés). Pieds d'un brun noirâtre. Bord intérieur de la partie brune des ailes légèrement crénelée ; petite nervure transversale située vers le milieu de la longueur de la cellule discoïdale ; base des premières cellules sous-marginale et postérieure à la même hauteur ; base de la deuxième postérieure large et sinueuse.

Du Chili. M. Gay. Muséum.

30. ANTHRAX FUNEBRIS , *Nob.*

Nigra. Alis nigris ; maculá margineque interno inciso , hyalinis. (Tab. 21 , fig. 10.)

Long 3 ¹/₂ l. ♀.

Corps dénudé. Pieds noirs. Ailes : la tache hyaline occupant l'extrémité de la cellule discoïdale ; le bord intérieur fort découpé ; base des premières cellules sous-marginale et postérieure située au tiers de la longueur de la discoïdale.

De Saint-Domingue. Muséum.

Cette espèce ressemble à l'*A. bifasciata*, Meig.

31. ANTHRAX LUCIFER , *Fab., Wied.*

Nigra, flavido tomentosa. Abdomine fasciis nigris. Alis fuscis ; basi aredque costali ferrugineis.

Ces auteurs ne font pas mention du sexe. Nous avons observé plusieurs mâles et femelles rapportés de l'île de Cuba par M. de la Sagra.

Dans cette espèce, les nervures sont disposées comme dans la pl. 21, fig. 8. *Anthrax hypoxantha*. Il y a quelquefois sur l'une des ailes une nervure transversale qui forme une troisième cellule sous-marginale. Dans un individu de l'île de Cuba, la nervure qui sépare la deuxième cellule postérieure de la troisième est incomplète et n'atteint pas le bord de l'aile.

Le Muséum possède un individu qui a été trouvé par M. Durville à Offak.

32. ANTHRAX ANALIS, *Say*, *Wied*.

Atra. Abdominis apice argenteo. Alis dimidiato nigris; termino nigredinis bipartito.

Cette espèce, découverte par Say dans la Géorgie, s'est trouvée aussi au Brésil depuis l'embouchure de l'Uraguay jusqu'aux Missions. La description de Wied., ne fait pas mention du sexe. L'individu du Brésil que nous avons observé est un mâle; le front est plus large qu'à l'ordinaire. La face est proéminente, à petits poils fauves, ainsi que le front. La trompe est un peu alongée et menue.

33. ANTHRAX NYCTHEMERA, *Hoffm.*, *Meig.*

Nigra. Thorace rufopiloso. Abdomine fasciâ albâ. Halteribus flavicantibus; capitulo puncto nigro. Alis semiatris; sinu et puncto antè apicem.

Un individu rapporté de la Géorgie par M. Delarue de Villeret, consul de France à Savannah, ne diffère pas de ceux d'Europe, qui ne sont peut-être que des variétés de l'*A. velutina*.

34. ANTHRAX ALBO FASCIATA, *Nob. A. analis Macq. S. à B.*

Nigra. Abdomine albo variegato. Alis basi margineque externo fuscis; tribus maculis fuscis. (Tab. 21, fig. 12.)

J'ai nommé cette espèce *Analis* dans les suites à Buffon; mais ce nom ayant été donné antérieurement à une autre espèce par Say et M. Wiedemann, nous avons dû le changer.

De la Géorgie.

38. ANTHRAX GEORGICA, *Macq. S. à B.*

Nigra, nigro hirta. Alis dimidiato nigris, sinu magno in medio. (Tab. 21, fig. 11.)

Long. 4 l ♂.

Corps entièrement noir. Tête épaisse. Pieds noirs. Ailes : le bord intérieur de la partie noire à échancrure qui occupe l'extrémité de la cellule discoïdale; deux échancrures plus petites, situées plus haut et plus bas.

De la Géorgie. Collection de M. Serville et la mienne.

Cette espèce ressemble à l'*A. gideon*, Fab., Wied.; mais elle n'a pas de taches blanches sur l'abdomen et l'échancrure de la partie noire des ailes est située vers le bord intérieur de l'aile.

39. ANTHRAX HALCYON, *Th. Say, Wied.*

Nigra, flavo hirta. Alis fuscis; maculâ disci, cellularum marginalium medio, apiceque limpidis; hoc lunulâ fuscâ. (Tab. 19, fig. 6.)

Nous rapportons à cette espèce un individu de la Caroline qui ne diffère pas de cette description, mais dont les nervures des ailes ne sont pas conformes à la pl. 3, fig. 6. de M. Wiedemann. Dans cette figure, la troisième cellule postérieure est divisée en deux par une nervure transversale; elle ne l'est pas dans l'individu que nous avons observé; il y a seulement un appendice de nervure longitudinale à l'angle intérieur de la cellule discoïdale.

Dans cette espèce, le troisième article des antennes est subulé comme dans les Exoprosopes.

De la Caroline. Muséum.

37. ANTHRAX CONCISA, *Nob.*

Nigra, rufo hirta. Pedibus rufis. Alis dimidiato nigris; nigridinis termino sinuato; punctis flavidis.

Long. 4 l. ♀.

Corps en grande partie dénudé. Ailes semblables à celles de l'*A. velutina*, mais plus découpées au bord.

Cette espèce diffère encore de l'*A. velutina* qui a les pieds entièrement noirs, et de l'*A. nycthemera* qui a les cuisses de cette couleur.

De la Caroline. Muséum.

41. ANTHRAX FULVO HIRTA, *Wied.*

Nigra, fulvo hirta. Abdomine utrinque ferrugineo. Alis dimidiato nigris.

Wiedemann a décrit la femelle. Un individu ♂ du Muséum a la face et le front garnis de poils noirs. Dans cette espèce les ailes ressemblent à celles de l'*A. semiatra* ; les crénelures du bord intérieur sont seulement un peu plus petites, les nervures sont disposées de même.

De la Caroline. Muséum.

Un autre individu sans indication de patrie ne diffère de celui-ci que par une taille beaucoup plus grande ; il a 5 l. au lieu de 3 ¹/₂.

42. ANTHRAX CONSANGUINEA , *Nob.*

Albido hirta. Abdomine incisuris albidis. Alis hyalinis. (Tab. 21 , fig. 1.)

Long. 5 l. ♀.

Face à poils jaunâtres. Front (dénudé). Thorax à poils d'un blanc jaunâtre. Abdomen (en partie dénudé) ; bord antérieur du deuxième segment à poils jaunes ; les autres blancs ; un peu de testacé sur les côtés des trois premiers. Pieds noirs ; jambes d'un testacé châtain. Ailes à base et cellule médiastine brunâtres.

De Philadelphie. Collection de M. Serville.

43. ANTHRAX CELER , *Wied.*

Nigra aurata tomentosa. Alis dimidiato nigris.

Dans cette espèce, la petite nervure transversale et la base de la première cellule sous-marginale sont situées vers le milieu de la hauteur de la discoïdale. La partie noire ressemble à celle de l'*A. semiatra* ; mais elle est moins découpée au bord intérieur.

De Philadelphie. Collection de M. Serville.

44. Anthrax notabilis, *Nob.*

Nigra. Antennis testaceis. Alis fuscis, elongatis. (Tab. 19, fig. 5.)

Long. 9 l. ♂.

Face à poils jaunes. Front à poils noirs. Troisième article des antennes conique. Thorax et abdomen (dénudés), côtés du premier châtains, à poils jaunâtres. Côtés de l'abdomen à poils noirs. Pieds noirâtres. Balanciers noirs. Ailes longues de 12 l., d'un brun uniforme; nervure marginale atteignant le bord de l'aile en s'éloignant de l'extrémité; base de la première cellule postérieure située aux trois quarts de la longueur de la discoïdale; base de la première sous-marginale en-deçà de celle de la discoïdale.

Patrie inconnue. Muséum.

45. Anthrax brunnipennis, *Nob.*

Nigra, flavo hirta. Alis fuscis. (Tab. 20, fig. 12.)

Long. 5 l. ♀.

Face et front à poils jaunes. Antennes noires. Thorax et abdomen (en grande partie dénudés). Pieds noirs. Balanciers jaunes. Ailes d'un brun roussâtre; un peu de fauve à la base; une tache presque hyaline au milieu de la quatrième cellule postérieure.

Cette espèce ressemble à l'*A. lucifer*; mais elle n'a pas le premier article des antennes et l'écusson testacés; les ailes n'ont pas le bord extérieur et les nervures fauves; il y a aussi une différence dans la forme de la cellule discoïdale.

Patrie inconnue. Muséum.

46. Anthrax luctuosa, *Nob.*

Nigra. Alis tertiâ parte directô fuscis. (Tab. 21, fig. 4.)

Long. 2 ¹⁄₂ l. ♀.

Corps (dénudé). Pieds testacés : tarses noirs. Ailes : la partie antérieure brune séparée nettement de l'hyaline; petite nervure transversale située au cinquième de la longueur de la cellule discoïdale les deux basilaires d'égale longueur ; les premières sous-marginale et postérieure commençant à la même hauteur.

Patrie inconnue. Muséum.

AA. Ailes hyalines.

47. Anthrax hesperus, *Rossi, Meig.*

Suprà flavicante, subtus albo hirta. Alis hyalinis, ad costam flavicantibus. (Tab. 21, fig. 3.)

Cette petite espèce se trouve en Égypte comme au midi de l'Europe. La base de la première cellule sous-marginale des ailes n'est pas située à la hauteur de la petite nervure transversale, comme dans les autres espèces à ailes hyalines, mais beaucoup plus près de la base de l'aile.

48. Anthrax egyptiaca, *Nob.*

Nigra, flavido hirta. Abdomine nigro fasciato, apice albido. Alis hyalinis. (Tab. 21, fig. 1.)

Long. 6 l. ♂.

Abdomen couvert seulement de petits poils formant un duvet d'un jaunâtre pâle, laissant à découvert le noir de la moitié antérieure des deuxième et troisième segments, et un liseré aux suivants; cinquième et sixième à bord postérieur blanc sous des cils noirs; point de touffes sur les côtés de l'abdomen. Poitrine et ventre à poils blanchâtres. Pieds noirs. Ailes à base et cellule médiastine jaunes.

D'Égypte. Muséum.

49. Anthrax albifacies, *Nob.*

Flavido hirta. Facie albâ. Alis hyalinis. (Tab. 21, fig. 1.)

Long. 4 ¹/₂ l. ♀.

Poils de l'abdomen blancs, ainsi que ceux du ventre, des flancs et de la poitrine. Pieds noirs, à duvet blanc. Ailes à base et cellule médiastine un peu jaunâtres.

D'Alger. M. Roussel. Ma collection.

50. ANTHRAX BICINGULATA , *Nob.*

Flavo hirta. Abdomine fasciabus duabus flavis. Alis hyalinis.
(Tab. 21, fig. 1.)

Long. 4 $^1/_2$ l. ♀.

Face à poils jaunes. Front à poils noirs. Les deux bandes de l'abdomen au bord antérieur des deuxième et quatrième segments; d'autres bandes moins distinctes aux autres segments ; des poils noirs aux côtés des quatrième et cinquième. Ailes à base et cellule médiastine jaunes.

De l'île de Naxos. Olivier. Muséum.

51. ANTHRAX UNICINGULATA , *Nob.*

Flavido hirta. Abdomine fascid flavidd. Alis hyalinis. (Tab. 21, fig. 1.)

Long. 3 l.

Abdomen (en partie dénudé). La bande est au bord antérieur du deuxième segment; les autres ont conservé quelques poils jaunes; les côtés n'ont pas de touffes noires. Pieds noirs. Ailes à base et cellule médiastine jaunâtre.

De l'île de Scio. Olivier. Muséum.

52. ANTHRAX NIGRICEPS , *Macq.* Hist. des Canaries, de Webb et Berthelot.

Capite nigro. Abdomine duabus vittis albis. Alis hyalinis.
(Tab. 21 , fig. 1.)

Long. 4–6 l. ♂ ♀.

Semblable à l'*A. flava.* Face et front noirs, à poils noirs. Bord antérieur des deuxième et quatrième segments de l'abdomen à poils blancs ; cinquième, sixième et septième entièrement à poils noirs ; deux petites touffes de poils blancs à l'extrémité du septième. Pieds entièrement noirs.

Des îles Canaries.

53. A**nthrax** **nigrifons** , *Macq.* Histoire des Canaries, de Webb et Berthelot.

Fronte nigra. Abdomine segmentis albo limbatis. Alis hyalinis. (Tab. 21 , fig. 1.)

Long. 5 ¹/₂ l. ♀.

Semblable à l'*A. flava*. Face à poils fauves. Front à poils noirs. Derrière de la tête à duvet blanc. Deuxième et sixième segments de l'abdomen à bord antérieur d'un jaune blanchâtre; cinquième et septième à poils noirs.

54. A**nthrax** **dubia** , *Nob.*

Flavo hirta, subtus albido hirta. Abdominis primo secundoque segmentis lateribus rufis. Alis hyalinis. (Tab. 21 , fig. 1.)

Long. 6 l. ♀.

Corps en grande partie dénudé; point de touffe noire sur les côtés de l'abdomen. Pieds noirs. Ailes à duvet jaune sur la côte; base et cellule médiastine jaunâtres.

Du Cap. Collection de M. Serville.

55. A**nthrax** **rufipes** , *Nob.*

Flavido hirta ? Abdomine lateribus fulvis. Pedibus testaceis. Alis hyalinis. (Tab. 21 , fig. 1.)

Long. 5 l.

Corps large (en partie dénudé). Les incisions de l'abdomen à poils blanchâtres; premier, deuxième et troisième segments à fond fauve sur les côtés. Tarses noirâtres. Ailes à base et cellule médiastine roussâtres.

Du Cap. Delalande. Muséum.

56. A**nthrax** **unifasciata** , *Nob.*

Flavo hirta. Abdominis segmento quarto fasciâ flavâ . Alis hyalinis, basi maculâ argenteâ ♂· (Tab. 21, fig. 1.)

Long. 5 l. ♀.

La bande de poils jaunes du quatrième segment de l'abdomen au bord antérieur, un peu échancrée au milieu; un peu de poils jaunes au bord des autres segments; côtés des cinquième et sixième à poils noirs; septième à poils jaunes sur les côtés, noirs à l'extrémité; dessous du corps à poils jaunes. Pieds noirs. Ailee à base et cellule médiastine brunes; cellule costale jaunâtre.

De l'île de France. M. Desjardins. Muséum.

Cette espèce ressemble à l'*A. cingulata*, Meigen, qui cependant a les ailes grisâtres.

57. ANTHRAX RUFICEPS, *Nob.*

Nigra, flavido hirta. Capite fulvo hirto. Alis hyalinis, basi puncto albo. (Tab. 21, fig. 1.)

Long. 5 ¹/₂ l. ♂ ♀.

Face et front à poils roux mêlés de noirs. Thorax et abdomen (dénudés); côtés à poils jaunes; un peu de fauve (fond) sur les côtés des deux premiers segments; une touffe de poils noirs de chaque côté des deuxième et troisième, au bord postérieur; cinquième et sixième bordés de poils noirs; septième à touffe jaunâtre de chaque côté; ventre à poils roussâtres. Pieds noirs. Ailes à base et cellule médiastine brunâtres; la petite tache d'un blanc argenté.

De l'île de France. M. Desjardins. Muséum.

58. ANTHRAX LEUCOPYGA, *Nob.*

Flavido hirta. Ano albo hirto. Tibiis basi testaceis. Alis hyalinis. (Tab. 21, fig. 1.)

Long. 4. l.

Poils de l'abdomen pâles; point de touffes noires sur les côtés; dernier segment à poils blancs; dessous du thorax à poils jaunes; dessous de l'abdomen à poils blanchâtres. Pieds noirs, à duvet jaunâtre; jambes à base testacée. Ailes à base et cellule médiastine à peine jaunâtres.

De l'île de Timor. Muséum.

). **Anthrax hilarii**, *Nob.*

*Rufo hirta. Abdomine bifasciato. Femoribus posticis testaceis.
lis hyalinis.* (Tab. 21, fig. 1.)

Long. 4 ¹/₃ l. ♂.

Face à duvet blanc. Front à duvet jaune et poils noirs, un peu de
ancs en avant et sur les côtés. Abdomen à petite bande de poils
irés au bord des troisième et quatrième segments ; un peu de fond
uve sur les côtés des premier et deuxième. Dessous du corps à
ils blanchâtres. Cuisses postérieures et intermédiaires testacées, à
trémité noire. Ailes à base et cellule médiastine brunâtres.

Du Brésil, au Midi de la Capitainerie de Goyaz. Saint-
ilaire. Muséum.

). **Anthrax vicina**, *Nob.*

Nigra, flavido hirta. Facie albo hirtâ. Alis hyalinis. (Tab. 21,
g. 1.)

Long. 3 l. ♂.

Face et partie antérieure du front à poils blancs. Thorax et
domen (dénudés) ; des vestiges de poils jaunâtres ; côtés des
remier et deuxième segments testacés (le fond) ; troisième et
uatrième à touffes noires sur les côtés. Pieds noirs. Ailes à base et
ellule médiastine un peu jaunâtres.

Du Brésil, depuis l'embouchure de l'Uraguay jusqu'aux
issions. Muséum.

Il est voisin de l'*A. amasia*, Wied., dont le sexe n'est pas
entionné. Il n'en est peut-être qu'une variété.

1. **Anthrax faunus**, *Fab.*, *Wied.*

*Nigra. Thorace fulvo hirto. Abdomine fulvo fasciato. Alis
impidis ; ared costali fuscanâ.* (Tab. 21, fig. 1.)

La description de ces auteurs ne fait pas mention du sexe. Un
ndividu mâle, rapporté de Cuba par M. de la Sagra, diffère de cette

description par le septième segment de l'abdomen, qui est à duvet noir au lieu de jaune. Dans cette espèce, le dessous du corps est à duvet d'un blanc jaunâtre soyeux, et le troisième segment seul du ventre est noir.

62. Anthrax pusio, *Nob.*

Nigra, rufo hirta. Abdomine rufo unifasciato. Alis hyalinis. (Tab. 21, fig. 1.)

$$\text{Long. } 2 \; ^{3}/_{4} \; \text{l. } \; \female \; .$$

Troisième segment de l'abdomen à bande de poils fauves au bord postérieur; des vestiges de poils semblables aux autres segments; deux touffes blanches à l'extrémité du sixième; poitrine et ventre à poils jaunâtres. Pieds noirs, à duvet jaunâtre. Ailes à base et cellule médiastine brunâtres.

De Cuba. Ma collection.

63. Anthrax hypomelas, *Nob.*

Nigra. Thorace abdomineque anticé flavo hirtis. Capite nigro. Alis hyalinis. (Tab. 21, fig. 1.)

$$\text{Long. } 5 \; \text{l. } \; \male \; .$$

Face et front à petits poils noirs. Un peu de poils jaunâtres à l'extrémité du thorax; côtés et dessous à poils noirs. Les deux premiers segments de l'abdomen et le dernier à poils jaunes; ventre à poils noirs. Ailes à base et cellule médiastine jaunâtres.

De l'Amérique septentrionale. Muséum.

64. Anthrax gracilis, *Nob.*

Subgracilis, fulvo hirta. Alis hyalinis. (Tab. 21, fig. 1.)

$$\text{Long. } 4 \; ^{1}/_{4} \cdot \text{l. } \; \female \; .$$

Face et front à poils noirs. Un peu de fond testacé sur les côtés des deux premiers segments de l'abdomen. Pieds noirs. Ailes à base et cellule médiastine un peu jaunâtres.

De Philadelphie. Collection de M. Serville.

6. G. CALLOSTOME, CALLOSTOMA, *Serville*, Collection.

Corps assez étroit. Tête assez large, hémisphérique. Trompe menue, deux fois plus longue que la tête; lèvres terminales peu distinctes, alongées. Palpes menus, ne dépassant pas l'épistome. Antennes, face et front très–larges ♀. Antennes distantes.... Abdomen assez étroit, alongé. Pieds postérieurs alongés; pas de pelotes aux tarses. Ailes: première cellule postérieure fermée; base de cette cellule éloignée de celle de la première sous–marginale.

Nous adoptons ce genre que M. Serville a formé dans sa collection pour un Anthracien qui se distingue des autres par ces caractères et particulièrement par la forme étroite de l'abdomen.

Le nom générique fait allusion à la blancheur argentée du duvet qui embellit les bords de l'ouverture buccale.

Le type de ce genre a été trouvé à Smyrne.

1. CALLOSTOMA FASCIPENNIS, *Nob.*

Nigra. Capite albo tomentoso. Alis hyalinis fascid fuscd (Tab. 15, fig. 4.)

Long, 5 ¹/₂ l. ♀.

Le haut du front à poils noirs. Thorax à léger duvet blanc. Abdomen : bord antérieur des segments à poils blancs. Balanciers noirs, à tête blanchâtre. Ailes : base un peu grisâtre ; bord antérieur brunâtre; la large bande brune s'étendant depuis la base de la troisième cellule postérieure jusqu'à l'extrémité de la discoïdale.

De Smyrne. Collection de M. Serville.

7. G. MULION, MULIO, *Latr.*

Les Mulions habitent particulièrement le nord de l'Afrique; cependant *l'Obscurus* et *l'Infuscatus* se trouvent aussi au midi de l'Europe, et *l'Holosericeus* dans la Crimée. La patrie du *Leucoprocta*, Wied., est inconnue.

1. Mulio punctipennis, *Nob.*

Nigricans, flavido hirtus. Alis dimidiato fuscanis; punctis fuscis; tribus cellulis posticis.

Long. 3 l. ♀.

Face et front d'un testacé pâle, à duvet d'un jaune blanchâtre. Trompe noire, dépassant la tête d'une ligne. Antennes : les deux premiers articles testacés ; troisième noir ; style une fois moins long que cet article, un peu renflé à l'extrémité. Thorax à poils d'un jaune grisâtre ; écusson à fond testacé. Abdomen (en partie dénudé) à petits poils d'un jaune blanchâtre ; bord postérieur des segments à fond testacé ; ventre testacé, presque nu. Pieds testacés ; jambes à duvet jaunâtre ; tarses bruns. Ailes : moitié extérieure d'un brunâtre foncé ; intérieur un peu grisâtre ; des points d'un brun noirâtre à la base des cellules ; un point hyalin à la base de la discoïdale ; bord extérieur et nervures médiastines, sous-marginale et interno-médiaire roux ; les autres brunes ; première cellule postérieure divisée en deux par une seconde nervure transversale.

De Sicile et vraisemblablement du nord de l'Afrique. Il nous a été communiqué par M. Pilate.

8. G. ENICE, Enica, *Macq. S. à B.*

Ce genre, que nous avons formé dans les Suites à Buffon, a pour type l'*Anthrax longirostris*, Wied., qui est du Cap et qui, outre la longueur de la trompe, est caractérisé par la forme subulée et alongée du dernier article des antennes et par une nervure transversale à l'extrémité des ailes.

1. Enica longirostris, *Macq.* Anthrax id., *Wied.*

Flavido tomentosa. Abdomine albo maculato. Alis ad costam dimidiato fuscis maculis quadratis limpidis.

Du Cap.

9. G. LITORHYNQUE, Litorhynchus, *Nob.*

Caractères génériques des Anthrax. Trompe menue, une

fois plus longue que la tête, à lèvres peu distinctes. Palpes menus, velus, n'atteignant pas le bord de l'épistome. Face un peu saillante, arrondie. Antennes : troisième article fort court, conique, moins épais que le second, à style quatre fois aussi long que l'article. Ailes : trois cellules sous-marginales.

L'anthrax lar, Fab., et quelques autres, présentent la réunion de ces caractères, qui nous paraissent former un type générique, voisin des *Mulions* par la longueur de la trompe et des *Exopro-sopes* par les nervures des ailes. Le troisième article des antennes ressemble à celui des *Anthrax* par sa brièveté; mais il en diffère par la longueur du style.

Ces Diptères sont du cap de Bonne-Espérance.

1. LITORHYNCHUS HAMATUS, *Nob.*

Nigra. Thorace flavo hirto. Abdomine albo fasciato. Scutello testaceo. Alis fuscis; sinu marginis interni apiceque limpidis. (Tab. 15, fig. 2.)

Long. 4 $^1/_2$ l. 5 ♂.

Face proéminente, à duvet jaune, ainsi que le front; ce dernier à poils noirs. Antennes noires; troisième article subulé, à style distinct. Les bandes blanches de l'abdomen sont au bord antérieur des segments; les deux premiers bordés extérieurement de poils jau-nâtres; les autres, de poils noirs; ventre noir, ainsi que les pieds. Balanciers bruns. Ailes : les nervures et les couleurs disposées comme dans l'*A. tricolor*, mais sans fauve à la base, et l'extrémité un peu en hameçon.

Du Cap. Collection de M. Serville.

Cet *Anthrax* ressemble au *Seniculus*, qui en diffère par le ventre à incisions fauves, et par une tache hyaline, carrée, à la base des ailes. Il n'en est peut-être qu'une variété.

2. LITORHYNCHUS SENICULUS. — ANTHRAX SENICULUS, *Wied.*

Nigra. Abdomine fascià medià apiceque albis. Alis basi, costis duabus trientibus latè, plagàque obliquà fuscis.

M. Wiedemann n'a pas fait mention de sexe. Nous avons observé les deux et ils ne diffèrent guères que par les organes copulateurs. Cette espèce, qui est commune au Cap, varie beaucoup en grandeur, et l'abdomen a les côtés plus ou moins testacés.

3. LITORHYNCHUS COLLARIS. — ANTHRAX COLLARIS, *Wied.*

Nigra. Collari ferrugineo. Abdomine utrinque maculà niveà. Alis nigris, guttulà, excisurà, apiceque limpidis.

M. Wiedemann ne fait pas mention du sexe. Nous avons observé des mâles et des femelles; ils diffèrent peu entre eux.

Cette espèce est commune au Cap et au Sénégal.

10. G. COMPTOSIE, COMPTOSIA, *Nob.*

Trompe un peu alongée et s'élevant ordinairement obliquement entre les antennes. Face oblique, un peu saillante dans le haut. Front linéaire, à partie antérieure triangulaire. Antennes rapprochées; troisième article conique; style aussi long que l'article; segments de l'abdomen bordés de petites soies. Ailes assez étroites; nervure marginale atteignant le bord de l'aile et s'éloignant fort de l'extrémité; trois cellules sous-marginales.

Ces caractères distinguent un Diptère exotique voisin des *Anthrax* par le faciès et assez remarquable par la sinuosité de la nervure marginale des ailes et par la bande blanche qui les décore. Le nom générique fait allusion à l'élégance de la coloration qui en résulte.

Ce joli insecte a été découvert à Monte-Video.

Ce genre, ainsi que les quatre suivants, a généralement les caractères des *Anthrax*, à l'exception des antennes dont l'insertion est rapprochée, et du front qui est étroit dans les mâles. Ils diffèrent encore du plus grand nombre par la base des premières cellules sous-marginale et postérieure des ailes, qui est distante au lieu d'être connivente.

1. Comptosia fascipennis, *Nob.*

Nigricans. Scutello abdominisque lateribus testaceis. Alis fuscis; fascid albâ propé apicem. (Tab. 14, fig. 1.)

Long. 6 ¹/₂ l. ♂.

Face à poils fauves. Front à poils noirs. Antennes noires. Abdomen bordé de poils noirs. Pieds fauves. Balanciers brunâtres. Ailes d'un brun châtain; bande transversale blanche, assez étroite, très-près de l'extrémité.

Monte-Video? Muséum.

Dans l'un des individus que nous avons observés, la trompe ne dépasse pas l'épistome.

11. G. ANISOTAMIE, Anisotamia, *Nob.*

Caractères génériques des *Anthrax.* Antennes rapprochées; premier article un peu épaissi, ovale; troisième assez menu, cépaliforme. Front fort rétréci au sommet. Ailes : première cellule sous-marginale fort longue, à base située en-deçà de celle de la discoïdale; première postérieure assez courte, tantôt fermée, tantôt ouverte; petite nervure transversale oblique, située aux trois quarts de la longueur de la discoïdale.

Deux Diptères de l'Afrique présentent ces caractères, dont la plupart, et surtout le rapprochement des antennes et des yeux, les distinguent des *Anthrax.* Le nom générique fait allusion à l'inégalité des premières cellules sous-marginale et postérieure des ailes.

1. Anisotamia ruficornis, *Nob.*

Nigra. Scutello, abdominisque incisuris rufis. Alarum nervis fusco marginatis.

Long. 6 l. ♂.

Corps à poils courts. Face et front à poils jaunes. Antennes d'un fauve pâle. Écusson à base noire; le bord postérieur fauve des segments de l'abdomen élargi sur les côtés. Pieds fauves. Tarses noirs. Ailes jaunâtres; première cellule postérieure fermée.

D'Égypte. Muséum.

2. ANISOTAMIA CENTRALIS, *Nob.*

Nigra, flavo hirta. Alis fuscis; celluld discordali apicequa subhyalinis. (Tab. 14, fig. 2).

Long. 5–6 l. ♂♀.

Face à poils blancs et reflets jaunâtres. Front (étroit ♂) à poils jaunes. Antennes noires. Abdomen à fond d'un noir bleuâtre et poils jaunes alongés. Pieds d'un brun châtain ou testacés; tarses noirs. Balanciers jaunes. Ailes : première cellule postérieure ouverte; discoïdale hyaline, quelquefois jaunâtre.

Du Cap. Collection de M. Serville.

12. G. PLÉSIOCÈRE, PLESIOCERA, *Nob.*

Corps assez étroit, velu. Tête presque sphérique. Ouverture buccale large. Trompe non saillante. Face courte, à épistome avancé. Front plan, large, égal, ♀; un petit tubercule ocellifère au vertex. Antennes rapprochées, insérées près de l'épistome; troisième article cépaliforme. Pieds nus, excepté les jambes intermédiaires et postérieures, munies de deux rangs de petites pointes en-dessous, vers l'extrémité. Ailes : deuxième cellule sous-marginale appendiculée à sa base; première sous-marginale longue, atteignant la base de la discoïdale; première postérieure atteignant le tiers de la longueur de la discoïdale.

Nous formons ce genre pour un Diptère d'Afrique qui, voisin des *Anthrax* par la conformation du troisième article des

ntennes et par la disposition des nervures alaires, s'en éloigne
ar les autres caractères.

La forme étroite du corps, le tubercule ocellifère et l'inser-
ion des antennes le distinguent particulièrement. Le nom géné-
ique exprime le rapprochement de ces derniers organes.

. PLESIOCERA ALGIRA, *Nob.*

*Nigricans, flavo hirta. Pedibus flavidis. Alis medio externo
uscano. (Tab. 14, fig. 3)

Long. 4 '/₂ l. ♀.

Tête à duvet d'un gris jaunâtre. Antennes noires. Abdomen en
artie dénudé. Balanciers fauves. Tarses bruns. Ailes : la partie
runâtre se fondant un peu avec la partie hyaline.

D'Alger. Muséum.

13. G. LOMATIE, LOMATIA, *Meig.*

Nous ne connaissons pas encore d'espèces entièrement exo-
iques; mais les *L. lateralis* et *sabœa* appartiennent au nord de
'Afrique comme au midi de l'Europe.

14. G. OGCODOCÈRE, OGCODOCERA, *Nob.*

Corps de largeur médiocre. Tête assez épaisse. Trompe
ourte, assez épaisse; palpes cachés. Face plane. Front large ♀.
Antennes rapprochées, très-courtes; premier article peu ou
oint distinct; deuxième épais, arrondi; troisième moins épais
que le deuxième, sphérique, un peu déprimé; style alongé.
Abdomen assez court. Tarses munis de pelottes. Ailes : petite
nervure transversale située vers les deux tiers de la longueur
de la cellule discoïdale, et fort loin de la base de la première
sous-marginale; cellule anale presque fermée.

Le type de ce genre est un Diptère de l'Amérique septentrionale qui, ainsi que les précédents, diffère des Anthrax par

l'insertion rapprochée des antennes et qui se singularise par la conformation de ces organes en tubercules. Le nom générique exprime ce caractère.

1. Oscodocera dimidiata , *Nob.*

Nigra , flavido hirta. Alis dimidiato nigris. (Tab. 15 , fig. 1.)

Long. 2 ¹/₂ l. ♀.

Corps velouté. Front à poils jaunes. Antennes noires. Thorax et abdomen (en grande partie dénudés) ; côtés de l'abdomen à touffes de longs poils noirs ; les deux premiers segments bordés de poils jaunâtres. Pieds noirs. Balanciers bruns. Ailes : partie noire un peu concave.

De l'Amérique septentrionale. Collection de M. Serville.

15. G. ADÉLIDÉE, Adelidea , *Nob.*

Caractères génériques des Bombyles. Corps un peu moins large. Tête un peu arrondie postérieurement. Trompe de la moitié de la longueur du corps. Face saillante. Antennes de la longueur de la tête ; premier article un peu alongé, cylindrique ; deuxième cyathiforme ; troisième pyriforme ; style très petit , divergent. Abdomen ovale, un peu alongé. Ailes à base nue ; trois cellules sous-marginales ; première postérieure rétrécie à l'extrémité ; anale ouverte ; petite nervure transversale située aux deux tiers de la longueur de la cellule discoïdale.

Parmi ces caractères , ceux qui distinguent le plus ce genre de celui des Bombyles , qui en est très-voisin , sont la forme de la tête et de l'abdomen et les trois cellules sous-marginales des ailes comme dans les Ploas, les Cyllénies, les Toxophores ; ce qui jette quelque ambiguité sur ce genre. Le nom que nous lui donnons y fait allusion.

Le type de ce genre est du Cap.

1. Adelidea fuscipennis, *Nob.*

Nigra , flavo hirta. Pedibus flavis. Alis fuscis, basi rufescente.
Tab. 6, fig. 1.)

Long. 4. l. ♂.

Face et front cendrés, à poils jaunes. Antennes noires. Ventre cen-
lré ; moitié postérieure des segments testacée. Balanciers fauves. Ailes
tachés brunâtres sur les nervures transversales.

Du Cap. Rapportée par Delalande. Muséum.

6. G. BOMBYLE, Bombylius, *Linn.*

Ce genre semble très-homogène au premier abord par l'unifor-
nité de ses organes les plus apparents; mais, dès qu'il est observé
ivec quelque attention , il présente un grand nombre de légères
nodifications, généralement indépendantes les unes des autres.
La plupart des parties du corps en présentent des exemples.
'armi les espèces exotiques que nous avons examinées, nous
ivons fait les remarques suivantes : la trompe diffère de longueur,
t les lèvres qui la terminent, ordinairement menues et peu
listinctes, sont quelquefois un peu renflées. La face et le front
ont revêtus d'une fourrure qui varie de longueur. Les yeux ne
ont pas toujours contigus dans les mâles; mais ils s'écartent un
eu dans quelques-uns. Les antennes ont le premier article
aché par les poils plus ou moins longs qui le couvrent et par
eux du front et de la face, et il est quelquefois un peu renflé;
e troisième est subuliforme dans le plus grand nombre; dans
l'autres , tantôt il s'étend en long cône, tantôt il se renfle
légèrement en fuseau; il se dilate d'une manière remarquable
lans le *B. pictus*, espèce à la fois européenne et asiatique ; le
tyle, toujours très-petit, est souvent horizontal , se relève quelquefois un peu obliquement, et il est tantôt conique, tantôt
étiforme.

Le thorax et l'abdomen, outre les poils dont ils sont couverts,
nt dans quelques espèces, telles que les *B. seriatus*, Wied.,
tylicornis, Nob., des soies plus épaisses et plus alongées , par-
iculièrement au bord postérieur des segments de l'abdomen.

Les pieds ont la base du dernier article des tarses bilobé dans le *B. plumipes*, Drury.

Les ailes se modifient d'abord par leur base tantôt nue, tantôt ciliée, comme dans les *Anthrax*, légèrement dilatée, et alors la nervure costale est épaisse et couverte de duvet ordinairement blanc. Ensuite les nervures varient sous deux rapports principaux. Ainsi que chez les Tabaniens, la première cellule postérieure est tantôt fermée par la réunion de la nervure externomédiaire à la sous-marginale, et tantôt cette cellule est ouverte. D'une autre part, la petite nervure transversale qui sépare la cellule basilaire externe de la première postérieure est très-variable dans la situation plus ou moins avancée qu'elle occupe sur la surface alaire, depuis le tiers jusqu'aux deux tiers de la longueur de l'aile, en passant par tous les points intermédiaires; et quelle que soit la variabilité de cette nervure, elle conserve dans chaque espèce sa situation avec la plus grande constance. De plus, la deuxième cellule sous-marginale présente quelquefois un appendice de nervure, comme dans un grand nombre de Tabaniens; enfin dans le *B. ferrugineus*, Fab., les nervures transversales parallèles au bord interne de l'aile sont plus droites que dans la plupart des autres espèces.

La distribution géographique des Bombyles exotiques se présente actuellement ainsi qu'il suit : sur environ soixante-dix espèces connues, en y comprenant celles qui sont communes à l'Europe méridionale et à l'Afrique (1), plus de quarante appartiennent à cette dernière partie du globe, et surtout au cap de Bonne-Espérance. Et les autres, par parties à peu près égales, à l'Asie et aux deux parties de l'Amérique. Quoique ces Diptères soient assez remarquables, il paraît qu'ils ont été peu

---

(1) Les *B. medius, concolor et cruciatus*, se trouvent dans l'Algérie comme en Europe.

recueillis jusqu'ici par les voyageurs; si l'on considère que l'Europe seule compte maintenant un nombre d'espèces égal à celui dès exotiques, l'on sera porté à croire qu'il reste un plus grand nombre de ces dernières à découvrir, que dans les tribus précédentes.

1. BOMBYLIUS MICANS, *Fab., Wied.*

Dilute flavidus. Thorace ochraceo vittato. Alis ad costam dimidiato fuscis. (Tab. 7, fig. 5.)

Un individu ♀ rapporté du Cap par Delalande m'a offert les particularités suivantes : Les poils de la face sont blancs dans le bas, comme ceux de la barbe; dans le haut, ils sont noirs, mélés de jaunes, ceux du front sont jaunes, ceux du vertex sont noirs, ceux du premier article des antennes sont noirs en-dessous, jaunes en-dessus; ceux du thorax sont d'un blanc soyeux; ceux des trois bandes longitudinales sont d'un beau fauve; ceux de l'abdomen sont blancs, à extrémité jaunâtre; chaque segment a une touffe de poils noirs de chaque côté.

Dans cette espèce, le troisième article des antennes diminue insensiblement de grosseur, et il est terminé par un petit style sétiforme. Les ailes ont la petite nervure transversale située aux deux tiers de la longueur de la cellule discoïdale; l'extrémité de cette cellule est large.

2. BOMBYLIUS ALBIVENTRIS, *Nob.*

Ater. Thorace flavido. Abdomine albido hirto. Pedibus rufis. Alis hyalinis, basi flavidis. (Tab. 6, fig. 5, et tab. 7, fig. 5.)

Long. 4 ¹/₂ ♂.

Trompe longue d'une ligne et demie. Face et partie antérieure du front à poils jaunes. Antennes noires; premier article à poils jaunes. Poils du thorax à reflets blancs; écusson (dénudé) testacé. Les poils de l'abdomen jaunâtres à la base. Derniers articles des tarses noirâtres. Ailes à cils fauves; petite nervure transversale située aux deux tiers de la longueur de la cellule discoïdale.

Du Cap. Cabinet de M. Serville.

3. Bombylius servillei, *Nob.*

Ater, albo hirtus. Alis dimidiato fuscis, punctis nigris. (Tab. 7, fig. 5.)

Long. 4 l. ♀.

Trompe longue de 2 l. Face et front à poils blancs, noirs et testacés. Troisième article des antennes alongé et menu. Thorax et abdomen à fourrure blanche, mêlée de soies jaunes; des touffes de soies noires sur les côtés et à l'extrémité. Pieds testacés, à duvet blanchâtre. Ailes à cils noirs et duvet blanc; le bord extérieur brun des ailes s'affaiblit à l'intérieur; les petites taches noires sont à la base des cellules transversales; elles varient de nombre; petite nervure transversale située aux deux tiers de la longueur de la discoïdale.

Du Cap. Cabinet de M. Serville.

4. Bombylius flaviceps, *Nob.*

Ater, flavo hirtus. Pedibus rufis. Alis hyalinis; basi margineque antico fuscanis. (Tab. 6, fig. 4, et tab. 7, fig. 5.)

Long. 4. l. ♀.

Trompe longue de 2 l. Poils de la face, du front et des antennes jaunes, sans mélange; troisième article de ces dernières lancéolé à la base, terminé en pointe un peu alongée et un peu obtuse; style très-petit. Balanciers jaunes. Tarses bruns. Ailes : petite nervure transversale située vers les deux tiers de la cellule discoïdale; un point brun sur cette nervure, et à l'extrémité de la cellule basilaire interne.

D'Afrique. Delalande. Muséum.

5. Bombylius ruficeps, *Nob.*

', *flavido hirtus. Scutello testaceo. Pedibus rufis. Alis
is, basi rufâ.* (Tab. 7, fig. 5.)

Long. 4 l. ♀.

npe longue de 2 l. Dessous de la tête à poils blanchâtres. Face,
t antennes fauves; troisième article de ces dernières manque.
. cils fauves; nervures fauves; petite transversale située aux
ers de la cellule discoïdale.
Cap. Collection de M. Serville.

IBYLIUS AURANTIACUS, *Nob.*

r, *rufo hirtus. Scutello testaceo, basi nigrâ. Pedibus
Alis basi rufis.* (Tab. 6, fig. 2, et tab. 7, fig. 5.)

Long. 4 ⅓ l. ♀.

mpe longue de 2 l. Face, front et poils du premier article des
es fauves; troisième article de ces dernières lancéolé. Ailes
auves et duvet jaune; base de la deuxième cellule postérieure
arge et oblique; petite nervure transversale située aux deux
e la discoidale.
Cap. Cabinet de M. Serville.

IBYLIUS LATERALIS, *Fab., Wied.*

r. *Thorace rubido hirto, vittâ laterali albâ. Abdomine
medid albâ. Alis ad costam dimidiato punctisque nigris.*
7, fig. 5.)

as cette jolie espèce les ailes ont la petite nervure transversale
à-peu-près aux deux tiers de la longueur de la cellule dis-
e; la nervure postérieure de la discoïdale est oblique, parallèle
rd intérieur de l'aile.
Cap. Muséum, et ma collection.

IBYLIUS PICTUS, *Panz., Mikan., Meig.*— *B. planicornis,*
b.

Articulo .tertio antennarum dilatato. Alis fusco punctatis.
(Tab. 6 , fig. 7, et Tab. 7, fig. 5.)

Cette espèce appartient à l'Asie occidentale comme à l'Europe orientale. Elle est remarquable par la dilatation du troisième article des antennes. La petite nervure transversale des ailes est située aux deux tiers de la longueur de la cellule discoïdale.

9. Bombylius orientalis , *Nob.*

Ater. Abdomine rufo , ano albo hirto. Alis basi nigris , medio maculd fuscd. (Tab. 6. , fig. 2.)

Long. 6 l. ♂.

Trompe de la longueur du thorax. Face et base du front à poils blancs. Derrière de la tête à poils gris. Antennes noires. Thorax à poils d'un gris blanchâtre. Les trois premiers segments de l'abdomen à poils d'un beau roux ; les deux derniers à poils blancs ; ventre à poils noirs, mêlés de gris. Pieds noirs. Ailes : une petite tache de poils blancs à la base du bord antérieur; la tache brune , grande , formée de la bordure brune des nervures vers les deux tiers de la longueur de l'aile.

Cette espèce ne diffère guère du *B. analis* que par la couleur des poils de la partie antérieure de l'abdomen et par la tache de l'aile.

Des Indes orientales. M. Roux. Muséum.

10. Bombylius, dimidiatus , *Nob.*

Ater, rufo hirtus. Abdomine apice nigro. Pedibus rufis ; femoribus nigris. Alis ad costam dimidiato fuscis. (Tab. 7, fig. 6.)

Long. 5. l. ♀.

Trompe longue d'une ligne et demie. Face, front et poils des antennes fauves; quelques poils noirs sous le premier article des antennes. Extrémité et dessous de l'abdomen à poils noirs. Cuisses à extrémité fauve. Ailes à base pectinée; petite nervure transversale située un peu au-delà du milieu de la cellule discoïdale ; une petite

:he brune sur la petite nervure transversale et sur celle qui fait la
se de la quatrième cellule postérieure.

Patrie inconnue.

. BOMBYLIUS FUSCUS, *Fab.* , *Meig.*

Ater. Alis nigro-fuscis. (Tab. 7, fig. 4.)

Cette espèce dont le mâle seul a été décrit par Fabricius et Meigen,
mme venant d'Italie, se trouve aussi au nord de l'Afrique. Elle
bite également le midi de la France et l'Espagne. Nous avons
servé une femelle qui ne diffère distinctement du mâle que par la
geur du front. Dans cette espèce, la petite nervure transversale des
es est située au milieu de la cellule discoïdale.

Du Muséum et de ma Collection.

**Petite nervure transversale située au tiers de la longueur de
la cellule discoïdale.**

t. BOMBYLIUS ORNATUS, *Wied.*

Ater. Thorace albo piloso. Capite abdomineque argenteo punc-
tis.

Dans cette jolie espèce, les ailes ont la base simple, et la petite
rvure transversale est située un peu en-deçà du milieu de la
llule discoïdale.

Du Cap. Muséum et cabinet de M. Serville.

t. BOMBYLIUS RUFUS, *Nob.*

Ater, rufo hirtus. Scutello testaceo. Pedibus rufis. Alis dimi-
ato infumatis. (Tab. 6 , fig. 5; et tab. 7, fig. 3.)

Long. 4 $\frac{1}{2}$ l. ♂.

Trompe de la longueur du corps. Face et partie antérieure du front
petits poils fauves. Antennes brunes ; premier article à poils fauves.
lles à base d'un roux vif, ensuite d'un brun roussâtre ; moitié postérieure et intérieure hyaline ; base à cils roux et duvet jaune ; petite
rvure transversale située au tiers de la cellule discoïdale.

Du Cap. Cabinet de M. Serville.

24

C. Petite nervure transversale située près de la base de la cellule discoïdale.

14. Bombylius stylicornis, *Macq.*, *S. à B.*

A la description que nous avons donnée, nous ajoutons celle-ci :

Flavido hirtus. Thorace abdomineque lineâ dorsali albâ. Setis abdominis seriatim dispositis. Pedibus flavidis. Alarum basi margineque externo fuscanis. (Tab. 7, fig. 2.)

Long. 5-5 ¹/₂ l. ♀.

Trompe noire, longue de 3 l. ; membrane entourant la base et palpes d'un jaune pâle. Face à poils blancs ; une touffe de poils jaunes au milieu. Front à poils roussâtres. Antennes : les deux premiers articles testacés, à poils roussâtres ; troisième noir, fusiforme : style sétiforme court, peu distinct. Thorax à fond noir ; écusson à fond testacé. Les soies du bord postérieur des segments de l'abdomen noires. Ailes : cellules basilaires d'égale longueur.

L'individu du Cap que j'ai décrit dans les Suites à Buffon a une large bordure d'un brun clair au bord extérieur des ailes ; un autre, du Sénégal, n'en diffère que par cette bordure plus pâle et confuse. Dans celui-ci la deuxième cellule sous-marginale est légèrement appendiculée.

Cette espèce ressemble au *B. mixtus*, Wied. et n'en est peut-être qu'une variété.

15. Bombylius acuticornis, *Nob.*

Ater, flavo hirtus. Antennis acutis, basi pyriformi. (Tab. 6, fig. 5, et tab. 7, fig. 2.)

Long. 4 l. ♂.

Trompe longue de 2 ¹/₂ l. Barbe blanche. Face et partie antérieure du front jaunes. Antennes : les deux premiers articles à poils jaunes ; troisième pyriforme à la base, ensuite très-menu, styliforme. Écusson

lénudé), à extrémité testacée. Pieds et balanciers jaunes. Ailes à base
aunâtre, un peu brunâtres au milieu; cellules basilaires d'égale
ongueur.

D'Egypte. Muséum.

.6. BOMBYLIUS FASCICULATUS , *Nob.*

Ater, flavido hirtus. Facie fronteque pilis brevibus. Abdomine
asciculis nigris. Alis fusco punctatis. (Tab. 5, fig. 7 et 9.)

Long. 6 l. ♀.

Trompe de 2 à 4 l. Face et front à poils fauves, assez courts. An-
ennes noires; les deux premiers articles à duvet jaunâtre et poils fauves
mêlés de noirs : troisième alongé , menu, terminé en pointe alongée:
tyle un peu renflé à sa base. Quelques soies noires au vertex. Derrière
le la tête et thorax à poils d'un jaune fauve. Abdomen (en partie
lénudé) à poils d'un jaune fauve ; extrémité à grosse touffe de poils
noirs, mêlés de quelques-uns d'un roux vif, et séparés au milieu par
une touffe rousse ; des vestiges d'une touffe noire de chaque côté du
deuxième segment au bord postérieur. Pieds châtains , à petites soies
rouges. Ailes à base et bord extérieur bruns; un point brun à chaque
anastomose des nervures; cellules basilaires d'égale longueur.

Patrie inconnue. Peut–être du nord de l'Afrique et du midi
de l'Europe.

17. BOMBYLIUS MIXTUS, *Wied.*

Glaucus. Scutello rubido, flavido hirtus. Abdomine utrinque
setis raris , nigris. Alis limpidis. (Tab. 7, fig. 2.)

Nous rapportons à cette espèce un individu ♀ du cabinet de M.
Serville qui diffère ainsi qu'il suit de la description de M. Wiedemann :
le corps est noir au lieu d'être glauque; il a 6 l. au lieu de 5 ; la
barbe est jaune au lieu de blanche : les côtés du thorax ont des poils
fauves au lieu de blanchâtres.

Dans cette espèce, les deux cellules basilaires des ailes sont d'égale
longueur. La base a des cils noirs.

Du Cap.

18. BOMBYLIUS SCUTELLATUS, *Nob.*

Ater, flavido hirtus. Scutello pedibusque testaceis. Alis hyalinis. (Tab. 7, fig. 2.)

Long. ⁴⁄ l. ♂.

Trompe de la longueur du thorax. Face d'un gris jaunâtre, mêlée de poils noirs. Partie antérieure du front à poils noirs, ainsi que le premier article des antennes. Thorax et abdomen (en grande partie dénudés). Tarses bruns. Balanciers jaunâtres. Ailes à base et bord extérieur un peu jaunâtres ou brunâtres: cellules basilaires de la même longueur ; base pectinée, à duvet jaunâtre.

Du Cap. Muséum.

Cette espèce ressemble au *B. mixtus*, Wied.

19. BOMBYLIUS CANUS, *Nob.*

Ater, albo nigroque hirtus. Barbd pleurisque albis.

Long. 3 ¹⁄₂ l. ♀.

Dessous du thorax, de la tête et face blancs. Front antérieurement blanc, postérieurement roussâtre et à soies noires. Pieds fauves cuisses noirâtres, à duvet blanc. Ailes d'un gris brunâtre, à base ciliée ; les deux cellules basilaires d'égale longueur.

Cette espèce ressemble au *B. hypoleucus*, Wied. Elle a aussi des rapports avec le *B. latifrons* ♂ dont elle est peut-être la femelle.

20. BOMBYLIUS LATIFRONS, *Macq.* Hist. naturelle des Canaries, de Webb. et Berthelot.

Ater, flavido hirtus. Pedibus rufis. Alis basi marginoquee externo fuscanis; basi pectinato. (Tab. 6, fig. 6, et tab. 7, fig. 2.)

Long. 2 ³⁄₄ l. ♂ ♀

Trompe longue de 2 l. Face et front plus ou moins à poils blanchâtres et noirs ; ce dernier se rétrécissant jusqu'au vertex. Thorax et abdomen à poils jaunâtres et à reflets blancs. Balanciers jaunes. Ailes : les deux cellules basilaires d'égale longueur.

Du Cap. Delalande. Muséum. M. Webb l'a aussi trouvé aux Iles Canaries.

II. Ailes à base simple.

A. Première cellule postérieure fermée.

D. Petite nervure transversale située au–delà du milieu de la cellule discoïdale.

21. Bombylius versicolor, *Fab.*, *Meig.*, *Wied.*

Ater, cinereo hirtus. Thorace ad basin alarum suprà subtusque albo. Abdominis incisuris albis. Pedibus nigris. Alis subhyalinis ; celluld submarginali primd appendiculatd. (Tab. 7., fig. 1.)

Je rapporte à cette espèce plusieurs individus ♂ ♀, quoiqu'ils diffèrent assez des descriptions qui en ont été données.

Long. 5-6 l. ♂ ♀.

Trompe une fois plus longue que la tête. Face à poils blancs. Front un peu élargi ♂ , à poils noirs et duvet jaunâtre ♂ ♀. Derrière de la tête à poils blanchâtres ♂ , gris ♀. Antennes : premier article un peu renflé en-dessous, à poils très-serrés, noirs en-dessus, blancs en–dessous ; troisième subuliforme, effilé. Thorax à poils d'un gris roussâtre ; une ligne de poils blancs au-dessus de la base des ailes, et une bande au-dessous. Abdomen d'un noir luisant ; bord antérieur des segments à poils blancs, mêlés de roussâtres : le reste à poils noirs moins serrés ; les deux premiers segments à poils d'un gris roussâtre, ♂. Ailes à base et bord extérieur d'un gris roussâtre ; petite nervure transversale située aux trois quarts de la longueur de la discoïdale.

Cette description diffère de celles de Fabricius, de Meigen et de Wiedemann par le front noir au lieu de cendré; par la ligne de poils blancs du thorax au-dessus de la base des ailes , par les pieds noirs et par l'appendice de nervure aux ailes ; au moins ces auteurs ne font-ils pas mention de ce dernier caractère qui se trouve dans les différents individus que j'ai observés.

Les auteurs cités n'ont pas fait mention des sexes.
De Barbarie. M. Mittre. Muséum.

24. BOMBYLIUS OLIVIERII, *Nob.*

Ater, flavido hirtus. Pedibus flavis. Alis hyalinis ♀. Halteribus flavis. ('Tab. 6, fig. 8, et tab. 7, fig. 5.)

Long. 3 ¹/₄ l. ♀.

Trompe longue d'une ligne; lèvres terminales un peu renflées. Face et front à poils jaunes ainsi que le thorax et l'abdomen. Le quatre derniers articles des tarses bruns. Ailes à base et bord extérieur un peu jaunâtres; petite nervure transversale située au-delà d milieu de la cellule discoïdale.

De Bagdad. Olivier. Muséum.

25. BOMBYLIUS FLAVUS, *Nob.*

Ater, flavo hirtus; scutello testaceo. Pedibus flavis. Alis hyalinis. ('Tab. 7, fig. 5.)

Long. 3 l. ♀.

Face et front à poils jaunes. Antennes: les deux premiers articles jaunes; le premier à poils jaunes; le troisième manque. Ailes à base non ciliée, un peu jaunâtre; petite nervure transversale située un peu au-delà de la moitié de la discoïdale.

Du Cap. Collection de M. Serville.

26. BOMBYLIUS LIMBIPENNIS, *Nob.*

Ater, flavo hirtus. Rostro breve. Scutello testaceo (nudo). Pedibus flavis. Alis margine externo fusco.

Long. 3. l. ♂.

Trompe longue d'une ligne, à extrémité un peu renflée. Barb? blanche. Face à poils noirs, mêlés de jaunâtres. Partie antérieure front à poils noirs, ainsi que le premier article des antennes. Écus (dénudé) testacé, à base noire. Balanciers fauves, à tête brun?

Ailes à base et bord extérieur bruns jusques près de l'extrémité ; petite nervure transversale située un peu au-delà de la moitié de la cellule discoïdale.

Patrie inconnue. Muséum.

27. BOMBYLIUS HETEROPTERUS, *Nob.*

Ater, flavido hirtus. Pedibus nigricantibus. Alis hyalinis; costâ fuscanâ; cellulâ posticâ primâ apertâ. (Tab. 6, fig. 6, et tab. 7, fig. 8.)

Long. 3. l. ♂ .

Face et front à poils jaunes. Antennes noires ; troisième article renflé à sa base seulement, ensuite effilé. Abdomen à poils noirs sur les côtés. Ailes à base simple ; cellules costale et médiastiné brunâtres ; deuxième postérieure à base large et oblique ; troisième à pétiole court ; petite nervure trensversale oblique, située aux trois quarts de la longueur de la cellule discoïdale.

Du Cap. Cabinet de M. Servîlle.

E. Petite nervure transversale située au milieu de la longueur de la cellule discoïdale.

28. BOMBYLIUS ATER, *Lin., Fab., Meig., Macq.*

Ater. Abdomine punctis argenteis. Alis basi fuscis. (Tab. 7, fig. 4.)

Un individu ♂ , a été rapporté de l'île Bourbon par M. Bréon. Il ne diffère de ceux de l'Europe que par la longueur qui n'est que de 2 ¹/₂ l. Un autre a été trouvé à Bagdad par Olivier.

Dans cette espèce la petite nervure transversale est située au milieu de la longueur de la cellule discoïdale.

29. BOMBYLIUS CONSANGUINEUS, *Nob.*

Flavo hirtus. Abdominis apice flavido hirto. Alis margine antico sinuato fusco; cellulâ submarginali secundâ appendicu-
l...

Semblable au *B. major*. Outre la différence que présente l'abdomen dont l'extrémité a des poils plus pâles que le reste, et les ailes dont la deuxième cellule sous-marginale est appendiculée, la partie brune des ailes est moins sinuée.

D'Alger. Je l'ai reçu de M. Roussel.

30. BOMBYLIUS VICINUS, *Nob*.

Flavo hirtus. Alis margine antico sinuato fusco.

Long. 4 l. ♀.

Semblable au *B. major*. Il n'en diffère que par la fourrure fauve au lieu de jaune, de l'abdomen.

Ce n'est peut-être qu'une variété.

De Philadelphie. Cabinet de M. Serville.

F. Petite nervure transversale située au tiers de la longueur de la cellule discoïdale.

31. BOMBYLIUS CLARIPENNIS, *Nob*.

Ater, flavido hirtus. Alis hyalinis. (Tab. 7, fig. 3.)

Long. 4 l. ♀.

Trompe longue de 2 $^1/_2$ l. Barbe blanchâtre. Poils de la face et du premier article des antennes jaunes. Front à poils jaunes antérieurement, noirs postérieurement. Pieds fauves. Balanciers brunâtres. Ailes à peine un peu jaunâtres à la base; petite nervure transversale située au tiers de la longueur de la cellule discoïdale.

De Madagascar. M. Goudot. M. Bibron a trouvé en Sicile, un individu ♂ qui y ressemble entièrement.

32. BOMBYLIUS PUMILUS, *Hoffm., Meig.—B. sulphureus, Mikan.*

Niger, rufo hirtus. Mystace flavo. Alis rufescentibus (mas) aut subhyalinis (femina); halteribus albis. (Tab. 7, fig. 3.)

Nous rapportons à cette espèce des individus d'Alger qui ne diffèrent de ceux de l'Europe que par la base brune des ailes.

cette espèce, la petite nervure transversale des ailes est située
de la longueur de la cellule discoïdale.

MBYLIUS PHILADELPHICUS, *Nob.*

*r , flavido hirtus. Alis basi margineque externo fuscanis.
is rufis ; tarsis nigris.* (Tab. 6, fig. 3, et tab. 7, fig. 3.)

Long. 4 $\frac{1}{2}$ l. ♂.

mpe longue d'une ligne trois quarts. Face , front, et premier
des antennes à poils noirs. Abdomen d'un jaunâtre uniforme ;
es soies noires au bord postérieur des segments. Balanciers
res. Ailes à base simple ; le brun de la base et du bord extérieur
lissant par nuances ; petite nervure transversale située au
: la longueur de la cellule discoïdale.
Philadelphie. Cabinet de M. Serville.

OMBYLIUS ÆQUALIS, *Fab., Wied.*

*vido hirtus. Alis costâ subdimidiato fuscanis ; termino
nis sensim diluto.* (Tab. 7, fig. 3.)

individu long de 5 l. a les deuxième et troisième segments de
men, les côtés et le dessous couverts de poils noirs. Celui
par M. Wiedemann avait l'abdomen entièrement dénudé.
s cette espèce, la petite nervure transversale est située au tiers
longueur de la cellule discoïdale.
la Caroline. Muséum.

OMBYLIUS SENEGALENSIS, *Nob.*

*r , flavido hirtus. Pedibus rufis , femoribus nigris. Alis
sis.*

Long. 3 l. ♂.

mpe longue d'une ligne et demie. Face à poils roussâtres et
Partie antérieure du front noire, ainsi que les poils des deux
ers articles des antennes ; troisième article presque cylindrique,
e court et très-menu. Abdomen (en grande partie dénudé),

extrémité des cuisses fauve; tarses bruns. Balanciers jaunes. Ailes à base et bord extérieur un peu jaunâtres: première cellule postérieure ouverte; petite nervure transversale située un peu en-deçà du milieu de la cellule discoïdale.

Du Sénégal. Muséum.

B. Première cellule postérieure ouverte.

G. Petite nervure transversale située au-delà de la moitié de la cellule discoïdale.

36. BOMBYLIUS HETEROCERUS, *Nob.*

Ater, flavido hirtus. Pedibus flavis. Alis hyalinis; cellulâ posticâ primâ apertâ. (Tab. 6, fig. 3, et tab. 7, fig. 6.)

Long. 4 l. ♂.

Trompe longue de 2 ¹/₂ l. Face à poils noirs serrés, alongés. Front un peu élargi ♂, à poils noirs et roussâtres; extrémité à touffe de longs poils noirs. Antennes: premier article un peu alongé, renflé au milieu, couvert de poils noirs atteignant l'extrémité de l'antenne; troisième fusiforme; style conique, divergent. Abdomen (en partie dénudé): le bord postérieur des segments, sur les côtés, et peut-être sur le dos, muni de poils noirs mêlés aux jaunes. Ailes: première cellule postérieure rétrécie à l'extrémité; basilaire extérieure beaucoup plus longue que l'intérieure; la petite nervure transversale se rapprochant de l'extrémité de la discoïdale.

Afrique, Cap? Delalande. Muséum.

Cette espèce a des rapports avec le *B. seriatus*, Wied.

37 BOMBYLIUS MELANOCEPHALUS, *Fab.*, *Meig.*

Flavescente hirtus. Ano argenteo. Alis basi fuscescentibus. (Tab. 7, fig. 6.)

Long. 5 l. ♂.

Les auteurs qui ont décrit cette petite espèce n'ont pas mentionné le sexe. Un individu ♂ du Muséum ne diffère pas de la description

Dans cette espèce, les cuisses antérieures et intermédiaires sont
svêtues en-dessous de poils soyeux et assez alongés. La première
cellule postérieure des ailes est ouverte, et la petite nervure transversale est située aux deux tiers de la longueur de la discoïdale.

De la Barbarie.

8. Bombylius Goyaz, *Nob.*

Ater. Thorace flavido. Abdomine fulvo hirto. Alis limpidis;
cellulâ primâ posticâ apertâ. (Tab. 7 , fig. 6.)

Long. 4 $\frac{1}{2}$ l. ♂ ♀.

Trompe aussi longue que le thorax. Face à poils noirs et fauves,
ainsi que le premier article des antennes en-dessous. Front ♀ à poils
jaunâtres. Poils du thorax antérieurement à reflets blanchâtres: poils
des côtés fauves. Poils du premier segment de l'abdomen d'un
jaunâtre pâle. Pieds noirs. Ailes à base et bord extérieur un peu
jaunâtres; cellule marginale élargie et fort arrondie à l'extrémité :
petite nervure transversale située un peu au-delà du milieu de la
cellule discoïdale.

Du Brésil, au midi de la capitainerie de Goyaz. Muséum.

39. Bombylius tripunctatus, *Nob.*

Ater, flavo hirtus. Pedibus rufis. Alis hyalinis, tribus punctis
fuscanis; cellulâ posticâ primâ apertâ. (Tab. 7 , fig. 6.)

Long. 3 l. ♀.

Trompe longue d'une ligne. Poils de la face, du front et des
antennes jaunes. Derniers articles des tarses bruns. Balanciers jaunes.
Points des ailes situés à la base des première et quatrième cellules
postérieure et de la première sous-marginale; petite nervure transversale située aux trois quarts de la longueur de la cellule discoïdale.

Patrie inconnue. Muséum.

H. Petite nervure transversale située au milieu de la longueur
de la cellule discoïdale.

40. Bombylius algirus, *Nob.*

Ater, flavo hirtus. Mystace flavo. Alis hyalinis , basi fuscand; cellulâ posticâ primâ apertâ.

Long. 2 ¹/₂ 3 ¹/₂ ♂ ♀.

Trompe longue d'une ligne et demie. Barbe blanche. Face à poils jaunes, bordée de poils noirs ♂, entièrement à poils jaunes ♀. Front à poils jaunes, mêlés de noirs ♂ ♀. Premier article des antennes à poils noirs, longs en-dessus et en-dessous ♂, en-dessous seulement ♀. Pieds ♂ noirs; cuisses à duvet jaunâtre; jambes à base testacée en-dessous : ♀ jaunes; extrémité des jambes et tarses bruns. Balanciers jaunes. Petite nervure transversale des ailes située à la moitié de la cellule discoïdale.

De l'Algérie. Muséum.

Cette espèce ressemble au *B. sulphureus.*

I. Petite nervure transversale située au tiers de la longueur de la cellule discoïdale.

41. Bombylius variegatus , *Nob.*

Ater , albo fuscanoque hirtus. Scutello testaceo. Alis hyalinis; cellulâ posticâ primâ apertâ. (Tab. 6, fig. 2, a., et tab. 7, fig. 7)

Long. 4 l. ♀.

Trompe longue d'une ligne un tiers. Face et front à poils blancs et brunâtres. Premier article des antennes à poils blancs; troisième lancéolé. Derrière de la tête à duvet argenté. Pieds d'un fauve brunâtre; cuisses à duvet blanc. Ailes à base jaunâtre non ciliées; première cellule postérieure ouverte et petite nervure transversale située au tiers de la discoïdale.

Du Cap. Collection de M. Serville.

J. Petite nervure transversale située près de la base de la cellule discoïdale.

42. Bombylius niveus , *Nob.*

Ater , albo hirtus. Alis hyalinis; cellulâ posticâ primâ apertâ. (Tab. 7, fig. 7.)

Long. 3 l. ♂.

longue de 1 ¹/₄ l. Face, partie antérieure du front et
icle des antennes à poils blancs, comme le derrière de la
rax et l'abdomen ; une petite touffe de poils noirs au
s non ciliées ; petite nervure transversale située au tiers
eur de la cellule discoïdale.

Collection de M. Serville.

LIUS BREVIROSTRIS, *Nob.*

*fo hirtus. Pedibus fuscis. Alis hyalinis ; celluld posticd
rtd.* (Tab. 7, fig. 7.)

Long. 3 ¹/₂ l. ♂.

longue d'une ligne. Face et partie antérieure du front nus
accidentellement). Antennes : premier et dernier articles
rs , courts en-dessus, alongés en-dessous. Derrière de la
fauves comme le thorax et l'abdomen. Pieds à duvet d'un
re en-dessous. Balanciers jaunes. Ailes : petite nervure
e située au quart de la cellule discoïdale ; base de la
ostérieure large.

aroline. Muséum.

LIUS L'HERMINIERII, *Nob.*

fo hirtus. Pedibus nigris. Alis hyalinis. (Tab. 7, fig. 7.)

Long 3–4 l. ♂♀.

de la longueur du thorax, quelquefois plus courte. Face
ie ♂♀. Antennes : les deux premiers articles à poils peu
oirs, mêlés de quelques roux ♂ ; fauves ♀. Partie anté-
front à duvet blanchâtre ♂, entièrement à poils fauves ♀.
la tête à fourrure fauve comme le thorax. Pieds noirs, à
e. Balanciers jaunes. Ailes à base et bord extérieur un peu
les deux cellules basilaires d'égale longueur ; la première
très-ouverte.

aroline. M. L'herminier. Muséum.

17. G. USIE, Usia, *Latr.*, *Meig.*, *Macq.*

Ce genre paraît appartenir exclusivement au bassin de la Méditerranée, et la plupart des espèces se trouvent au nord de l'Afrique comme au midi de l'Europe.

Les ailes présentent plusieurs modifications constantes dans chaque espèce : la seconde cellule sons-marginale est quelquefois appendiculée à sa base ; elle est plus ou moins longue et large ; la petite nervure transversale qui sépare la cellule externe médiaire de la première postérieure, est située au quart, ou au tiers, ou au milieu de la longueur de la cellule discoïdale ; celle qui sépare cette dernière de la deuxième postérieure est droite ou arquée.

1. Usia MAJOR, *Nob.*

Hirta. Thorace albido, nigro fasciato. Abdomine atro, cingulis flavis. Pedibus genubus rufis. (Tab. 8, fig. 4.)

Long. 4 ¹/₂ l.

Semblable à l'*U. aurata*, mais distincte par la grandeur, par la couleur des genoux et par les nervures des ailes. La petite nervure transversale est située au milieu de la longueur de la cellule discoïdale ; celle qui termine la discoïdale est oblique.

D'Alger. Je l'ai reçue de M. Roussel.

2. Usia FLOREA, *Latr.*, *Meig.*; VOLUCELLA ID., *Fab.*

Nudiuscula nigra. Alis basi subferrugineis. (Tab. 8, fig. 4.)

Long. 3 ¹/₄ l. ♂ ♀.

Nous rapportons à cette espèce des individus qui diffèrent de cette phrase spécifique par la couleur d'un vert métallique foncé, quelquefois à reflets bleus, de l'abdomen qui est muni de poils jaunâtres sur les côtés. Les ailes ont la deuxième cellule sous-marginale appendiculée à sa base, longue, mais approchant moins jue dans l'*U. œnea* de la petite nervure transversale qui est située un peu en-deçà de la moitié de la cellule discoïdale.

D'Alger, comme du midi de l'Europe.

3. Usia vicina , *Nob.*

Nudiuscula nigra ; abdomine obscuré œneo vel cœrulescente. Alis basi subferrugineis. (Tab. 8, fig. 2.)

Long. 2 $^3/_4$ l. ♂.

Semblable à l'*U. florea*. La deuxième cellule sous-marginale des ailes un peu moins longue, dépassant à peine l'extrémité de la cellule discoïdale ; la petite nervure transversale située un peu plus en-deçà du milieu de la discoïdale.

C'est peut-être une variété de l'*U. florea*.

4. Usia ænea , *Latr., Meig., Macq.* — Volucella florea , *Fab.*

Obscuré œnea. Alis basi flavis , maculá fuscá. (Tab. 8 , fig. 3.;

Dans cette espèce, la deuxième cellule sous-marginale est fort longue, et la base en est voisine de la petite nervure transversale qui est située vers le milieu de la longueur de la cellule discoïdale.

Elle se trouve au nord de l'Afrique comme au midi de l'Europe. Olivier l'a trouvée aussi en Mésopotamie.

5. Usia claripennis, *Nob.*

Nigra. Abdomine obscuré œneo. Alis subhyalinis. (Tab. 8, fig. 5.)

Long. 2-2 $^1/_2$ l. ♀.

Front à léger duvet grisâtre. Thorax et abdomen à poils jaunâtres, clair-semés, sur les côtés. Ailes un peu grisâtres à la base ; deuxième cellule sous-marginale longue, peu rapprochée de la petite nervure transversale qui est située un peu en-deçà de la moitié de la longueur de la cellule discoïdale.

D'Alger. Muséum.

6. Usia hyalipennis , *Nob.*

Nigra. Abdomine obscurè æneo. Alis hyalinis; cellulá sub marginali secundá subbreve. (Tab. 8 , fig. 6.)

Long. 2 l. ♀.

Thorax et abdomen à poils noirs, clair-semés, sur les côtés. Ailes hyalines, à base un peu jaunâtre; deuxième cellule sous-marginale assez courte, éloignée de la petite nervure transversale qui est située un peu en-deçà de la moitié de la longueur de la discoïdale.

D'Alger. Muséum.

7. Usia versicolor , *Latr.*, *Meig.*, *Macq.* — Volucella id., *Fab.*

Pilosa, cinerescens. Abdomine maculá ferruginea. Capite pedibusque atris.

Des deux individus ♀ que nous avons observés, l'un avait les ailes comme dans la tab. 8, fig. 1 , et l'autre comme la fig. 6. Cependant, dans les autres espèces, nous avons toujours vu les nervures des ailes fort semblables.

D'Alger.

8. Usia aurata , *Meig.*, *Macq.* — Volucella id., *Fab.*

Hirta. Thorace cinereo, nigro lineato. Abdomine atro, cingulis aureis. (Tab. 8, fig. 6.)

Long. 1 ¹/₂ 2 l. ♂ ♀.

Commune à Alger. Elle se trouve aussi au midi de la France.

9. Usia pusilla , *Meig.*

Nigra. Alis hyalinis. (Tab. 8, fig. 7.)

D'Alger. Je l'ai reçue de M. Roussel.

18. G. PLOAS , Ploas , *Latr.*, *Fab.*, *Meig.*, *Macq.*

Ce genre, qui se distingue des autres Bombyliers par l'épaisseur du troisième article des antennes, ne renfermait encore que quelques espèces européennes. Nous en décrivons deux exotiques, l'une de la Caroline, l'autre du nord de l'Afrique. Cette dernière se trouve aussi au midi de la France. Elles diffèrent entre elles par de légères modifications dans les nervures des ailes.

1. PLOAS FUSCIPENNIS, *Nob.*

Nigricans, flavido hirta. Halteribus rufis. Alis fuscanis. (Tab. 9 , fig. 1.)

Long. 4 l. ♂.

Face et partie antérieure du front cendrées. Pieds noirs , à duvet jaunâtre. Ailes à base et bord extérieur d'un brun qui s'affaiblit vers le bord intérieur; cellule basilaire externe plus longue que l'intérne.

De nord de l'Afrique et du midi de la France.

2. PLOAS PICTIPENNIS , *Nob.*

Nigricans, flavido hirta. Scutello bilobato. Alis nigro maculatis. (Tab. 9 , fig. 3.)

Long. 3 $^1/_3$ l. ♀.

Thorax à bande antérieure d'un gris pâle. Écusson d'un noir luisant, échancré au milieu du bord postérieur. Pieds d'un jaune brunâtre. Balanciers fauves. Ailes tachetées de brun sur la plupart des nervures et particulièrement sur les transversales ; base brune, à deux petites taches claires.

De la Caroline. Cabinet de M. Serville.

19. G. CYLLÉNIE, CYLLENIA , *Latr., Meig., Wied., Macq.*

Ce genre, qui a été formé par Latreille pour une seule espèce d'Europe, en contient deux exotiques, l'une du cap de Bonne-Espérance , l'autre sans patrie connue. Parmi les caractères qui le distinguent des autres Bombyliers, il en est un qui n'a

pas encore été signalé : c'est la brièveté de la face, non
l'insertion basse des antennes, mais par le prolongemeni
l'ouverture buccale.

1. CYLLENIA AFRA , *Wied.*

*Nigra. Thorace griseo vittato. Abdomine fusco, mac
dorsalibus incisurisque albis. Alis fuscis maculis fenestr*
(Tab. 9, fig. 4.)

Nous rapportons à cette espèce un individu ♂, de la coll
tion de M. Serville, dont nous donnons la description un
différente de celle de M. Wiedemann.

Long. 5 l. ¹/₂ ♂.

Face et front d'un gris jaunâtre. Antennes fauves; extrémité
troisième article noir. Thorax à bande testacée, de chaque côté
au bord postérieur; écusson testacé. Abdomen (en partie dénué
bord postérieur du premier segment blanc; celui des autres test
recouvert de duvet d'un gris jaunâtre. Pieds bruns. Balanciers jau
Ailes un peu grisâtres; bords des nervures transversales hyali
quelques taches brunes vers le milieu.

Du Cap. Cabinet de M. Serville.

20. G. CORSOMYZE, CORSOMYZA, *Wied.*, *Macq.*, *S. à B*

Aux caractères génériques donnés par M. Wiedemann et
nous, nous ajouterons ceux-ci : lèvres terminales de la trou
peu distinctes, alongées, terminées en pointe. Palpes un ¡
alongés, très-menus, quelquefois à extrémité renflée et mu
de poils. Face très-large, à petite saillie à l'épistome,
enfoncement de chaque côté de la saillie. Tarses munis
pelottes. Ailes : petite nervure transversale située aux ti
quarts de la longueur de la cellule discoïdale; un rudiment
nervure vers l'extrémité de la marginale; cellule anale fermé
Ce genre est remarquable par l'ensemble de ses caractè
qui l'isolent singulièrement au milieu des Tanystomes et

exigeraient la formation d'une nouvelle tribu pour lui seul. La forme, le corps ras et trapu; la tête large et déprimée et la longueur des antennes, l'éloignent surtout des Bombyliers et des Anthraciens dont il se rapproche d'ailleurs par les autres caractères.

Le nom générique signifie Mouche rase.

Les deux espèces nouvelles que nous décrivons sont du Cap comme les quatre décrites par M. Wiedemann.

1. Corsomyza fuscipennis, *Nob*.

Nigra, flavido hirta. Alis fuscis. (Tab. 10, fig. 1.)

Long. 5 l. ♀.

Face fauve, à poils jaunes. Front à base fauve et poils jaunes, ensuite noir, à poils noirs. Derrière de la tête fauve, à tache noire. Antennes noires; premier article à peu près moitié aussi long que le troisième. Thorax et abdomen (en grande partie dénudés); côtés du thorax à poils jaunes. Abdomen à reflets bleuâtres; base à poils blanchâtres; les deux derniers à duvet gris. Cuisses et tarses noirs; jambes testacées. Balanciers jaunes. Ailes d'un brun qui s'affaiblit vers le bord intérieur.

Du Cap. Collection de M. Serville.

2. Corsomyza hirtipes, *Nob*.

Nigra, flavido hirta. Scutello nigro. Femoribus posticis albido pennatis; tibiis rufis.

Long. 5 l. ♀ ?

Palpes fauves. Face et base du front jaunes à poils blancs; barbe blanche, épaisse; Cuisses postérieures couvertes en-dessous de longs poils blancs. Balanciers jaunes, à tête blanche. Ailes à base, bord antérieur et nervures jaunes, s'affaiblissant vers l'extrémité et le bord interne.

Le *C. pennipes*, Wied., ne diffère de celui-ci que par l'écusson

jaune, les poils noirs des cuisses postérieures et la couleur brune d
jambes.

Du Cap. Collection de M. Serville.

21. G. ENICONÈVRE, Eniconevra, *Nob.*

Caractères génériques des Bombyles. Tête presque sphériqu
plus étroite que le thorax. Trompe une fois plus longue que l
tête; un peu arquée en haut; lèvres terminales alongées. Palpe
alongés, menus. Antennes une fois plus longues que la tête
premier article cylindrique, égalant la longueur de la tête
deuxième cylindrique, égalant le tiers de la longueur d
premier, un peu divergent; troisième lancéolé, une fois plu
long que le deuxième, prolongé par un style alongé. Yeu:
contigus ♂. Thorax élevé, muni de quelques soies. Abdome
abaissé, de six segments distincts. Jambes munies de soies. Ailes
deux cellules marginales ouvertes. Deux sous-marginales divi
sées par une nervure transversale; quatre postérieures
deuxième et troisième imparfaites par l'état rudimentaire de l
nervure qui les sépare; anale fermée.

Ce nouveau genre présente un assemblage de caractères qu
rend sa place incertaine entre les Bombyliers et les Hybotides
Il a de ces dernières la tête assez petite et sphérique, le thora
élevé, l'abdomen abaissé, les jambes munies de soies. Il tien
aux premiers par la trompe et le degré de composition des ner
vures alaires. Il se rapproche particulièrement, par le faciès,
des Gérons; par la trompe et les antennes, des Toxophores. Les
ailes présentent une modification que l'on ne trouve dans aucu
autre Tanystome : ce sont les deux cellules marginales. De plus,
les deux sous-marginales sont séparées par une nervure trans
versale qui ferme l'antérieure, au lieu de la nervure oblique
ordinaire; enfin les deuxième et troisième postérieures se con
fondent à peu près par l'état rudimentaire de la troisième ner
vure postérieure.

Le type de ce genre se trouve au nord de l'Afrique et au midi de la France.

Le nom générique exprime la singularité des nervures des ailes.

1. ENICONEVRA FUSCIPENNIS, *Nob.*

Nigra. Alis fuscis. (Tab. 10 , fig. 2.)

Long. 2 ¹/₂ l. ♂.

Face, front et derrière de la tête à poils jaunâtres. Balanciers fauves. Bord extérieur des ailes plus foncé que le reste.

Du nord de l'Afrique et du midi de la France. Elle a été trouvée à Montpellier.

22. G. APATOMYZE , APATOMYZA , *Wied.*, *Macq.*, *S. à B.*

Ce genre est caractérisé surtout par la longueur et la conformation des palpes, par les denticules du bord extérieur des ailes et par le faciès qui le rapproche des Thérèves. Il ne comprend encore que l'*A. punctipennis*, Wied. , qui est du Cap., et l'*A. nigra.*, Nob., de la Géorgie d'Amérique. Nous en reproduisons la figure.

1. AATOMYZA NIGRA , *Macq.*, *S. à B.*

Nigra, albido hirta. Pedibus nigris. (Tab. 11 , fig. 1.)

Cette espèce diffère un peu de l'*A. punctipennis*, dont les antennes ont le premier article cylindrique.

23. G. MÉGAPALPE, MEGAPALPUS , *Macq.*

Caractères génériques des Bombyles. Corps assez large, à peu près nu. Tête de la largeur du thorax. Trompe un peu plus longue que la moitié du corps. Palpes alongés , filiformes , nus. Antennes de la longueur de la tête; premier article un peu alongé, cylindrique, deuxième court, cyathiforme; troisième une fois plus long que le premier, fort menu à sa base, un peu renflé ensuite; style peu distinct. Abdomen assez déprimé. Ailes: deuxième cellule sous-marginale assez courte et large; quatre postérieures; petite nervure transversale située vers les deux tiers de la longueur de la cellule discoïdale; anale fermée sans pétiole.

Nous avons formé ce genre dans les Suites à Buffon pour la *Phthiria capensis*, Wied. Nous y joignons une espèce nouvelle qui en diffère surtout par les palpes velus. L'une et l'autre sont du Cap.

1. MEGAPALPUS NITIDUS, *Nob.*

Nigra nitida. Palpis nudis. Alis hyalinis. (Tab. 11, fig. 2).

Long. 1 ²/₃ l. ♀.

Tête à poils noirs, clair-semés. Palpes jaunes. Antennes noires. Thorax et abdomen à légers reflets verts ou bleus. Pieds noirs.

Du Cap. Delalande. Muséum.

24. G. DASYPALPE, DASYPALPUS, *Nob.* — PHTHIRIA, *Wied.*

Caractères génériques des Bombyles. Corps assez étroit, nu? Trompe épaisse, une fois moins longue que le corps. Palpes filiformes, alongés, velus. Antennes: les deux premiers articles courts; troisième alongé, fusiforme, comprimé. Ailes: deuxième cellule sous-marginale alongée; première postérieure ouverte, ainsi que l'anale.

Le type de ce nouveau genre est un Bombylier exotique que M. Wiedemann a compris parmi les Phthiries, mais qui en diffère par des modifications dans la trompe, les palpes, les nervures des ailes, et dont le corps paraît nu. Le nom générique exprime le caractère des palpes velus.

Ce petit Diptère est du cap de Bonne-Espérance.

1. DASYPALPUS CAPENSIS, *Nob.* — PHTHIRIA ID., *Wied.*

Nigra. Barbá albidá. (Tab. 11, fig. 3.)

25. G. AMICTE, Amictus, *Wied.*, *Macq.* — Bombylius, *Fab.*

Ce genre, voisin des Phthiries et des Thlipsomyzes, et dont le principal caractère consiste dans la longueur du premier article des antennes, n'est composé que de deux espèces africaines, dont l'une est l'*A. oblongus*, Wied., *Bombylius id.*, Fab., et l'autre l'*A. heteropterus*, Wied. Cette dernière se singularise par les nervures des ailes que nous représentons pl. 11, fig. 5.

26. G. THLIPSOMYZE, Thlipsomyza, *Wied.*, *Macq.* — Bombylius, *Fab.*

Ce genre, dont le caractère le plus apparent est l'abdomen comprimé et muni de soies sur les bords des segments, a pour type le *T. compressa*, Wied., *Bombylius id.*, Fab., d'Alger. Nous y joignons deux espèces nouvelles, également du nord de l'Afrique, dont l'une, le *T. heteroptera*, diffère des autres par la première cellule postérieure ouverte. Ces Bombyliers se distinguent encore des autres par les soies qui bordent les segments de l'abdomen.

1. Thlipsomyza castanea, *Nob.*

Thorace cinereo, castaneo fasciato. Abdomine castaneo, maculis dorsalibus fuscanis. Alis maculatis. Cellulâ posticâ primâ clausâ. (Tab. 12, fig. 2.)

Long. 4 l. ♀.

Trompe d'un brun rougeâtre. Face d'un gris jaunâtre. Front brunâtre. Antennes : les deux premiers articles d'un fauve brunâtre ; troisième brun. Pieds fauves ; jambes antérieures brunes. Balanciers jaunes. Ailes un peu grisâtres, à taches brunâtres sur les nervures transversales ; cellule discoïdale à petit appendice à la base de la troisième postérieure.

D'Alger. Muséum.

C'est peut-être une variété du *T. compressa*.

2 THLIPSOMYZA HETEROPTERA , *Nob.*

Fusca. Thorace testaceo fasciato. Abdomine incisuris testaceis. Alis maculatis ; cellulá posticá primá apertá. (Tab. 12 , fig. 1.)

Long. ⅔ l. ♀.

Trompe noire. Face et front d'un gris clair. Antennes brunes ; deuxième article testacé. Dernier segment de l'abdomen testacé. Pieds fauves. Balanciers jaunâtres. Ailes un peu grisâtres , à taches brunâtres sur les nervures transversales.

Sur l'individu que nous avons observé , il y avait sur l'aile gauche une seconde petite nervure transversale au tiers de la longueur de la cellule discoïdale.

D'Alger. Muséum.

27. G. CYCLORHYNQUE , CYCLORHYNCHUS , *Nob.*

Caractères génériques des Bombyles. Corps nu. Tête de la largeur du thorax, un peu saillante en avant. Trompe de la longueur du corps, contournée vers l'extrémité. Palpes non distincts. Antennes à-peu-près de la longueur de la tête ; premier article assez court, à-peu-près cylindrique ; deuxième cyathiforme ; troisième alongé, un peu convexe en-dessus, droit en-dessous ; style très-petit , conique. Front très-large ♀. Abdomen ovale , de neuf segments distincts. Ailes : deuxième cellule sous-marginale assez alongée ; quatre postérieures ; anale fermée.

Ces caractères distinguent un Bombylier dont nous faisons le type de ce genre, qui ne peut se confondre avec aucun autre. Un Diptère du Brésil en est le type.

Le nom générique exprime la forme circulaire que prend la trompe.

1. CYCLORHYNCHUS TESTACEUS , *Nob.*

Testacea. Thorace suprà nigro. Abdomine incisuris nigris. (Tab. 12, fig. 3.)

Long. 2 l. ♀.

Trompe noire. Face et front à léger duvet blanchâtre ; bords de ce dernier blanchâtres. Antennes : les deux premiers articles d'un jaune pâle ; troisième brunâtre. Extrémité du thorax testacée comme les côtés ; poitrine noire ; écusson à léger duvet grisâtre, excepté à la base. Le bord antérieur noir des segments de l'abdomen interrompu ou rétréci au milieu, et caché dans les derniers ; ventre sans incisions noires. Pieds et balanciers jaunes. Ailes hyalines ; nervures pâles.

Du Brésil. Muséum.

28. G. PHTHIRIE, PHTHIRIA, *Meig.*, *Macq.*

Les seules espèces exotiques connues sont les *P. albida* et *hypoleuca*, Wied., dont la première est de Bahia, au Brésil. La patrie de la seconde est inconnue. Celle-ci diffère des espèces ordinaires en ce qu'elle n'a que trois cellules postérieures aux ailes, comme dans le genre Géron, et la *P. albida*, en ce que les palpes sont moins renflés à l'extrémité. M. Wiedemann décrit une troisième espèce, la *P. capensis*; mais elle présente des caractères qui nous paraissent réclamer la formation du nouveau genre *Dasypalpus*, pl. 11, fig. 4.

- PHTHIRIA ALBIDA, *Wied.*

Thorace glaucescente. Abdomine albo, basi nigellâ. Scutello pedibusque flavidis.

Wiedemann a décrit le mâle. Une femelle, du Muséum de Paris, en diffère par le front d'un jaune pâle, à bande longitudinale brune. Les antennes sont noirâtres.

L'individu décrit par Wiedemann venait de Bahia, le nôtre du midi de la Capitainerie de Goyaz.

29. G. SYSTROPE, SYSTROPUS, *Wied.*, *Macq.*

Le singulier insecte, seul de ce genre, est très-remarquable par la forme en massue de l'abdomen, par la longueur des pieds postérieurs comparés aux autres, et surtout par l'épaisseur des hanches postérieures, qui s'appliquent étroitement contre les autres; de sorte que les six pieds sont très-rapprochés à leur base. La grande disproportion qui existe entre les postérieures et les autres forcent les premiers à s'écarter en dehors, ce qui paraît avoir donné lieu au nom générique.

1. Systropus macilentus, *Wied.*, *Macq.*

Thorace nigro, utrinque subcoccinello. Abdomine fusco, basi apiceque nigris. Alis infumatis. (Tab. 12, fig. 4.)

Long. 7 l. ♂.

Un individu du Muséum, rapporté du Cap par Delalande, diffère de la description de M. Wiedemann ainsi qu'il suit : les yeux sont contigus, non-seulement au sommet de la tête, mais dans presque toute la longueur du front. Les deux premiers articles des antennes sont testacés, mais brunâtres à l'extrémité. Le bord postérieur du thorax est testacé comme les latéraux. Le premier segment de l'abdomen est noir, à base testacée; les quatre articles suivants, formant le pétiole, sont testacés. Les pieds sont testacés; les tarses sont noirs, à premier article testacé à sa base; les hanches postérieures sont noires dans leur moitié longitudinale postérieure, testacées dans l'antérieure.

Je ne sais pourquoi M. Wiedemann a représenté les ailes de cet insecte dans une position renversée, le bord extérieur à l'intérieur. L'individu du Muséum présente les siennes dans la situation normale. D'après la figure donnée par M. Wiedemann, les jambes sont nues, tandis qu'elles sont munies de petites pointes.

30. G. TOXOPHORE, Toxophora, *Wied.*, *Meig.*, *Macq.*

Ce genre, l'un des plus remarquables de la tribu par la réunion de ses caractères, compte, indépendamment de l'espèce de l'Europe méridionale, quatre espèces exotiques dont l'une a été décrite par Fabricius sous le nom de *Bombylius cupreus*, et

les trois autres l'ont été par M. Wiedemann. Elles sont fort disséminées sur la terre, l'une étant de Java, une autre du Brésil,
la troisième de la Caroline ; la patrie de la quatrième est encore
inconnue.

1. Toxophora leucopyga , *Wied.*

*Nigra. Thorace fulvo hirto. Abdominis fasciis fulvis, apice
albido.* (Tab. 13, fig. 1.)

M. Wiedemann a décrit un individu ♂ dont il ignorait la patrie.
Nous avons observé une femelle rapportée de la Caroline, qui en diffère
peu.

Les poils du corps, au lieu d'être fauves, sont jaunes.

Dans cette espèce, les ailes ne présentent que deux cellules sous-
marginales avec un appendice de nervure indiquant le rudiment de
la troisième.

Muséum.

31. G. GÉRON, Geron, *Meig., Wied., Macq.*-Bombylius, *Fab.*

Ce genre, voisin des Usies et dont les ailes ne présentent
également que trois cellules postérieures, ne compte encore
que quatre espèces : deux européennes dont une se trouve aussi
aux îles Canaries, une trouvée à Scio par Olivier et la dernière
rapportée du port Jackson, Nouvelle-Hollande, par M. Durville.

1. Geron olivierii, *Nob.*

Niger. Tibiis testaceis.

Long. 2 ¹/₂ l. ♂.

Front et derrière de la tête à poils d'un blanc jaunâtre, ainsi que
les côtés du thorax et le dessous de l'abdomen. Cuisses noires, à duvet
blanc. Balanciers jaunes. Ailes hyalines, à nervures jaunâtres.

De l'île de Scio. Trouvé par Olivier. Muséum.

Cette espèce ressemble au *G. halteralis*, Hoffm., Meig. ; mais
elle en diffère par la grandeur et par l'angle plus obtus de la
deuxième cellule sous-marginale des ailes.

3. Geron australis , *Nob.*

Nigra. Thorace lateribus cinereis. (Tab. 13 , fig. 2.)

Long. 2 '/₂ l. ♂.

Face et partie antérieure du front à duvet argenté. Thorax à poils jaunâtres; bord antérieur cendré comme les latéraux; le cendré de ces derniers s'élevant au-dessus de l'insertion des ailes. Balanciers blancs. Cuisses noires; jambes d'un testacé brunâtre; tarses bruns. Ailes hyalines.

De la Nouvelle-Hollande, au port Jackson. Muséum.

SUPPLÉMENT.

M. Westwood divise le G. Némestrine, *Latr.*, en trois sous-genres :

1.ᵉʳ Sous-genre. *Fallenia*, caractérisé ainsi : Palpes alongés, atténués; style des antennes cylindrique; troisième cellule sous-marginale des ailes petite, fermée, *F. fasciata*, Meig.

2.ᵉ S.-G. *Nemestrina proprià sic dicta.* Palpes petits; articles arrondis. Style des antennes sétiforme, de trois articles. Région apicale des ailes fortement réticulée transversalement. Yeux nus. *N. reticulata*, Latr., *longirostris*, Wied.

3. S.-G. *Trichophthalma*, Westw. Palpes de grandeur intermédiaire; articles plus ou moins ovales. Antennes comme dans le deuxième sous-genre. Région apicale des ailes à nervures longitudinales disposées comme dans le *Fallenia caucasica*, Meig.; une nervure presque droite sortant du milieu de la *subcostale* et se dirigeant obliquement vers l'extrémité du bord postérieur; deuxième nervure apicale bifurquée. Yeux pubescents.

A ce sous-genre paraissent appartenir les *Nemestrina Tauscheri*, Meig., et *Fallenia caucasica*, Meig.

M. Westwood décrit quatre nouvelles espèces: les *T. bivit-*

lata et *costalis*, de la Nouvelle-Hollande, la *T. obscura*, de l'Afrique, et le *T. subaurata*, de l'Amérique méridionale.

G. APIOCÈRE, Apiocera, *Westwood.*

Tête transversale. Antennes plus courtes que la tête; premier article épais; deuxième petit (ces deux articles armés de soies raides); troisième petit, pyriforme; style menu, apical. Trompe saillante, de la longueur de la tête. Palpes saillants, en forme de spatules. Abdomen presqu'une fois plus long que le thorax, obconique. Cuisses postérieures non renflées; tarses à deux pelottes. Ailes disposées presque comme dans les *Mydas*: .roisième nervure longitudinale droite, bifurquée avant l'extrémité; quatrième longitudinale supplémentaire, sortant de 'extrémité de la première cellule discoïdale; ensuite quatre :ellules postérieures marginales.

Ce genre, qui paraît tenir des Mydas, des Corsomyzes et les Némestrinides, comprend deux espèces de la Nouvelle-Iollande, *Ap. asilica* et *fuscicollis*, Westw.

᠌. TRICHOPSIDÉE, Trichopsidea, *Westwood.*

Nous représentons, pl. 3, fig. 1, le *Trichopsidea œstracea*, ype d'un nouveau genre, qui paraît voisin des Colax.

᠌. LÉPIDOPHORE, Lepidophora, *Westwood.*

Antennes trois fois plus longues que la tête, couvertes de ᠌etites écailles; premier article court; deuxième long, grêle; roisième plus court et plus large; style apical. Trompe une ois plus courte que les antennes. Thorax très-gibbeux. Abdo-nen alongé, parallèle; extrémité à petites écailles. Ailes fari-neuses; nervures comme dans les Cyllénies. Pieds longs et grêles.

Le *L. ægeriiformis*, Westw., *Ploas id.*, Gray, type de ce genre, est voisin du *Toxophora lepidocera*, Wied., et paraît devoir rester dans la même coupe générique.

De la Géorgie d'Amérique.

EXPLICATION DES FIGURES.

Planche 1.re

Fig. 1. Mesocera flavicornis.
—— 2. Pterodontia flavipes.
—— 3. Mœgistorhynchus longirostris.
    a. Caput.
    b. Palpus.
    c. Antenna.
    d. Anus.

Planche 2.

Fig. 1. Nemestrina cincta.
    a. Caput.
—— 2. N. osiris (ala).
—— 3. N. fasciata (ala).
—— 4. N. egyptiaca (palpus).
—— 5. N. ruficornis. (*a. Antenna. b. Anus*, ♂.)
—— 6. Fallenia fasciata (ala).
—— 7. Hirmoneura Novæ-Hollandiæ.
    a. Caput.
    b. Antenna.
    c. Anus ♀.
—— 8. H. chilensis (caput).

Planche 3.

Fig. 1. Trichopsidea œstracea. *a.* Caput. *b.* Idem. *c.* Partes
    oris. *d.* Antenna.
—— 2. Colax macula.
    a. Caput.
—— 3. Anthrax Pygmalion.

Planche 3 *bis.*

ig. 1. Lampromyia canariensis.

    a. Caput.

    b. Tarsus.

    c. Anus ♂.

— 2. Leptis mystacea.

    a. Caput.

— 3. Chrysopyla thoracica.

    a. Caput.

Planche 4.

ig. 1. Dasyomma cœrulea.

    a. Caput.

— 2. Xestomyza lugubris.

    a. Caput.

Planche 5.

g. 1. Thereva thoracica.

    a. Caput.

  1. *bis.* Exapata anthracoides. *a.* Caput.

— 2. Thereva lugubris (ala).

— 3. T. appendiculata (ala).

— 4. T. notabilis (ala).

— 5. *a.* Ruppellia semiflava.

    a. Antenna. *b.* ala

— 6. Chiromyza vittata (antenna).

Planche 6.

g. 1. Adelidea fuscipennis.

    a. Caput.

— 2. Bombylius orientalis.

    a. Caput.

— 3. B. heterocerus (caput).

— 4. B. flaviceps (antenna).

Fig. 5. B. acuticornis (antenna).

—— 6. B. latifrons (*a*. antenna. *b*. caput).

—— 7. B. pictus (antenna).

—— 8. B. Olivierii (caput).

—— 9. B. fasciculatus (caput).

Planche 7.

Fig. 1. Bombylius versicolor (ala).

—— 2. B. fasciculatus, scutellatus, stylicornis, acuticornis, L'herminierii, latifrons (ala).

—— 3. B. claripennis, æqualis, pumilus (ala).

—— 4. B. fuscus, ater (ala).

—— 5. B. micans, Olivierii, lateralis, analis, punctatus (ala).

—— 6. B. heterocerus, Goyaz, melanocephalus, tripunctatus (ala).

—— 7. B. brevirostris (ala).

—— 8. B. heteropterus (ala).

Planche 8.

Fig. 1. Usia florea.

  a. Caput.

  b. Anus.

—— 2. U. cuprea (ala).

—— 3. U. œnea (ala).

—— 4. U. major (ala).

—— 5. U. claripennis (ala).

—— 6. U. hyalipennis (ala).

—— 7. U. pusilla (ala).

Planche 9.

Fig. 1. Ploas fuscipennis.

  a. Caput.

—— 2. P. grisea (ala).

—— 3. P. pictipennis.

—— 4. Cyllenia afra.

Planche 10.

Fig. 1. Corsomyza fuscipennis.
  a. Caput.
— 2. Eniconevra fuscipennis.
  a. Eadem.

Planche 11.

Fig. 1. Apatomyza nigra.
  a. Caput.
— 2. Megapalpus nitidus.
  a. Caput.
— 3. Dasypalpus capensis.
  a. (ala).
— 4. Phthiria albida (ala).
— 5. Amictus heteropterus (ala).

Planche 12.

Fig. 1. Thlipsomyza heteroptera.
  a. Caput.
— 2. T. castanea (ala).
— 3. Cyclorynchus testaceus.
  a. Caput.
— 4. Systropus macilentus.
  a. Caput.

Planche 13.

Fig. 1. Toxophora leucopyga.
  a. Eadem.
— 2. Geron australis.
  a. Caput.

Planche 14.

g. 1. Comptosia fascipennis.
  a. Caput.
- 2. Anisotamia centralis.

Fig. 2. *a*. Caput.

Fig. 3. Plesiocera algira.

    a. Caput.

Fig. 1. Ogcodocera dimidiata.

    a. Caput.

Fig. 2. Litorhynchus hamatus.

    a. Caput.

—— 3. Mulio infuscatus (ala).

—— 3 *bis*. M. punctipennis (ala). *b*. Caput.

—— 4. Callostoma fascipennis.

    a. Caput.

Fig. 1. Exoprosopa Audouinii.

    a. Caput.

—— 2. E. simson (ala).

—— 3. E. Servillei (ala).

—— 4. E. erythrocephala var. (ala).

—— 5. E. cerberus, var. (ala).

· —— 6. E. oculata (ala).

—— 7. E. albicincta (ala).

—— 8. E. obliqua (ala).

—— 9. Tomomyza anthracoides (ala).

Fig. 1. Exoprosopa lugubris (ala).

—— 2. E. senegalensis (ala).

—— 3. E. singularis (ala).

—— 4. E. Olivierii (ala).

—— 5. E. bagdadensis (ala).

—— 6. E. fasciata (ala).

—— 7. E. notabilis (ala).

—— 8. E. varinevris (ala).

'. 9. E. Robertii (ala).
- 10. E. Bovei (ala).
- 11. E. lutea (ala).
- 12. E tricolor (ala).

Planche 18.

'. 1. Exoprosopa philadelphica (ala).
- 2. E. punctulata (ala).
- 3. E. pentala (ala).
- 4. E. bengalensis (ala).
- 5. E. argyrocephala (ala).
- 6. E. javana (ala).
- 7. E. pusilla (ala).
- 8. E. Uraguayi (ala).
- 9. E. caffra (ala).
- 10. E. albiventris (ala).
- 11. E. rubiginosa (ala).

Planche 19.

ʃ. 1. Spogostylum mystaceum.
   a. Caput.
   b. Antenna.
- 2. Exoprosopa erythrocephala (Caput).
   a. Partes oris.
- 3. Anthrax pennipes (pes posticus).
   a Squama.
- 4. A. testacea.
   a. Caput.
- 5. A. notabilis (ala).
- 6. A. halcyon, var. (ala).
- 7. A. punctulata (ala).
- 8. A. Durvillei (ala).
- 9. A. confluens (ala).
- 10. A. rubiginipennis (ala).

TABLE ALPHABÉTIQUE

DES MATIÈRES.

RECHERCHES

SUR LES MÉTAMORPHOSES DU GENRE *PHORA*,

ET DESCRIPTION DE DEUX ESPÈCES NOUVELLES DE CES DIPTÈRES, AVEC FIGURES,

Par M. Léon Dufour, Membre correspondant.

Le genre *Phora* qui, lors de sa fondation par Latreille, ne renfermait que quatre ou cinq espèces, s'est considérablement accru par les recberches de MM. Meigen, Fallen et Macquart, car le premier de ces auteurs, profitant des nombreuses décou-vertes du dernier, en mentionne cinquante–deux dans son plus récent ouvrage et ce n'est peut–être pas la moitié de celles qui existent en Europe.

Les divers ouvrages qui traitent de l'histoire des Diptères ne nous apprennent rien sur les métamorphoses des Phores ni sur le genre de vie de leurs larves. J'ai cherché à diminuer cette lacune dans un mémoire présenté en juillet 1839, à l'Institut, *sur les métamorphoses de plusieurs larves fongivores apparte-nant à des Diptères*, et imprimé dans les Annales des sc. nat. J'y ai fait connaître avec des détails accompagnés de figures, l'histoire de la *Phore pallipède*, Latr. (*Phora rufipes,* Meig). (1)

Pour rendre plus substantiel mon travail actuel et pour établir un point de comparaison, j'ai cru devoir avant tout résu-mer en peu de mots les traits distinctifs des métamorphoses de ce dernier petit Diptère. Sa larve vit, soit dans divers champi-

---

(1) Je réserve pour un ouvrage dont je prépare les matériaux depuis long-temps et qui traitera de l'anatomie des Diptères, ce qui concerne l'organisation viscérale des Phores, qui est fort curieuse.

gnons, soit dans le fromage, soit dans des matières en putréfaction. Dans mon tableau de classification des larves de Diptères, elle appartient aux *Acéphalées à corps allongé, conico-cylindroïde spinuleux sur les côtés*, et voici son signalement.

Larve assez agile, blanchâtre, longue de deux lignes au plus, tronquée en arrière où il y a six dentelures; segments finement duvetés sur leurs bords, munis de chaque côté vers leur milieu d'une très-petite spinule simple; le premier tronqué avec deux palpes biarticulés; le second ayant à son bord antérieur quatre spinules; stigmates simples, ponctiformes.

Arrivée au terme de sa croissance, la larve cesse de prendre de la nourriture, se contracte et se forme de sa propre peau une coque qui renferme la nymphe et qu'on désigne sous le nom de *pupe*. Celle-ci se fixe à nu sur les surfaces des corps qui avoisinent le lieu où vivait la larve.

Pupe ovale-elliptique, d'une ligne de longueur, d'un gris pâle ou roussâtre, déprimée à sa face inférieure, offrant la trace de neuf segments environ, et au bord postérieur du quatrième deux cornes noires divergentes un peu arquées, atteignant les bords de la pupe; côtés des segments garnis d'une très-petite spinule, parfois caduque; bout postérieur avec quatre dents.

L'insecte ailé sort de sa pupe à la faveur du décollement d'un panneau qui comprend les quatre premiers segments. Dans quelques circonstances ce panneau se détache entièrement et entraîne dans sa chute les deux cornes, d'où résulte une vaste ouverture.

Depuis l'envoi de mon mémoire précité, je me suis de nouveau livré avec ardeur à l'étude des larves fongivores sur lesquelles je prépare un second travail.

Au commencement de mai 1839 je trouvai dans l'*Agaric mouceron* (*Agaricus prunulus*, Fries), qui est un champignon délicieux, des larves qu'il me fut facile de rapporter au genre *Phora* et que je regardai comme très-voisines de celles de la

Phore pallipède. Je les élevai avec soin et j'eus le plaisir de les voir prospérer. J'offre ici la description succincte et les figures de la larve et de la pupe.

Larve acéphalée, alongée, conico-cylindroïde, blanchâtre, longue d'une ligne et demie, obliquement tronquée au bout postérieur qui est bordé de quatre dentelures dont les deux intermédiaires plus petites et plus rapprochées; segments glabres, munis de chaque côté près de leur angle postérieur de deux très-petites spinules presque contiguës; premier segment tronqué avec deux palpes biarticulés; second bordé en avant de quatre spinules; huit paires de mamelons ambulatoires (pseudopodes), géminés ou bilobés, placés à la face ventrale des segments; stigmates simples, ponctiformes.

Comme on le voit, cette larve différerait de celle de la *Phore* *pallipède*, 1.° par l'absence de tout duvet; 2.° par la déclivité et non la troncature du bout postérieur, qui n'a que quatre dentelures au lieu de six; 3.° par l'existence aux côtés des segments de deux spinules, l'une insérée au segment dorsal et l'autre au ventral.

Pupe ovale-elliptique, longue d'une ligne, d'un roux pâle; bord postérieur du quatrième segment armé de deux cornes noires divergentes; côtés des segments munis d'une double spinule, les segments antérieur et postérieur bordés chacun de quatre spinules un peu plus prononcées.

La différence de cette pupe avec celle de la *Phore pallipède*, ne consisterait guère que dans les spinules géminées des bords des segments et un peu dans la forme du segment postérieur.

Vers la fin de juillet j'obtins de ces pupes plusieurs individus d'une Phore que je pris d'abord pour la *Pallipède*, mais qu'un examen plus scrupuleux m'a fait rapporter à la *Phora nigra*, Meig.

J'arrive maintenant à une espèce nouvelle de Phore qui va nous offrir, ainsi que sa pupe, des particularités remarquables.

Je regrette vivement de n'avoir pas eu l'occasion d'étudier sa larve.

Le 31 mars 1839 je trouvai dans le creux d'un arbre de mon jardin, des Escargots (*Helix adspersa*, Drap.) morts et exhalant une odeur infecte. L'espoir d'une découverte me donna le courage de les visiter avec soin et j'en fus dédommagé en y démêlant plusieurs pupes dont la forme assez insolite et la grandeur vinrent exciter puissamment ma curiosité. D'abord je jugeai bien qu'elles appartenaient à une Muscide, mais, malgré l'existence de deux cornes dorsales, je n'osai pas, vu leur grandeur, les rapporter à une Phore; je m'attendais plutôt à une mouche voisine du genre *Aricia* dont les pupes ont aussi des cornes. Toutefois je les étudiai avec une grande prédilection et pendant la belle saison je visitai plus de cent fois le bocal qui renfermait ces Escargots. Je désespérais d'en rien obtenir lorsque dans les premiers jours de décembre 1839, j'eus la rare satisfaction de constater la naissance de trois individus d'une curieuse et nouvelle espèce de Phore que je décrirai bientôt. Parlons d'abord de sa pupe.

Pupe ovale-oblongue, coriacée, d'un marron vif, longue de trois bonnes lignes, glabre, convexe par sa face ventrale par laquelle elle est fixée, plane et même déprimée à sa face dorsale avec un rebord, armée, au quart antérieur, de deux cornes noirâtres parallèles; bout postérieur réfléchi de bas en haut et d'arrière en avant et terminé par deux épines entre lesquelles sont deux saillies tronquées stigmatiques; une rainure le long de la ligne médiane du dos.

Le jour même de la découverte de cette pupe il me fut facile de me convaincre qu'elle venait tout récemment de se former; car ses téguments n'avaient pas l'opacité qu'ils prennent par la suite et ils permettaient d'apercevoir contre le jour les deux grandes trachées de la larve qui survivaient encore. On leur distinguait aussi la trace de plus de quinze segments, trait orga-

27

nique qui établissait une notable différence entre cette espèce et celles des autres Phores. Mais je ne notai point à cette époque l'existence des cornes et je doute qu'elles eussent échappé à ma pratique de ces sortes d'investigations, puisque je trouve consignée dans ma description d'alors la présence sous-tégumentaire des mandibules de la larve précisément dans cette région où plus tard se développent les cornes. Remarquez encore, à l'appui de ce fait négatif, que je constatai alors à travers les téguments la nymphe non encore confirmée sous la forme d'une pulpe blanchâtre lobée ou festonnée sur les côtés, avec deux gros points ronds situés en avant. Un trait singulier me frappa, c'est que cette nymphe était plus courte d'un tiers et moins large d'autant que son enveloppe et occupait les deux tiers postérieurs de la pupe. Cette dernière circonstance confirme encore l'absence des cornes à cette époque, puisque la tête de la nymphe où, comme nous le verrons bientôt, sont implantées celles-ci, était placée fort loin du point où elles siègent ordinairement.

Quelle fut ma surprise lorsque, dans le mois de décembre, en ouvrant avec la plus grande précaution une pupe pour en étudier la nymphe et surtout pour rechercher l'origine et les fonctions des cornes dorsales, je vis celles-ci, après l'enlèvement du panneau qui se décolle lors de l'éclosion de la mouche, demeurer fixées à la nymphe elle-même tandis que le panneau restait percé de deux trous ronds d'où venaient de se dégager les cornes! Ces dernières sont implantées au centre de deux mamelons rapprochés sur le derrière de la tête, ou peut-être sur le devant du thorax; car je n'ai pas reconnu une distinction franche entre ces deux parties. Mais un autre fait est venu rehausser encore l'intérêt de cette investigation. J'ai évidemment reconnu, sur la dépouille de la nymphe après la naissance de la Phore, qu'une trachée élastique à cerceaux bien prononcés se portait de la base de chaque corne aux côtés du corps.

Le délaissement de ces trachées et des cornes prouve que cet appareil de respiration est exclusivement propre à la nymphe. Ces cornes sont donc des stigmates d'une forme fort singulière et inouie jusqu'à ce jour. Quoique je n'aie pas vu la larve de cette Phore, il est permis de croire, d'après l'étude attentive des larves des autres espèces du même genre, que ces cornes n'existent pas, même en vestige, dans cette larve. C'est donc une admirable et mystérieuse improvisation si non dans l'acte même de la transformation de la larve en nymphe, du moins peu de temps après.

Voici le signalement de cette dernière :

Nymphe de deux lignes de longueur, tandis que la pupe en a un peu plus de trois, cylindroïde, glabre, d'un roux sale; tête formant, en avant des mamelons cornigères, un plan incliné avec une fort légère échancrure qui aboutit à deux saillies obtuses; yeux noirâtres latéraux et un peu inférieurs; au-dessous de ceux-ci une sorte de stylet grêle, droit, blanchâtre, dirigé d'avant en arrière; une très-petite saillie épineuse de chaque coté près des yeux; deux traits obscurs en forme de V dont la pointe est postérieure, limitant le corselet; pattes et moignons des ailes d'une teinte enfumée, ployés sous le corps; abdomen obtus avec des traces vagues de segmentation et les bords latéraux un peu relevés.

Quelle est la transformation que doivent subir dans l'insecte ailé les stylets dont je viens de parler et où une forte lentille du microscope permet de constater une certaine disposition à devenir articulé? Je ne pense pas que ce soient les germes des antennes. Il est plus probable qu'ils représentent la soie ou le style de l'antenne dont le corps est sans doute placé au-dessous de la tête en attendant son évolution.

Remarquez que ce ne fut que huit mois après avoir constaté la pupe que la Phore prit son essor. Ces pupes avaient pourtant été placées pendant tout l'été dans un lieu chaud; j'avais même à diverses reprises exposé aux rayons du soleil le bocal qui les renfermait, dans l'espoir d'en hâter l'éclosion. Mais les Phores ne naquirent qu'en décembre, dans la saison des frimats, et au moment où j'écris ces lignes, au 15 de ce mois, il vient de m'en naître encore une. C'est donc une espèce essentiellement hivernale. Elle doit s'accoupler et pondre ses œufs dans les escargots en janvier ou février ; les larves doivent prendre leur accroissement dans le mois de mars et opérer leur transformation en pupes aux premiers jours du printemps, ainsi que je l'ai constaté. Ces circonstances doivent rendre cette espèce fort difficile à rencontrer par les entomologistes, à moins qu'on ne parvienne à découvrir les larves ou les pupes pour les élever et attendre patiemment la naissance des mouches.

C'est par le décollement des bords du panneau cornigère qui s'entrouve alors que celles-ci sortent de la pupe. Quelquefois ce panneau se fend à sa base et se détache entièrement, laissant alors une excavation considérable.

Je passe maintenant à la description de l'espèce. Son étude scrupuleuse va nous fournir une foule de traits de structure fort intéressants.

PHORA HELICIVORA, *Nob.* (Fig. 13) Phore hélicivore.

Nigra opaca, palpis, antennis, tibiis, tarsis femorumque apice rufo vel fusco lividis ; fronte retrorsùm piloso ; abdominis glabri segmento tertio utrinque pilis subdeciduis ciliato ; ventre longitudinaliter striato-sulcato ; halteribus albis ; alis sordide vix rufescentibus ; costâ ciliatâ, nervo submarginali apice truncato ; tibiis posticis apice interno horumque articulo primo tarsorum transversim pectinato-striatis ; unguibus ternis.

Long. 2 $^1/_3$ l.

Hab. hyeme in Gallià meridionali-occidentali. (S^t.-Sever, Landes).

Larva in helicibus vivit.

Dernier article des antennes un peu ovoïde et non rigoureusement globuleux, roux ou parfois noirâtre, finement duveté; son style inséré latéralement un peu avant l'extrémité, évidemment formé de trois articles, villosule au microscope; yeux, au même grossissement, mollement velus, veloutés, avec l'orbite inférieure garnie de petits piquants; balanciers blancs et en massue oblongue: nervure costale de l'aile garnie d'un double rang de cils susceptibles de se mouvoir sur leur base au gré de l'animal. J'ai constaté pendant la vie que ces cils peuvent se coucher de manière à être presqu'inapercevables; ils peuvent se redresser ensuite. Nervure sous-marginale tronquée à la hauteur où la costale cesse d'être ciliée; près de ce point une nervure transversale très-oblique, ne pouvant être considérée comme une bifurcation de la costale ou de la sous-marginale, car elle est plus fine qu'elles; parfois une petite tache enfumée près de la troncature; pourtour de l'aile finement velu au microscope; abdomen immédiatement et largement uni au thorax, formé de sept segments dont le troisième a de chaque côté une série de poils assez raides et caduques et le dernier de la villosité à droite et à gauche; oviscapte roussâtre, recouvert à sa base par deux panneaux vulvaires demi-circulaires velus, composé de deux tubes invaginés courts dont le dernier, qui m'a paru fendu au milieu, a de chaque côté un appendice palpiforme d'une seule pièce oblongue velue.

Pattes non sensiblement velues à l'œil nu; tibias antérieurs avec un seul piquant vers le milieu; intermédiaires avec deux ou même trois, postérieurs avec deux, sans compter les ergots terminaux; extrémité tarsienne de ces derniers tibias marquée en dedans (avec le secours du microscope) de cinq ou six séries obliquement transversales de cils raides formant un peigne. Premier article des tarses postérieurs offrant, au même instrument, dans toute leur longueur, plusieurs peignes traversaux (13 ou 14), dont chacun se termine au bord interne de l'article par un piquant plus fort et prend naissance à une ligne parallèle au bord externe. J'ignore les attributions physiologiques de ces peignes si nombreux et si élégants, mais ils ne doivent pas être étrangers aux ébats copulateurs. Dernier article de tous les tarses terminé par trois ongles cornés, les latéraux ayant la forme des griffes ordinaires ; l'intermédiaire au moins aussi long que les autres, en lame mince qui, après la mort, tend à se courber à son extrémité. Lorsque l'insecte marche il étale les ongles et les appuie sur le plan de support. Pelottes tarsiennes ovalaires, blanchâtres, submembraneuses, hérissées ou veloutées en-dessous. Quelquefois les pattes ont une couleur d'un brun de poix uniforme, mais les hanches sont noires.

La *Phore hélicivore* n'a pas cette agilité, cette prestesse des mouvements qui caractérisent la plupart des espèces de ce genre. Elle a même la démarche lente et grave.

PHORA SORDIDIPENNIS. *Nob.* Phore ailes sales.

Nigra opaca, palpis, ore, antennis, abdominis primo segmento genitalibusque rufis ; pedibus trochanteribusque pallido lividis ; femoribus posticis oblongo-ellipticis apice cum tibiis tarsisque nigris ; fronte retrorsùm piloso ; abdomine subtus longitudinaliter striato-sulcato ; halteribus albis ; alis sordide rufis, costâ ciliatâ, nervo submarginali apice truncato.

Long. 2 ¹/₂ l.

Hab. in Galliâ meridionali-occidentali. (S^t.-Sever, Landes).

Grande analogie de faciès et de structure générale avec l'*helicivora*. Les cannelures du dessous de l'abdomen, qui ne sont pas de simples plis par flétrissure, puisqu'elles sont encore plus prononcées dans l'insecte vivant, constituent un trait organique fort singulier, commun aux deux espèces ; elles sont quelquefois presque nulles aux derniers segments : yeux veloutés et dernier article des antennes ovoïde comme dans ces dernières. Ailes d'un roux sale plus prononcé avec les cils de la côte couchés dans l'individu que j'ai sous les yeux. Nervure sous-marginale plus décidément bifurquée. Hanches plus arrondies que dans l'*helicivora ;* tibias postérieurs un peu arqués, mais sans stries pectinées non plus que le premier article des tarses de derrière. Ongles fort petits, au nombre de deux seulement. Tibias et tarses des pattes intermédiaires obscurs, presque noirâtres.

EXPLICATION DES FIGURES.

(Toutes fort grossies.)

1. Larve de *Phora nigra,* Meig.
2. Mesure de sa longueur naturelle.
3. Portion du corps vue de profil pour mettre en évidence et les insertions des spinules et les mamelons ambulatoires.
4. Pupe de cette larve.
5. Mesure de sa longueur naturelle.
6. Pupe de la *Phora helicivora.* Duf.—On a indiqué par une série de points la circonscription du panneau cornigère qui s'entre-ouvre ou tombe à la naissance de l'insecte.
7. Mesure de sa longueur naturelle.
8. Nymphe vue par sa face dorsale.
9. Mesure de sa longueur naturelle.
10. Stylet sous-oculaire détaché.
11. Nymphe vue en trois quarts pour mettre en évidence les mamelons cornigères, les pattes et les moignons d'ailes.
12. Panneau cornigère détaché représenté au moment où les cornes s'en dégagent. On voit en arrière un fragment de la dépouille de la nymphe avec les deux trachées qui aboutissent à la base des cornes et font de celles-ci de véritables stigmates.
13. *Phora helicivora* avec les ailes étalées et les cils de la côte redressés.
14. Mesure de sa longueur naturelle.
15. Tête détachée pour mettre en évidence les yeux, les ocelles, les antennes, les palpes et les soies frontales.
16. Dernier article des antennes détaché pour mettre en évidence la configuration et la composition du style.
17. Abdomen vu en-dessous pour mettre en évidence ses cannelures. — On voit à son extrémité et dans un état d'insertion les deux panneaux vulvaires et l'oviscapte avec ses appendices palpiformes.

18. Une patte postérieure détachée pour mettre en évidence les stries pectinées et la composition du tarse.

19. Dernier article d'un tarse détaché et considérablement grossi pour mettre en évidence les trois ongles et les pelottes tarsiennes étalés.

20. Tibia et premier article du tarse des pattes postérieures, énormément grossis pour mettre en évidence les stries pectinées, les piquants et les ergots.

21. Patte postérieure fort grossie de la *Phora sordidipennis*, Duf., pour faire voir sa différence de structure avec la semblable patte de l'*helicivora*.

2.

11.

12.

6.

20.

7.

18.

18. Une patte postérieure détachée pour mettre en évidence les stries pectinées et la composition du tarse.

19. Dernier article d'un tarse détaché et considérablement grossi pour mettre en évidence les trois ongles et les pelottes tarsiennes étalés.

20. Tibia et premier article du tarse des pattes postérieures , énormément grossis pour mettre en évidence les stries pectinées, les piquants et les ergots.

21. Patte postérieure fort grossie de la *Phora sordidipennis* , Duf., pour faire voir sa différence de structure avec la semblable patte de l'*helicivora*.

HISTOIRE.

FINANCES.

SUR L'ANCIEN SYSTÈME DE CRÉDIT PUBLIC EN FRANCE,

Par M. Alphonse HEERGMANN, Membre résidant.

Le 4 juillet 1828, j'ai lu à la Société un Mémoire d'algèbre relatif à certains problèmes sur l'amortissement et sur la conversion des rentes, questions qui étaient alors l'objet d'une grande controverse.

Aujourd'hui qu'une solution législative semble prochaine, et que mon Mémoire retrouve une sorte d'actualité, j'ai pensé qu'il était opportun d'y rattacher comme appendice la note suivante, dans laquelle je me suis proposé de dire en peu de mots ce qu'était autrefois notre crédit public, en m'attachant plus particulièrement aux deux derniers siècles.

Les leçons du passé, moins profitables, si l'on veut, par les exemples qu'elles offrent que par les écueils qu'elles signalent, ne doivent pas être perdues pour nous; et les finances, surtout, sont une branche si importante de l'administration, qu'on doit être surpris du peu d'empressement et de soin que nous mettons à consulter l'expérience que nos pères y avaient acquise.

Un travail de la nature de celui que j'ai entrepris ne doit être qu'un resumé de pièces et de chiffres officiels, car il est peu d'historiens assez exacts ou a qui notre sujet soit assez familier pour que leur témoignage y supplée. Mais, si j'ai pu parcourir un assez grand nombre d'édits sur les finances dans des recueils imprimés, il n'en était pas de même des pièces concernant les comptes ou le détail des opérations : il fallait les remplacer par des mémoires plus ou moins dépourvus d'authenticité ; par des documents incomplets lorsqu'ils ne sont pas contradictoires. Cet opuscule ne pouvait donc être qu'un essai. Je m'estimerai heureux si d'autres, mieux placés que moi, y puisent l'idée de recherches plus sérieuses à faire dans les archives de nos Chambres des comptes, recherches qui, sans doute, seraient permises, maintenant que l'emploi des deniers publics n'est plus un secret d'État.

Ne serait-il pas possible, par ce moyen, non-seulement d'établir d'une manière irréfragable les faits les plus importants de notre histoire financière, mais encore de refaire les budgets antérieurs à la révolution jusqu'à une époque reculée ; de les disposer sous une forme analogue à celle des budgets de nos jours ; et enfin, de les accompagner de tous les documents propres à faciliter une comparaison assurément bien curieuse, si elle pouvait être faite avec exactitude ?

Les constitutions de rentes, perpétuelles ou viagères, bien qu'anciennement connues, ne sont devenues une importante ressource financière que dans les derniers temps. Deux autres moyens ont d'abord été employés de préférence, parce qu'ils offraient ou semblaient offrir aux prêteurs défiants plus de garantie que la simple promesse du roi. Nous voulons parler de l'aliénation, c'est-à-dire l'engagement des domaines, et de la vénalité des offices.

Ce qu'on appelait aliénation des domaines n'était pas une aliénation réelle, irrévocable, mais une vente à réméré, un emprunt avec hypothèque sur les biens de la couronne, dont

l'usufruit tenait lieu d'intérêt pour le prêteur ; car l'inaliénabilité et l'imprescriptibilité du domaine étaient généralement
admises comme lois fondamentales de l'État. C'est du moins ce
qui a été déclaré par différents édits, dont un rendu à la
demande des états-généraux en 1402 (1), et ce qui a été confirmé par l'institution de la Chambre du domaine.

L'inaliénabilité, qui peut aujourd'hui être regardée comme
contraire aux principes d'une bonne administration, était alors
un frein à la prodigalité des rois envers leurs favoris. Leurs
actes de libéralité, qui ne trouvaient pas de contradicteurs de
leur vivant, étaient révoqués par leurs successeurs. Aussi une
des premières opérations de Sully est-elle la recherche des
parties du domaine usurpées ou engagées à vil prix. Cependant
on conçoit qu'une possession aussi précaire n'était pas favorable
à l'exploitation, encore moins à l'amélioration des biens engagés, et que le prêteur de bonne foi dut se dégoûter de ce genre
de placement.

Il est bon de prévenir que, sous le nom de domaine, on
comprenait non-seulement des biens immeubles, mais une
foule de revenus de nature diverse, tels que concessions de
mines, rentes foncières, péages, chasses, pêches, certains
droits de mutation et de douane, aubaines, épaves, etc. es
offices des notaires-tabellions et des greffiers dépendaient aussi

(1) 13 février 1401 (13 février 1402, nouveau style). Voir aussi les édits
des 29 juillet 1318, 14 mai 1358, 30 décembre 1360, 30 juin 1539, février 1566, etc.

Le domaine ne pouvait être régulièrement aliéné qu'en deux cas seulement,
1.° pour l'apanage des princes, et en ce cas, il faisait retour à la couronne à
leur avènement ou à leur décès sans postérité masculine ; 2.° pour emprunts
nécessités par la guerre ; alors il y avait faculté de rachat perpétuel.

On sait que dans la révolution, ces principes d'inaliénabilité furent abandon-
nés, et que les engagistes purent acquérir la propriété incommutable des biens
engagés, moyennant le paiement du quart de leur valeur en numéraire. (Loi du
14 ventôse an 7, — 4 mars 1799).

du domaine, et ce que je vais dire de la vénalité des offices en général s'applique aux offices réputés domaniaux (1).

La vénalité des offices, cette grande ressource de l'ancienne monarchie, n'était qu'une forme particulière donnée à l'emprunt ; c'était un moyen d'obtenir le capital en payant la rente, c'est-à-dire en payant un traitement exagéré. La preuve que le traitement dépassait la juste rémunération du travail se trouve dans le prix vénal lui-même.

Les gages qui représentaient plus particulièrement l'intérêt de la finance ou du capital fourni, et qui ressemblaient ainsi à l'intérêt de nos cautionnements actuels, étaient indépendants des épices de la magistrature et des taxations ou autres droits attachés aux offices de finances, lesquels droits et taxations dépassaient quelquefois de beaucoup les gages. D'autres avantages, tels que l'exemption de certains impôts (2), étaient de véritables suppléments de traitement ; enfin, la noblesse, qui s'acquérait par l'exercice de quelques-uns de ces emplois, pouvait contribuer à les faire rechercher et représenter une partie du prix vénal.

Les sinécures créées dans le seul but de se procurer de l'argent furent multipliées d'une façon étrange. Ainsi des offices étaient doublés, c'est-à-dire que le même emploi était tenu tour-à-tour, pendant un an, par deux titulaires, sous le prétexte frivole que tandis que l'un était en exercice, l'autre s'occupait de rendre ses comptes (3). Il y eut même quelquefois

---

(1) Édits du mardi avant St.-Vincent, 1310 ; du 8 mars 1316, etc.

Ceux de mars 1580, mars 1595, et mai 1597, ordonnent l'aliénation de ces offices avec faculté de rachat perpétuel.

(2) La taille, la gabelle, ou impôt du sel, etc. Voir entr'autres l'ordonnance de juillet 1681.

(3) Tels étaient les receveurs alternatifs des tailles, que Turgot voulut supprimer en août 1775, et qui furent rétablis en janvier 1782.

des offices triennaux et quadriennaux (1). Quelquefois on trans-
formait en offices certaines professions industrielles déjà exis-
tantes, ou des professions imaginées tout exprès et complètement inutiles. L'intérêt du capital prêté se trouvait alors dans
la concession d'un monopole ou dans l'attribution de droits que
les titulaires prélevaient sur le commerce.

La liste de ces offices, au temps de Louis XIV et de Louis XV,
est des plus bizarres (2).

Lorsque les émoluments ou les droits attachés aux offices
paraissaient trop considérables, on exigeait des titulaires un
supplément de finance, ou bien on les dépossédait en leur
remboursant la finance elle-même d'après le tarif conservé par
l'administration appelée bureau des parties casuelles (3).

Les offices, d'abord casuels, en ce qu'ils étaient dévolus au
roi lorsque le titulaire venait à décéder sans avoir résigné sa
charge ou avant l'expiration d'un certain délai fixé pour la
validité de la résignation, purent être rendus héréditaires ou
transmissibles après décès, en faveur des héritiers, moyennant
le paiement d'un droit appelé *annuel* ou *paulette* (4).

Je suis loin de regretter l'ancien régime, mais je ne puis
m'empêcher de remarquer que tous les abus n'ont pas disparu
avec lui. Nous avons encore aujourd'hui des charges ou mono-

---

(1) Sully établit des charges triennales en 1597.

L'édit du mois d'août 1717 supprime les charges triennales et quadriennales
qui existaient à cette epoque.

(2) On peut citer entr'autres les offices de barbiers avec bassins blancs, et
barbiers avec bassins jaunes ; de contrôleurs de perruques, de contrôleurs-essayeurs
des huiles, vins, bières, volailles, etc.; d'inspecteurs à l'emplacement et au
déchirage des bateaux, etc. Édits de novembre 1691, 1703, 1705, 12 septembre
1719, 20 juin 1724, juin 1730, décembre 1743, etc., etc.

(3) Cette administration date de 1522, mais la vente des offices avait déjà été
pratiquée sous Louis XII.

(4) Édits des 12 septembre 1604, 25 janvier 1642, juin 1644, décembre
1709, etc.

poles qui se vendent et se revendent avec prime ; mais ce n'est
plus au profit de l'État, et cela n'en vaut pas mieux. Nous
avons encore des traitements exagérés ; mais ce n'est plus
pour fournir à l'intérêt d'un capital ; c'est pour relever la condition des fonctionnaires. Or, depuis que les acheteurs ont fait
place aux solliciteurs, ne peut-on pas se demander si, à part
certains emplois qui exigent des capacités spéciales, il y aurait
moins de convenance et de moralité à profiter du concours des
classes aisées pour comprendre dans le traitement l'intérêt d'un
cautionnement plus ou moins considérable, qu'à souffrir que la
curée des places soit un des principaux moyens d'influence du
pouvoir ?

Outre l'aliénation des domaines et la vénalité des offices,
l'ancien régime avait les rentes perpétuelles ou viagères, les
tontines, les loteries, dont les lots principaux étaient des
rentes sur l'État, les anticipations ou assignations données sur
les recettes futures, les banques royales, etc.

Il serait difficile de trouver aujourd'hui beaucoup de moyens
de crédit inconnus à nos aïeux, qui, en finances surtout, ont
fait preuve d'une étonnante fécondité d'imagination. Ils élu-
daient de mille manières la prohibition du prêt à intérêt qu'un
préjugé religieux avait introduite dans la législation. Aujour-
d'hui peu de personnes se doutent que cette stipulation, qui
nous paraît toute simple et toute naturelle, était encore, il
n'y a guères que cinquante ans, un délit et un péché. L'autorité des conciles avait amené une modification de la loi romaine
et dicté diverses ordonnances non-seulement contre l'usure
dans le sens attaché maintenant à ce mot, mais contre la convention de l'intérêt le plus minime (1); et ces ordonnances
n'étaient pas encore formellement abrogées sous Louis XVI,

_____

(1) Notamment celles de décembre 1665 et septembre 1679.

bien qu'elles fussent chaque jour ouvertement violées (1).

Il était réservé à la révolution de faire justice de cette ignorance des nécessités sociales (2), mais depuis long-temps les besoins du gouvernement avaient fait fléchir la rigueur des principes. Ainsi les rescriptions des receveurs généraux et les billets des fermes avaient été assimilés aux lettres et billets de change (3), et se négociaient moyennant le change ou l'escompte. Le plus souvent ils se renouvelaient à leur échéance, sans remboursement du capital, et ils formaient une dette flottante, comme de nos jours les bons du trésor.

Par ces anticipations, on consommait quelquefois à l'avance plus d'une année du revenu.

Les rentes étaient, comme les anticipations, assignées avec spécialité sur les différents impôts; ce qui donnait à certains créanciers plus de sûretés qu'aux autres. Du reste, il n'entre pas dans notre sujet de détailler ces impôts, dont les uns étaient affermés, les autres perçus par les agents de l'administration, comme les receveurs généraux et particuliers.

Il était défendu, même dans les billets de commerce, de comprendre l'intérêt avec le capital. (Ordonnance de mars 1673, titre 6, art. 1.er).

Il était permis de stipuler l'escompte pour prompt paiement d'une marchandise vendue, mais cette convention faite après la vente était irrégulière, etc

Enfin, par une autre contradiction, les intérêts que la loi défendait de stipuler étaient adjugés judiciairement à compter du jour où le débiteur était mis en demeure de payer.

(1) Le gouvernement lui-même empruntait alors pour rembourser à des époques déterminées.

(2) Décret du 3 octobre 1789.

(3) Édit du 26 février 1692. Le change, d'autant plus bas que l'échéance était plus longue (cette échéance allait jusqu'à huit mois ou un an), n'était qu'un intérêt déguisé.

Les billets de change, autorisés par l'ordonnance citée de 1673, devaient avoir pour cause des lettres de change fournies ou à fournir. Les porteurs de ces différentes sortes d'effets avaient entr'autres droits celui de contrainte par corps contre tous les obligés.

L'usage des rentes sur l'État paraît ancien (1), surtout des rentes assignées sur les recettes des tailles (2) ; mais l'origine des rentes payées à l'hôtel-de-ville de Paris et qui formaient la partie la plus considérable de la dette constituée, ne remonte qu'à septembre 1522 (3).

---

(1) Le règlement rédigé par Sully pour la vérification des rentes, en 1604, fait mention de créations antérieures à 1375. Je trouve, dans un recueil d'anciennes ordonnances, des lettres du roi Jean, datées du 19 novembre 1350, adressées aux administrateurs du trésor en même temps qu'à la Chambre des comptes (où elles sont enregistrées), et qui ordonnent la suspension des rentes héréditaires, c'est-à-dire perpétuelles, et des rentes viagères, consenties par Philippe-de-Valois son père ou par lui-même, et assignées, soit sur le trésor, soit sur les recettes des provinces. Voici le texte de cet edit :

Johannes Dei gratiâ Francorum rex dilectis et fidelibus gentibus cameræ compotorum (computorum), et thesaurariis nostris salutem et dilectionem.

Vobis et vestrum cuilibet, certis de causis, mandamus quatenus omnes et singulos redditus annuos tàm hereditarios quàm ad vitam et tam per carissimum (Dominum) et genitorem nostrum, dùm viveret, quàm per nos datos quomodolibet et donatos, teneatis et ab omnibus Receptoribus nostris teneri faciatis in suspenso usque ad instantem quadragesimam, confirmationibus seu concessionibus aut mandatis ad hoc contrariis per nos factis seu faciendis non obstantibus quibuscumque.

Datum Parisiis, 19.ᵉ die novembris, anno Domini millesimo trecentesimo quinquagesimo.

Bien que ces lettres ne fassent mention que des rentes créées sous Jean et sous Philippe-de-Valois, il en existait avant le règne de ce dernier, comme le prouve l'ordonnance du 27 mai 1320, relative à l'institution des receveurs, et qui prescrit la vérification des rentes payées en province. Voici l'art. 17 de cette ordonnance, également enregistrée à la Chambre des comptes :

« Comme plusieurs personnes prennent et requièrent à avoir plusieurs rentes » sur aucune de nos prevotez de nostre seneschaucie, par les mains des prevoz, » sanz les décompter aus diz prevoz, dont nulle mention n'est faite ès escripz de » nostre recepte de nostre seneschauscie, nous voullons que de tiex rentes rien » ne soit payé jusques à tant que les gens de noz comptes auront vu les privi-» lèges et se aucuns en ont jouy indeument, que il les contraigne à ce que resti-» tution nous en soit fait en la manière que il appartiendra. »

Les rentes dont il est question dans ces deux édits ont bien le caractère de rentes constituées. Nous ne remonterons pas plus haut, les temps antérieurs étant moins bien connus.

(2) Impôts directs et de répartition. Ils n'étaient pas affermés.

(3) Les rentes de l'hôtel-de-ville étaient principalement assignées sur les fermes des aides et des gabelles.

Dans le droit commun, les rentes constituées à perpétuité étaient essentiellement rachetables pour le débiteur : elles n'étaient perpétuelles qu'à l'égard du créancier. Nous insisterons sur ce point parce que beaucoup de personnes pensent encore que l'article 1911 du Code civil a changé l'ancienne jurisprudence, d'où elles tirent un argument contre la mesure du remboursement. En effet, s'il en était ainsi, les rentes dont la création est antérieure au Code ne pourraient, sans rétroactivité, subir le sort des rentes de création plus récente. Mais cette opinion est erronée : en adoptant le principe que le débiteur ne peut être contraint à rester toujours débiteur, le Code n'a pas innové. On peut s'en assurer en consultant les traités de jurisprudence qui l'ont précédé. Les coutumes elles-mêmes semblent d'accord pour proscrire comme usuraire la clause de perpétuité de la dette stipulée en faveur du créancier (1).

Le créancier de l'État, de même que celui des provinces, villes ou communautés, était soumis au droit commun ; et il ne paraît pas avoir eu l'idée de se plaindre lorsque le droit de

---

On payait aussi à l'Hôtel-de-Ville les rentes assignées sur la subvention annuelle du clergé ; mais elles avaient des payeurs distincts. Outre les rentes qui se payaient dans les bureaux des recettes générales ou particulières, il y avait quelques parties qui se payaient au trésor. Plus tard il y en eut sur la caisse des arrérages ou caisse d'amortissement, etc.

Il ne faut pas confondre les rentes créées par le gouvernement sur la subvention annuelle du clergé avec les rentes créées par le clergé lui-même, qui étaient payées par son trésorier.

(1) Un édit de l'empereur Charles-Quint en date du 20 février 1528 admet le droit de remboursement pour tout débiteur de rente perpétuelle dans le comté de Flandre. Les édits de François I.er, en octobre 1539, et de Henri III, en 1585, décident la question dans le même sens, et règlent jusqu'aux formes de la consignation à l'égard des mineurs et des femmes mariées. Si à ces décisions on veut joindre l'autorité des papes, on trouvera une bulle de 1569, qui accorde au débiteur le droit de se libérer moyennant signification faite deux mois à l'avance.

remboursement a été exercé à son égard, ainsi que nous en verrons plus loin des exemples.

Quelquefois, le capital reconnu par le contrat, d'après le taux légal des constitutions, était supérieur au capital réellement fourni. En ce cas, la différence était couverte par des ordonnances de comptant; c'est-à-dire, qu'afin de régulariser l'opération, cette différence entrait dans les dépenses secrètes, dont le détail n'était pas soumis au contrôle de la Chambre des comptes. Sous la surintendance de Fouquet (1), ces usures s'étaient, dit-on, accrues à tel point, qu'on passait ainsi reconnaissance de plusieurs capitaux pour un, ce qui était le présage d'une banqueroute prochaine,(2).

Les moyens de crédit usités sous l'ancien régime étaient, comme on voit, fort nombreux. Les seules combinaisons qu'on n'y trouve pas, ou, du moins, qui n'apparaissent qu'aux approches de la révolution, sont les plus simples, celles où l'intérêt est stipulé sans détour; et il est remarquable que depuis l'établissement du grand livre de la dette, on ait continué l'usage exclusif des rentes perpétuelles, sans essayer des annuités ou des emprunts remboursables à époques échelonnées, dans un espace de temps plus ou moins long.

Lorsqu'on cherche à se rendre compte de l'état des finances sous l'ancienne monarchie, on trouve de grandes difficultés à accorder les documents incomplets que les auteurs nous fournissent. Une cause de confusion est dans la signification donnée aux mots *recette* et *dépense*.

----

(1) De 1653 à 1661.

(2) Les faux acquits au comptant, d'après les recherches de la chambre de justice de 1661, s'élevaient à 384,782,512 livres. Beaucoup de ces faux acquits étaient dus sans doute à l'abus dont nous parlons.

Déjà, en 1648, un arrêté de la Chambre des comptes avait limité à 3 millions les acquits au comptant, dont on se servait aussi pour couvrir les usures exigées par les traitants pour leurs avances sur les revenus de l'État.

Le parlement avait, de son côté, travaillé à empêcher ces dilapidations.

Tantôt on entendait par recette le produit brut de l'impôt comme était, pour la taille, le chiffre du brevet d'imposition ; tantôt le produit net ou ce qui entrait à l'épargne, c'est-à-dire au trésor, à la caisse centrale, après déduction des non-valeurs, rentes, gages, taxations d'offices, ou en général, de ce qu'on nommait les charges.

Des charges semblables étaient prélevées sur le produit des fermes, d'après les conditions insérées dans les baux ; le produit net seulement figurait en recette au trésor. Par suite, les charges n'y figuraient pas en dépense.

En outre, il existait certaines aliénations qu'on ne faisait pas entrer dans les charges, parce que les aliénataires exerçaient eux-mêmes leurs droits ; certaines charges sourdes qui avaient une destination spéciale ; certains budgets séparés concernant des administrations particulières qui sont reprises dans les budgets actuels : de sorte qu'en résumé, les dépenses pouvaient se diviser en dépenses proprement dites, en charges, et en dépenses pour ordre ou budgets spéciaux.

De plus, il y avait, comme aujourd'hui, le budget provisoire ou l'état projeté des recettes et des dépenses, le compte définitif établi par année civile, et enfin le compte définitif réglé par exercice ou année financière ; nouvelles causes de confusion.

Les anciens états ne comprenaient pas certaines dépenses d'administration provinciale qui font aujourd'hui partie du budget. L'instruction publique, les cultes, n'y figuraient pas : le clergé avait ses biens et ses revenus, ou contributions propres ; et au lieu d'être payé par l'État, il lui payait une redevance sous le titre de don : enfin la justice n'était pas gratuite.

Toutes ces omissions, indépendamment de la valeur différente des monnaies, donnent aux anciens budgets une apparence de modicité, de bon marché, contre laquelle il faut se mettre en garde.

D'ailleurs, en comparant ces budgets avec ceux de notre temps, il ne faut pas négliger de tenir compte des changements survenus dans l'étendue du territoire, et le chiffre de la population.

On peut présumer qu'en général, le peuple portait toute la somme d'impôt dont on pouvait le charger, sans risquer de le pousser à la révolte. Mais les exemptions accordées à la noblesse, au clergé, et à un grand nombre de fonctionnaires publics, diminuaient considérablement la matière imposable; sans compter que les professions changées en monopoles faisaient perdre la plus grande partie du revenu important qui se tire aujourd'hui des patentes.

Pour faire connaître la proportion qui existait à diverses époques entre la dette et l'impôt, ou plutôt entre les charges et le revenu, nous reproduirons, en attendant mieux, dans un tableau placé à la fin de ce travail, quelques états de recette et de dépenses donnés par d'anciens mémoires ou comptes-rendus.

Après l'exagération des impôts et l'abus du crédit, venait l'emploi de tous les moyens que la mauvaise foi peut suggérer. Au nombre de ceux-ci, je mettrai d'abord l'affaiblissement des monnaies, soit dans le titre, soit dans le poids.

Cet affaiblissement était quelquefois caché, lorsqu'il n'y avait de changé que la loi, c'est-à-dire le titre; et le secret en était gardé sous serment (1). D'autres fois l'affaiblissement était avoué, mais coloré d'un prétexte plus ou moins ridicule, tel que celui de remédier à la pénurie des espèces (2), d'empêcher

---

(1) Mandements de Philippe-de-Valois en 1350; mandements des 24 mars 1350 (1351, nouveau style), septembre 1351, 2 décembre 1359, 2 mai 1360, 27 juin 1360, du roi Jean ou de Charles V, comme régent du royaume.

(2) Ordonnance du 6 avril 1339.

l'exportation des matières d'or ou d'argent, ou même de faire revenir en France celles qui en avaient été exportées (1).

Tantôt cet affaiblissement était ordonné à l'occasion d'une refonte; tantôt il consistait en un simple changement dans le prix légal des monnaies courantes. Dans le premier cas, il avait pour but principal d'accroître abusivement le bénéfice de la refonte.

La fin du règne de Louis XIV et le commencement de celui de Louis XV, de l'an 1689 à l'an 1726, n'offrent pas moins de dix refontes ou réformations de monnaies, pendant lesquelles le bénéfice du gouvernement a quelquefois atteint 15 ou 20 pour 0/0, quelquefois davantage, au moyen de certaines combinaisons dont nous parlerons à l'occasion des billets de monnaies.

Ce bénéfice, souvent répété, aurait produit des sommes énormes s'il avait été pris sur la masse entière des espèces en circulation (2); mais il en échappait une grande partie, malgré

---

(1) Édits de décembre 1689, septembre 1701, etc.

(2) Dans la refonte ou réformation de 1689, le louis d'or neuf, de même poids et de même titre que le louis vieux, fut d'abord donné pour 12 livres 10 sous, tandis que le vieux était reçu pour 11 livres 12 sous. L'écu neuf, également de même poids et de même titre que l'écu vieux, était donné pour 66 sous en échange de l'écu vieux, compté pour 62 sous. Puis, les deux espèces décriées furent reçues seulement pour 11 liv. 5 sous, et pour 3 livres. Mais en 1692, afin d'activer la refonte, le louis et l'écu neuf furent donnés respectivement pour 12 liv. 1/4 et 65 sous, puis pour 12 liv. et 64 sous.

Le bénéfice brut de cette refonte, qui dura près de quatre ans, paraît avoir été de 35 à 40 millions de livres tournois, sur une émission de 465,500,000 liv. La livre tournois, d'après les différents prix ci-dessus du louis et de l'écu neufs, représentait en monnaie actuelle de 1 fr. 68 cent. à 1 fr. 76 cent.

Cette opération achevée, et les prix des nouvelles espèces progressivement réduits à 11 liv. 10 sous et à 62 sous, on recommença (en septembre 1693), en essayant de doubler le bénéfice par un affaiblissement plus considérable. Cette fois, le produit paraît avoir été de 50 à 60 millions de livres; mais la livre ne valait plus que 1 fr. 51 cent. ou 1 fr. 54 cent. de nos monnaies actuelles d'or ou d'argent.

la pénalité la plus sévère ; malgré la peine de mort ou celle des galères à perpétuité , réservées, suivant le cas , au billonneur, c'est-à-dire à celui qui contrariait un projet d'extorsion , en exportant les espèces décriées, ou bien en les fondant en lingots pour l'orfèvrerie , ou seulement en offrant de ces espèces un prix plus élevé que celui qui en était donné aux hôtels des monnaies (1).

Comme impôt sur la richesse mobilière , ces refontes étaient un impôt inégalement réparti , profitant en partie aux étrangers; un impôt d'une perception nécessairement violente , et désastreux surtout , ainsi que nous allons le voir, par le changement même de la valeur intrinsèque de la monnaie.

Tout affaiblissement , avec ou sans refonte (affaiblissement qui , par un singulier renversement d'idées , s'appelait augmentation d'espèces) , avait pour effet certain de diminuer la dette publique. Mais , d'un autre côté , le revenu diminuait dans la même proportion ; ou , si l'on veut , le chiffre de la recette restant le même, la dépense augmentait bientôt , comme le prix des denrées , en raison inverse de la diminution de la valeur réelle des monnaies ; d'où résultait la nécessité d'un accroissement d'impôt toujours odieux , lors même qu'il ne faisait que rétablir l'équilibre , et qui nécessitait la convocation

---

Une nouvelle réformation, commencée en 1701 , se fit sur une somme totale de 321,500,000 livres, en deux ans , la livre comptée à-peu-près au même prix.

L'opération de 1704 ne constata , dit-on , qu'un capital circulant de 175 millions de livres ; la livre ayant même une valeur un peu moindre qu'à la dernière refonte. Il est vrai que la proportion du bénéfice , beaucoup plus considérable qu'en 1701 , avait dû accroître le billonnage.

Nous ne pousserons pas plus loin ces détails qui suffisent déjà pour donner une idée nette de ces opérations.

(1) « Sans que la peine de mort puisse être remise par nos juges » disent les édits de septembre 1701 et mai 1709. Cette pénalité barbare , empruntée à d'anciennes ordonnances , est un peu modifiée dans les édits de février 1716 et février 1726.

des états-généraux, ou, du moins, la vérification au parlement. De sorte qu'en d'autres circonstances, on était au
contraire amené, pour élever insensiblement l'impôt, à rehausser la valeur intrinsèque de la monnaie, c'est-à-dire à décréter
une diminution d'espèces.

Le jeu de ces combinaisons machiavéliques mériterait une
étude particulière que le cadre de cet opuscule nous interdit.

On se fera une idée de l'importance des variations des monnaies et de la nécessité d'en tenir note exacte pour l'intelligence de l'histoire, en remarquant que, dans l'espace des
quatre siècles écoulés depuis Philippe-le-Bel jusqu'au commencement du règne de Louis XV, la valeur intrinsèque de la
livre tournois a varié à-peu-près du tiers jusqu'au cent tren-
tième du marc d'argent fin, c'est-à-dire de plus de quarante
à un, et que cette valeur intrinsèque ne s'est fixée, en 1726,
au cinquante-quatrième environ du même poids de matière
fine, qu'après d'innombrables fluctuations, dont quelques-unes
ont été fort brusques.

Il est inutile de dire que les malheurs particuliers résultant
de ces variations étaient comptés pour rien lorsque le gouvernement y trouvait un bénéfice. Ainsi, quand arrivait une augmentation d'espèces, les débiteurs étaient autorisés légalement
à frustrer leurs créanciers (1); et, pour cela, il suffisait de
l'affaiblissement d'une seule des monnaies cursives, parce qu'elle
était naturellement choisie par les premiers pour opérer leur
libération.

L'augmentation d'espèces était donc une banqueroute dé-

---

(1) Il était interdit de stipuler les paiements en poids d'or ou d'argent ou en
nombre de pièces de monnaie réelles. Il fallait contracter en monnaie de compte,
c'est-à-dire en livres, sous et deniers. Outre l'annulation du contrat, quelques
ordonnances menacent les délinquants de peines plus ou moins sévères. Voir
entr'autres les ordonnances d'octobre 1330, 22 août 1343, 5 octobre 1353, etc.

guisée, plus funeste qu'une banqueroute avouée , qui n'aurait atteint que les créanciers de l'État.

Le retour à la monnaie forte , ou le rétablissement de l'ancienne valeur de la livre , au lieu d'être une mesure réparatrice, n'était qu'une injustice nouvelle dont , cette fois , les débiteurs du moment devenaient les victimes.

Toutefois, dans les 14.ᵉ, 15.ᵉ et 16.ᵉ siècles, où les diminutions d'espèces étaient généralement plus fortes que dans les siècles suivants, on faisait entre elles et les augmentations une différence remarquable , puisque les premières paraissent constamment accompagnées de dispositions réglementaires sur le paiement des obligations créées avant *la mutation de monnaie de faible à fort*. Mais la justice de ces dispositions n'était que partielle.

En général, les emprunts contractés au temps de la monnaie faible se remboursaient avec cette même monnaie, comptée pour le même prix , ou bien en monnaie forte, avec réduction de la dette, en raison du prix des matières aux hôtels des monnaies à la date de la création de l'obligation et à celle du paiement ; savoir : du prix de l'argent lorsque l'emprunteur avait reçu de l'argent, et du prix de l'or lorsque l'emprunteur avait reçu de l'or. Mais les censives ou rentes foncières augmentaient, comme les impôts, dans la proportion de la monnaie faible à la monnaie forte.

Il en était de même des loyers ou fermages, mais souvent, et surtout lorsque la diminution d'espèces était forte , il y avait pour le locataire faculté de renoncer au bail, moyennant signification de la renonciation dans les quinze jours.

Les rentes constituées , qui d'abord avaient le sort des rentes foncières, furent ensuite assimilées aux emprunts , c'est-à-dire qu'elles ne supportèrent pas l'accroissement résultant de la diminution des espèces.

Dans les 17.ᵉ et 18.ᵉ siècles, le débiteur perdit par les diminutions comme il gagnait par les augmentations, et il ne lui fut pas permis d'anticiper les paiements pour se soustraire aux effets des premières (1).

On conçoit facilement combien la crainte de ces changements arbitraires dans la monnaie de compte devait entraver le commerce, soit extérieur, soit intérieur, et quel préjudice devait en résulter pour la nation.

Après 1726, l'esprit d'examen, en se portant sur les affaires publiques, fit sans doute renoncer à ces ruses gouvernementales.

Enfin la loi du 18 germinal an III (7 avril 1795) a fait du franc une mesure invariable, conservée avec le même appareil et les mêmes garanties que le système général des poids et mesures dont il fait partie : ce qui nous rassure contre les termes de l'art. 1895 du Code civil (2).

_____

(1) On en trouve une preuve dans les déclarations des 28 novembre 1713 et 28 novembre 1718, relatives au paiement des lettres de change.

Du reste, ces déclarations, tout en maintenant le droit du créancier de ne pas recevoir avant l'échéance, introduisaient une amélioration dans la législation des lettres de change, en ce qu'elles limitaient l'effet des variations des monnaies aux termes de l'échéance des obligations, lors même que le porteur ne se présentait pas pour demander paiement.

Enfin, l'arrêt du 27 mai 1719, en réglant équitablement le paiement des traites tirées de l'étranger, et l'édit de février 1726, en tolérant (art. 10) l'usage introduit de tirer et d'accepter des lettres de change payables au cours du jour de leur création, apportèrent une amélioration plus réelle.

(2) Voici le texte de cet article :

« L'obligation qui résulte d'un prêt en argent n'est toujours que _la somme numérique_ énoncée au contrat.

» S'il y a eu _augmentation_ ou _diminution d'espèces_ avant l'époque du paiement, le débiteur doit rendre la somme numérique prêtée, et ne doit rendre que cette somme dans les espèces _ayant cours au moment du paiement._ »

Lorsqu'on ne songeait pas encore à mettre les frais de refonte à la charge du trésor, on pouvait avoir l'idée de donner quelque latitude au pouvoir exécutif pour fixer le cours des espèces détériorées par le frai, avant de prononcer leur enter décri, mais l'art. 1695 va plus loin : la généralité de ses termes marque un

La fixité du franc est donc un des bienfaits de la révolution (1); et en prenant pour unité un certain poids d'argent,
les auteurs de notre nouveau système monétaire n'ont pas fait
la faute de prétendre fixer la valeur de l'or. L'empreinte des
pièces d'or républicaines n'aurait servi qu'à en constater le

---

retour formel à une législation que l'on peut justement qualifier de spoliatrice.
En suivant les mêmes principes, on pourrait ajouter au Code l'article suivant :
« Si, entre l'époque de la vente et celle de la livraison de la marchandise,
» il y a variation dans l'unité des poids ou des mesures, le vendeur doit livrer
» la quantité numérique énoncée au contrat, et ne doit livrer que le même nombre
» d'unités des poids ou des mesures légalement établis au jour de la livraison. »

(1) La cour des monnaies avait déjà, sous le règne de Henri III, essayé de
mettre fin aux continuelles augmentations et diminutions d'espèces, en deman-
dant la substitution d'une monnaie réelle à une monnaie fictive ou monnaie de
compte, telle qu'était la livre tournois, et en fixant pour toujours le poids et le
titre de la monnaie nouvelle. Cette tentative de la cour des monnaies nous paraît
mériter quelques détails. Le changement demandé par elle fut réalisé par l'ordonnance de septembre 1577. L'écu d'or au soleil ou écu d'or sol, qui n'avait
presque pas varié de poids ni de titre, mais seulement de prix, fut choisi pour
unité monétaire, laquelle fut divisée en 60 sous, chacun de 12 deniers, et la
conversion se fit à raison d'un écu pour 3 livres ou 60 sous tournois.
C'était une diminution d'espèces, car l'écu d'or sol était, immédiatement avant
cette réforme, tarifé à 65 sous tournois, et gagnait même une prime.
Le teston, pièce d'argent précédemment comptée pour 16 sous tournois, ne
valut plus que 14 sous et 1/2 de la nouvelle monnaie. Le franc d'argent fut
remis à 20 sous. Enfin on fabriqua des quarts d'écu d'argent ou pièces de 15 sous.
Quant aux monnaies de billon, elles conservèrent leur prix. Ainsi le douzain, ou
sou tournois, devint 1/60.ᵉ d'écu, et la pièce de 3 blancs ou sou parisis, 1/48.ᵉ
Ces monnaies de billon qui, avant l'ordonnance, étaient données jusqu'à concurrence du cinquième des sommes à payer, purent l'être jusqu'à concurrence du tiers.
Cette diminution, comme les précédentes, lésa les fermiers, les locataires et
les contribuables.
Une faute grave, puisqu'elle renversa le nouveau système, fut de prendre
pour base de ce système l'or au lieu de l'argent, car celui-ci, plus répandu et
plus commode pour l'usage ordinaire, dut dès l'abord être admis en concurrence
avec le premier, et, lors même qu'on eût gardé exactement la proportion qui existait alors entre les valeurs des deux métaux, cette proportion ne devait pas tarder
à varier considérablement, puisqu'un siècle plus tard elle était augmentée du tiers,
c'est-à-dire que la valeur de l'or avait haussé de 11 à 15, celle de l'argent étant 1
La marche ascendante était déjà évidente en 1577 les ordonnances n'y pouvaient

titre et le poids. Ce n'est que huit ans après, en 1803, que fut décrétée la fabrication des pièces d'or de 20 et 40 francs.

Fixer la valeur des pièces de cuivre n'a pas d'inconvénient dès qu'elles ne sont données que pour appoint, mais faire deux monnaies concurrentes, l'une d'or, l'autre d'argent, c'était s'exposer à voir disparaître l'une des deux lorsqu'il surviendrait une variation notable dans leur valeur relative. C'est ce qui arrive aujourd'hui pour l'or. S'il était utile qu'il y eût dans la circulation plusieurs sortes de monnaies, il suffirait cependant d'une seule monnaie légale ; le prix des autres, nationales ou étrangères, s'établissant naturellement chez les changeurs ou dans le public. Mais il nous semble que l'extension donnée aux établissements de crédit, et la circulation plus active de

---

rien. Aussi, quoique celle de 1577 prît pour unité monétaire l'écu d'or, on usa de la faculté de payer en argent, et l'écu d'or ne fut donné qu'avec prime, c'est-à-dire qu'il valut plus que l'écu d'or stipulé dans les comptes.

Comme il y avait un mouvement analogue dans la proportion de l'argent au cuivre, on perdait sur la monnaie de billon, et le peuple comptait le franc pour plus de 20 sous, malgré les défenses. Ce désordre fut la cause ou le prétexte du rétablissement de l'ancienne manière de compter; ce qui eût lieu en 1602, sous Sully, malgré une vive opposition de la cour des monnaies.

La livre tournois redevint donc monnaie de compte. L'écu d'or fut tarifé à 3 livres 5 sous, comme avant l'ordonnance de novembre 1577. Le quart d'écu d'argent fut porté de 15 à 16 sous, le franc d'argent de 20 sous à 21 sous 1/3, ce qui éleva un peu la proportion de l'or à l'argent. Les pièces de billon restèrent comme précédemment, savoir : le douzain pour un sou, et la pièce de 3 blancs ou sou parisis pour 15 deniers. La proportion des métaux était mieux gardée ; mais il y avait une augmentation d'espèces qui frustrait le créancier. En effet, on put s'acquitter d'une dette de 13 écus, réduite à 39 livres tournois, en donnant 12 écus d'or, ou bien en donnant 48 quarts d'écus d'argent et 12 sous, ou généralement en donnant 39 livres de monnaie au prix du tarif, en y comprenant le tiers en billon, comme précédemment.

La perte du créancier n'était pas d'un écu sur treize, parce que les écus d'or gagnaient une prime avant l'ordonnance de 1602 ; mais comme on devait compter que le paiement des deux tiers de la somme stipulée se ferait en argent, il y avait une réduction réelle de 1 sur 24 ou de 4 1/4 p. o/o, et il est à remarquer qu'elle arrive peu de temps avant le remboursement de la plus forte partie de la dette. Cette opération est une tache dans l'administration de Sully.

leurs billets , permettent d'abandonner tout-à-fait la fabrication des pièces d'or.

Lorsque , dans le cours de ce travail, nous aurons à évaluer une somme exprimée en livres tournois , nous suivrons l'usage adopté aujourd'hui d'établir le pair des monnaies par leur valeur intrinsèque , c'est-à-dire par la quantité de métal fin qu'elles contiennent.

Le tarif des monnaies qui est inséré dans l'Annuaire du bureau des longitudes (et qui contient non-seulement les monnaies étrangères modernes, mais quelques monnaies anciennes), est calculé généralement d'après les poids et titres droits fixés par les ordonnances , comparés avec les poids et titres droits de la pièce de 5 ou de 20 francs.

Nous ferons à ces calculs une légère modification, en raison de ce qu'autrefois, la tolérance de poids ou de titre était toujours en moins, tandis que depuis l'établissement du nouveau système monétaire, elle est en plus comme en moins. Nous prendrons pour les anciennes comme pour les nouvelles monnaies une moyenne arithmétique entre les limites extrêmes de la tolérance (1).

On pourrait sans doute obtenir une évaluation plus exacte par une méthode que nous ne ferons qu'indiquer.

Les moyennes réelles du titre des monnaies et de leur poids, au moment de la délivrance , étaient autrefois constatées avec soin , afin d'établir annuellement le bénéfice résultant des remèdes, c'est-à-dire de la tolérance. Les maîtres ou directeurs des monnaies comptaient de ce bénéfice à la Chambre des comptes, et cela depuis un temps bien reculé , puisque l'or-

---

(1) Pour les personnes qui désireraient vérifier nos calculs , nous devons dire que les opérations du monnayage comportaient deux sortes de pesées . la pesée au marc et la pesée à la pièce. C'est la moyenne arithmétique entre les limites de la pesée au marc que nous avons prise.

donnance du 31 mai 1365 parle du jugement des deniers de boîte comme d'un usage déjà ancien.

Après avoir retrouvé ces documents, déposés autrefois à la Chambre des comptes et à la cour des monnaies, il faudrait déterminer, avec l'exactitude qu'on y portait alors, les moyennes des titre et poids réels des monnaies actuelles ; car la loi du 28 mars 1803, en rapprochant les limites de la tolérance et en partageant cette tolérance en-dehors et en-dedans du poids et du titre droits, n'a pas fait assez pour que les différences en plus et les différences en moins finissent par se balancer.

Il faudrait, de plus, tenir compte de ce que les anciens essais à la coupelle accusaient, pour l'argent, un titre notablement plus bas que le titre obtenu depuis 1830 par la voie humide (1).

Mais ces calculs nous mèneraient trop loin. Nos évaluations sont suffisamment approchées pour l'objet que nous avons en vue. Les anciens comptes des directeurs de monnaies ne seraient probablémunt fort utiles que pour ces temps de fraude, où les rois de France méritaient l'épithète de faux monnayeurs (2).

Il est bon d'observer que, dans ces sortes de calculs, ce n'est pas seulement en prenant des monnaies de différents métaux qu'on arrive à des valeurs différentes de la livre tournois pour une époque déterminée. On obtient quelquefois un résultat

---

(1) Aujourd'hui on reçoit comme matières aux hôtels des monnaies, sur le pied de 917/1000, certaines espèces anciennes qui n'étaient reçues que pour 913/1000 il y a quelques années.

(2) On n'avait pas encore, dans le 18.ᵉ siècle, tout-à-fait perdu l'habitude de tromper le public sur le fait des monnaies, puisque le titre des louis d'or qui, depuis la déclaration du 12 février 1726, devait être compris entre le titre droit de 22 karats et la tolérance de 12/32 de karat, était généralement au-dessous de cette dernière limite. A la refonte de 1785 on feignit de s'en apercevoir pour la première fois, et un procès verbal du procureur général de la cour des monnaies constata que le titre *moyen* des louis d'or fabriqués depuis 1726 était de 21 karats 18 trente-deuxièmes 7 huitièmes.

semblable avec des monnaies de même métal. En ce cas, et lorsque ces monnaies pouvaient se donner l'une pour l'autre, c'est la plus faible qui doit servir de base au calcul : la plus forte était recherchée des billonneurs et disparaissait de la circulation, ou gagnait une prime de commun accord. Les différences dont nous parlons ne peuvent pas toujours être négligées.

Il faut remarquer aussi, pour éviter de graves erreurs, qu'à différentes époques, il a été permis de s'acquitter en tout ou en partie avec des effets publics plus ou moins dépréciés. De là, la nécessité d'établir le cours réel de ces effets dans les lieux où ils servaient de monnaie, comme cela s'est fait pour les assignats de la révolution.

On voit que la recherche de la valeur intrinsèque des monnaies de compte par la comparaison des monnaies réelles, est sujette à beaucoup de difficultés. On pourrait donc être tenté d'employer une méthode beaucoup plus simple, qui consiste à comparer les prix des matières aux hôtels des monnaies, attendu qu'ils étaient aussi fixés par les édits. Mais, à l'application, on ne tarde pas à reconnaître que cette méthode est défectueuse, en ce que le prix légal des matières est très-souvent fictif. On peut en être assuré, lorsqu'on le voit rester stationnaire pendant que les monnaies éprouvent de grandes variations. Dans les refontes, ce prix était beaucoup au-dessous du véritable cours. En d'autres temps, les maîtres ou directeurs des monnaies étaient forcés de *suracheter*, c'est-à-dire d'acheter les matières à prime afin de ne pas interrompre la fabrication : de sorte que le prix légal n'était en réalité qu'un *minimum*.

Ces détails minutieux étaient nécessaires, parce qu'avant d'entreprendre le travail dont celui-ci n'offre qu'une esquisse, il faudra revoir les tables que l'on a dressées des variations de la livre de compte.

Cela fait, on n'aura encore qu'une donnée isolée. L'or, l'argent même, malgré sa grande masse, ont, comme tous les métaux, comme toutes les marchandises, un cours variable. Ainsi, la découverte de l'Amérique, en augmentant considérablement le numéraire, a amené chez nous, en moins d'un siècle, dans les prix de toutes choses, une hausse considérable, indépendamment de celle qui résultait du changement de la valeur intrinsèque des monnaies.

Cependant les métaux, pris comme termes de comparaison, ont un immense avantage sur les marchandises qui se consomment, parce que celles-ci sont sujettes à des variations brusques, occasionnées par l'abondance ou la disette, et parce que leurs qualités ne peuvent être désignées avec la même précision que le titre, le degré de pureté des premiers.

Mais si le blé, dont le prix varie dans le même temps d'un lieu à un autre, ou dans le même lieu, en raison de sa qualité, si le blé, dis-je, même en faisant abstraction des années de disette ou d'extrême abondance, est peu propre à servir de mesure, de régulateur pour les transactions ordinaires, il n'en est pas de même de sa valeur moyenne, calculée sur un certain nombre d'années, et comparée à d'autres moyennes prises a de longs intervalles. Alors il est un signe plus sûr de la cherté ou du bon marché de la vie. En effet, le prix moyen du blé indique assez bien celui de la journée d'ouvrier, qu'il serait peut-être difficile d'établir directement avec la même précision, surtout pour les temps anciens. Or, tout salaire plus ou moins élevé (et on peut étendre ceci au budget tout entier), se résume en un certain nombre de journées d'ouvriers ou d'hommes dont la dépense serait réduite au strict nécessaire. Cette manière d'envisager le prix des choses semble donner l'idée la plus juste des dépenses publiques.

Nous avons vu comment on trouvait dans les augmentations et les diminutions d'espèces une source de revenus et un moyen de diminuer la dette publique. Un autre expédient du même temps était, après avoir obtenu l'argent des traitants par l'appât d'un gros bénéfice, de se retourner contre eux et de leur faire rendre gorge. A cet effet, on créait des commissions extraordinaires appelées chambres de justice, qui taxaient à la turque les gens de finance, ou imputaient leurs usures sur le capital.

Destinées peut-être dans l'origine à réprimer seulement les abus, les malversations des employés du gouvernement, ou les exactions des fermiers dans la perception des revenus aliénés, leur mission s'étendit plus tard jusqu'à la révision des traités souscrits par l'État. Ainsi, la chambre de justice établie par Colbert (1) supprime au profit du roi une foule d'aliénations passées à vil prix par ses prédécesseurs. Elle se fonde sur ce que les aliénataires ont été remboursés de leur capital par un petit nombre d'années de jouissance. Mais déjà les fermiers généraux, lorsqu'arrivait le moment de renouveler un bail, commençaient à stipuler qu'ils ne seraient plus justiciables des Chambres de justice, et cette stipulation devint une coutume.

Dès-lors on s'attaqua aux traitants et aux gens d'affaires faisant commerce des effets publics. La Chambre de justice de 1716 impose sur eux, en raison de leurs bénéfices présumés, une taxe de plusieurs centaines de millions (2).

---

(1) Novembre 1661.

(2) D'après le relevé des rôles arrêtés par suite des opérations de la Chambre de justice, de mars 1716 à mars 1717, le nombre des personnes taxées fut de 4,410; plus de 3,000 avaient été mises hors de cause.

La valeur des biens des premières, suivant leur propre déclaration, montait à 712,922,688 livres; les taxes furent de 219,478,391 livres; à quoi il faut ajouter 1.º les taxes arbitraires arrêtées en l'absence des justiciables qui n'avaient pas déclaré leurs biens dans le délai fixé; 2.º une somme payée à titre de secours par les fermiers généraux, afin d'éviter les recherches de la Chambre de justice, dont ils étaient devenus justiciables pour avoir pris part à des fournitures. La valeur intrinsèque de la livre tournois, en 1717, était de 1 fr. 23 cent., en monnaie d'argent, c'est-à-dire en écus dits aux armes de France, et de 1 fr. 27 cent., en monnaie d'or, c'est-à-dire en louis dits de Noailles.

Les trésoriers et receveurs généraux, à cause de leurs services récents, avaient été exemptés de toute recherche, comme les fermiers généraux.

Souvent, les financiers, effrayés de la menace des Chambres de justice, venaient à composition, et le conseil les taxait sans autre formalité (1).

Les taxes personnelles dont nous venons de parler produisaient souvent la réduction d'une partie de la dette. Je passe aux mesures qui atteignaient plus généralement les créanciers de l'État, soit que ces mesures fussent confiées à des Chambres de justice, soit qu'elles fussent ordonnées par un simple arrêt. Mon intention n'est pas de les énumérer toutes; il me suffira de rappeler les plus notables et les plus rapprochées de nous· Je crois nécessaire d'entrer dans quelques détails sur les circonstances qui ont motivé ces réductions et les ont rendues plus ou moins excusables, si toutefois un gouvernement peut jamais avoir l'excuse du débiteur malheureux et de bonne foi.

A l'arrivée de Sully aux affaires, en 1596, les guerres civiles et surtout celle de la Ligue avaient tellement obéré l'État, que la dette exigible s'élevait, du moins d'après les prétentions des créanciers, à cinq ou six fois le revenu (2), tandis que les

---

(1) En 1597, ils donnèrent 1,200,000 écus d'or « sous forme de prêt à jamais rendre », est-il dit dans les Mémoires de Sully.

De semblables ·compositions eurent souvent lieu depuis. En 1624, sous Richelieu, les taxes réparties par le conseil montèrent à 10,800,000 livres; en 1701, sous Chamillard, à 24 millions, etc.

(2) Voici, suivant Sully, l'état des dettes exigibles dont il avait déchargé le royaume à la date du 9 avril 1605:

Aux cantons Suisses pour services rendus et pensions avec intérêts de retard..	35,823,477	liv. 10 s. 2 den.	
A la reine d'Angleterre, pour argent prêté, etc.	7,378,800	»	»
Aux provinces unies des Pays-Bas............	9,275,400	»	»
Aux princes d'Allemagne, reîtres et lansquenets pour deniers prêtés, arrérages de pensions suivant l'état présenté par eux.....................	14,689,834	»	»
Dettes prétendues par les traitants, villes et particuliers, arrérages de rentes, et autres charges, gages et pensions, suivant les états dressés sur les demandes qui en ont été faites................	28,450,360	»	»

29

charges ou les intérêts des différentes espèces de dettes constituées absorbaient déjà la moitié de ce même revenu (1).

Il semblait d'autant plus difficile d'accroître les impôts, que
les receveurs avaient dû consentir à prendre les billets souscrits
par bon nombre de contribuables, pour l'arriéré de la taille
depuis plusieurs années.

Dans cette détresse du trésor, on eut recours, non aux états

Dettes pour traités relatifs à la réduction des pays,
villes et particuliers à l'obéissance du roi........ 3a,aa7,38r   »   »

Dettes prétendues par les troupes qui ont servi
dans les guerres; reliquats de solde et de pensions.   6,547,000   »   »

Plusieurs dettes prétendues par divers particuliers
pour rescriptions, quittances de l'épargne, mandements et acquits patents, suivant ce que l'on en a
pu justifier, provenant pour la plupart des comptes
de Henri III............................ 1a,a36,000   »   »

(1) Un auteur estimé, Forbonnais, induit d'un rapprochement de chiffres
que le revenu brut était de a3 millions, les charges de 16, et par conséquent
le revenu net de 7 millions. Le compte-rendu ou rapport adressé au régent le
17 juin 1717, donne même le chiffre de ao millions pour les charges, et celui
de 4 millions seulement pour le revenu net.

Aucune de ces deux situations ne me semble probable. Elles sont contredites
par les détails que nous possédons sur l'assemblée de 1596, détails qui prouvent
que le revenu était d'au moins a5 millions, puisque l'impôt du sou pour livre
devait rétablir la recette à 3o millions; tandis que les charges ne formaient pas
la totalité des dépenses réservées au conseil de raison. Mais nous ne perdrons pas
notre temps à discuter, quand il suffit d'une recherche à la Chambre des comptes
pour lever tous les doutes.

On a fait le relevé suivant des rentes sur l'Hôtel-de-Ville, depuis leur origine
jusqu'à Henri III, inclusivement.

Sous François I.er,	en 5 fois,	75,416 [liv.	13 s.	4 den.
Sous Henri II,	3o	543,816	13	4
Sous François II,	4	83,000	»	»
Sous Charles IX,	a7	1,794,000	»	»
Sous Henri III,	7	93a,000	»	»
TOTAL.......		3,4a8,a33 liv.	6 s.	8 den.

Il est probable que les rentes constituées sans édits vérifiés ne sont pas comprises dans ce relevé.

généraux, mais à une assemblée de notables que Sully préféra peut-être comme moins redoutable à l'autorité royale affaiblie. Les opérations de cette assemblée, qui se tint en 1596, à Rouen, nous paraissent mériter une mention particulière

L'assemblée estima approximativement et sans beaucoup d'examen, les dépenses, en y comprenant les charges, à 30 millions de livres ou plutôt 10 millions d'écus d'or sol, qui étaient la monnaie légale de ce temps (1).

La recette n'atteignant pas ce chiffre de 30 millions de livres, l'assemblée décréta, pour rétablir la balance, un impôt de sou pour livre à prélever sur la vente de toutes les denrées, à l'exception du blé; impôt qui, suivant ses calculs, devait monter à près de 5 millions de livres.

---

(1) L'écu d'or sol (monnaie réelle de cette époque), supposé droit de poids et comparé à notre pièce de 20 fr., vaut 11 fr. 14 cent., et seulement 11 fr. 7 cent., en déduisant la moitié de la tolérance légale. Mais le même écu, représenté par trois pièces d'argent appelées francs, ne vaut, après semblable déduction, que 7 fr. 83 cent., en comparaison de la pièce de 5 fr., parce qu'à cette époque, la proportion de l'or à l'argent était moins forte qu'aujourd'hui.

On sera peut-être surpris que cette évaluation de 7 fr. 83 cent. pour l'écu compté en monnaie d'argent, présente une différence sensible, bien que légère, avec celle qui résulterait du prix de 1 fr. 95 cent. donnée au quart d'écu d'argent, autre monnaie réelle de ce temps, et supposé droit de poids et de titre, par le tarif inséré dans l'Annuaire du bureau des longitudes. Cette différence provient de ce que le calcul est établi sur la limite inférieure de la pesée à la pièce au lieu de la limite supérieure donnée par la taille de 25 1/5 au marc. En rectifiant, on trouve pour le quart d'écu droit de poids, 1 fr. 98 cent., et après déduction de moitié de la tolérance, 1 fr. 96 cent.

Enfin, si on se reporte à la valeur des denrées ou des dépenses de première nécessité, on trouve que le prix du blé au marché de Rosoy en Brie (Seine-et-Marne), réduit à notre mesure actuelle, l'hectolitre, était, d'après une moyenne prise de 1596 à 1600 inclusivement, de deux écus 2/3 ou 8 livres. La douzaine d'œufs se payait environ 4 sous ou 1/15 d'écu; le kilogramme de beurre 9 ou 10 sous; un veau 2 écus environ; un mouton, un peu moins. Vers le même temps, une journée de couturière se payait à Preuilly (Indre-et-Loire) 3 sous; une journée de menuisier 5 sous 1/4. Le stère de bois valait à Paris 1 écu ou 1 écu 1/2, etc. Voir les recherches de Dupré de St.-Maur.

Ensuite elle demanda que les recettes fussent divisées en deux parts égales de 15 millions de livres ou 5 millions d'écus d'or, dont une réservée au roi, et sur laquelle il avait à payer les dépenses militaires, en y comprenant l'artillerie, les fortifications, les affaires étrangères, l'entretien de sa maison, les bâtiments royaux, menus plaisirs, gratifications, etc.

L'autre part de 15 millions était attribuée à une commission qu'on appela conseil de raison, et qui devait payer les gages d'officiers, les arrérages et autres dettes de l'État, et, en outre, les pensions, les réparations à faire aux villes, chemins, bâtiments et autres ouvrages publics.

Le roi souscrivit à cet arrangement en se réservant toutefois le choix des revenus d'après l'évaluation qu'en feraient les notables eux-mêmes. Cette évaluation faite, il prit dans sa part les revenus susceptibles d'augmentation, et laissa au Conseil de raison le sou pour livre et les autres revenus les plus chanceux.

L'assemblée s'était trompée dans quelques-uns de ses calculs. D'une part elle ne trouva personne qui voulût se charger de l'impôt du sou pour livre, lequel ne devait produire que 6 ou 800,000 livres au lieu de 5 millions. D'un autre côté, les pensions, qu'on avait évaluées à une faible somme, montaient à des millions, suivant les réclamations des pensionnaires. Bref, trois mois étaient à peine écoulés, que le Conseil de raison, effrayé par des difficultés sans nombre et par un déficit de 5 millions de livres, avait résigné ses fonctions entre les mains du roi.

Dès-lors, Sully commença cette œuvre de réformes et d'économies qu'il poursuivit avec une si rare persévérance, malgré les obstacles que ne pouvait manquer de lui susciter l'union secrète des hommes puissants plus ou moins intéressés au maintien des abus. Les déficit ne tardèrent pas à se changer en excédants qui, conjointement avec le fonds des pensions suspendues, furent successivement employés chaque année à la liquidation de la dette, non sans une rigoureuse vérification de celle-ci et d'importantes réductions consenties principalement par les gouvernements étrangers, qui étaient créanciers de la France pour secours fournis pendant les guerres civiles (1).

La vérification des rentes ordonnée en 1604 n'apparaît dans les mémoires de Sully que comme une partie des recherches dirigées contre les financiers ; que comme une opération semblable à celles des chambres de justice.

Une commission spéciale, choisie en grande partie parmi les

---

(1) Cette liquidation paraît avoir commencé en 1598. Les mémoires de Sully donnent l'énumération des dépenses extraordinaires faites sous son ministère jusqu'au commencement de l'an 1607. On y trouve les articles suivants, que l'on p eut comparer avec ceux d'une des notes précédentes.

Payé aux ligues de Suisse et Grisons....... .... 17,350,000 liv.
Au roi d'Angleterre et Pays-Bas..................... 6,950,000
Aux princes d'Allemagne........... 4,897,000
Au grand duc et autres princes d'Italie................ 18,000
Aux sieurs Gondy, Zamet, Cenamy et autres associés, sur les dettes du sel et des grosses fermes.................... 4,800,000
A divers princes, seigneurs, villes, communautés et particuliers, pour les traités de la ligue..................... 13,770,000
Pour acquitter divers pays et provinces, soit en Dauphiné, Lyonnais, Languedoc et ailleurs, sur les deniers des gabelles du roi.............. ·............................ 4,628,000
Acquitté par le roi à divers particuliers, sur plusieurs fermes. 4,836,600
Payé à divers particuliers suivant l'état des deniers payés en acquit ....·......................... 4,038,600

Depuis 1608, ce qui restait dû aux Suisses se payait à raison de 1 pour 6 des réclamations présentées par eux.

Nous devons ajouter que la livre tournois, depuis l'édit de septembre 1602 jusqu'à la mort de Henri IV, valait 3 fr. 41 cent. d'après la monnaie d'or, et 2 fr. 45 cent. d'après la monnaie d'argent ; que dans le même intervalle de temps le blé valait en moyenne, au marché de Rosoy-en-Brie, 8 livres 8 sous. La dépense d'une armée de 50,000 fantassins était évaluée à 900,000 livres par mois, et celle de 6,000 cavaliers à 340,000 livres, également pour un mois.

membres des cours souveraines, fut chargée de cette vérification pour laquelle Sully avait établi les règles suivantes :

1.º Il y avait confiscation des rentes constituées à des particuliers sans édits vérifiés ou sans cause réelle, et les arrérages déjà payés étaient déclarés sujets à répétition. Le même sort était réservé à différentes classes de rentes accordées à des villes ou communautés, pour les indemniser, soit de leurs privilèges, soit de présents faits par elles aux princes ou aux gouverneurs des provinces; soit encore à raison des avances faites au gouvernement.

2.º Les rentes constituées pour pensions, gages, récompenses, réductions de provinces, villes ou particuliers à l'obéissance du roi, ainsi que celles qui avaient pour cause des arrérages et qui par conséquent étaient entachées d'anatocisme; enfin les rentes possédées par les membres des conseils ou des cours souveraines, qui en avaient préparé ou vérifié les édits, étaient supprimées, mais on en payait le capital, en imputant sur ce capital les arrérages perçus. On accordait par faveur à quelques créanciers un intérêt de 4 0/0.

3.º Les rentes transférées de particulier à particulier pouvaient être amorties, et les arrérages répétés, à partir du jour du transfert, moyennant le remboursement du prix de vente augmenté des intérêts au denier douze, c'est – à – dire à 8 1/3 0/0 l'an.

4.º Les rentes dont le capital reconnu par les contrats de constitution était supérieur au capital réellement reçu par le trésor, ce qui, comme nous l'avons vu, se pratiquait pour éluder les édits sur le taux de l'intérêt légal, devaient être réduits en raison de cette simulation; et cela indépendamment des réductions opérées pour d'autres motifs. Ainsi, les rentes créées avant l'an 1375, sans fraude ni déguisement, étaient

réduites au denier 16, c'est-à-dire au taux de 6 1/4 0/0, qui
était celui des constitutions de rentes depuis 1601 (1).

Les rentes de création postérieure à 1375, comme suspectes
de simulation dans le capital, étaient réduites au denier 18,
c'est-à-dire à 5 5/9 0/0, et la réduction avait un effet rétroactif.

Quant aux rentes dont le capital avait pu être payé partie
en espèces, partie en papier de l'État, elles étaient réduites
au denier 18 ou 20, c'est-à-dire à 5 5/9 ou à 5 0/0, suivant
la quantité de ces papiers donnés en paiement, ou le degré de
leur dépréciation. Quelques parties de rentes étaient même
réduites au denier 25, c'est-à-dire à 4 0/0, quand à cette
circonstance de la constitution en papier déprécié se joignait
celle d'un transfert.

Le créancier placé dans les conditions de l'une ou de l'autre
des deux dernières catégories était évidemment frustré. D'une
part, on semblait oublier qu'il était subrogé aux droits du
créancier primitif; de l'autre, que le droit de remboursement
était le seul que l'on pût avec justice exercer contre lui : de sorte
que cette vérification, motivée par des abus palpables, par des
fraudes dont profitaient les courtisans et les financiers, avait
fini par menacer les créances légitimes et s'était aliéné l'opinion publique. Le 22 avril 1605, François Myron, prévôt des
marchands, proteste contre la continuation des recherches, et
se retire de la commission à laquelle il avait obtenu d'être
adjoint. La ville de Paris députe vers le roi, et ses remontrances, après un long examen au conseil, sont enfin accueillies.

Ainsi finit la vérification des rentes, mais on ne nous dit pas
jusqu'à quel point les réductions arrêtées précédemment reçurent leur exécution (2). Depuis lors, des rachats de rentes,

---

(1) Édit de juillet 1601.

(2) Suivant Sully, les réductions projetées devaient produire une économie
annuelle de 6 millions de livres.

des opérations avantageuses sur les offices, et enfin l'amélioration des revenus affermés permirent d'accumuler une réserve
que l'on trouvera considérable, si l'on observe que, d'après le
chiffre donné par Sully, elle suffisait pour payer à l'avance
deux années des dépenses publiques (1).

Outre ces économies, il y avait eu des arrangements pour le
rachat d'une partie de domaines et de rentes dont le capital,
joint à celui des offices de greffiers, montait à 80 ou 90 millions
de livres. Par ces opérations faites sans bourse délier, les
charges dont il est question s'éteignaient et les domaines devenaient libres, au bout d'un petit nombre d'années de jouissance
dans les mains des nouveaux acquéreurs, qui, en 1609,
offraient 3 millions de livres pour chaque année qu'on leur
accorderait au-delà du terme fixé (2).

Cette situation était bien belle; mais, en finances, il faut si
peu de temps pour perdre une position acquise par de constants
efforts, et la marche du déficit acquiert naturellement une telle
accélération de vitesse, que, trois ou quatre ans seulement après

---

Un document, qui se trouve dans la partie posthume de ses mémoires, nous
apprend qu'il subsistait en janvier 1610 :

    1,543,900 livres de rente sur les gabelles.
    600,000 — — sur les aides.
    1,300,000 — — sur le clergé.

On n'y trouve pas l'état des rentes assignées sur les recettes générales
et particulières. Mais nous savons qu'en 1609, ces rentes jointes aux gages,
taxations et non-valeurs, ne formaient plus qu'un total d'environ 4 millions de
livres. Il en avait été racheté, en plusieurs années, diverses parties, ainsi qu'on
le voit dans le réglement de 1608, pour les comptables.

Pour comparer ces charges aux dépenses et aux revenus nous dirons que l'état
provisoire ou le projet de dépense ordinaire pour 1610 avait été fixé à 15,657,700
livres, et que la dépense effectuée en 1809 s'était élevée à 18,007,828 livres, que
la recette ordinaire était évaluée, pour 1610, à 15,657,700 livres ; et que la
recette effectuée en 1609, était de 20,230,159 livres.

(1) Voyez la note (1) de la page 34.
(2) Sully, tome 2, page 431, in-f.°, et tome 4, page 95.

la mort de Henri IV et la retraite de Sully, le trésor déposé
à la Bastille se trouvait entamé ou plutôt dissipé; qu'on révo-
quait le traité relatif au rachat du domaine ; qu'on suspendait
le paiement de la moitié des rentes et des gages d'offices supprimés (1); qu'enfin on ne voyait d'autre ressource que la
convocation des états-généraux (2). Ceux-ci ne parvinrent pas
à rétablir l'ordre dans les finances, non plus que les notables
assemblés en 1617. Pour balancer les recettes et les dépenses,
ils avaient compté sur quelques économies auxquelles le gouvernement n'était pas disposé à se résigner. D'un autre côté,
il est probable qu'on ne leur avait pas découvert toute l'étendue du mal. En 1626, dans l'extrême détresse où se trouvait
le trésor, le cardinal de Richelieu, malgré son penchant pour
le pouvoir absolu, se décida à convoquer de nouveau les

---

(1) En 1614, la reine fait en faveur des rentiers de l'hôtel-de-ville, l'abandon
du fonds de certaines rentes amorties, dont Henri IV lui avait donné la jouissance.

(2) Novembre 1614. Le surintendant des finances, Jeannin, tout en s'efforçant
de dissimuler à cette assemblée les dilapidations de la cour de Marie de Médicis et
les fautes de son administration, convient que les pensions se sont élevées à
5,650,000 livres (elles étaient d'environ 2 millions à la fin du règne de Henri IV);
qu'il y a augmentation de 1,100,000 livres sur les gratifications, et de 4,000,000
sur les voyages et ambassades; enfin, qu'on a pris 2,500,000 livres sur les sommes
déposées par le feu roi à la Bastille (sommes qu'il évalue à 5 millions seulement).
Quant aux avances laissées entre les mains du trésorier au commencement de 1611,
il les porte à 3,560,000. Les reliquats des années précédentes sont, d'après sa
déclaration, de 400,000 livres, et ceux du clergé de 300,000 livres.

Le capital des offices fut alors évalué à 200 millions.

La dépense à . . . .   21,500,000 livres.
Le revenu brut à   36,900,000
Les charges à   18,100,000
et par conséquent le revenu net à   18,800,000

En 1617 on n'évaluait le revenu brut qu'à 31 millions; mais aussi les charges
n'étaient comptées que pour 13,109,700 livres, ce qui peut s'expliquer par une
somme de revenus aliénés qu'on aura cessé de faire figurer en recette et en dépense.

La monnaie d'argent n'avait pas varié depuis 1602, mais le prix de l'écu d'or
avait été porté de 65 sous à 75, en l'année 1615, par suite de la marche ascendante
de la proportion des deux métaux.

notables. Le marquis d'Effiat était alors surintendant ou ministre des finances. Le discours qu'il prononça en cette qualité peint si bien le désordre introduit dans les finances depuis la retraite de Sully, que je ne puis résister au désir d'en transcrire quelques passages.

« Vous verrez, dit-il, que le feu roi faisait toujours sa
» dépense plus faible que sa recette de 3 à 4 millions de livres,
» pour avoir de quoi fournir à toutes ses dépenses inopinées,
» et en outre faisait enfler sa recette du bon ménage qu'il
» pouvait faire durant l'année par des moyens extraordinaires;
» et ce qui se trouvait rester de bon, les charges acquittées,
» était mis en réserve. C'est de là qu'est provenue la somme
» qui s'est trouvée dans la Bastille après sa mort, qui montait
» à 5 millions et tant de mille livres, et environ 2 millions
» entre les mains du trésorier de l'épargne en exercice pour
» faire ses avances; lesquels 7 millions (1) étaient le fruit de

---

(1) Sully qui, comme on sait, publia ses Mémoires depuis cette assemblée de 1626 (en 1634, suivant la *Biographie universelle* imprimée chez Michaud), dément les chiffres de Jeannin et du marquis d'Effiat. Il dit que, suivant une note remise par lui au roi le 1.ᵉʳ janvier 1610, la réserve se composait de 25,870,000 livres dont 15,870,000 en argent comptant, renfermé à la Bastille, et 10 millions avancés au trésor royal, à la charge de les remplacer à la Bastille dans les quatre mois; qu'à ces 25,870,000 livres il faut ajouter la somme de 6,430,000 livres, formée des reliquats de recette des années précédentes, de ceux de la composition que les financiers avaient consentie pour faire cesser les poursuites dirigées contre eux, enfin des restitutions auxquelles étaient tenus les receveurs du clergé.

La suite des Mémoires de Sully, laquelle a été imprimée en 1662, c'est-à-dire plus de vingt ans après la mort de ce ministre, donne copie de deux notes qu'il avait écrites sur cette réserve; l'une datée de 1609, l'autre du 10 janvier 1610. Les 15,800,000 livres ci-dessus se retrouvent dans les deux articles suivants de 1609 :

« Dans les chambres basses voûtées de la Bastille, des portes desquelles le
» contrôleur des finances, Vienne, a une clef, le trésorier de l'épargne, Phelip-
» peaux, une autre, et moi une autre, il y a 30 caques étiquetées par ledit
» Phelippeaux, dont le bordereau, signé de nous trois, monte à 8,850,000 livres.

» dix années paisibles, qui commencèrent depuis son retour
» de Savoie.

» Après son décès, la face des affaires fut changée, de sorte
» que ceux qui eurent la direction des finances crurent, par de
» louables et très-saintes considérations qui vous serout ci-
» après représentées, que c'était assez de conserver cet argent
» amassé, sans continuer les précédents bons ménages pour
» y en ajouter, se contentant d'égaler la dépense à la recette ;
» ce qui fut cause qu'étant surchargés par les dépenses extraor-
» dinaires, ils se trouvèrent courts, en fin d'année, de 3 à 4
» millions de livres : et pour réparer cette faute de fonds et
» prévenir les mouvements qui se préparaient dans l'État

» Plus le bordereau des caques étiquetées Puget , 6,940,000 livres. »

Les 10 millions du 1.er janvier 1610 paraissent se composer du 3.e article
de 1609, savoir : « Les caques étiquetées Bouhier, contenant 7,670,000 livres, »
et de l'excédant de l'année 1609, qui était de 2 à 3 millions.

La note du 10 janvier 1610 présente quelques différences qui s'expliquent
peut-être par l'emploi donné à l'excédant de 1609. La réserve y est portée à
24 millions, dont 17 à la Bastille et 7 mis à part, suivant lettres-patentes du
roi, pour commencer les dépenses de la guerre ; lesquels 7 millions sont entrés
au trésor, suivant le compte de 1609, reçu à la Chambre des comptes le
11 février 1610, et s'ajoutent à l'excédant de 1609 dont nous avons parlé
plus haut.

Les 6,430,000 du 1.er janvier se retrouvent ici en détail :

« Une promesse de Morant pour la composition des financiers.   1,170,000 liv.
» Les restes dus par le sieur de Castille.................   700,000
» De M. de Beaumarchais, reprise des années 1606, 1607, 1608.   1,700,000
» Reliquat des recettes générales de 1605, 1606, 1607, 1608.   1,600,000

Et beaucoup d'autres sommes peu importantes.

Enfin, aux articles compris dans la note du 1.er janvier 1610, les deux autres
ajoutent l'encaisse du trésor royal et diverses natures de fonds disponibles, mon-
tant ensemble à plus de 10 millions de livres.

Il ne serait pas sans intérêt de vérifier les chiffres de cette réserve qui a fait
beaucoup de bruit. Déjà, dans ses remontrances du 22 mai 1615, le Parlement
avait parlé de l'existence d'une somme de 14,564,000 livres, malgré l'assertion
précédente de Jeannin, qui répondit à cette compagnie « qu'elle était malicieu-
» sement informée de l'administration des finances. »

» pendant la minorité du roi, ils furent forcés d'entamer ce
» sacré dépôt, qui les fit passer doucement jusqu'en 1613.

» Ainsi, cet argent de réserve utilement consommé, et les
» charges croissant de jour en jour, ils furent contraints de
» porter partie de la dépense d'une année sur la recette de la
» suivante; tellement qu'en 1615 ils eussent été bien embar-
» rassés, si le roi n'eût été secouru par deux moyens: l'un,
» de la révocation des contrats pour le rachat de son domaine
» et des greffes en seize années, et revente d'iceux; l'autre,
» de la création des triennaux faite au commencement de
» l'année 1616. . . . .

» Les directeurs, voyant que cet ancien royaume courbait
» sous le faix des charges et n'avait aucune ressource pour
» les acquitter, furent contraints de chercher tous les ans des
» édits, réglements et créations nouvelles d'officiers, afin de
» couler le temps et soulager le mieux qu'ils pourraient leur
» nécessité, et avec toute leur industrie ils ne purent rejoindre
» le courant; si bien que, pour sortir d'une année, ils furent
» forcés d'engager le revenu de la prochaine, quelquefois d'un
» an et demi, et de deux années.

» Dès-lors, les comptables leur firent des avances, dont les
» remboursements étaient si éloignés, qu'à peine pouvait-on
» satisfaire à leurs intérêts et même à la sûreté du prêt, qu'en
» les rendant comme maîtres absolus du maniement de leurs
» offices.

» Les fermiers et ceux qui avaient traité avec le roi firent
» de même, lesquels n'ont voulu mettre à prix aucun office
» ou portion du domaine, que suivant le revenu qui en pou-
» vait provenir; ce qui a fait que les ventes n'ont jamais excédé
» le denier dix, et s'en sont acquis la jouissance dès le com-
» mencement des années que les créations en ont été faites,
» nonobstant que la plupart n'eussent traité qu'après les pre-
» miers quartiers échus: ils ont ajouté les deux sous pour

» livre qu'ils disaient être affectés à supporter les frais ;
» ensemble la remise du sixième pour les tirer hors de tous
» intérêts et les garantir du hasard qu'ils pouvaient courir à
» faire valoir les choses par eux achetées ; lequel sixième avec
» les deux sous pour livre et la jouissance font une somme
» égale au tiers du total.

   » Que si l'urgente nécessité des affaires a voulu que les par-
» tisans aient avancé le terme de leurs obligations pour avoir
» tout en argent comptant , on leur a donné des intérêts jusqu'à
» 15, 18 et 20 p. 0/0.

   » Je n'aurai pas peu d'affaires , étant à présent en charge ,
» de voir les comptes de dix trésoriers de l'épargne, ayant
» tous la même autorité que celui qui est en exercice ; et , en
» même temps, compter avec cent et tant de receveurs-géné-
» raux, plus de cent vingt fermiers et autant de traitants, qui
» ont dû porter leur recette à l'épargne pendant les cinq années
» dont ils n'ont encore entièrement compté.

   » Combien de comptes de diverses natures de deniers doi-
» vent rendre les trésoriers des parties casuelles ! Tous ceux
» qui ont agi par commission aux reventes du domaine, qui
» en ont reçu les deniers par les quittances de l'épargne , des-
» quelles ils n'ont point encore rapporté les ampliations ; ce
» qui empêche l'épargne d'en faire sa recette assurée.

   » Or , s'il y a tant de difficultés à reconnaître la vérité en la
plus facile fonction des finances, qui est la recette , comment
pourra-t-on pénétrer jusqu'au fond de la dépense pour voir
si elle est vraie ou fausse, après qu'elle a passé par tant de
mains différentes, tant de sujets divers et sous l'autorité de
plusieurs ordonnateurs, desquels aucuns ne sont plus en
charge ; et les autres disent qu'ils ne sont obligés de rendre
compte de leur gestion qu'au roi.

   » J'appelle à témoin de mon dire la Chambre des comptes ,
» s'il n'est pas véritable qu'elle s'est trouvée en ce point de

» ne pouvoir examiner et clore les comptes , faute que ceux
» de l'épargne n'avaient point été arrêtés.

» M. le procureur-général en ladite chambre , ci-présent ,
» vous assurera qu'il m'est venu dire de leur part qu'ils ne
» pouvaient faire leurs fonctions que les comptes de l'épargne
» ne fussent rendus entièrement , et que les comptables qui
» y portent les deniers de leurs charges ou y prennent les
» assignations , n'eussent fait le même ; d'autant que les recettes
de tant d'années accumulées formaient de si grandes confu-
sions et favorisaient si fort les divertissements , qu'il n'était
» possible de discerner les vraies recettes et dépenses d'avec
» les vraisemblables.

» C'est avec douleur que je découvre les nécessités qui sont
» en ce royaume , non que je redoute que nos voisins en puis-
» sent tirer de l'avantage , parce qu'ils sont encore en plus
» mauvais état , mais parce que cette grande nécessité émeut
» la compassion des bons français qui aiment leur patrie : et
» pourtant ces maux ne sont si extrêmes qu'on ne les puisse
» réparer , et rendre à la France sa première splendeur.

» Le moyen d'y parvenir est que tous les états de finances
soient formés sur le modèle de ceux de 1608 , et que dans la
recette nous laissions une somme suffisante pour remplir
les non-valeurs et les parties inopinées que nous supportons ;
» parce que , si nous nous contentons d'égaler la dépense
» à la recette , il est indubitable qu'au lieu de guérir nos
» désordres nous les accroîtrons . . . .

» En ce désordre , les dépenses qui n'avaient encore excédé
» 20 millions de livres , montèrent jusqu'à 50 millions (1).

» Or , si le revenu du domaine est tiré à néant , les tailles,

(1) Les monnaies étaient encore les mêmes qu'à l'époque de l'assemblée de
1617 : le premier changement pour l'or est de l'année 1630 , et pour l'argent ,
de l'année 1636.

» qui se montent tous les ans à près de 19 millions de livres ,
» ne sont pas beaucoup plus utiles au roi, puisqu'il n'en
» revient à l'épargne (au trésor) que 6 millions, qui passent
» par les mains de 22,000 collecteurs, qui les portent à 160
» receveurs des tailles , d'où elles passent à 21 receveurs-géné-
» raux pour les voiturer à l'épargne.

» Quant aux gabelles, la ferme générale est de 7 millions
» 400 et tant de mille livres, les frais des fermiers rabattus ,
» qui reviennent à 2 millions de livres ; et des 7,400,000 liv.,
» il y en a 6,300,000 livres d'aliénées , si bien que le roi n'en
» retire que 1,100,000 livres, qui ont été affectées, l'année
» passée et celle-ci, au paiement des rentes de la ville , dont
» Feydeau était demeuré en arrière.

» Le roi a souffert une semblable perte aux rentes des aides;
» et ainsi il porte seul la folle enchère des banqueroutes, et
paie pour tout le monde, quelque nécessité qu'il ait en ses
affaires. La ferme des aides porte des charges de 2 millions
de livres. Les deux tiers du revenu de toutes les autres
fermes à peine peuvent satisfaire pour en acquitter les
» charges.. . . . .

» Cela étant du tout contraire aux volontés du roi, qui
» peut et ne veut pas que l'on augmente charges quelconques
» sur son peuple, nonobstant que ses finances soient éloignées
» du courant, et que 30 millions ne l'y puissent remettre.

» Et, afin de vous le faire reconnaître, je vous dirai en peu
» de mots qu'il plut au roi de me mettre en charge au com-
» mencement de juin. N'ayant trouvé dans l'épargne aucun
» fonds pour fournir la dépense du mois , je suis obligé d'ajou-
» ter à la demi-année que j'ai exercé.

» M'étant enquis quelle recette et quelle dépense était à
» faire durant le reste de l'année , j'appris qu'il n'y avait plus
» rien à recevoir, et que même la recette de l'année 1627
» était bien avant entamée.

» Ainsi je trouvai toute la recette faite et la dépense à faire : car toutes les] garnisons pressaient d'être payées de leurs soldes des années 1625 et 1626 ; les armées de campagne demandaient leurs montres de novembre et décembre 1625, et celles de l'année 1626. Jusques alors les paies des deux années dues aux garnisons se montaient à 5 millions de livres, suivant l'état, à raison de 2,500,000 livres par an. Que s'il s'en est trouvé qui aient touché quelque chose, il y en avait aussi d'autres qui demandaient trente mois de solde.

» Pour les armées de campagne, il se trouve que le roi payait tant en Italie, Valteline qu'en France, 91,000 hommes de pied et 6,000 chevaux, dont la solde revenait par mois à plus de 2 millions de livres, et pour huit mois il fallait plus de 16 millions, à quoi ajoutant les 5 millions des garnisons, le tout revenait à près de 22 millions de livres, comme il se peut justifier par les états du roi, etc.

» Toute laquelle dépense en argent comptant a été faite » par emprunt, dont les intérêts montent 'à plus d'un million » de livres, qui ont consommé tout ce qui restait de la recette » de cette année 1625, avec les moyens extraordinaires qui » se sont trouvés dans les affaires du roi. De sorte que pour » rejoindre le courant il est nécessaire de trouver de quoi » vivre et couler le reste de l'année.

» J'ajouterai, Messieurs, que la dépense que M. de la Viéville avait réglée en 1623, et qui a fait tant de bruit, n'a laissé de monter à 35,500,000 livres, comme il se peut voir par l'état qu'en a présenté le trésorier de l'épargne, Beaumarchais ; laquelle somme ajoutée aux dépenses qui sont encore dues, il faudrait des sommes qu'il ne serait pos- sible de fournir.

» Par là, vous pourrez juger ce qui sera le plus expédient » pour nous tirer des nécessités où nous sommes, etc.

Aux renseignements que nous fournit ce discours, celui du

garde-des-sceaux Marillac ajoute les suivants : Les discordes civiles, les guerres de religion, ont, durant les années 1620, 1621 et 1622, surchargé l'état de gages et de rentes qui ont causé une incroyable diminution de revenu. En 1626, la dette exigible était de plus de 50 millions (elle était de 52 millions suivant les pièces présentées aux notables). Le revenu ordinaire ne dépassait pas 16 millions, et la dépense des dernières années avait monté de 36 à 40. « Et néanmoins, dit-il, le roi » n'a jamais accru les tailles qui se lèvent sur son peuple (1), » ni retranché un quartier des rentes dues à ses sujets, ni des » gages de ses officiers (2), ce qui ne se trouvera dans aucun » des siècles précédents. »

Le cardinal de Richelieu, premier ministre, fait pressentir les remèdes sur lesquels les notables seront appelés à délibérer :

« Par de tels ménages on pourra diminuer les dépenses » ordinaires de plus de 3 millions, somme considérable en » elle-même, mais qui n'a point de proportion avec le fonds » qu'il faut trouver pour égaler la recette à la dépense.

» Reste donc à augmenter les recettes, non par de nouvelles » impositions que les peuples ne sauraient plus porter, mais par » des moyens innocents qui donnent lieu au roi de continuer » ce qu'il a commencé à pratiquer cette année, en déchargeant » ses sujets par la diminution des tailles (3).

» Pour cet effet, il faut venir aux rachats des domaines, des » greffes et autres droits engagés, qui montent à plus de

---

(1) Cette assertion se trouve aussi contredite par les Mémoires de Sully. Les tailles, que nous venons de voir à 19 millions, ne montaient, en 1609, qu'à 14,295,000 livres ; elles étaient réduites d'environ 2 millions depuis l'an 1600.

(2) D'après ce passage, la réduction de 1614, suffisamment prouvée d'ailleurs, n'aurait été que temporaire.

(3) On avait diminué, cette année, la taille de 600,000 livres, et promis de porter la réduction à 3 millions dans les cinq années suivantes.

» 20 millions, comme à chose non-seulement utile, mais juste
» et nécessaire.

» Il n'est pas question de retirer par autorité ce dont les
» particuliers sont en possession de bonne foi : le plus grand
» gain que puissent faire les rois et les états, est de garder la
» foi publique, qui contient en soi un fonds inépuisable, puis-
» qu'elle en fait toujours trouver : il faut subvenir aux nécessités
» présentes par d'autres moyens.

» Le roi a fait des choses qui ne sont pas moindres, et Dieu
» lui fera la grâce d'en faire de plus difficiles. »

Les moyens innocents annoncés par le cardinal de Richelieu
et adoptés par les notables, étaient, en attendant le remboursement du capital, de donner aux engagistes une rente prise
sur les revenus eux-mêmes, mais calculée au denier 14 pour
la Normandie, et au denier 16 pour le reste du royaume,
tandis que la plupart des aliénations étaient, dit-on, au denier
5 ou 6.

On discuta aussi les moyens de s'acquitter de la dette de
52 millions, que sans doute on aurait voulu consolider à un
denier avantageux. On parla de mesures à prendre contre les
financiers. Enfin, il fut question des offices inutiles et autres
charges onéreuses. Il fut décidé, par un motif facile à deviner,
que le paiement des gages n'aurait lieu, à l'avenir, que sur
des rôles dressés au conseil d'état.

La difficulté de rembourser les capitaux était telle, qu'en
1633, peu de temps après la mort d'Effiat, Richelieu restant
chef du conseil, et la surintendance des finances étant partagée
entre Bullion et Bouthillier, on leva sur les engagistes un
emprunt forcé de 5 millions de livres, au denier 10. Enfin, en
février 1634, il fut décidé que les créanciers et les propriétaires d'offices supprimés seraient payés en rentes, à raison
du denier 14 sur les tailles et les gabelles. Vers le même temps
on fixa au denier 18 le taux légal des intérêts ou des consti-

tutions de rentes (1) , et le supplément du denier 14 au denier
18 fut fait par l'État , au moyen d'ordonnances de comptant :
en d'autres termes , on donna aux créanciers des rentes
de 5 5/9 pour cent au prix de 77 7/9. On paraissait ainsi les
favoriser ; mais , en réalité , ils étaient frustrés ; car le taux
de la négociation était bien inférieur. Plusieurs , par faveur
ou abus, parvinrent à se faire payer le capital, ou bien à se
faire rembourser de leurs rentes , les uns au denier 14 , importance de la finance , les autres au denier 18 , pair nominal. Ces
remboursements montèrent à plus de 30 millions en plusieurs
années. Ils furent signalés dans les remontrances de la Chambre
des comptes, et donnèrent lieu à recherche , lors de l'érection
d'une nouvelle chambre de justice.

Les liquidations ordonnées par l'édit de février 1634 ne
durèrent pas moins de six ans. Elles n'étaient pas achevées
que déjà le gouvernement manquait de nouveau à ses engagements. En mars 1638 , les rentiers , après avoir attendu vai-
nement le paiement de plusieurs quartiers d'arrérages échus ,
firent du bruit : on en mit trois à la Bastille. Le Parlement
s'assembla pour délibérer sur la requête des autres. On lui
défendit de connaître de l'affaire , et on fit enfermer plusieurs
de ses membres qui, sans doute , avaient montré trop d'indé-
pendance.

Parmi ces rentes de nouvelle création , celles qui étaient
assignées sur les tailles furent les plus maltraitées. Elles avaient
été décriées dès leur origine (2) , soit à cause de la nature des

---

(1) Édit de mars 1634.

(2) Suivant le *Testament politique* , bien qu'il n'eût été constitué sur les tailles
que 6 millions à valoir sur le crédit approximatif de 8 millions ouvert par l'édit
de février 1634, le cours de ces rentes ne dépassait pas le denier 5 , vers la fin du
ministère de Richelieu , c'est-à-dire vers 1642.

Le même ouvrage donne le détail suivant des rentes qui existaient à cette époque .

dettes remboursées ou du fonds hypothéqué, soit à cause de
la défiance qu'avaient pu inspirer les expressions de l'édit,
lequel était une espèce de blanc-seing pour toutes les créations
futures. De son côté, comme de coutume, le gouvernement,
par la dépréciation même de ces rentes, se crut dispensé de
tenir scrupuleusement ses engagements. Il s'habitua à n'en
payer les arrérages que sur le pied d'un ou deux quartiers par
an, jusqu'à la suspension de 1648, sous Mazarin.

Mais revenons à l'année 1638. Il y eut cette année, non-
seulement retranchement d'arrérages, mais réduction des gages
de certains offices. Le clergé crut le moment propice pour
obtenir la réduction des rentes assignées sur lui. Ces rentes,
qui n'étaient qu'une contribution légère, eu égard à ses biens
immenses et aux immunités dont il jouissait, remontaient,
pour la plupart, au temps de Charles IX. Créées originaire-

Une première partie d'environ 7,000,000 de rentes sur les tailles, au cours du
denier 5.

Une seconde partie de 7,000,000 sur les tailles, celles-ci se payaient dans les
provinces et se négociaient au denier 6 ;

Une partie de 2,000,000 sur les aides, dont le prix courant était le denier 7;

Une de 5,260,000 sur les gabelles, qui se vendaient ordinairement au denier 7 1/2.

Plus, trois parties de rentes antérieures au règne de Louis XIII, savoir :

> 851,000 sur les aides;
> 1,231,411 sur les gabelles;
> 474,184 sur les tailles.

La finance originairement payée était plus considérable dans ces anciennes
rentes que dans les nouvelles, et le cours en était plus élevé à l'époque dont nous
parlons.

La plus grande partie des rentes constituées sur la taille depuis 1612 étaient
encore entre les mains des partisans, ou bien ils les avaient vendues à bas prix, et
les propriétaires en attendaient à toute heure la réduction.

Les chiffres ci-dessus paraissent peu sûrs. On voit, de plus, que les rentes sont
portées pour leur somme intégrale, tandis qu'il y avait déjà des retranchements
d'arrérages.

Les rentes sur le clergé, comme ne regardant pas l'État, ne figuraient pas dans
les comptes, non plus que la subvention annuelle, qui servait à les payer, et qu'il
ne faut pas confondre avec les dons gratuits accordés de temps à autre, mais qui
n'étaient pas fixes.

ment au denier 12, elles n'étaient plus, depuis long-temps, régulièrement payées. On en avait reculé les quartiers, de manière qu'en 1611 on payait l'année 1606, et en 1638 l'année 1629. On faisait ainsi les années de treize, quatorze ou quinze mois. En 1638 il y eut un désordre plus grand jusqu'au 31 décembre 1639, qu'un édit du roi autorisa le clergé à ne fournir à l'hôtel-de-ville que 805,378 livres par année de douze mois, ou 15,488 livres par semaine. Depuis lors, les rentiers ne reçurent réellement que deux quartiers et demi par an (1).

Ce retranchement devait profiter au clergé. Mais bientôt le gouvernement s'empara de la plus grande partie des fonds libres, sous prétexte qu'ils resteraient inutiles dans les caisses du clergé; et, en faveur de ce secours, il renonça au don gratuit qu'il se proposait de demander. Un revenu de 200,000 livres fut ainsi aliéné à son profit sous forme d'augmentation de gages, et la finance, calculée au denier 14, fut imposée violemment aux titulaires de certains offices (2).

Le cardinal de Richelieu laissa à son successeur un triste héritage. Les impôts avaient été triplés depuis le règne de Henri IV; les aliénations ou les charges en absorbaient plus de la moitié, et trois années de la portion qui restait libre, toutes charges déduites, étaient consommées par les anticipations ou la dette flottante (3). Quant au crédit, il était perdu, moins

---

(1) Deux quartiers seulement étaient censés retranchés, l'un en 1614, sur l'année 1609; l'autre en 1620, sur l'année 1614.

(2) Édit de janvier 1640, enregistré le 30 avril à la Chambre des comptes.

(3) Le *Testament Politique* évalue le revenu brut à 79 ou 80 millions (dont 44 millions provenant des tailles), et la totalité des charges à 45 millions.

Depuis 1641 jusqu'à la fin du règne de Louis XIII, la livre tournois représentait, en louis d'or, 2 fr. 11 cent., et en louis d'argent, 1 fr. 85 cent.

Un état officiel porte, pour 1639, le revenu brut au chiffre plus précis de.......................... 80,210,185 livres 16 sous 10 deniers.

Les charges, à 46,819,665   13   6
Le revenu net à 33,390,520   3   4 .

On n'y tient probablement pas compte des réductions qui se faisaient déjà sur les charges.

encore à cause de la situation financière que par la mauvaise foi des gouvernants (1).

Depuis 1636, on n'avait pu constituer de rentes. En 1643, pendant la régence d'Anne d'Autriche, Mazarin se décide à emprunter au moyen de cette sorte d'aliénation, bien qu'il en retire à peine le denier 4 effectif; et le surintendant Bailleul se console d'un tel discrédit, en pensant que si le roi paie des intérêts usuraires, c'est son peuple qui en profite. Cependant, on cherche d'autres ressources pour n'employer celle-ci qu'à l'extrémité. On augmente les impôts anciens et on imagine une foule de taxes nouvelles. On multiplie les créations d'offices dont quelques-uns de quatriennaux. Mais on a surtout recours aux offices de police, dont les émoluments n'étaient pas prélevés sur le revenu, comme ceux des offices de finances, mais pris en augmentation, c'est-à-dire en-dehors du budget, sous forme d'attribution de droits : tels étaient les droits payés sur les marchandises aux diverses espèces de chargeurs, compteurs, mesureurs, visiteurs, inspecteurs ou contrôleurs des ports et marchés de Paris.

Pour obtenir l'enregistrement des édits, on fait tenir un lit· de justice, en 1645, par Louis XIV, alors âgé de 7 ans. Mais de pareilles créations devaient avoir une fin. Dès l'année 1646, on s'attaque aux gages. Ceux des cours supérieures sont réduits du tiers; les autres, de moitié. Bientôt on les supprime tout-à-fait, de même que les rentes, et enfin on suspend le paiement des assignations données sur le revenu (2), banqueroute qui amène celle de presque tous les financiers qui traitaient avec le roi.

La déclaration du 31 juillet 1648, qui ordonnait cette sus-

---

(1) Omer Talon dit que, depuis les réductions de 1634, personne ne voulait contracter avec le roi. Les aliénations qui, auparavant, se faisaient au denier 15 ou 16, comme les nouveaux droits de greffe, ne rendaient plus que le denier 2 ou 3, bien que les aliénataires dussent exercer leurs droits par eux-mêmes.

(2) Nous allons voir qu'elles montaient à 150 millions.

pension de paiement, rétablissait, par compensation, celui des gages, mais avec réduction de 3 quartiers sur 4 en 1648, de 2 et 1/2 en 1649, et de 2 quartiers seulement en 1650.

Quant aux rentes, sans s'expliquer davantage, on disait qu'en attendant que l'état des affaires permît d'y appliquer un plus grand fonds, on dresserait un bordereau des deniers remis aux payeurs, et que la distribution en serait faite d'après l'avis des conseillers et des bourgeois notables.

Cette promesse relative aux rentes n'était qu'un leurre de même que la réduction prochaine du quart de la taille.

Le 1.er septembre 1648, peu après la journée des barricades, le parlement arrête que le roi et la reine régente seront suppliés de rétablir le paiement des 4 quartiers, et, dans le cas où la situation des affaires ne le permettrait pas, de faire au moins les fonds de 2 quartiers et 1/2 des rentes sur le sel, le clergé, les aides, les 8.e et 20.e de Paris, et 2 quartiers sur les autres (1).

Le 4 septembre, il fait un réglement relatif au paiement des rentes de l'hôtel-de-ville, par lequel il ordonne que les fonds destinés à ces rentes seront apportés directement à l'hôtel-de-ville par les receveurs et fermiers généraux, pour être placés sous la garde du prévôt des marchands et des échevins.

---

(1) A cette époque, des éclaircissements furent fournis au parlement sur la situation des finances.

Le revenu brut était de 92 millions. Une diminution de 12 millions, promise sur les tailles par la déclaration du 31 juillet, devait réduire ce revenu à 80 millions.

Il restait 35 millions de charges en en retranchant 20. La dette exigible était de 120 millions, sur lesquels on avait promis 10 millions d'intérêts. Il ne devait donc rester de libre annuellement que 35 millions, tandis que les dépenses nécessaires montaient à 59 millions.

D'après un tableau qui paraît officiel, le revenu était de   92,000,824 l. 5 s. 2 d.
savoir, les tailles ou les recettes générales........... 50,294,208   9   8
les fermes, le tarif de l'aris, etc.................. 41,706,615   15   6

Les monnaies avaient la même valeur qu'en 1642; le prix moyen de l hectolitre de blé, de 1642 à 1651 inclus, au marché de Rosoy en Brie, était de 10 livres 13 sous.

Dans un moment de trève entre Mazarin et le parlement, le gouvernement adhéra à ces modifications. Les retranchements devaient cesser après la guerre (1). Celui des rentes sur le clergé continua de se faire au moyen d'un allongement de 'année (2) ; et , depuis lors , ces rentes échappèrent aux retranchements et aux conversions des autres rentes sur l'Etat, jusqu'en octobre 1719 , qu'il fut question de leur conversion au denier 50. Les porteurs qui s'étaient bercés de l'espoir d'être un jour payés des années arriérées, intentèrent contre le clergé, pour le paiement de quarante années échues , un procès qui occupa beaucoup le public. Une déclaration du roi intervint et le termina à l'avantage du clergé (3).

Revenons maintenant à Mazarin.

(*La suite au prochain recueil des travaux de la Société.*)

_____

(1) Déclaration du 22 octobre 1648.

(2) Il était d'environ 225 jours au lieu de 219 que donne le calcul.

(3) Déclaration du 28 mai 1723 , art. 8.

Dans leur requête, des rentiers disaient que cette dette devait être sacrée pour le clergé , ayant pour origine un secours fourni à l'Etat dans un temps où les ennemis de la religion ravageaient les provinces ; qu'elle avait été reconnue par les syndics-généraux ; que le clergé l'avait reconnue lui-même en se faisant rendre compte des reliquats des payeurs , qu'enfin il n'avait jamais eu le droit de retrancher 1 quartier et demi d'arrérages.

Le clergé , dans sa réponse, s'appuyait sur ce que cette dette n'avait pas été reconnue par lui, non plus que la signature de ses syndics-généraux , laquelle ne suffisait pas pour la validité des contrats. Il convenait qu'à l'égard de ses propres rentes, la seule voie dont il pouvait user pour en réduire les arrérages , était de proposer au créancier le choix du remboursement ou de la réduction ; mais qu'ici les rentiers n'avaient d'autre débiteur que l'État, à qui ils devaient s'adresser.

Le clergé avait profité de la réduction des rentes assignées sur lui pour l'étendre aux siennes. Mais son receveur-général ou trésorier avait opéré cette réduction sur chaque quartier sans en changer l'ouverture. D'ailleurs , depuis ce temps jusqu'en 1719, la baisse de l'intérêt lui avait permis de convertir ses rentes à un denier avantageux. Une première conversion au denier 20 avait eu lieu en 1706 sur des rentes créées récemment. En 1714 et 1715 , il y en eut une seconde au denier 24 , et , à la requête du clergé , une clause qui , dans certains contrats, donnait au créancier plusieurs mois de délai, fut annulée comme insolite. (Arrêt du cons. 10 avril 1714.) Le délai fut réduit à un mois.

LINGUISTIQUE.

CONSIDÉRATIONS

SUR

LES LOIS DE LA PROGRESSION DES LANGUES,

Par M. Victor DERODE , membre résidant.

CHAPITRE I.

DIFFUSION DES HOMMES SUR LE GLOBE.

Parmi tant de questions dont la science s'empare , il en est une qui à toutes les époques et chez tous les peuples a su exciter l'intérêt et la curiosité ; une question que toutes les religions résolvent à leur manière dès les premières pages de leurs livres; que toutes les sciences veulent éclairer , une question qui est tout-à-la-fois dans les attributions de la philosophie, de la physiologie, de la géographie, de l'histoire. Nous voulons parler de *la diffusion des hommes sur le globe.*

. Partout les révélations , la science , la recherche , les systèmes ont tourné leurs regards vers le point initial d'où l'humanité , s'échappant d'abord goutte à goutte , s'est rassemblée comme en un vaste bassin , d'où elle a débordé ensuite sur tout le globe , tantôt par longs torrents , tantôt par d'imperceptibles filtrations. Mais il arrive ici ce qui arrive toutes les fois que l'homme veut se placer à l'origine des choses ; on est arrêté par d'infranchissables obstacles. A mesure que nous reculons dans les temps écoulés , la voix de l'histoire se tait , l'écho des traditions s'affoiblit, les monuments s'écroulent, disparaissent sous les sables, ou emportés par les vents et nous arrivons à l'entrée d'une vaste région déserte et silencieuse, où l'obscurité s'amasse et s'épaissit en une nuit profonde, où l'œil avide cherche en vain quelques rayons de clarté.

Faire des recherches sur les langues primitives, c'est se mettre à la poursuite de ces faits qui semblent désormais insaisissables.

L'histoire des langues est à proprement parler celle de l'intelligence humaine, dont elles sont la manifestation. Or, pour en chercher les vestiges, nous devons suivre pas à pas les hommes partout où ils se sont réunis. Les recherches philologiques doivent donc souvent être confondues avec celles qui ont l'ethnographie pour objet.

Si l'histoire des premiers temps est dans une obscurité aujourd'hui impénétrable, ne pourrait-on pas faire pour cette branche des études morales ce que l'on fait dans les sciences physiques ? Admettre une hypothèse qui coordonne les faits en remettant à de meilleurs jours la connaissance directe des causes elles-mêmes ? Cette méthode tend évidemment au progrès, puisqu'elle permet aux théories de faire un seul faisceau de mille faits isolés que l'intelligence aurait peine à embrasser sans ce moyen.

Si cette marche est rationnelle, nous allons essayer de constituer une hypothèse sur des faits connus et d'ailleurs faciles à vérifier, et nous ferons ainsi une théorie des temps anté-historiques, qui nous conduira non-seulement à fixer une opinion probable sur les migrations des peuples, mais qui jettera sur l'étude des langues une lumière qu'elle réclame, lumière générale qui coordonnera des particularités qui semblent mettre un obstacle éternel à l'unité qu'on aimerait à y rencontrer.

Lorsqu'on cherche à savoir d'où sont partis les hommes qui, les premiers, occupèrent les parties du globe qui sont aujourd'hui le domaine des nations , on embrasse une vaste généralité où l'on doit avancer avec défiance. Les annales tartares comptent les années par centaines de millions ; celles des Japonais nous renvoient à trois millions d'années ; celles de Chine , à deux millions ; celles des Européens se bornent à six mille ans , dont plus de la moitié n'appartient pas à l'histoire proprement dite. Voilà notre richesse ; mais nous pouvons par analogie remonter beaucoup plus haut que ce dernier terme.

Occupons-nous d'abord d'examiner si *l'on peut présumer l'origine et la cause des migrations des barbares qui se précipitèrent sur l'Europe vers la fin de l'empire romain. Nous verrons ensuite d'où proviennent les ancêtres de ces peuples mystérieux , ainsi que les habitants de ces contrées qui forment aujourd'hui le monde maritime.* Ces deux rameaux , dont les branches sont si distantes , nous semblent provenir d'un même tronc.

Les renseignements que les historiens nous fournissent se résument tous en ceux-ci : La race humaine se multiplia en Asie d'où elle se répandit partout ailleurs. Les Huns viennent des frontières nord de l'Asie ; les Goths , de la Suède , d'où ils se sont répandus jusqu'en Espagne , où leur nom est encore un titre d'honneur (1) ; les Normands viennent du Jutland ; les Suèves et les Vandales des bords de la Baltique , etc. ; etc....; le monde maritime s'est peuplé de colonies arrivant d'Asie , etc. , etc...

Lorsqu'on examine de près ces notions trop générales , on y trouve des difficultés qui semblent insurmontables.

On considère l'Asie comme point de départ , parce qu'on y trouve réunis céréales , fruits , animaux , races qu'on ne trouve que séparément ailleurs. Mais les contrées de l'Asie peuvent

---

(1) *Hidalgo* nous paraît signifier issu des Goths , *fils de Goth* ; espagnol : *hyo*, fils ; *hya*, fille.

être rangées en deux classes : les unes, chaudes, fertiles, généralement salubres et peuplées, au midi et à l'est ; les autres, froides, sablonneuses, presque désertes, au nord et à l'ouest. Or, c'est précisément dans ces dernières que l'on place l'origine des hordes qui sont venues fondre sur l'Europe.

Ainsi, pendant deux cent cinquante ans, l'Europe méridionale, attaquée par ces barbares, a dû se retrancher derrière cent vingt-cinq camps établis sur les deux côtés de l'angle que forment le Rhin et le Danube ; pendant près de cinq cents ans les hordes envahissantes ont franchi successivement ces barrières qu'elles avaient rompues. Des milliers d'hommes arrivent comme les nuées de sauterelles qui dévastèrent l'Égypte... Et cela, pendant plusieurs siècles consécutifs, et l'on assigne pour source de ces intarissables torrents, des pays qui nourrissent à peine une rare et chétive population, plus occupée à se garantir des influences meurtrières du climat qu'à envahir des régions à leur convenance, des pays enfin où la prodigieuse multiplication qu'on suppose est tout-à-fait impossible.

La Bucharie, le Thibet, le territoire des Mongols et des Mantchoux, dont la population actuelle atteint au plus quarante habitants par lieue carrée, seraient-ils effectivement le berceau de ces innombrables armées ? Que sera-ce, si, nous reportant au nord, nous considérons la Sibérie, dont la moyenne population n'est pas un individu par lieue carrée !

Aujourd'hui que la civilisation y a multiplié les conditions d'existence et de développement, les monarchies du nord, source présumée des Goths, des Suèves, etc..., ont une population qui n'est que le 10.ᵉ, le 30.ᵉ de la population relative des contrées méridionales. La Norwège, par exemple, n'a pas les 4/5 des habitants de notre département. C'est à peine si cette contrée tout entière égale le chiffre de la population de Paris.

Les contrées asiatiques qu'on donne pour patrie aux Huns,

sont arides, desolées; tellement froides qu'on n'y voit plus de
céréales au-delà du 55e parallèle, ce qui est la latitude de
Copenhague. Les plaines de Sibérie sont sillonnées par de
grands fleuves qui offrent partout une barrière sans cesse
renouvelée aux excursions qui auraient l'Europe pour but. Les
terrains du versant nord sont entrecoupés de déserts salés,
d'immenses marais boueux et inhabitables.... Est-ce bien là,
sous les rares rayons d'un soleil capricieux, que ces fourmi-
lières sont écloses? Mais quand on viendrait à s'accorder sur le
nombre des émigrants, comment s'expliquer les émigrations
elles-mêmes? Pourquoi n'était-ce pas la population exubé-
rante qui, seule, comme les abeilles, allait chercher ailleurs
une nouvelle patrie? Pourquoi femmes, enfants, vieillards,
entreprennent-ils ces voyages périlleux? Un pays miraculeux
aurait servi à une si prodigieuse multiplication..... et pourquoi
donc le déserter tous ensemble? Qu'avait donc l'Europe qui
pût attirer ainsi les étrangers? Elle n'avait ni champs, ni
vignobles, elle ne possédait ni le riz, ni le blé, ni le maïs,
que l'Asie lui a au contraire procurés ainsi que nos principales
plantes potagères et nos plus beaux arbres fruitiers... L'Europe
était couverte de vastes forêts, de marécages pestilentiels, de
steppes...

Si l'on tourne ses regards vers l'est de l'Asie, on n'explique
pas mieux les voyages multipliés et nécessaires à la population
de l'Océanie. A quoi rapporter ces étranges courses? comment
s'expliquer que des hommes dès long-temps agriculteurs deviennent d'intrépides marins, d'aventureux navigateurs prêts
à affronter les dangers d'une mer si fréquemment et si violemment agitée? Et si définitivement on se rejette sur le midi,
comment des peuples doux et indolents vont-ils déserter la
contrée la plus chaude pour courir les hasards de ces courses
sans but et sans motifs absolus?

Une difficulté résulte encore de l'examen des races qui

peuplent l'Océanie : si l'on embrasse d'un regard général ces
nombreux archipels jetés sur une mer de plus de trois mille
lieues, on verra les extrémités renfermer une race évidemment
la même, tandis que la partie centrale est occupée par une
autre race qui n'est ni conquise, ni conquérante, mais qui
vient rendre plus énigmatiques encore les rapports qui existent
entre les parties qu'elle sépare.

Si aux temps anté-historiques les lieux de l'Asie eussent
été ce qu'ils sont de nos jours, on aurait vu arriver le contraire, ce qu'on prétend. Il faut donc, pour concilier les
diverses traditions qui établissent les premiers foyers de la civilisation dans l'Arménie et qui font arriver les Huns des frontières de la Chine, admettre les faits suivants.

Une population nombreuse se trouvant concentrée dans l'Arménie a envoyé des colonies jusque dans les froides régions où
nous retrouvons aujourd'hui les Mantchoux et les Tunguses; et
ces colonies, s'étant multipliées à leur tour avec une incroyable
rapidité, ont non-seulement, en passant, peuplé la Perse, l'In-
doustan, la Corée, la Chine, etc..., etc..., mais encore ont
renvoyé en Europe l'excédant de population, malgré tous les
obstacles de terrain, de climat, etc... Et les colonies qui se
sont fixées au Bengale, par exemple, ont perdu le caractère
énergique, la force intellectuelle que les colons voyageurs ont
apparemment conservée pour la transmettre à leurs descendants d'Europe... Et quel était le chemin possible pour arriver
au point d'où l'on suppose qu'ils se sont élancés sur l'Europe?
C'était d'une part le désert de Cobi, dont la superficie est de
cinq cent mille lieues carrées et n'offre encore aujourd'hui
qu'un sable noir et mouvant, parsemé de rochers stériles ;
d'une autre part, nous voyons au midi de ce désert une suite
de vingt chaînes de montagnes qui devaient sinon arrêter, du
moins ralentir la marche de ces envahisseurs. Ce n'aurait pu
être l'attrait des lieux qui les eût attirés, car dans la péninsule

arabique ils auraient . retrouvé des déserts de sable, dans la Perse, des plaines salées, des lacs salés, etc... Dans une troisième route on eût trouvé des plages qui aujourd'hui encore paraissent présenter les traces d'une mer qui se retire et qui, non plus que les autres, n'offrent de chances à cette fécondité extraordinaire qu'on se plaît à supposer. Car pour les colonies qui auraient trouvé un climat heureux, une vallée fertile, comment se seraient-elles mises en marche pour aller au loin chercher un point entièrement désolé ? Nonobstant toutes ces difficultés, supposons enfin les voyageurs au terme où l'on veut les trouver. Il faut aussi admettre qu'un pays sans culture, voué à d'éternels frimats, a suffi à la prodigieuse multiplication qu'y supposent les excursions si long-temps continuées vers l'Europe, vers un pays alors malsain, inculte, couvert de forêts...

Assurément on ne pourrait rien inventer de plus invraisemblable.

Examinons donc le théâtre de ces révolutions et de même que de l'inspection de quelques débris, le naturaliste crée un être complet, essayons de reconstruire un ensemble qui paraît à jamais écroulé. D'une inscription mutilée on a vu sortir l'explication, jusque là ignorée, des hiéroglyphes, dont l'obscurité entourait depuis si long-temps l'Egypte. Nous nous estimerions heureux d'apprendre que ces aperçus en ont fait naître de plus étendus et de plus positifs.

L'immense majorité des plaines de l'Asie sont de vastes plates-formes posées sur le dos des montagnes, et ces montagnes s'élèvent elles-mêmes plus haut que partout ailleurs, et le premier trait physique de l'Asie *c'est l'apparence d'un immense soulèvement dont l'action principale a eu lieu au centre.*

Le centre de l'Asie offre le lit desséché d'une vaste mer intérieure ceinte de plusieurs remparts de montagnes qui s'abaissent graduellement vers le nord ; au nord et à l'occident de ce lit se trouvent un grand nombre de lacs salés et sans écoulement, et dont le fond est de beaucoup supérieur à celui de l'Océan, double circonstance qui prouve *qu'ils ne doivent point leur origine à des courants d'eau pluviale et que leur salure ne provient point des mers inférieures.*

Les steppes de Sibérie sont souvent des plaines salées, mais seulement par des efflorescences qui ont lieu à la superficie du sol, sans y pénétrer profondément. Ces steppes, ainsi que ceux de l'Ouest, ressemblent souvent au fond d'une mer qui vient de se retirer, et le second trait général de l'Asie *c'est de laisser penser qu'un écoulement d'eau marine partant du centre s'est dirigé vers l'occident et surtout vers le nord.* Et nous ferons remarquer que les plaines de la Sibérie, dans leur partie septentrionale, n'ont pas eu de mouvement fort considérable et que les couches du sol y sont horizontales, ce qui montre que *ces parties ne se sont pas affaissées,* mais que *c'est le centre qui s'est soulevé.*

Le lac Kamyschlaw, encombré de coraux, n'a pas vu ces animaux remonter vers lui pour y trouver un asile. *Il les a donc reçus d'un lieu supérieur.*

Une troisième particularité c'est que, *au centre de l'Asie* (et sur les limites que nous donnons à la mer que nous supposons y avoir existé), *se trouvent des volcans nombreux dont quelques-uns brûlent encore.* Or, le voisinage d'une mer est une condition reconnue nécessaire pour l'existence des volcans en activité. Nous sommes donc amenés à penser *qu'une mer exista là où nous trouvons des volcans,* et si l'on se rappelle les circonstances dont nous venons de parler, on verra la probabilité se changer en certitude. Le bassin immense travaillé par les feux souterrains s'inclina vers le nord, tandis que la ceinture méridionale était élevée jusqu'à 25 mille pieds au-dessus du niveau actuel de la mer.... Plus de 125 bouches ignivômes, dont 75 dans les terres devenues des îles à l'est de l'Asie, contri-

buèrent à ce gigantesque travail, qui se continua pendant plusieurs siècles et *qui se poursuit encore aujourd'hui*. C'est à cette
cause que nous attribuons le mouvement des eaux de la mer
Caspienne, qui de nos jours gagnent à l'ouest et au nord et
perdent à l'est ; l'élévation de l'île de Henderson, qui en une
nuit a vu ses rivages s'élever de 40 pieds au-dessus de la mer
qui les baignait la veille, etc. (1) Dans cette hypothèse, les
vallées qui séparaient quelques-uns de ces volcans, peut-être
même le cratère de quelques-uns, formèrent le bassin de la
mer d'Okotsk, du Japon, de Corse, de la Chine, etc.

A cette époque, on vit, selon nous, s'ouvrir le détroit de
Berhing ; les îles de la Sonde, du Japon, de la Chine, Ceylan,
furent séparées du continent. Quant à la plupart des îles de
l'Océan pacifique, elles n'existaient pas encore, du moins les
Attolons, les îles basses Madréporiques.

Si donc on admet, comme il semble légitime, que cette mer
Méditerranée a déversé ses eaux vers l'ouest et surtout vers le
pôle nord, nous concevrons *comment se formèrent ces rivières
qui courent directement au nord et qui* (comme l'Obi par Ex.) *se
sont creusé ces lits profonds que la sonde ne peut atteindre.
Ainsi ont pu être enlevés les animaux des régions tropicales qui
vivaient sur les rives de cet océan ou sur les plaines septentrionales;* leurs débris ont eu des destinées diverses ; les uns
saisis par un froid intense se sont conservés pendant des siècles
sous leur enveloppe glacée ; les autres rejetés contre quelques
terrains ont contribué à en former des îles étendues à l'est ;
c'est aux eaux échappées des barrières qu'elles brisaient ainsi

---

(1) Ces changements de niveau sont choses prouvées. La ligne supérieure du
fiore d'Alten, où elle atteint une hauteur de 67 mètres, s'abaisse vers la mer du
Large et n'a plus que 28 mètres aux environs d'Hammersden.

successivement en formant des cascades gigantesques que l'on doit rapporter les déluges dont les annales de la Chine font mention à plusieurs reprises (1). N'est-ce pas encore à cette même cause qu'il faut attribuer *la présence simultanée du huson* (acipenser huso) *dans le lac Aral, la Mer-Noire, le Danube et dans les fleuves de Sibérie et même dans la Léna ?*...

Postérieurement à ces catastrophes et probablement par suite du même mouvement, les monts Ourals furent soulevés. On retrouve sur leurs sommets les mêmes couches, les mêmes débris et la même succession que dans les plaines de Sibérie ; probablement aussi il faut rapporter à cette époque la dépression de la mer Caspienne et du lac Aral si long-temps confondu avec elle. Quant au lac Baikal, il est certainement plus récent, puisque dans son immense bassin de 1,000 lieues carrées de superficie et de 900 pieds de profondeur, il ne contient que des eaux condensées sur la cime des monts Jablonnoy. Il est devenu l'asile des phoques délaissés par la mer, phoques, que l'on a prétendu être des loutres, ne sachant comment concilier leur présence au milieu des vastes terres de ces régions.

Jusqu'ici nous avons examiné les lieux, abstraction faite de la race humaine. Faisons-la entrer en scène et reprenons les choses de plus haut.

Représentons-nous l'Asie telle que nous venons de la supposer. Sur les bords d'une vaste mer intérieure, rendez-vous de cent rivières, s'étendaient des plaines et des vallées se déroulant vers tous les points de l'horizon. Ces vallées étaient limitées à l'est par les côtes actuelles orientales du Japon ; des tapis verdoyants occupaient l'espace aujourd'hui envahi par les

---

(1) En 1556 avant J.-C., inondation en Chine (Buret de Longchamps, *Fastes universels*, page 41).

En 1400, nouvelle inondation (*Ibid*, page 45) etc., etc.

eaux. La fécondité du sol et les charmes d'un climat tempéré y faisaient vivre de nombreux habitants. Que la théorie les suppose d'une race, ou les regarde comme en étant les variétés, peu importe pour le point de vue auquel nous nous plaçons actuellement. Ces peuples auront si l'on veut le même caractère, ou ils présenteront dès-lors des contrastes que l'on signale en eux.

Une révolution géologique, venant à changer la position et l'inclinaison des terrains, va troubler cet ordre établi. Les monts Hymalaia surgissent et la région qui s'étend entre leurs pieds et la mer se dispose à prendre une température plus élevée que celle dont elle avait joui jusque-là.

Les monts du nord s'abaissent par suite du même mouvement, ou si on le veut absolument, restent stationnaires; toutes les plages comprises entre le point culminant de la chaîne du midi et le rivage du nord vont recevoir sous un angle moindre les rayons du soleil et recevoir plus directement au contraire les vents glacés du pôle. En même temps les eaux de la mer intérieure se déversent à l'Orient par ces déluges partiels dont il a déjà été fait mention; à l'ouest, elles s'écoulent dans ces plaines encore aujourd'hui désertes, salées, et qui présentent encore des traces évidentes de ce passage; au nord, enfin des irruptions, soit subites, soit successives, ravagent les plaines qui forment aujourd'hui la Sibérie; forment ces marais immenses, ces amas d'os, objet d'étonnement pour les voyageurs qui se hasardent dans ces vastes plaines; en même temps que, par l'effet du bouleversement volcanique, d'autres eaux séparaient du continent une ceinture d'îles qui se trouvèrent ainsi subitement isolées et peuplées d'hommes que d'impérieuses circonstances vont pousser sur la mer et qui deviendront bientôt d'habiles marins, parce qu'ils apporteront dans leur nouvelle situation tout ce que leur civilisation antérieure leur donnait de ressource et de génie. De là, l'empire du Japon et les principalcs îles volcaniques qui sont rangées devant la côte Est de l'Asie. A l'ouest, la race qui restait dans le voisinage du mont Caucase aura pû arriver la première en Europe, s'y établir et former ce qu'on est convenu d'appeler les *barbares d'Europe*, les Germains.

Les habitants de la région méridionale, soit qu'ils fussent contraints par les conditions de leur nouvelle existence, soit par toute autre cause, envoyèrent dès-lors des colonies qui s'avancèrent dans la partie mérionale de l'Europe et de plus s'étendirent en Égypte, en Syrie et en Perse. Ainsi se peuplèrent par des colonies successives les bords fertiles de la Méditerranée, qui rendaient sans doute aux émigrants les biens dont ils s'étaient vus privés dans l'Asie. Du moins les Pélasges, qui vinrent en Grèce, tirent leur nom de *Pel*, élevé, et de *Lasg*, chaîne de montagnes (1). Ce fut de là qu'avec des phases diverses la civilisation gagna peu à peu dans les contrées avoisinantes et que se formèrent les nations qui prétendent être en droit de regarder toutes les autres comme des barbares (2).

De l'autre côté de l'Asie, les continentaux du nord placés dans les conditions nouvelles se seront sentis portés à chercher ailleurs le doux ciel qu'ils avaient perdu. De là, leurs excursions vers le sud les aura portés vers la Chine (3), qu'ils ont depuis conquise et qu'ils ont occupée. Aussi, pour se soustraire aux

---

(1) N'est-ce pas à cette expérience, vue ou transmise dans le souvenir des peuples, qu'il faut attribuer cette sagacité qui fait que Nannacus, chef des Pélasges et roi de la Pelasgiotide, partie de la Thessalie, prévit le déluge de Deucalion, long-temps avant qu'il n'arrivât.

(2) L'ensemble de ces vues nous paraît conforme à l'opinion du savant M. Salverte, qui pense que les Celtes ont séjourné non seulement dans les Gaules et dans le nord de l'Italie, mais dans l'Allemagne, l'Angleterre et autres contrées (V. Balbi, *Atlas ethnographique*, introduction, p. xlv).

(3) Les annales font mention d'invasions des Huns en Chine, 800 ans avant J.-C. (Buret, p. 69.)

redoutables invasions qui se succédaient à leur suite, ont-ils opposé la fameuse muraille (1) etc... Du moins, avant ces changements géologiques qui ont fait de la Chine actuelle une contrée à littoral étendu, le titre de Tchong-Houé (*royaume de milieu*) lui convenait bien ; aujourd'hui c'est *un non—sens*. On ne peut expliquer l'origine de ce nom qu'en supposant une cause analogue à celle que nous proposons. Quoi qu'il en soit, refoulés dans leurs régions qui se refroidissaient de plus en plus (2), pleines du souvenir de leur doux climat, ces nations du nord, nombreuses, vaillantes, auront reflué vers l'Europe septentrionale, où elles ne trouvaient point d'obstacles de la *part des hommes* ; elles auront émigré successivement, et la même cause agissant avec une intensité croissante, elles auront enfin laissé au milieu de ces sites, aujourd'hui déserts et glacés, leurs cités, leurs monuments, leurs tombeaux, qui embarrassent si fort les archéologues (3); fatigués de leurs courses, contents de leurs nouvelles demeures, quelques détachements se seront d'abord fixés en chemin. De là, les barbares mitoyens, mais bientôt suivis par des hordes nouvelles que le motif toujours subsistant des premières migrations et le souvenir de ces évènements mêmes entraînaient loin de la patrie, se sont vus poussés et contraints d'avancer encore. Ils auront alors suivi les fleuves de l'Europe, le Volga, le Don, la Vistule, etc. C'est de là qu'ils sont partis ensuite pour arriver dans l'Europe

---

(1) Cette muraille fut construite 250 ans avant J.-C.

(2) En 120 avant J.-C., les Chinois poursuivent les Tartares au-delà du désert de Cobi : ils vont jusqu'à la mer Caspienne.

(3) En 1200 avant J.-C., les Huns avaient déjà fondé un royaume en Scythie et les Tartares commençaient à peupler les îles du Japon. Les Tartares de Turkestan s'étendaient jusque dans la petite Buckarie. (Buret de Longchamps, p. 53-57)

Alors les Saxons étaient déjà connus dans le nord de la Germanie.

méridionale , qui était depuis long-temps la patrie des ancêtres de ces nouveaux hôtes , qu'on qualifia dédaigneusement du titre de *barbares.*

On peut , sans beaucoup d'efforts d'imagination , réunir des circonstances propres à détromper l'attente de quelques-unes de ces troupes émigrantes ; éclairées par une triste expérience , elles auront pu concevoir le projet de revenir sur leurs pas , et l'on s'expliquerait ainsi la marche rétrograde de quelques nations qui , accourues en Europe , se sont repliées et ont disparu dans le désert asiatique.

Le nom de Celtes ou Celto-Scythes a servi à désigner vaguement les peuples qui , les premiers , se sont établis dans l'Europe. S'avançant graduellement vers le midi , ils en ont été les premiers possesseurs ; puis , dans des siècles postérieurs , ils ont lutté avec la civilisation qu'ils devaient développer après l'avoir combattue , et ici , un nouvel ordre de considération vient corroborer tout ce que nous avons dit jusqu'ici. Car , de la comparaison de la langue celtique avec les langues méridionales et avec les langues asiatiques , surtout le sanscrit , il résulte qu'elles ont dû avoir une origine commune. Seulement , les asiatiques du nord , pressés par les circonstances physiques et les dangers qui en résultaient pour eux , paraissent avoir ignoré ou négligé plusieurs des lois euphoniques et des formes si variées dont abonde l'idiome méridional , aujourd'hui langue morte , mais fixée dans une multitude d'ouvrages , dont l'étude s'étend peu à peu dans l'Europe savante.

Il ne serait pas aussi difficile qu'on le croit de faire concorder à ces données générales le peu de notions qu'on nous a transmises touchant les Normands , les Scandinaves , les Vandales , les Suèves , les Bourguignons , etc. , comme aussi les excursions dirigées par Bellovèse et Sigovèse dans l'Italie , l'Illyrie et l'Asie mineure , et encore ce qu'on sait du physique des barbares d'Europe , des barbares mitoyens , des barbares

d'Asie. Mais ce serait entrer dans des détails dont l'opportunité
ne nous est pas démontrée (1).

Nous dirons seulement que les recherches des philologues et
des voyageurs les plus accrédités tendent à un résultat général
dont la carte nous offre l'ensemble. Burnouf, Malte-Brun, de
Humboldt, Abel de Rémuzat, St.-Martin, sont nos autorités;
leurs études profondes les ont amenés à regarder le Zend
comme père du persan et du sanscrit (2), qui à son tour paraît
non-seulement avoir produit les noms de nombre océaniens (3),
mais qui a des rapports avec le lithuanien (4), les langues germaniques (5), en Europe; celle du Camboge et de l'Inde
ultérieure (6), et qu'on signale même comme étant celle des
Atlantes (7), tandis que les Américains ont des traits de filiation avec les Huns (8), que les Éthiopiens (9) et les Égyp-

---

(1) La carte ci-jointe donnera une idée de ces divers mouvements; nous y avons
suivi, pour la division des races, l'opinion de Cuvier.

(2) « Le Zend doit être considéré comme le père de tous les idiomes persans,
peut-être même du Sanscrit. » (St.-Martin, cité dans l'atlas ethnographique de
Balbi, p. 112.)

(3) « Les noms de nombre supérieurs à 1,000 sont empruntés au sanscrit (dans
les langues océaniennes occid.)» (Ibid. *Introduction*, p. LXIV.)

(4) « Le Lithuanien est peut-être aussi ancien que le Sanscrit, avec lequel il a
des rapports qui lui sont propres. » (Malte-Brun, *ibid*, p. 10.)

(5) « Il est difficile d'expliquer les rapports qui existent entre le Sanscrit et les
langues Germaniques. » (De Humboldt. *Vue des Cordilières*, introduction, p. VI.)

(6) « On pourrait croire que l'alphabet Thibétain, ou plutôt encore le Devanagari
(Sanscrit), qui lui a servi de base, a été porté le long des rivières d'Ava et de
Camboge, dans toutes les contrées qui font l'Inde ultérieure. » (Balbi, *Atlas
ethnographique*, p. 86.)

(7) « On prétend que le Sanscrit fut la langue des Atlantes. » (*Fastes univers.*,
page 18.)

(8) « La race Américaine a des rapports très-sensibles avec celle des peuples
Mongols et des anciens Huns. » (De Humboldt, *Atlas pitt.*, etc., intr, p. VII.)

(9) « Les Éthiopiens viennent de l'Inde s'établir sur les confins de l'Égypte. »
(*Fastes universels*, p. 37.)

tiens (1) paraissent venir de l'Inde. Le Russe (2), le Lapon (3) lui-même trahit cette origine. Enfin les Celtes, malgré les doutes de M. de Humboldt (4), proviennent eux-mêmes de cette source commune. Dès long-temps maîtres du nord (5) et de la Pannonie, ils ont habité une contrée plus méridionale (6) d'où ils ont été chassés par des causes inconnues que nous avons tâché d'expliquer. Dans tout ceci, nous n'avons pas cité de dates et la raison en est facile à saisir. Sans mettre en ligne de compte les annales tartares et chinoises, qui diffèrent presque de millions de siècles, nous ferons remarquer que les chronologies les plus accréditées en Europe diffèrent déjà de quelques milliers d'années; il nous a dès-lors semblé utile de négliger une exactitude chronologique, qui, toute scrupuleuse qu'elle eût pu paraître, n'aurait jamais été qu'une simple hypothèse.

---

(1) « Des mots Égyptiens dérivent du Chinois. » (Abel de Remuzat, cité par Balbi, *Atlas ethnographique*, p. L.)

(2) Le savant Antoine, dans son essai sur l'origine des Anciens Slaves, fait observer que les racines russes, pour dire *éléphant, chameau, singe*, prouveraient l'ancien séjour de ces peuples en Asie. (*Ibid.*)

(3) Voyez *Ibid*, p. XLV.

(4) *Atlas pitt.*, Vues des Cordilières, p. V.

(5) Celtes en Pannonie, 6333 ans avant J.-C. : Ère des Macédoniens. (*Fastes universels.*)

(6) Hervas montre, par le nom du mois de février (*Cedmras d'on Errack*), premier mois du Printemps, mois très-froid en Irlande, que les Celtes ont habité des contrées plus méridionales. (*Balbi*, p. L.)

Dans le chapitre précédent, nous n'avons fait qu'indiquer les migrations océaniques, nous en offrons ici une esquisse générale et rapide, mais suffisante pour notre but.

Reportons d'abord la pensée sur l'Asie qui, nous le pensons, est le berceau de l'espèce humaine et de ses trois variétés. 1.º la race noire y vécut la première, elle habita la partie méridionale et les régions qui, depuis détachées du groupe général, ont formé les îles de la Sonde, etc.; 2.º vient ensuite la race jaune qui s'étendit à l'est, dans la Chine, le Japon, etc., et dans les vallées comprises entre ces pays (1). Ces vallées sont aujourd'hui devenues le lit d'une mer profonde; 3.º enfin la race blanche fut placée à l'ouest, aux environs du Caucase.

Nous avons admis qu'une grande catastrophe soulevant l'Asie centrale et détachant du continent les archipels à l'orient et au midi a motivé 1.º les excursions des diverses peuplades qui ont formé au midi les Européens civilisés et plus tard les barbares du septentrion et les insulaires océaniens, tant parmi les noirs que parmi les hommes de couleur. Les îles volcaniques qui avoisinent la Chine, ces mers toujours tempestueuses, sillonnées par des ouragans et de redoutables syphons, portent avec elles leur certificat d'origine.

---

(1) Le Japon, dont la population est double de celle de la France et qui possède tous les végétaux qu'on trouve en Chine, nous semble en avoir été détaché à-peu-près comme l'Angleterre l'a été de la France.

Les noirs Endamènes (ancètres et non descendants des nègres d'Ethiopie) paraissent avoir eu leur point initial dans cette contrée, devenue depuis l'île d'Hainan, d'où ils semblent avoir pris route par le Camboge, la presqu'île de Malacca, Java, etc., route qu'ils n'eussent certainement point prise si les circonstances locales eussent été alors ce qu'elles sont aujourd'hui; comme premiers et légitimes possesseurs, ils s'étendirent sans obstacles sur les terres qui sont aujourd'hui les îles de la Sonde; devenus insulaires, ils furent portés à surmonter l'indolence et l'apathie qui leur est naturelle et qui, dans des circonstances moins impérieuses, les eût détournés de toute entreprise audacieuse, entreprise qui d'ailleurs eût été sans but si on les suppose sur un continent fertile, tempéré.

Cela posé, portons le regard sur cette vaste étendue de mer qui occupe les trois quarts du globe et où surnagent un si grand nombre d'archipels... Faisons pour un instant disparaître les eaux de l'Océan pacifique.

Ce que nous remarquons d'abord, c'est le grand nombre de volcans brûlants et les traces non moins nombreuses de volcans éteints; nous pouvons compter jusqu'à 174 des premiers. Certes il nous sera permis de rechercher ou de supposer ici des effets que nous ne serions pas autorisés à demander ailleurs.

Le feu souterrain, qui s'est ouvert tant d'issues, a labouré le fond de ce bassin, comme une taupe fait de nos champs et de nos prairies; les proportions seules diffèrent. Suivons sa course le long des montagnes, que nous nommerons tout-à-l'heure îles *Salomon*, *les Hébrides*, les *Fidji*, les *Navigateurs* et *Taïti*.

Les monticules moins élevés sont restés sous-marins ou inondés; ils ne portent à leur sommet que des algues ou bien ils ont été le lieu où les Zoophytes ont soudé le pied de leurs édifices de corail. Les autres terrains, en partie exondés, sont couronnés comme d'un bonnet de végétation.

Ainsi les sommets qui ceignent la mer de Chine, la Mer-Bleue, la Mer-Jaune, les îles Aleoutiennes, les Kouryles, Ceylan, à peine séparée du continent par quelques pieds d'eau, sont de cette dernière classe; l'archipel *Pomotou* est de la classe précédente.

Des plateaux étendus forment la Papouasie, la Nouvelle-Zélande, la Notasie.

A la partie supérieure de ces groupes madréporiques, qui ont atteint ou dépassé le niveau de l'Océan, des débris de tout genre viennent former une sorte d'humus qui en certains lieux suffit déjà à la végétation; les eaux, les vents, les oiseaux, les hommes y ont apporté des fruits, des graines qui y prospèrent. En voyant ces terrains encore à demi noyés, ne croirait-on pas apercevoir des bandelettes de verdure surmontant d'énormes falaises qui se dressent perpendiculairement du sommet des collines secondaires, ou des bords d'immenses cratères où les eaux se sont précipitées. Des milliers d'îles et des millions d'arpents qui interrompent la surface de l'océan se sont ainsi formés et se forment journellement sous nos yeux.

Maintenant remettons les eaux dans le bassin et nous verrons les choses dans leur état actuel. Une infinité d'îles dont les côtes découpées présentent des ports naturels, des hâvres profonds, des archipels voisins et serrés, peu de grandes terres et par conséquent pas de fleuves importants. La nature a donc tout préparé pour que les peuples que nous allons y placer tout-à-l'heure soient peu adonnés à l'agriculture, mais qu'ils soient chasseurs, pêcheurs, errants, marins intrépides, corsaires aventureux, inconstants comme l'élément qui les entoure. Nulle autre partie du monde n'est disposée comme celle-ci, aussi devons-nous trouver chez les indigènes des connaissances importantes en navigation, d'ingénieux procédés, des courses lointaines, etc.

Il est évident que les terrains exondés seront habités les

premiers ; que parmi les lieux habités les côtes auront la préférence. Les terrains de la 2.ᵉ classe seront habités les derniers à cause de leur origine plus récente et de leur nature particulière ; quelques-uns sont actuellement déserts, d'autres devront l'être long-temps encore.

Remarquons aussi que la plupart des terres placées sous la zône torride n'en ont cependant pas les inconvénients, à cause de leur position sur la mer et sous le vent. Comme la Providence y a placé sous la main de l'homme les végétaux alimentaires les plus savoureux, les plus productifs, l'état sauvage devra y subsister long-temps encore.

Faisons arriver maintenant les acteurs de cette scène humanitaire.

Admettons que la race noire, partie de l'Asie, peut-être de l'île d'Hainan, ait longé les côtes du Tonkin et de la Cochinchine, Malacca, Sumatra ; de là sont parties 3 ou 4 divisions, l'une peut-être sur l'Afrique et Madagascar, l'autre sur Timor et Roma, en passant par Java ; une autre sur Bornéo ; cette 3.ᵉ se sera divisée elle-même en trois autres, la 1.ʳᵉ se dirige sur les îles Luçon, Formose, etc.; une 2.ᵉ va la rejoindre, en passant par Mindanao ; la 3.ᵉ enfin passe par Celebes, Gilolo, la Nouvelle-Guinée, et va aboutir d'une part à la Nouvelle-Calédonie et de l'autre à l'archipel Viti, tandis qu'une 3.ᵉ partie longe les côtes de la Nouvelle-Hollande et la terre de Van-Diemen. Une ligne noire tracée sur la 2.ᵉ carte qui accompagne ce mémoire fera saisir sans efforts l'ensemble de ces divers mouvements.

Ces voyages comprennent deux époques bien distinctes, l'une où la race noire était paisible et dominante ; l'autre où elle était combattue, opprimée et poursuivie par la race jaune.

Quoi qu'il en soit, cette race infortunée emporta partout avec elle dans ses voyages son arc et ses flèches, *qui étaient inconnues et qui sont restées étrangères* aux nations qui la

suivirent. Elle laissa sur son passage des notions civilisa-
trices, dont les vestiges subsistent encore çà et là de nos
jours. Quant à leur langage, on conçoit pourquoi on y trouve
des traces d'analogie qui rapprochent les deux extrémités du
monde maritime, Madagascar et l'île de Pâques.

Amenée par les circonstances que nous avons exposées précédemment, la race jaune cuivrée, front déprimé, pommettes
saillantes, portant évidemment le cachet asiatique, suit la
race noire, lui dispute le terrain. Elle emporte avec elle des
connaissances agricoles, métallurgiques, industrielles et même
mathématiques.

Faible, peu intelligente, la race noire cède d'abord les côtes
et se retire dans l'intérieur; Bornéo, Luçon, Mindanao, Timor,
Sumatra et même Celebes sont témoins de ces doubles occupa-
tions. De là, ces deux peuples aborigènes, qui semblent jouir
d'une égale civilisation et qu'on voit dans ces régions où les
Malais sont dominateurs.

Dans les grandes terres, la retraite des noirs dans l'intérieur
du pays s'effectue sans difficulté; mais dans les plus petites, la
race noire est bientôt détruite, du moins elle est vaincue et se
mêle aux agresseurs. Ce mélange produit la race intermédiaire
des Papous, qui occupe ensuite la Nouvelle-Guinée, la Nou-
velle-Irlande, la Nouvelle-Bretagne, jusqu'à l'île Choiseul (on
peut voir sur la carte ces contrées, où les lignes noire et rouge
sont supposées et confondues), et dont la langue douce et har-
monieuse paraît avoir emprunté des Malais et des Harfours.

Les restes des noirs qui fuient devant l'oppression s'échappent au loin. La misère et le dénuement viennent achever ce
que la nature d'une part et l'invasion de l'autre ont commencé;
ils en forment les êtres les plus dégradés de la famille humaine.
C'est à cette classe qu'il faut rapporter les nègres que l'on rencontre sur l'île haute de Pounipet, de Hogoleu, etc., la terre

de Van-Diemen, etc.; telle est en abrégé l'origine de la race *Mélanaisienne* (1).

Cependant la race conquérante, après s'être emparée du littoral des grandes terres et s'être mêlée aux peuplades conquises dans les petites terres, s'avance seule à la prise de possession de nouvelles îles. Elle arrive la première aux îles basses et y conserve presque sans mélange le sang, le langage, les coutumes.... Telle est l'origine de la race Polynésienne, qui s'est avancée jusqu'à l'île de Pâques et même, peut-être, jusqu'au continent américain (2); race que M. Lesson appelle *Indou-caucasique*, mot qui exprime presque le résumé de notre hypothèse.

Ces courses sont si diverses et si compliquées que le dessin peut seul en donner promptement une idée; une ligne rouge partant des côtes de Malacca est tracée sur la carte ci-jointe; nous y renvoyons le lecteur.

Enfin, une 3.ᵉ excursion qui paraît différente des précédentes et qui se rattache à la Corée, va aux Carolines, aboutissant d'une part à Poulo-Marière, et d'autre part passe par les îles Mariannes, Marchall, pour aboutir aux îles Gilbert; une ligne jaune indique la direction de cette migration.

Le rapide exposé qui précède pourrait paraître un emprunt fait aux Durville, Rienzi, Blosseville, etc., voyageurs modernes,

---

(1) En 1839, MM. Grey et Lusinghton, qui ont voyagé en Nouvelle-Hollande, émettent l'opinion que les naturels sont d'origine asiatique.

(2) C'est à ce résultat que l'on peut être amené par M. le docteur Warren, qui a publié ses observations faites sur les crânes trouvés dans quelques parties de l'Amérique du Nord; les crânes en question ont beaucoup de rapport avec ceux des Indous modernes. Les ustensiles qui les accompagnent dénotent une même origine.

Cette excursion lointaine aurait-elle quelque rapport avec celle que l'on attribue aux Huns d'Asie en Amérique ?

dont il résume assez fidèlement l'opinion, et pourtant il n'en est rien ; il est le résultat de considérations spéciales ; c'est un caractère qui nous semble remarquable et sur lequel nous appelons l'attention du lecteur.

Si l'on se procure dans les divers Voyages publiés en France, en Angleterre, en Russie, les modèles des embarcacations des peuples océaniens, et que l'on compare entre eux ces canots, on remarque d'une part des points de ressemblance si frappants et de l'autre des caractères de différence si prononcés, qu'on établit sans difficultés plusieurs divisions générales.

Or ces divisions correspondent précisément aux divisions que les voyageurs ont basées sur l'étude des mœurs, du langage, etc. Si, dans chacune de ces divisions, on cherche de nouveau à établir une classification basée sur l'état *de perfection* et de complément des embarcations, on établit encore sans difficulté un certain ordre ; or, en recherchant sur la carte les lieux auxquels ces embarcations correspondent, on trace une ligne qui est précisément, ou du moins à de petites lacunes près, la même que les philologues ont tracée d'après le résultat de leurs recherches particulières. Un tel concours élève à la hauteur d'une vérité la probabilité qu'il appuie (Nous empruntons à M. Alphonse Moillet, notre parent et ami, ces détails, sur lesquels il a le premier, à notre connaissance, établi le fait que nous venons de signaler).

Ainsi ce qui distingue les embarcations océaniennes de toutes celles qui sont employées dans les quatre autres parties du monde (1), c'est : 1.º l'usage du balancier, 2.º l'accouplement des pirogues.

Le système du balancier est propre aux peuples d'origine

---

(1) Excepté à Ceylan et à la Cochinchine, lieux rapprochés de la Malaisie.

malaise, qui, dans leurs migrations, l'ont porté partout avec eux, en lui faisant subir, selon les localités, diverses modifications. Ainsi le balancier qui a pris naissance dans la Malaisie proprement dite, y a été créé double, afin d'offrir une grande stabilité et permettre, par-là, l'emploi d'une grande voilure ; mais lorsque les Malais se répandirent sur les petites îles (1), entourées pour la plupart de récifs qui ne laissent entr'eux que des passes étroites, le balancier double devint incommode, souvent même son emploi devint impossible. Le balancier simple, placé du côté du lof, fut seul employé. Bientôt, afin d'obtenir une plus grande vitesse, on donna à la poutre grossière qui faisait l'office de ce balancier, la forme d'un bateau qui offrait moins de résistance aux vagues, les divisait avec plus de facilité (2). Plus tard, lorsque quittant les attoles rapprochés de la Micronésie (3), les Malais se dirigèrent vers les archipels polynésiens, les distances considérables qu'ils avaient à franchir exigèrent l'emploi de grandes embarcations pour lesquelles l'emploi du balancier offrait de grands inconvénients, à cause de son poids ; on lui substitua une petite pirogue qui remplissait le même but, en offrant une légèreté spécifique qui permettait de braver plus facilement les dangers de la grosse mer (4). L'usage du balancier fut réservé pour les petites pirogues de pêche et de cabotage ; telle est, selon nous, l'origine de ces grandes doubles pirogues employées par les Polynésiens, dans leurs voyages de long cours.

Quoique le balancier double ait été créé dans la Malaisie, son emploi y est aujourd'hui restreint aux petites pirogues ; maintenant, les Malais copiant, pour leurs grandes embar-

---

(1) Iles Peleuw.
(2) Iles Carolines.
(3) Nous adoptons ici la division de l'Océanie de M. Durville.
(4) Rotouma.

cations, les navires européens, chinois ou indiens, le balancier double est devenu le caractère propre des Papous, emprunt qu'ils ont fait aux Malais, ainsi que celui de la voilure carrée.

Dans la Micronésie, le balancier est toujours simple, ordinairement taillé en forme de bateau ; les deux extrémités de la pirogue sont presque toujours semblables, le plus souvent relevées en forme d'*S*, la voile est triangulaire ; enfin le côté du lof est arrondi, tandis que celui sous le vent est presque plan, afin d'offrir plus de résistance aux vagues, système ingénieux qui leur permet de naviguer sans craindre de serrer le vent qui est dans une direction constante, et s'opposerait, pour six mois, à des courses vers l'est, et les six autres mois, a des voyages vers l'ouest. Ils ont aussi emprunté aux Chinois leurs formes, leurs voiles, leur boussole, inconnues partout ailleurs dans l'Océanie.

Enfin l'usage de la pirogue double est propre à la Polynésie de grandeur inégale dans l'Ouest, égale dans l'Est. L'usage du balancier y est réservé aux petites pirogues, qui ont presque toujours la proue et la poupe de formes différentes, ce qui n'existe pas dans la Micronésie ; quant aux Mélanaisiens, leurs embarcations n'ont pas de caractères propres ; ils empruntent presque toujours aux races voisines leur système, mais pour l'imiter sans intelligence (6) ; partout ailleurs, leurs pirogues sont dépourvues de voiles et de balancier ; elles ont ordinairement les extrémités relevées en demi-cercle (comme dans la Micronésie, la poupe et la proue sont toujours semblables).

Pour mieux faire ressortir le résultat que nous indiquons, nous préparons une série de dessins représentant les dégradations successives de ces embarcations.

On voudra bien remarquer que le contact fréquent des Euro-

---

(6) Excepté à Viti.

péens tend chaque jour à modifier ces documents, et que pour juger il ne faut pas accepter indifféremment tout ce que les voyageurs modernes nous présentent ; on rencontrera dans les anciens voyages des dessins qui méritent surtout d'être conservés, et l'époque reculée de ces documents augmentera leur valeur dans l'ordre de considérations que nous voulons établir en ce moment.

Ce simple exposé, qui n'est qu'une série de faits avérés et dont la dépendance seule est hypothétique, nous permettrait encore de résoudre pour l'Océanie la plupart des difficultés que l'on a signalées dans l'explication de la diffusion des hommes dans cette partie du monde. Ainsi il ne peut nous paraître extraordinaire de trouver au centre de Célébes des Alfouroux qu'on regarde comme souche des Polynésiens ; de voir Crawfurd placer à Java le premier foyer de civilisation océanienne, tandis que Rienzi le place à Bornéo ; de voir chez les habitants de quelques îles des notions d'architecture, des ornements qui rappellent l'Egypte ; nous nous expliquons pourquoi dans cette vaste étendue rien ne rappelle l'Amérique, ni plantes, ni animaux, ni hommes, ni traditions, ni jeux, ni coutumes, ni arts ; pourquoi au contraire les Carolines ont, pour désigner les vents, la même rose que les Romains, depuis Alexandre jusqu'à Claude ; pourquoi la Trinité fait partie des dogmes Otahitiens des nouveaux Zélandais, etc.; pourquoi on dit que les Javanais sont originaires de la presqu'île de Birmans, tandis qu'on prétend que les Malais de Malacca viennent de Sumatra ; comme aussi que les Tagalos et les Panpangos de Manille descendent des Malais de Bornéo ; pourquoi la tradition admet que les Huns ont peuplé l'Amérique et que les Chinois ont envoyé des colons jusqu'en Californie ; pourquoi les terres océaniques de Sumatra à Otahiti présentent une suite d'idiomes qui ont rapport avec le malais de la presqu'île orientale des Indes ; pourquoi ce même type se retrouve à

Madagascar ; pourquoi le Tagalique et Bissago des îles Phi-
.lippines, qui se trouvent aux Moluques et aux Marianes, se
trouvent aussi à la Nouvelle–Zélande et ont du rapport avec le
Mantcheou et le Mongol, que des auteurs disent être la souche
commune de toutes les langues d'Asie (1), etc. En un mot,
toutes les ·difficultés que nous avons entendu proposer à ce
sujet se résolvent directement ou indirectement par le moyen
proposé ; c'est à ce titre que nous soumettons l'hypothèse à
l'examen des juges compétents.

---

(1) Pour offrir en raccourci un point de comparaison entre les langues Océaniques, nous avons réuni en un tableau une liste des premiers noms de nombre.
Ces mots sont des plus usuels et paraissent mériter la préférence. En examinant
ces listes on remarquera surtout le nombre 5 qui s'exprime toujours par r.. m ,
l.. m, avec ou sans article ; cette ressemblance ne peut être l'effet du hazard. Toutefois on peut se demander pourquoi 1 est si diversifié ? A cette question nous
n'avons trouvé qu'une réponse plausible, la voici :

Un usage établi dans l'Océanie doit jeter de singulières anomalies dans les
langues à l'avènement d'un chef au Pouvoir ; il change un mot de la langue et il
en substitue un autre à celui qui était employé ; désormais il est défendu de
s'écarter de ce nouvel usage. Le nom proscrit est ordinairement son propre nom
ou l'épithète qui le distingue. Chez les Sauvages il doit en être comme chez les
nations civilisées ; ceux qui briguent le trône et les suffrages sont des ambitieux,
de véritables tueurs d'hommes. Parmi les épithètes qu'ils s'adjugent, celles qui
expriment la primauté, la suprématie, l'unité, doivent avoir souvent la préfé-·
rence et dès-lors le mot un, premier, doit être sujet à plus de vicissitudes que les
autres.

CHAPITRE III.

DE LA FORMATION DES LANGUES.

Dans les chapitres précédents nous avons esquissé à grands traits la route probable des migrations des peuples. Le lecteur a vu que les colonies européennes ont suivi deux routes principales, l'une au midi, qui a traversé la Grèce, l'Italie, la Gaule méridionale, l'Espagne; l'autre, au nord, qui s'est étendue dans la Germanie, l'Angleterre, l'Irlande. Notre pays, placé entre les deux fleuves, y a puisé tous les éléments de l'idiome aujourd'hui appelé Français, langue qui a progressé d'une manière rapide (langue à laquelle les nations civilisées rendent un hommage non suspect de flatterie en la cultivant à l'égal même de la langue maternelle).

Nous aurions dû entrer dans ces détails avant de parler spécialement des langues et de leurs transformations; il est temps d'entrer en matière.

Pour traiter du langage il faudrait sans doute le considérer dès l'origine, mais pour remonter jusque-là, nous devrions faire l'histoire de l'âme elle-même, en définir et en analyser la sensibilité, l'activité, la volonté, ainsi que la réflexion par laquelle elle se révèle à elle-même sa propre existence.

Aucun regard humain n'a percé ces profondeurs; contentons-nous de poser des principes accessibles à tous. — Pardon, maîtres, si le philologue empiète un instant sur le domaine de la psychologie.

L'ame, ou le *moi*, existe. En-dehors du *moi* il y a des êtres, et ce n'est point de lui qu'ils empruntent leur réalité.

Par une opération ineffable l'âme reçoit ou fait naître en elle l'idée des êtres; c'est ce qui la constitue *intelligence*.

L'idée, *phénomène* intellectuel, est un fait psychologique ; c'est toujours une réalité pour le *moi*, mais on ne peut rien déduire quant au rapport de l'idée à l'objet ; une idée n'est vraie que lorsqu'elle est conforme à son objet (1) ; celle qui correspond à une existence est réelle, quoique d'ailleurs elle puisse n'être ni *claire*, ni *vraie*, ni *complète*. Elle est *fausse* si elle n'est point conforme à son objet ; elle est *chimérique* si elle ne correspond à aucune existence ; elle est *absurde* si elle ne correspond à aucune possibilité.

L'idée peut être *sentiment, souvenir, image*, selon que l'ame la perçoit par la *sensibilité*, la *mémoire*, *l'activité*. Les animaux peuvent donc avoir des idées ainsi définies.

Mais l'idée qui embrasse un être immatériel est du domaine de l'intelligence pure, et l'âme, pour se la rendre saisissable, doit avoir recours au langage. (2)

Appelons *intuition* (3) le regard que l'ame en se repliant sur elle-même jette sur les idées qu'elle se crée ou qu'elle trouve en elle. *Attention*, l'acte de la volonté qui prolonge ce regard. *Evidence*, la vue claire et parfaite qu'il procure, etc. En considérant les idées, l'ame éprouve *paix, harmonie, jouissance, satisfaction* (4), ou, *trouble, désordre, peine, tourment*. De là l'idée du *bien*, du *mal*, du *juste*, de *l'injuste*, du *vrai*, du *faux*, etc.

Le mouvement d'adhésion qui résulte de l'évidence est indélibéré et irrésistible, c'est l'effet d'une loi primordiale qui résulte de la nature même de l'âme et de la vérité.

---

(1) La signification des mots soulignés doit se puiser non dans le vocabulaire de la conversation, mais dans la valeur qu'indique directement l'étymologie.

(2) Les Pythagoriciens appelaient *nombre* la forme sous laquelle les substances immatérielles apparaissent à l'ame.

(3) *Intus-itio* (l'acte d'aller en dedans) ; attention, *adtendere* (l'acte de tendre, se diriger vers).

(4) Graduation du bonheur.

Si les idées qui font naître l'évidence étaient toujours conformes à leur objet, *l'évidence* serait le critérium absolu de la
vérité. Mais cette conformité est en-dehors de nos moyens de
vérification, la raison étant à la fois le *fardeau* à soulever et
le *levier* qui le ferait mouvoir.

Néanmoins tous les hommes acceptent l'évidence par l'effet
d'une foi profonde qui leur persuade que l'auteur de notre âme
ne l'a pas créée susceptible d'être toujours le jouet de l'illusion
et de l'erreur.

Ainsi l'ame est *sensible*; elle perçoit des idées; elle est
active, elle se les crée; *elle veut*, et se repliant sur elle-même,
elle considère les idées qu'elle a en elle. Cette *intuition*,
devenue *attention*, fait naître la *compréhension*; puis l'évidence.
Ces divers actes étant appliqués à divers objets, l'ame alors
peut *comparer* deux idées; si elle les juge, elle *pense*. Quand
par suite de son action sur les organes elle *énonce les dispositions* intimes, ses *sentiments*, elle donne naissance au langage
figuré ou *articulé*, selon qu'il s'adresse à l'œil ou à l'oreille. La
manière dont le langage se manifeste constitue une langue.

Une *langue*, un *idiome*, c'est un mode particulier à une
nation pour énoncer la pensée ou sa forme immatérielle.

Parler, c'est exprimer par une série de signes adoptés les
idées, les *sentiments*, les *pensées*, choses distinctes, que les
grammairiens ont souvent confondues.

Toutefois n'oublions pas que la convention qui fixe la langue,
c'est-à-dire les signes des phénomènes de l'âme, suppose un
moyen antérieur de communication, moyen qui n'est pas la
langue elle-même. C'est là un mystère à l'encontre duquel
viennent s'émousser toutes les discussions qui se sont élevées
à l'occasion de l'origine du langage. (1).

_____

(1) La formule qui exprime l'état sous lequel les idées apparaissent à l'ame est
une proposition. Il y a eu donc nécessairement des propositions interrogatives,

On a beaucoup parlé de l'*invention* du langage; n'y a-t-il pas eu méprise? N'était-il pas question des *langues* seulement? Le langage précède le discours; il existe avant l'homme; comment l'homme l'inventerait-il? Nous nous représentons le λογος éternel, la raison par excellence, l'être, le principe de l'existence, rayonnant dans l'espace intellectuel, et son unité absolue se manifestant sur la terre sous les innombrables formes que nous connaissons. Le tableau ci-joint nous aidera à mieux exposer notre idée, en même temps qu'il sera un résumé synoptique indiquant la filiation de toutes les familles de langues actuellement connues sur le globe (1).

Après avoir jeté un coup-d'œil rapide sur les opérations intérieures qui précèdent la parole articulée, voyons si parmi le nombre infini de signes *phonétiques* possibles, il en existe qui aient une relation *nécessaire* ou seulement *directe* avec les phénomènes intellectuels dont ils seraient l'expression. Voyons *si toutes les fois qu'on est dans une même série d'idées on doit se trouver dans une même échelle phonique, et réciproquement. Voyons s'il est des signes qui soient l'image absolue des idées* (2), *s'il existe naturellement des noms pour les choses.*

L'affirmative a été soutenue il y a long-temps. Elle a reparu à diverses époques depuis Pythagore et Platon. Les idées de ce genre, dont M. Bergman s'est fait le défenseur, semblent poindre de nouveau dans les ouvrages de quelques écrivains

---

dubitatives : *vient-il?*, négatives, *non*; affirmatives, *certes!* etc., selon que la volonté se joint à l'intelligence; des propositions impératives, *sors!* conditionnelles, *je voudrais mourir*, etc.

(1) Les divisions des familles sont empruntés à Balbi.

(2) Le baron d'Exkstein pense qu'il y a une *sympathie*, une *affinité* quelconque *entre les mots et les objets qu'ils représentent.*

Il dit ailleurs, en parlant d'une langue primitive : « Je crois qu'elle s'est composée naturellement par toute une famille d'hommes qui l'a parlée en commun et qui s'est initiée sous le signe : » et ailleurs, « l'homme n'invente pas sa langue. »

modernes, et s'y trouvent souvent avec des idées mystiques plus ou moins singulières.

Tandis que St.-Martin montrait à la fin du siècle dernier la nature de l'homme et la rédemption écrite dans le sacré quarte-naire, voilà que M. Elschsvoet, Colonel-Directeur, Élève de l'école polytechnique, prouve que la Trinité, la présence réelle, la virginité de Marie, etc., sont écrites dans le cercle. M. Vin-cent semble vouloir réclamer contre le discrédit où la Cabale est tombée ; M. Girard de Caudemberg annonce une rénovation philosophique et il montre dans l'homme une trinité, l'orga-nisme, l'ame animale et l'ame intellectuelle ; il explique ainsi comment Dieu fit l'homme à son image, etc.

Ce n'est point une chose absurde que d'admettre cette simi-litude dans les effets d'une même cause. Cette relation entre une *Impression* et l'*Expression* correspondante a même quel-que chose qui doit séduire les esprits élevés, mais elle est restée jusqu'ici au rang des hypothèses, et l'expérience lui a donné chaque jour de formels démentis.

En cas d'affirmative, il y aurait une langue *absolue, primi-tive, intelligible à tous les hommes, et à la connaissance de laquelle ils pourraient tous arriver par la simple réflexion*. Il en serait du langage comme de la géométrie. Il n'est pas libre aux géomètres de changer les propriétés des lignes qui sont les objets de leurs études. Ces propriétés ne sont pas convention-nelles et leur vue finit toujours par éclore dans l'intelligence de celui qui médite. Ce sont des faits *primitifs*, mais il est d'ex-périence qu'il n'en est point ainsi des langues. Que les hommes, pour désigner ce qui frappe l'ouïe, aient employé l'onomatopée, c'est ce qui est certain, c'est ce qu'on pourrait décider *à priori*, et il ne faudrait point s'étonner de trouver de la conformité dans les mots par lesquels on rappelle le *bruit du tonnerre, le bêle-ment des agneaux*, etc. Mais pour ce qui sort du domaine de ce sens, la probabilité disparaît absolument, puisque d'ailleurs l'alphabet d'un peuple manque des articulations qui dominent dans l'alphabet d'autres nations.

De tous les objets qui frappent la vue, le soleil et la lune sont certainement les plus remarquables. Si l'expression de ce sens a dû se manifester par une expression identique ou analogue, c'est sans doute à l'occasion de ces deux astres, connus de toutes les nations.

Or, sur 140 langues citées par Klaproth:

43 expriment soleil par *k... b ; — k... t ; —k... n.*

15   par *m... t ; — m... r ; — b... r.*

14   par *d... t ; — d...l ; — t... l.*

8   par *b.*

7   par *n.*

5   par *l.*

3   par *r.*

6 expriment lune par *ai.*

30   par *k , k.. l , k m. , k. s , k.*

21   par *m , m.. m , m.. s.*

19   par *t... , t... t , t.. r... t ch.*

22   par *i...l , .. i.. r. , i.... s.*

2   par *o.*

9   par *l... n.*

2   par *r.*

Ainsi pour exprimer l'idée de *chaleur, lumière*, en hébreu, אור (*our*), on a employé des articulations douces, *b*, *d*, *f*; des fortes, *k*, *t*; des liquides, *l*, *m*, *n*, *r*; la sifflante, *s*; on a employé des gutturales, *k*; des dentales, *d*, *t*; des labiales, *b*, *f*; dès-lors il n'y a rien à conclure de ces renseignements fournis par un savant Orientaliste, qui veut d'ailleurs en tirer une conclusion toute contraire à la nôtre.

Dans le panorama des langues, où nous croyons retrouver toutes les idées de M. de Mérian , M. Latouche ramène toutes les racines des mots hébreux à cinq principales, d'où il fait dériver non seulement tous les mots hébreux, mais encore ceux de toutes les autres langues. Ainsi, du radical אור, il fait dériver les radicaux *ab, ac, ad, af, ak, al, am, an, ap, aq, ar, as, at, av, alc, alg, ang, arc, arg, arq, al, adn, bc, bl, bp, bq, bv; — cr, cl, etc. — dg, dm, dr, dl, db, dph; — er, es, em, en, eden; — fr, fv; — gr, gl; — iou, iaph; — lg; — mg, mq, mc, ml, ms, mag; — oug, ouc, ol, or, our, om; — na, no, nb, nph, ng, nq, nm, m; — pq, pv, il, gm; — rb, rph, rf, rm; — sg, shg, sr, shad, sat, sb, sh, sph; — tg, th, tsq, tm, ts, tsb, na; — zq, zm, zr, zl, zb, etc.*, et ainsi pour les quatre autres racines.

De ces renseignements et des équations phoniques qu'il pose dans le même ouvrage, on tire rigoureusement cette conclusion :

Une *articulation quelconque égale une articulation quelconque*, résultat propre à justifier toutes les erreurs possibles en philologie et à jeter dans l'étude une inextricable confusion. Court de Gebelin avait fait dans cette voie des pas bien hardis; ceux qui sont venus après lui s'y sont précipités sans aucune réserve.

Sans descendre à un grand nombre de particularités que nous pourrions ici accumuler sans peine, nous croyons devoir formuler ce principe : *Il n'y a pas de mode absolu pour l'énonciation de la pensée.*

Il n'y a pas de langue *primitive* dans le sens philosophique de ce mot.

De même qu'il n'y a pas de langue absolue, il n'y a pas d'écriture absolue; c'est-à-dire il n'y a pas de relation nécessaire entre un son d'une langue et le signe destiné à le représenter... Aristote a donc mal défini les mots en disant qu'ils sont *les* signes des idées, et les lettres les signes des mots, car ni les idées ni les mots n'ont de signe naturel. Cette erreur rappelle, celle des Pythagoriciens, des Gnostiques, des Cabbalistes, qui croyaient que les lettres de l'alphabet, expliquant les nombres, renfermaient la puissance productrice de l'univers; c'est celle de la magie, de la superstition, qui attribue à certains mots, à certains noms, un pouvoir physique. C'est peut-être pour cela que les Indous appellent leurs lettres *Devanagiri*, les noms des dieux.

En effet, plusieurs lettres [sont des noms de *Brahma*, de *Vischnou* et de *Siva*.

Aux yeux d'un philologue qui n'accepte que des faits, un mot est un signe arbitraire, conventionnel, libre et variable; un mot n'est rien par lui-même, ce n'est *qu'un son* ou *qu'une suite de sons*, c'est-à-dire un peu d'air mis en vibration momentanée, ou de *caractères*, c'est-à-dire des lignes souvent noires, droites ou courbes, qui sont sans valeur avant la convention qui leur en donne une. La plupart des erreurs de l'humanité proviennent du défaut de distinction entre le signe et la chose signifiée. On considère comme identiques ces deux êtres, qui sont par nature essentiellement distincts. Ce serait sortir de notre spécialité actuelle que d'examiner comment, en politique, en morale, bien des erreurs ont leur source dans cette funeste confusion.

Les recherches sur la langue primitive, sur l'écriture primitive, doivent donc s'entendre dans un sens historique. Il s'agit de chronologie, d'antériorité, mais il n'est pas question de principes absolus. Un nouveau Leibnitz ne trouverait pas le langage primitif comme Pascal a trouvé les principes des mathématiques.

Or, l'histoire ne fournit rien de positif à cet égard et nous devrions déclarer la question insoluble s'il ne nous restait une dernière ressource. Essayons de déduire de l'analogie et de la comparaison une probabilité qu'on puisse accepter, au lieu de la certitude absolue qui nous manque.

Pour apprécier l'âge relatif des langues il faudrait déterminer les traits caractéristiques des idiomes qui sont aujourd'hui dans ce qu'on est convenu d'appeler *enfance*, et de déterminer parmi les idiomes connus ceux qui possèdent plus ou moins de ces caractères et de les classer en conséquence.

Il faudrait avant tout former une *série rationnelle* des sons et des articulations, afin d'observer de quelle manière les mutations d'un même mot s'y rattachent. Ayant ainsi pris la nature sur le fait, on formulerait une loi de linguistique.

· Sans emprunter ici l'érudition du savant historien des alphabets, disons que l'alphabet européen ne présente aucun ordre naturel ; tout y est arbitraire ; il ne pourrait donc être adopté pour le travail que nous indiquons. La série à former devrait, par exemple, partir du son le plus grave ou de l'articulation qui naît le plus profondément et le plus simplement sur l'organe, puis indiquer successivement celles qui s'opèrent sur les diverses parties de l'appareil vocal jusqu'aux extrémités des lèvres. Or les sons simples sont évidemment dans cet ordre.

Sons
{
Pleins. — *ou, o, eu, a, é, è, i, u.*

Nasals. — *oûn, on, eun, an, en, in, un.*
}

Cette classification des sons simples est celle de M. Paul Ackerman ; nous la préférons à celle du président Desbrosses, qui manque d'unité. Quant aux articulations, elles nous paraissent devoir être rangées sous deux ordres de considérations : 1.º la nature de leur énonciation, 2.º le lieu de la production. Sous le premier chef nous plaçons d'abord l'aspiration simple, puis l'articulation aspirée, puis, en suivant l'ordre d'énergie, la forte!, les liquides et ensuite les nasales, les mouillées, les douces.

Quant au lieu de production, il n'y a point de difficultés : 1.º gutturales, 2.º palatales, ou si l'on veut linguo-palatales ; 3.º les dentales, qui comprendront les sifflantes, les linguo-

dentales et les chuintantes; 4.º les labiales proprement
dites.

Le tableau suivant résume ces considérations.

*Essai de classification méthodique des produits de l'organe
vocal.*

		Gutturales.	Linguales.	Dentales.	Labiales.	Ce tableau a surtout rapport à l'articulation française. Il est facile de l'étendre aux autres langues et de le compléter.
ARTICULATIONS.	Aspiration	h	»	»		
	Aspirées.......	ch (χ)	»	th (θ)	ph (φ)	
	Fortes.........	k	»	s, t, ch	f, p	
	Liquides.......	r	l	»		
	Nasales........	ng	n	»	m	
	Mouillées.....	»	gn, ll	»		
	Douces........	g	»	z, d, j	v, b	

En se plaçant dans une colonne, en la descendant verticalement, on rencontre des articulations de même espèce qui
s'adoucissent en *conservant leur nature*, tandis qu'en suivant
une même ligne horizontale, on a des articulations qui *changent de nature*, en s'avançant toujours sur l'organe, ce qu'on
peut facilement expérimenter en prononçant de suite :

1.º Les douces, *g*, *z*, *d*, *j*, *v*, *b*.

2.º Les fortes, *k*, *s*, *t*, *ch*, *f*, *p*.

3.º Les gutturales, *h*, *ch*, *k*, *r*, *ng*, *g*.

Ce tableau, une fois bien compris, deviendrait une sorte de
mesure à laquelle nous rapporterions tout ce qui est relatif au
matériel des langues et nous fournirait un moyen de comparaison entre les divers âges d'un même radical, qui a successivement revêtu plusieurs formes. Quelques détails vont éclaircir
cette proposition générale, car cette oi est sensible.

La langue des premiers hommes , même en la supposant
révélée , peut être conçue comme ayant passé les diverses
périodes qu'ont traversées et que traversent encore les langues
de nos temps. Elle a dû présenter dès ses premières manifestations les caractères qu'offrent les langues d'aujourd'hui dans
l'enfance. Dans notre conviction, formée sur le résultat de nombreux rapprochements, une langue est d'autant plus ancienne et
d'autant moins progressive , qu'elle a plus d'aspirées et d'articulations aspirées et gutturales qui souvent ne diffèrent guère des
premières ; de sorte qu'à partir de la même époque originelle ,
toutes choses égales d'ailleurs , la progression de deux idiomes
sera marquée par un plus ou moins grand nombre de ces signes,
et que la progression étant supposée dans deux idiomes d'âges
différents , toutes choses d'ailleurs égales , l'âge relatif se distingue aussi par la proportion de ces signes primitifs.

Ce serait une erreur de croire que toute langue aspirée et
grossière est imparfaite. Les langues primitives sont au contraire
souvent expressives et pittoresques , et ensuite il y a une foule
de nuances qui les séparent. Quelle comparaison y a–t–il , par
exemple , entre le Sanscrit , si riche en aspirées , et le glousse-
ment barbare des Botocudos ? Les anciens Grecs mettaient *h*
dans la plupart des mots pour les rendre plus forts ; les Latins
en faisaient autant , suivant Aulu–Gelle. Mais à mesure que la
civilisation progresse , les hommes, obéissant à un instinct
dont ils ne s'étaient pas d'abord rendu compte , modifient les
premières manifestations par lesquelles ils exprimaient une
idée , et presque toujours changent les articulations primitives
en des articulations *analogues* , mais *plus douces* ou *plus haut*
placées sur l'organe. Dans ce travail intéressant et intime on
voit les *h* diminuer dans les initiales ou même en disparaître
tout–à–fait. Les φ, χ, θ, ρ, ὑ, s'altèrent dans leurs dérivés ;
l'aspiration disparaît , puis ils sont remplacés par une forte, *f*,
k , *t* , *r* , ou par une douce , *v* , *ch* , *d* , et nous avons vérifié ce

fait non seulement sur les mots de notre idiome et sur le vocabulaire de l'Anglais , de l'Allemand , de l'Espagnol , de l'Italien,
du Grec , du Latin , et du peu qu'il nous a été donné de voir
du Sanscrit et du Celtique , mais encore sur un aperçu de vocabulaire que nous ont fourni les voyageurs en Océanie.

Les alphabets eux-mêmes présentent une décroissance remarquable dans le nombre des aspirées. Le Sanscrit en a dix et
le Visarga ; l'Hébreu en a quatre et le *th* ; le grec, trois et deux
esprits ; le latin et quelques dérivés , une ; mais en Espagnol ,
tous les *h* sont muets , et en Italien , ils ont disparu. D'un autre
côté , le Celtique , l'Irlandais , comptent dix lettres qui peuvent
s'aspirer , au moyen du point qu'on y place (1) ; l'Allemand ,
outre le *h*, a aussi le *g* et le *ch* gutturaux , ainsi que le *a* et le
au profond ; l'Anglais a le *h* et le *th* ; le Français a quelques *h*,
dont la plupart sont muets.

De ces renseignements , tout incomplets qu'ils soient, dérive
un résultat conforme à ce que nous savons par l'histoire.

Le Sanscrit est primitif pour le Grec ; celui-ci pour le latin ;
celui-là pour l'Italien , qui l'est pour l'Espagnol ; le Celte
l'est pour l'Allemand , celui-ci pour l'Anglais , et pour le
Français. On peut aussi se convaincre 1.º que les langues du
Midi s'adoucissent rapidement ; 2.º que les langues du Nord
conservent une partie de leur rudesse primitive ; 3.º que les
langues dérivées diminuent les articulations aspirées de leur
langue mère ; 4.º que le Français a plus d'aspirations que le
Latin , c'est qu'il est formé non seulement de cette langue ,
mais aussi du Celte. Nous ne faisons qu'indiquer une route où
de plus habiles feront sans doute des pas de géants.

De même que la langue Asiatique pénètre en Europe par
deux voies opposées et à des époques différentes , elle a suivi

_____

(1) Ce sont *b* , *g* , *d* , *p* , *c* , *t* , *f* , *s* , *m* , *r*. (Mac Curtin's irish grammar.)

cette loi de deux manières bien distinctes, l'une hâtive et plus rapide, plus complète; l'autre plus lente et moins absolue, quoique toujours caractérisée... Ainsi la langue mère amenée par des Pélasges et par d'autres migrations dont l'histoire ne nous a pas conservé le souvenir, mais dont on suit facilement les vestiges, a fourni le grec, le latin, l'italien, l'espagnol, le portugais, tandis que le celte devenant l'allemand, le gallo-breton, l'anglais, le hollandais, arrive sur le sol gaulois, s'y heurte, s'y mêle avec l'idiome méridional, et ces courants divers forment comme une espèce de tourbillon qui donne naissance au Français, où l'on retrouve des plantes arrachées sur toutes les rives où le torrent a passé. Par des phases successives, on voit naître le langage roman, celui des trouvères, des troubadours, et l'on arrive à sa forme actuelle, où se trouvent rapprochées les formes diverses qu'un même radical a revêtues successivement au Nord et au Midi. C'est en appréciant ce mouvement multiplié qu'on se rend compte de ce désordre apparent et qu'on apprécie ces opinions qui attribuent l'origine du latin au celte et au français, etc., etc.

Les langues mères, le celte et le sanscrit avaient un caractère qui s'éteint dans les langues dérivées; c'est une coquetterie euphonique qui en rend l'étude fort difficile et en même temps un grand nombre d'articulations aspirées.

Le tableau ci-joint offre les grands traits qui distinguent sous ce rapport les langues mères et leurs dérivés; c'est une esquisse incomplète que de plus habiles redresseront et pourront compléter.

Si nous venons à examiner de quelle manière les articulations se succèdent chronologiquement dans les dérivés d'une même racine, nous aurons lieu de nous convaincre qu'en général une *articulation primitive se remplace par* une *autre plus douce ou plus haut placée sur l'organe.* C'est surtout ici

que va nous être utile le tableau de la classification tracé précédemment. Cette mesure à la main , examinons et nous trouverons résolues plusieurs des difficultés que les philologues
avaient jusqu'ici considérées comme insolubles.

CHAPITRE IV.

A considérer les choses *à priori*, le caractère probable des langues primitives et dans l'enfance, c'est de présenter des articulations dans la nature et l'arrangement desquelles *l'Euphonie* n'a pu entrer comme élément. Quelle que soit la source première du langage humain, il est évident que les premières peuplades avaient à se défendre contre leurs propres besoins et contre les ennemis extérieurs que recélaient les forêts ; contre les vicissitudes qu'amènent les saisons ; contre les inconvénients du dénuement et de l'ignorance. Ces travaux ont dû absorber en entier et leurs efforts et leurs pensées. Aussi les premiers héros que l'on a proposés à l'admiration des peuples furent-ils des chasseurs intrépides, des dompteurs de monstres, puis des constructeurs de villes, asiles où les hommes forts de leur nombre luttaient avec plus d'avantage contre ce qui leur était nuisible.

Ce n'est qu'après avoir constitué un état social qui laissait place à un certain repos, que l'homme a pu commencer à polir l'instrument de la parole. Alors auront commencé dans le discours les modifications que demande l'organe qui le perçoit. Ces changements auront dû s'effectuer d'abord sur les sons eux-mêmes, puis ensuite sur leur succession.

L'observation des faits confirme ces conjectures ; le sanscrit, le celte et d'autres langues qui sont regardées comme primitives, présentent une foule de particularités euphoniques qui en rendent l'étude très-difficile aux modernes.

Cette difficulté, sans être relativement la même pour les premiers hommes, a dû amener insensiblement dans le matériel des mots ces mutations, ce poli qu'ils ont aujourd'hui et qu'ils ont reçu en roulant sans fin à travers les âges sur toutes les rives où le flot humain les a portés. A mesure qu'on avance dans la suite des temps ce travail doit se ralentir et faire place à un autre qui a pour but l'énonciation même de la pensée. Ici les limites de la progression reculent presque à l'infini.

Cette double progression n'a pas été toujours distincte, mais elle a des caractères faciles à saisir. Le grec a des règles de mutations ou d'euphonie analogues à celles du sanscrit, mais bien moins nombreuses ; le latin n'en retient que quelques traces ; elles ont presque disparu dans le français et quelques autres langues européennes. L'inversion a suivi une marche à-peu-près parallèle ; elle ne peut subsister que dans les langues qui ont un système désinentiel plus ou moins développé ; ainsi le sanscrit, qui a huit cas et parfois sept formes pour un même temps du verbe, le grec, le latin, etc., ont pu employer l'inversion, mais à mesure que le système désinentiel se simplifie et se restreint, le discours prend une forme plus sévère, moins vague, et l'ordre des mots se rapproche du travail de la pensée.

Nous ne considérons dans ce chapitre que la progression du matériel du langage, progression dont la loi peut se formuler ainsi :

I. Les articulations aspirées ou gutturales des radicaux primitifs disparaissent graduellement dans les dérivés.

II. Les articulations profondes des primitifs sont remplacées dans les dérivés par des articulations plus haut placées sur l'organe (1).

---

(1) Nous rappelons ici le tableau de la classification des produits de l'organe vocal, tableau qu'il faut avoir sous les yeux dans tout le cours des rapprochements que nous allons faire.

III. Les articulations *fortes* des primitifs sont remplacées dans les dérivés par des articulations analogues , mais *adoucies*.

IV. Ce travail est plus complet et plus rapide dans le Midi que dans le Nord de l'Europe.

Commençons par comparer quelques vocabulaires.

Le celte (2) et l'irlandais (3), que certains auteurs regardent comme une seule et même langue (quoique le 1.er ait 23 lettres et le 2.e 19 seulement), ont dix lettres qui peuvent s'aspirer par le moyen d'un point qu'on y place ; ce sont k, s, t, f, p — r, m — g, d, b.

Le celte a de plus $c'h$, aspiration très-dure ; le *gue*, comme le *gain* des Arabes, y est une gutturale très-marquée ; il devient même quelquefois une aspiration très-forte (4). Les h y sont souvent aspirés soit au commencement, soit à la fin des mots (5).

D'après cela, et quoique nous ne puissions pas connaître certainement le nombre des mots celtes qui ont l'initiale aspirée, nous croyons pouvoir en porter l'évaluation de 5 à 6,000 ; on verra bientôt que cette approximation n'est pas sans fondement.

L'allemand dérivé du celte n'a d'aspirée que le h ;

---

(2) Voyez la grammaire celto-bretonne de F.-P. Grégoire de Rostrenen. — in-12. Guincamp. 1836.

(3) Voyez : Mac Curtin's Irish grammar. 1725. in-8.º

Dans Walter-Scott, le celte, *l'irish*, *l'earse*, *le gaelic*, sont souvent cités comme une seule et même langue.

(4) Exemple. *Da c'hallond*, ton pouvoir, pour *da gallond*.

(5) Disons-le en passant, tous les h aujourd'hui *muets* ne l'étaient pas autrefois, car pourquoi les aurait-on introduits dans la *graphie ?* ils n'auraient donc été le signe de rien ? cette supposition est inadmissible.

Il compte 650 mots dont l'initiale est *he*.

500	*ha*.
350	*hi*.
250	*ho*.
180	*hu*.

Ensemble 1,980 (1)

On voit dans ce tableau que les voyelles les plus *profondes* sont aspirées en plus grand nombre, et que les *voix* plus haut placées le sont moins souvent. Cet aperçu, digne de remarque, se vérifie partout ailleurs et sur le latin lui-même.

Quant aux autres mots aspirés et dérivés des autres langues, l'allemand ne compte que :

7 en *ph* (φ)

8 en *rh* (ρ)

41 en *ch* (χ)

97 en *th* (mais ceux-ci ne viennent pas du grec).

1,700 environ *sch*, articulation propre à la langue germanique.

A ces mots, qui forment déjà un total de près de 4,000 mots, on pourrait joindre ceux en *g*, qui est fort guttural, et qui sont au nombre d'environ 1,870 ; puis encore les finales en *ich*, *ig*, et l'on aurait de quoi se convaincre que cette langue est riche en articulations aspirées ou gutturales.

L'anglais, dérivé en grande partie du celte (2), est aujourd'hui le rendez-vous de toutes sortes de racines ; il n'a pour-

---

(1) Voyez le grand dictionnaire royal français-latin-allemand de Pomay. Francfort. 1740. in-4.º

(2) La plupart des mots irlandais ou écossais cités dans ce chapitre sont tirés des ouvrages suivants .

Legend of montrose.

Rob-roy (Robert-le-Rouge).

The fair maid of Perth.

The bride of Lammermoor.

tant qu'une aspiration *h* à laquelle on pourrait joindre le *th* (θ) si caractéristique. Il compte :

Aspirations initiales *douces*, c'est-à-dire tombées en désuétude dans le langage parlé..................... 11

Aspirations fortes...................... 315

    A quoi il faut joindre :

Initiales en *ph* (φ)...................... 30
    en *th* (θ)...................... 66
    en *rh* (ρ)...................... 85
    en *ch* (χ)...................... 142

            Total........ 656

ce qui est environ la dixième partie des initiales aspirées de la langue mère.

Parmi ses 3,000 racines (1), quelques-unes sont évidemment asiatiques et n'ont cependant point passé par le midi de l'Europe, tandis que l'écossais, moins progressif, a des racines latines et sanscrites qui n'ont point passé par le nord ; on peut y joindre une foule de mots français à peine défigurés (2).

L'irlandais tire son origine, non de l'anglais, mais d'une

---

(1) Voyez le cours d'anglais de Robertson.

(2) To gar, *faire* ; en anglais, to make ; on allemand, machen, se rapporte évidemment au sanscrit कर (kara), *qui fait*, où le *k* s'est adouci en *g*, suivant la loi commune.

« *Ceade millia diaoul* » dans Rob-Roy (en anglais, *hundred thousand devils*), est presque identique au latin, qui aurait le même sens.

To sopite (en anglais, *pacify*, law-phrase) a aussi une physionomie toute latine ; *an*, si, est resté sans mutilation. Quant au français, on trouve:

Low-land-Scotch.	Français.	Anglais.	Low-land-Scotch.	Français	Anglais.
Broche.	Broche.	Spit.	Corbie.	Corbeau.	Raven.
Cummer.	Commère.	Gossip.	Goutte.	Goutte.	Drop.
Nappery.	Nappe.	Table-Cloth.	Tass.	Tasse.	Cup.
Ulyie.	Huile.	Oil.	Arles.	Arrhes.	Earnest-Money.
Dour.	Dur.	Hard.	Etc.	etc.	

langue apportée de l'Espagne (1). Outre les preuves qu'on peut en tirer de la géographie de Ptolémée, on y retrouve des mots grecs et sanscrits (2); aussi cette langue a-t-elle des traits qui la séparent nettement de l'anglais; les caractères de l'écriture se rapprochent du grec; son nom même n'est pas inconnu aux Asiatiques orientaux (3). Ce que nous avons dit du celte lui convient mieux que ce que nous venons de dire de l'anglais.

Le français n'a qu'un signe d'aspiration, le *h*; il a emprunté les racines à une langue qui, originairement asiatique, est devenue ensuite européenne, sous le nom de *Celte*; il a fourni au latin beaucoup plus qu'il ne lui a emprunté ensuite; il a d'ailleurs des radicaux sanscrits qui ne sont point passés par l'Italie; par exemple, *tintamarre*, qui n'est que la transcription de तणा अमरम् (*hunc tumultum*) (4), rouge, qui est le रुक्ष (*color*) particularisé.

On compte en français :

Radicaux dont l'initiale est aspirée *muette*.......	66
(il y a 280 mots environ en *h* muet.)	
Radicaux dont l'initiale est aspirée..............	105
(206 mots aspirés.)	
A cela ajoutons en *rh* (ρ̇).....................	5
en *th* (θ)....................	12
en *ph* (φ)....................	15
en *ch* (χ)....................	97
et nous aurons un total de.......................	234

ce qui est environ la 25.ᵉ partie du celte et de l'allemand, le tiers de l'anglais.

---

(1) Voyez : Histoire de l'Irlande, par Thomas Moore.

(2) Par exemple, ανωρ, αγηρ, homme ; rey, *roi*, dans *saint au rey*, sauté du roi (*red gauntlet*) dont राज् est le primitif.

(3) Le major Welfond dit que *hyran'ya et su-varneya*, qu'il trouve dans les livres orientaux, sont évidemment *e-rin et in-vernia*, noms de l'Irlande.

(4) Voyez la *grammatica critica linguæ sanscritæ* à Bopp Berolini 1832.

Si du Nord nous venons au Midi, nous verrons la loi proposée se justifier d'une manière encore plus frappante.

Nous devrions sans doute parler de quelque langue asiatique et remonter jusqu'au zend, que St.-Martin regarde comme le père du persan et même du sanscrit, qui est évidemment le principe du grec et de ses dérivés, mais il ne nous est pas donné de nous placer si haut ; nous n'avons pas même de documents convenables pour le sanscrit, que nous savons à peine lire. Cependant, en voyant un alphabet de 50 lettres, dont 10 aspirées, de plus un *h* et le *visarga*, qui est comme l'*esprit* du grec ; puis considérant dans la texture des mots les aspirées qui s'y rencontrent assez fréquemment, nous croyons qu'on peut sans témérité avancer qu'il y a en sanscrit plus de mots aspirés que dans le celte lui-même (1).

---

(1) Nous n'irons pas plus avant sans consigner une observation qui doit guider les recherches philologiques.

Les racines primitives ont été plus ou moins modifiées par l'articulation propre à chaque contrée, mais elles ont conservé dans la prononciation une physionomie qui permet encore de les reconnaître, même quand les scribes les ont défigurées dans la *graphie* des mots. Dans les temps où l'on a d'abord représenté les mots par des signes muets de l'écriture, il est arrivé sans doute ce qui a lieu de nos jours quand les géographes des diverses nations représentent, au moyen de leurs alphabets respectifs, les noms océaniens : l'un écrit Sumatra, l'autre Soumadrah ; l'un Viti, l'autre Fidji, etc., selon que l'écrivain saisit ou croit saisir *une nuance* et qu'il emploie pour la représenter telle ou telle série de caractères.

Les Écossais ont reçu de France le mot *justaucorps* ; ils l'écrivent maintenant *jeisticor* (voyez *Rob-Roy*). Leur *lavendere* (*Washer-Wmano*) est une altération de notre *lavandière* ; broo (*report, cuncan*) provient évidemment *de bruit;* le mot *glaive* s'y est conservé (*Rob-Roy.*, introduction, *coir a glaive*, right of the strongest), il en est de même de *to avow*, avouer ; *comrade*, camarade, et une foule d'autres.

Ainsi il nous semble évident que les mots पितृ πατηρ, *pater, padre, vader, father,* père ; मातृ, μητηρ, *mater, madre, mutter, mother, mère,* ne sont que des manières diverses de représenter un son *unique* à l'origine.

Cette différence dans la *graphie* n'est donc pas un fait primitif absolu comme celui qui fait qu'on dit ici अप्, *aqua, agua, aigue,* etc., et là ὑδωρ, *water;*

L'hébreu n'a que 4 aspirées voyelles et environ 2,000 mots,
souches des autres. Cette langue dérive probablement des langues primitives asiatiques. C'est une prétention à jamais aban-
donnée de ceux qui ont étudié les langues orientales, que de
regarder l'hébreu comme la langue mère universelle (1). Le
dictionnaire Idio-Etym. hébreu (2) nous montre :

Mots dont l'initiale est une aspirée voyelle,

En א (1.ʳᵉ *aspirée*)........ 203
En ח (2.ᵉ *aspirée*)........ 44
En ה (3.ᵉ *aspirée*)........ 176
En ע (4.ᵉ *aspirée*)........ 180

Total........ 803

---

wasser, etc. ; on pourra faire des remarques analogues en comparant les mots सर्प,
celte, *sarpands*, latin, *serpens*, avec οφισ ; सम्, συν, cum ; mit, पत्, avec
πτω (radical de πιπτω, fut, πεσομαι) et *fall.* ; इति, *ita* ; तनु, tenuis, tenu,
तव, *tua*, *tu* ; प्र, προ, *præ* ; नामन्, ονυμα, *nomen* ; नव, νεος, *novus*,
etc., avec leurs analogues dans d'autres langues. De même pour le celte, *laeron*
(voleurs), avec *latro*, *larron* ; roncè, avec *roussin*, *rosse* ; ran, avec *rana*,
raine ; perenn, avec *pirus*, *pear*, *poire* ; breuzr, avec *brother* ; l'anglais, sudden,
avec *soudain* ; cuckoo, avec *coucou* ; vault, avec *voûte* ; lechery, avec *luxure* ;
etc. ; le vieux français, engingneuse, avec *ingénieuse* ; etc. ; cette distinction est
souvent facile et toujours importante.

Disons un mot pour expliquer le sens de l'expression *graphie* que nous avons
employée plusieurs fois au lieu d'*orthographe* ou d'*écriture*.

L'*écriture*, c'est l'art de représenter les produits de l'organe vocal ou des sons
en général ; la *graphie*, c'est l'emploi de certains signes de l'écriture pour représenter un mot ; l'*orthographie*, c'est la correction dans l'emploi de ces signes ;
l'*orthographe*, c'est l'homme qui les emploie correctement ; comme on dit géographie pour la science et géographe pour le savant ; géologie, géologue ; philosophie, philosophe, etc. ; *chevau*, pour *chevaux*, est une *graphie* incorrecte, une
cacographie et non pas une *orthographie incorrecte*, ce qui présente *une absurdité*,
et encore moins une *orthographe incorrecte*, ce qui en présente deux ou trois.

(1) Voyez Balbi. (*Atlas ethnogr.*, introduction, p. 9.)

(2) Par M. Latouche, in-8.º — 1836.

Si ces aperçus ont quelque exactitude, environ la moitié des racines hébraïques sont aspirées.

Le grec, qui a emprunté à l'hébreu le nom de plusieurs lettres, n'en avait d'abord que 16, auxquelles Simonide et Palamède en ajoutèrent chacun 4. Il a environ 1,400 racines, mais au moyen de son admirable système désinentiel, il en fait dériver des mots presqu'à l'infini (1). Il n'a plus de lettres composées, si abondantes chez son ayeul le sanscrit, qui en compte 200 ; il a seulement 3 doubles et 3 aspirées, à quoi il faut ajouter deux esprits. Le tableau suivant montre que la moitié des racines étaient autrefois aspirées, et que de cette moitié il n'y en a plus aujourd'hui la moitié, c'est-à-dire le quart du primitif ; de même en latin, il est resté en aspirations à peine un sixième des racines :

Initiales grecques aspirées.

	Douces.	Fortes.
Par α	244	23
Par ε	101	37
Par η	18	19
Par ι	88	16
Par ω	10	1
Par ο	»	19
Par υ	»	20
Par ρ̇	»	32
Par χ	»	60
Par θ	»	63
Par φ	»	74
Total	461	364

(1) Dans le mot διασωθεντες, par ex., tout le sens repose sur le σ médial, qui est le seul vestige du radical σοζ ; de même dans προσιεμεθα, tout le sens dépend du ε médial.

Cette même dégradation se fait remarquer dans le latin :

Initiales aspirées en *a*	31
en *e*	22
en *i*	19
en *o*	15
en *u*	7
en *ph*	27
en *rh*	27
en *ch*	29
en *th*	30
Total	**215**

Il n'y a donc pas le sixième des racines qui soient aspirées.

L'espagnol, dérivé du celte et du latin, est surtout empreint de l'articulation arabe, mais dans sa *graphie* il n'a pas de *h* aspiré ; les aspirées du grec y ont même disparu et sont remplacées par *g*, *y*, comme nous le verrons bientôt ; mais il possède des sons gutturaux, *x*, *j*, empruntés à l'arabe, et que les Portugais ont adoucis ; le *k* n'y existe pas.

Le portugais possède à-peu-près les mêmes caractères, ainsi qu'on le verra plus loin, mais il offre cette particularité remarquable qu'il renferme plusieurs mots grecs qui n'ont point passé par le latin (1).

Quant à l'italien, il a perdu, et depuis plus d'un siècle, même dans la *graphie*, le signe de l'aspiration ; il ne possède ni le *k*, ni le *x*, ni le *w*, ni le *y* ; il n'a pas d'articulation initiale en *ch*, *th*, *ph* ; enfin les initiales douces comprennent presque la moitié des mots de la langue.

_____

(1) Par exemple, *maí*, mère de μαια ; *tripeça* (trépied, siège) de τραπεζα ; *cara*, visage, de καρη, etc.

RÉCAPITULONS :

Au Nord.	Celte. Irlandais. *Évaluation* : Mots aspirés.	5 à 6,000
	Allemand............................	4 à 5,000
	Anglais..........................	656
	Français.........................	234
Au Midi.	Sanscrit, *évaluation*.............	5 à 6,000
	Hébreu..........................	800
	Grec............................	364
	Latin...........................	215
	Espagnol, a des *h* init. tous muets...	*h*
	Italien, en a perdu même le signe...	*o*

Après ce premier et rapide rapprochement, qu'il ne nous est pas donné d'étendre davantage, vu l'état de nos connaissances et la pénurie de ressources en province, mais qui est déjà bien significatif, voyons dans les limites que nous venons de tracer, comment un même radical, porté au nord et au midi de l'Europe, y revêt des formes qui semblent propres à ces contrées. Nous pourrions citer un très-grand nombre d'exemples ; nous nous bornerons à quelques-uns presque pris au hazard.

Le radical sanscrit अष्टन् (*a-sch-tha-n*), huit, est devenu :

Au Nord.	Allemagne, *acht*, où *ch* est aspiré.
	Anglais, *eight*, où *gh* est nul.
	Gallo-Bret., *eit*, sans aucune trace d'aspiration.
	Français, *huit*.

Au Midi.	Grec, οκτω, où la forte κ remplace l'aspiration *ch* du Nord.
	Latin, *octo*.
	Espagnol, *oc'ho*, où la forte s'adoucit.
	Italien, *otto*, où elle a disparu.

Le radical sanscrit अहम् (*a-ha-m*), *ie*, est devenu

Au Nord.
- Celte , *a-c'ha-noum* (de moi), *c'h* pour *h*.
- Allemand , *ich*, *ch* aspiré pour le *h* du radical.
- Flamand , *ik* , où la forte *k* remplace l'aspirée.
- Anglais , *I* , sans aspiration.

Au Midi.
- Grec , εγω , la gutturale douce γ remplace l'articulation aspirée du Nord.
- Latin , *ego*.
- Italien , *Io*, sans articulation.
- Français , *je*.

Le radical sanscrit मुख (*mu-kha*), *bouche*, est devenu : ¦

Au Nord.
- Ecossais , *mouth* , avec aspiration.
- Allemand , *mund* , sans aspiration (1).

Au Midi.
- Latin, *bucca*, où l'aspiration du Nord est remplacée par *c*; de plus, *b* pour *m*.
- Italien , *bocca*.
- Français , *bouche*, où *k* devient *che*.

Le radical celte *arc'hand* (aspiration très-rude) est devenu ·

Allemand , *geld* , gutturale.

Au Midi.
- Grec , αργυρος, gutturale γ douce.
- Latin , *argentum*, *gue* en *je*.
- Français , *argent*.

Au Nord, l'allemand , *augen*, *œil*, avec une gutturale, devient :

En anglais, *eye*, sans gutturale.

En écossais, *ee*.

Au Midi.
- Latin , *oculus*, *c* pour *ghe*.
- Italien , *occhio*. (?)
- Français , *œil*, avec articulation mouillée.

---

(1) C'est ce *mund* qui est devenu la finale de tant de noms de lieux et que nous écrivons *monde* ou *mont*. Ruremonde (bouches de la Roer), Deûlémont (bouches de la Deûle) etc.

II. L'aspiration des primitifs se change en forte non aspirée.
Exemples :

Au Nord. Celte, *er c'harter*, dans le quartier, dans le canton.

Court de Gébelin (1), cite une foule de mots dérivés du celte, où *h* primitif est devenu *s*.

La plupart des noms de notre histoire ne sont qu'un travestissement des anciens noms.

Clotilde *(Hlode-hilde)*, illustre fille.

Cloche (wallon, *cloque*), celte, *cloh*, *hloh*.

Cherebert (*Here-berht*), fort brillant.

Chilpéric (*Hilp-rich*) de même pour Childebert, etc.

Clovis, était au IX.ᵉ siècle *Lodhuigs*, il a été successivement *Hlovis*, *Ludwig*, *Ludovic*, *Lovis*, *Louis*.

Lothaire (où le *h* est muet) vient de *Ludher*.

Seine vient de *Sequan*, qui vient lui-même de *Sehan*.

Chanvre dérive du celte *cannabecq*, d'où l'allemand *hanff* et le wallon, *chanf*;

Latin, *cannabis*,

De l'allemand *machen* (avec aspiration), vient l'anglais, *make*, faire.

De *Lammbchen*   id.   *lambkin*, agneau.

De *Buch*   id.   *book*, et le français, *bouquin*.

Kind-chen a fourni au wallon *kinkin*, mot d'amitié pour désigner un enfant, et qui signifie littéralement *petit! petit!*

Le mot écossais *Kinchenmort*, fille qui ensevelit les morts, a sans doute quelques relations avec celui-là.

Horner a donné *cornes*, où *h* est remplacé par *c*.

Hag-buche, *fau*, hêtre, n'est-il pas la traduction septentrionale du latin *fag-us* ?

---

(1) Dictionnaire étymologique in-4.°, p. 963, 1,214.

Au Midi :

Le sanscrit श्रोक्तक (*au-kscha-ka*) *grexboum*, n'a-t-il pas quel que rapport avec au*ch*s, ox. bœuf.

चतुर् (*tcha-tu-r*) a donné *quatuor*, *quatre*.

वच (*va-n-tch-a*), πεντε, *pomp*, Celto-Bret

षच् (*scha-sch*), c *huech* (celte), *sec'h*, *sex*, *six*.

च्राया (*tschhá-y*d) n'est-il pas l'origine de σκια (ombre), où σ est pour *ts* et κ pour *chh* ?

वच् (*va-tch*) (loqui), nous semble le primitif de *vat-es*, *vaticinari*, parler, où *t* remplace *tch* du primitif.

स्या (*s-thá*) de *Stare*, où *t* est pour *th*.

ऋजु (*ri-dsch-u*), de rect-us, recht, right, où *c* (*k*) est pour *sch* aspiré, comme dans :

राड् (*rá-dsch*) de *radius*, où *d* est pour l'aspirée *dsch* ; de là vient l'espagnol *de-recho* ; le latin, *rex* (reg-s), *rectus* (reg-tus) ; au XI.e siècle, on écrivait encore en France *rejs* ; *Rǵ* en est la graphie irlandaise

राग (*ra-th-ya*) rota, etc.

Dans toutes ces transformations l'aspirée disparaît successivement.

मह् (*mah*) (crescere), n'a-t-il pas fourni *mag-nus*, qui est devenu *moh-r* en vieux ecossais (1).

हु (hu), sacrificare. n'a-t-il pas fourni θυ-ειν, puis *tuer*

_____

(1) *Mohr ar chat, the great cat.*

Par un travail semblable :

αγχορα est devenu *anchora*, ancre.

χιμιρα, espagnol, *quimera*, chimère.

Αχιλλευς, Achille, etc.

Tous les θ, ρ, υ, des primitifs grecs ne se retrouvent pas en espagnol, qui n'a que 3 mots en φ.

Les Portugais changent *h* du primitif espagnol en *f*, et le *jota* en *lh* (*ll* mouillées) (1).

Espagnol, *agujero*; portugais, *agulhiero*, aiguillier.
    aguja;   *agulha*, aiguille.

Ils substituent le *z* au *ç*, dont la prononciation ressemble à celle du θ ou du *th* anglais.

Espagnol, *aceyte*; portugais, *azeite*, huile.
    arancel;   *aranzel*.

Le *x* qui répond au son guttural arabe a été remplacé en portugais par *ch*.

Oxala (portug. et espag.), *plût à Dieu*, prononcez *Ochala*.

b) L'aspiration du primitif se change en douce non aspirée ou en muette.

Au Nord, Celte, *sailh*, *salire*, d'où *saillie*, *saut*.
       Burh-gondes a donné *Bourguignon*.
       Daghe-berth (homme d'armes brillant),
       Dagobert.

   Allemand, *tochter* a produit l'anglais *daughter*, où *gh* est nul, *drach* a produit *draco*, dragon, *g* pour *ch*.

Allemand ancien, *erdha* (terre); moderne, *erde*.

Normanique, { *Iorth* (terre), Suédois, *mod.* }
Danois du XII.ᵉ siècle. {   Danois, *littéral.* } *earth.*

---

(1) Voyez Constancio cité par Balbi (*Atlas ethnographique*, p. LVI.)

Anglais , *earth.*

Gaelic , *eard.*

Flamand , *aerd.*

Le vieux Ecossais *quhilkis-wilk*, est devenu en anglais *which.*

Au Midi, le Sanscrit पथ (path) , *ire*, n'a-t-il pas formé l'anglais *path , sentier;* Français , *passage*, *passe...*?

Le zend , *mehergo* est devenu le persan *merg;* latin, *mors;* français , *mort ; Mordah* était l'ange de la mort chez les Mages ou anciens Perses.

Zend , *Dihko ,* — Persan , *Dih ,* — Latin , *vicus ,* village.

    pothro ,   *pour,*   *puer,* enfant.

    maonghi ,   *mah*, Allem. , *mand;* Ang. , *moon.*

Sanscrit , *dschanu;* grec , γονυ ; latin , *genu ,* genou.

Grec , ίεραρχια ; italien, *gerarchia ,* hiérarchie.

    ίερογλυφος ,   *geroglifico ,* hiéroglyphique.

    ύακινθος ,   *giacintho ,* hyacinthe.

χαρις ; latin, *charitas* (troubadour); *charitat* (trouvères), *charitet ,* charité (1).

Hiéronymus , Jérome.

Le latin *trahere* fait au parfait *traxi ,* comme s'il venait de *trag-s-i.*

Cochlear devient *cuiller.*

Ovum s'écrit bien *huevo* en espagnol , mais tous les *h* initials sont muets dans cette langue.

c) L'aspiration ou la gutturale du primitif disparaît dans les dérivés

Au Nord. Celte , *Burh ,* Bourg-uignons.

              Heren-Hulf (très-secourable), *Arnoulf,* Arnould.

---

(1) Voyez Remarques sur le roman du Rou, par M. Raynouard.

Au Nord, Celte, *Longhe-bards* (longues lances), **Lombards.**

Nioster-Rich (royaume occid.), **Neustrie.**

Bouc'h, bouc.

Sec'h, sec.

Coucoug, coucou.

Ahan, *aan* (wallon), peine, fatigue.

Hor, Anglais, *our*, notre.

He, Angl., *her*, sa.

Ha, conjonction, en latin, *ac*, et *Breac'h*,
brachium, *braccio*, bras.

Du Flamand, *beeld-houwer*, sculpteur, est sans doute dérivé
le wallon, *ouverier*; français, *ouvrier*.

Hans, latin, *Joannes*; français, Jean.

De l'Allemand *Machen*, dérive l'Anglais *Make*.

Buch,	*Book*.
Sprechen,	*Speak*.
Wohl,	*Well*.
Tochter,	*Daughter* (où *gh* est nul).
Stroh	*Straw*.
Jahr,	*Year*.
Schoon,	*Soon*.
Kuh,	*Cow*.
Ochse,	*Ox*.

De même *Gutig* a produit *Good*.

Hügel,	*Hill*.
Taschen, italien, *Tasca*.	
Uhr, avec aspiration; *hour*, où *h* est nul.	

De son côté, l'Anglais a supprimé le *th* qui terminait la 3.e personne du singulier des verbes au présent de l'indicatif et l'a remplacé par *s*; exemple, *he hath lost*, *he has lost*.

De son côté, l'Ecossais dit *Lauch* pour l'Anglais *law*, *Lauch-ful* pour *Lawful*; *Sprug* pour *Speirrat* (Pierron),

faucht pour *faugt*, où *gh* est nul; *ballock* pour *ballough*, où *gh* est nul; *schir* pour *sir* (1); *hus* pour *us*, nous.

Haill, Angl., *whole*, qui a sans doute fourni *all*.

Dans le XIV.ᵉ siècle, on écrivait encore en France *Jehan*, *Jhesus*, pour *Jean*, *Jesus;* nous avons vu en un dictionnaire allemand-français de 1740, *harlequin* pour *arlequin*.

Au XIIIᵉ siècle, on écrivait *homs* pour *on* (homines); on écrivait aussi *habundance*, pour *abondance*; *eure* pour *heure;* *occhoison* pour *occasion;* *havoir*, *hayant* (2), etc., pour *avoir*, *ayant;* comme l'Allem., *haben;* l'Angl., *have;* le Latin, *habere*, l'Espagnol, *haver*. L'Italien est *avere*, sans *h*.

On employait aussi des gutturales qui ont disparu : *cognu* pour *connu*, *ung* pour *un*, *loingtain* pour *lointain*, etc., etc., *besoing* pour *besoin*

Au Midi. Le sanscrit छिद् *(tschid)* a formé *scindere*, *sc* pour *sch*.

Le grec ὥρα a formé *hora*, Italien, *ora;* car l'Italien, ainsi que nous l'avons dit, a supprimé le *h*, même dans *alena omo*, *orribile*, *eroe*, *osbergo*, etc.

L'Arabe حسن *(al hasan)*, a formé *alezan*.

En espagnol, le *h* initial du primitif devient *y* dans *hedera*, *lierre*, *yedra;* *herba*, *herbe*, *yerba*.

Le *g* devient aussi *y* dans *gelu*, *gelée*, *yelo*.

Le *k* remplace *ch* dans *christo*, Espag., *kristo*.

Le *h* muet remplace le *g*; *hermano* pour *germano*.

L'Italien, *lega;* anglais, *league*, et en français, *lieue*.

---

(1) *Chronicle of Loch leven*; ailleurs on trouve les analogues écossais *fir*; anglais, *sir*; français, *sire*; et peut-être le latin, *vir*.

(2) Voyez *Maximilien* I.ᵉʳ, par M. le docteur Le Glay.

Les anciens Grecs et les Latins eux-mêmes , au dire d'Aul-
Gelle , mettaient à beaucoup de mots une aspiration afin de les
rendre plus forts , mais ensuite une marche contraire prévalut.

III. Les fortes des primitifs sont remplacées dans les dérivés
par des articulations analogues ou plus haut placées sur
l'organe.

a) *Au Nord*. Le celte *caum* a fourni le gaulois, *agaune* (1).

Ar , article , a fourni *la*.

Quarff, Cervus , Cerf, où *f* est souvent muette.

Gerysen, cérise.

Verc'hes , *virgo ;* Anglais , *virgin*,
vierge.

Dans le celto-breton , après les mots terminés en *a* , *e* , *u*,
ou , *au* , les initiales des mots suivants se changent :

k , *q* , en *g*.

m, b , en *v*.

p en *b*.

t en *d*.

Callant , écossais ; *strepling* , anglais , est le français *galant*.

Fa'stat est devenu en anglais *what'sthat* , etc.

En général , les mots français ne diffèrent des mots wallons
ou allemands analogues que par la substitution d'une douce au
lieu de la forte du primitif ; il y a des exemples par milliers.
N'est-ce pas du vieux français *acouardi* (2), acourdi, que vient
engourdi ?

Au Midi. — *ke* devient *gue* ,

Dans εκλογη , églogue.

Uncus , ongle.

---

(1) Court de Gébelin , *Dictionnaire étymologique* , p. 6.

(2) Le livre du très-valeureux comte d'Artois et de sa femme. —Paris, 1837.
in-4.° — Barrois.

Vieux latin , *prodicus*, *prodigus*, prodigue.

Locus ; italien , *luogo ;* lieu.

Cenas , *genas*, joues.

Equalis, égal.

Camellus , gamelle.

Macra , maigre.

Canthus , jante.

Pectere , peigner.

ke devient *te* dans *Baculus,* B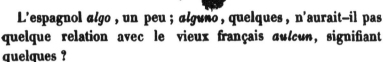

L'espagnol *algo* , un peu ; *alguno*, quelques, n'aurait-il pas quelque relation avec le vieux français *aulcun*, signifiant quelques ?

Negromante vient de nécromancien (νεκρος).

L'espagnol n'a pas de *k* initial , très-peu de *qu* ; tantôt *h* muet y remplace *f* du primitif; *habla* pour *fabula ; hacienda* pour *facienda* , etc.

Si les articulations ne s'adoucissent pas , elles avancent ; latin, *multo;* italien , *molto ;* espagnol , *mucho;* latin, *susurrus*; espagnol , *chachara,* français , *chuchotter ; chamarra*, français , *simarre*, etc.

b) Ke devient *se*, *che*, *je ; Pe* devient *be; Fe* devient *be*, *be* , *ve*, etc.

Au Nord. Du celte, *ky* ; wallon , *kien;* français , *chien.*

Caulén ; allem., *kohl, chou ;* de-là :

Kohl-Saat (chou , graine) , colzat (1).

Plancquen, planche.

Hachen , hache.

Forc'h , *furca* , *forca*, fourche.

---

(1) L'étymologie du mot Colzat montre qu'il faut un *t* final ; nos compatriotes ont donc tort d'écrire *Colza.*

Le *k* , celte , abrégé de *kœr* , *ville* , a-t-il quelque rapport
avec le *c* de *Civitas ?*

> *Ar paëron* , le parrain.
> *Ar baëroned* , les parrains.
> *Dybell* , cuve, *ar guebell*, d'où le wallon, *cuvelle.*

Celte ancien , *sparfell ;* moderne , *sparwell*, épervier.

> *Saff₁* (lève-toi) , ou *saw* et *sav.*
> *Caff*, cave.
> *Qafee* , c........

M devient *v* dans *ar val*, le mâle , pour *ar mâl.*
L'allemand , *feuer ;* flamand , *vier ;* français , *feu.*
L'écossais , *muckle*, en anglais *much.*

> *Kerk*,   *church.*
> *Fac*,   *who.*
> *Fan* ,   *when.*

Signalons en passant *to fash* , en anglais *to vex* , qui est
identique à la traduction française *fâcher.*

En français , on disait au XIII.ᵉ siècle , *ax* pour *eux ;* on
disait aussi *als.*

> *Cax* pour *ceux.*
> *Carolus* , *Karle* , pour *Charles.*

On disait aussi *Werpilz* pour *Vorpilx* , de *Vulpes* , αλωπηξ.

Au Midi. Le sanscrit दशन् *(dasan)* , celte , *decg ;* allemand,
zehen ; anglais , *ten ;* grec , δεκα ; latin , *decem ;* français , *dix.*

पी *(pî)* , πινειν , *bibere* , *boirs* , etc.
Le grec , κερβερος , devient *Cerberus* , Cerbère.

> κυκλωψ , *cyclope.*
> κιλικες , *ciliciens.*
> κυκλος , d'où *circulus* , *cerchio* , cercle.
> απειμι , *abeo.*
> Ϝεστια , *vesta.*
> Ϝεσπερος , , *vesper.*

Le latin, *faciam* (*fakiam*) devient *que je fasse*.

Ancien latin, *sifilus*, devient *sibilus*.

> *Apis*, devient abeille (1).
>
> *Cantus*, chant.
>
> *Campus*, champ.
>
> *Camelus*, chameau.
>
> *Quisque*, chaque.
>
> *Dextra*, italien, *destra*.

L'espagnol, *ejercito*, vient de *exercitus*.

> *Bribonados* de *fripon*.
>
> *Noche* de *nox*.

En général, les *x* deviennent *j*.

c) *Gue* devient *gne*, *je*, *we*, *ve*; *s* devient *z*; *t* devient *d*; la forte disparaît.

Au Nord. Celte, *Favenn*, *fagus*, *fau*.

> *Gueach* (*ur veach*), un voyage.
>
> *Waltercut*, *gualtercut* (2).
>
> *Wautier*, Gautier.

L'anglais, *wasp* est *guêpe*; l'écossais, *ower*; anglais, *over*.

L'allemand, *garten*; anglais, *garden*; français, *jardin*; le latin, *hortus*.

> *Blut*, *blood*, sang.
>
> *Traum*, *dream*.
>
> *Calt*, *cold*.
>
> *Tanzen*, *danser*.
>
> *Hundert*, *hundred* (prononcez *hunderd*).
>
> *Teufel*, *Devil*, Diavolo.

---

(1) On trouve même dans d'anciennes inscriptions *fafere* pour *vovere*; *advo-capit* pour *advocabit*; *triumpe* pour *triumphe*; voyez : *Journal de l'instruction publique.* — 1840. — N.° 30.

(2) Voyez : *Lettres sur Waltercut*, par M. le docteur Le Glay.

N'est-ce pas du celte, *beha*, être, que vient l'anglais *be* ?

Tous les participes passés allemands sont terminés en *et*, tandis qu'en anglais ils le sont en *ed*.

Nous pourrions prolonger de beaucoup cette liste en citant l'écossais *yke*, *dog*, *dike*, *dicth*; l'allemand, *arbeit*; flamand, *arbeyd*, etc., mais ces exemples sont trop familiers aux lecteurs; nous abrégeons :

Au Midi. Le sanscrit त्रिशत् (*trisat*), qui apparaît en celte sous la forme *tregont*; est en latin, *triginta*, trente.

Gue devient *je* dans le grec γη, d'où *géographie*, *Georges*, etc.
> γιγας, d'où *gigantesque*.
> αιξ, αιγος, d'où *ægide*.

Ce devient *ze*, μουσα, *muse*.

Gue devient *gne*, le latin, *agnus*, agneau.

t devient *d*, *Alexanter* (vieux latin); *Alexander*.
> *Catena*, d'où *cadenas*.
> *Nod-us*, nœud; anglais, *knot* (*k* nul).

L'espagnol, *poder*, pouvoir, vient de *posse*, qui est lui-même une contraction de *pot-esse*, italien, *potere*; le *t* du radical est devenu *d*.

Huesped, de *hospes* (hospet-s).

En espagnol, l'*f* du primitif est souvent remplacé par *h* muet, ce qui équivaut à sa disparition.

On trouve dans don Quichotte, *facer*, et dans Gil Blas, traduction qui a reçu droit de bourgeoisie en Espagne, *hacer*.

> *Hacia*, je faisais, est pour *faciebam*.
> *Hurtas* pour *furtas*, voleur.
> *Hado* pour *fatum*, destin; *h* pour *f*, *d* pour *t*.
> *Heridor* pour *feritor*, celui qui frappe.

Au 12.ᶜ siècle, nous trouvons dans les auteurs français *Diex* pour *Dieu*; *jecté* pour *jeté*, etc.

Au XIII.ᵉ siècle, *mectre* pour *mettre ; acteindre* pour *atteindre ; lox , luz* de *Lupus : loup*, où le *p* final est muet.

Au XIV.ᵉ siècle, *faict , droict, nopces*, etc. , pour *fait , droit, noces ; afnoy , ennoy*, pour *ennui ; escripre* pour *écrire*, de *Scribere ; recepvait, griefvement ; lict* pour *lit ; ledict* pour *ledit.* ·

En France, au XIII.ᵉ siècle, on écrivait *renart* pour *renard ; grant* pour *grand* ; dans le serment de Louis le Germanique du XI.ᵉ siècle, on voit *poblo* pour *peuple ; podir* pour *pouvoir* ; *fruict* de *fructus , fruit* ; flamand , *vrugten.*

Marie de France (1) écrivait *elx* pour *yeux ; mix* pour *mieux ;* Thibault , comte de Champagne, écrivait *mielx.*

d) Les douces se prennent les unes pour les autres.

Ainsi वावदूक (*vd–va–rû–ka*), *loquax*, n'est autre chose que notre *ba–ra–rd.*

बली (*balî*), *va–li–dus*, d'où *valide*, etc.

ζευγος a donné *jugum*, joug.

Ab et *ferre* ont donné *av–ferre , au–ferre*, tandis que *ad* et *ferre* sont devenus *afferre.*

Les anciens Latins disaient *buonorum* pour *bonorum ; duellum* pour *bellum*, etc. ; *Ilva , Elva*, d'où Elba (île d'Elbe).

C'est par cette attraction que nous avons *couleuvre* de *coluber ; livre* de *libra ; Diavolo* de *Diabolus*, et encore *manger* de *manducare ; juge* de *judex*, etc.

En espagnol , *b* et *v* sont souvent confondus ; on dit aussi *saber* (savoir), *caballo , cavale* ou plutôt *cheval ; y* est pour *g , yema* pour *gemma*, bourgeon ; pour *i , yambo* ; pour *j , yacer* de *jacere*, être couché, etc.

Les voix elles-mêmes suivent cette loi de progression ; l'Alle

---

(1) XIII.ᵉ siècle.

mand abonde en voix gutturales et profondes ; on les retrouve
dans l'Écosse où l'on dit *auld* pour *old* , etc. ; on les retrouve
même au Nord de l'Angleterre ; mais à mesure qu'on avance
vers la capitale , le *a* cesse d'être *ô* , il devient presque *é*
comme dans *hand* , *and* , etc. L'orthographe dite de Voltaire
(*j'aimais* au lieu de *j'aimois*) est chez nous un pas dans le
chemin progressif, c'est un échelon plus élevé que le précédent,
où l'on s'efforce en vain de rester stationnaire. On trouvera
aussi dans le travail de M. Raynouard bien des mots qni seraient
des preuves de ce que nous avançons ; nous ne citerons que
Paganus qui devient successivement : troubadours , *pajan ;*
trouvères , *paian ;* français , *païen.*

C'est aussi à cette tendance qu'il faut rapporter le changement des finales autrefois *oa* , aujourd'hui *è ;* par exemple ,
monnaie, que Molière fait rimer avec *joie* (1).

Si nous n'avions craint de dépasser les limites d'un simple
mémoire nous aurions pu multiplier les citations , mais ce qui
est présenté suffira sans doute au lecteur. Nous dirons seulement que cette loi de progression est si bien dans la nature que
l'on peut en suivre l'influence jusques dans les idiomes des sauvages. Ainsi dans l'Océanie , par exemple , les peuples les plus
avancés dans la civilisation expriment par des articulations
plus *avancées* ce que d'autres , plus arriérés , expriment par
des articulations analogues , mais plus profondes ; prenons ,
pour exemple , quelques noms de nombres.

Un , en sanscrit एक (*é-ka*) ; en grec , εκα-στος ; en vieux
français , *kasque*, d'où *chaque* , *chaque un* (chacun) ;

   Se dit *scha* (aspiré) à Oualum (*Lesson*).
   tc-ka , à la Nouvelle-Guinée (*Forster*).

---

(1) Quand un homme vous vient embrasser avec *joie* ,
   Il faut bien le payer de la même *monnoie.*
                    Le Misanthrope. acte 1.ᵉʳ , scène 2.ᵉ

Se dit *ka-ou* à l'Ile-Maurice (*Lemaire*).

tsi-ka-o, Ile-Malicolo (*Cook*).

kei-rrk, au Port-des-Franç. (*Lapeyrouse*).

mou-ka-la, chez les Achastliens.

Sah, à Achem (*Marsden*).

Tandis qu'on prononce *iota* à Goulai : c'est le ιωτα des Grecs.

iote, à Hogolen.

ioura, à Ceram.

iot, à Tamatam.

Deux : Se dit *rou*, *rouo*, aux Iles-Gouah.

roua, à Toutoumal et Taïti.

rao, Nouvelle-Guinée.

ta-roa, Vamhoro.

mais on dit *loua*, à Ceram, Tonga, Iles-du-Saint-Esprit.

la-lou, à Vanikoro.

lo, à Mac-Ashil, Oualum ; la gutturale *r* est remplacé par la palatale *l*.

douo, à Sumatra.

duc, *doua*, à Batta.

doui, *doua*, à Bornéo.

dooua, à Mindonao, Nouvelle-Zélande ; ici l'articulation devient une *dentale* et une *douce*.

Or, ces derniers pays sont les plus civilisés dans le monde maritime ; l'articulation progresse donc comme l'intelligence.

Trois s'exprime par *k*, *k.. r*, dans la Mélanaisie ;

par *t*, *t.. l*, dans les pays plus civilisés ; ici une *dentale* remplace une *gutturale ;* une *liquide palatale* remplace une *liquide gutturale*.

Cinq s'exprime par *r.. m, l.. m*, suivant la même progression.

Noukahiva, Wahou, Waigron, Nouvelle-Guinée, *rima*.
Madagascar, *liha*.
Batta, Lampoun, Ile-du-Prince, *Limah*.
Malaka, Sumatra, Java, Mindonao, *lima*.
Tonga, *nima*, etc., etc.

Cette veine que nous indiquons pourrait être exploitée par
les savants qui s'occupent des langues que nous avons nom-
mées ; pour nous, il ne nous est pas donné d'y descendre plus
avant.

Terminons ce chapitre par une remarque qui préviendra une
erreur dans laquelle on serait exposé à tomber dans les recherches linguistiques.

En parcourant les primitifs et cherchant les transformations
qui leur ont donné leur forme actuelle, on en rencontrera qui,
étant composés d'articulations douces dès l'origine, paraîtront
d'abord en-dehors de la loi signalée et qui sembleront même
faire exception, puisque leur articulation actuelle est reculée
d'un degré.

Ainsi · le sanscrit अप् (*ap*), devenu *aq-ua, eau*; ι allemand
silber, devenu en anglais *silver*, argent ; l'espagnol *muger*,
italien *moghera*, pour *mulier*, femme ; *hombre* pour *homo ;* le
français, *fièvre* de *febris* ; *fève* de *faba ; lièvre* de *lepus ,* etc.,
semblent montrer que les labiales des primitifs reculent.

A cette observation nous ferons d'abord une réponse générale ; ce serait une étrange prétention que celle de vouloir,
dans le dédale capricieux, tempestueux et jusqu'ici considéré
comme arbitraire, où se préparent les mutations des mots, n'en
trouver aucun qui ne soit en retard et en contradiction avec
la marche des autres ; nous ajouterons ensuite que cette exception n'est souvent qu'apparente et qu'il faut se tenir en garde

contre la signification des mots. L'Irlandais, par exemple , a dix lettres susceptibles *d'aspiration;* or ce mot signifie ici *adoucissement;* en effet le *b* aspiré se prononce comme notre *v;* si cette loi s'était étendue aux autres langues , *fève* de *faba*, par exemple , suivrait la marche ordinaire qui supprime l'aspiration des primitifs. Il y a des aspirations *rudes*, mais toute langue aspirée n'est pas pour cela désagréable et *raboteuse*. L'irlandais , que nous venons de nommer , était, il y a cent ans , cité comme une des langues les plus douces de l'Europe. Le celte lui-même avait des articulations mouillées qu'on ne retrouve plus dans l'allemand, ni dans le wallon , et qui sont rares en français.

Pour décider que *dans les mots qu'on rencontrera* il y a contradiction aux lois établies , on devra donc s'enquérir des circonstances qui ont entouré leur berceau , et avec cette précaution , on trouvera beaucoup moins d'exceptions qu'on ne le penserait d'abord.

Il resterait maintenant à examiner de quelle manière la progression du langage s'est manifestée dans la *formule* des idées et leur *liaison* dans le discours. Ce travail exige des recherches pour lesquelles le temps nous a manqué jusqu'ici ; nous ne le perdrons pas de vue , si vous jugez , Messieurs , que ces faibles essais méritent quelque encouragement.

Nous dirons, en terminant , que si dans ce travail nous avons suivi l'impulsion de notre zèle plutôt que les conseils de la prudence, nous n'avons jamais perdu de vue notre insuffisance pour embrasser un sujet si vaste , si varié , si difficile. Nous réclamons donc , comme une faveur, les avis , les conseils et les communications officieuses qui pourraient nous éclairer dans le chemin que nous avons frayé.

EXPLICATION

DES CARTES ET DES TABLEAUX JOINTS A CE MÉMOIRE.

Le 1.ᵉʳ tableau, *Classification des produits de l'organe vocal*, doit être consulté dans tout le cours de la lecture du chapitre IV. Pour la commodité du lecteur, nous l'avons disposé de manière à ce qu'il pût être constamment tenu en-dehors du livre.

Le 2.ᵉ tableau présente un parallèle des noms de nombre dans tout le monde maritime ; il se rapporte au chapitre IV.

1.ʳᵉ CARTE.

Diffusion des peuples sur le continent ancien.

Le genre humain paraît se rapporter à trois souches principales : la race blanche, qui aurait eu son origine dans une région au nord de l'Indus ; la race jaune, qui aurait son point de départ au nord de la Chine actuelle ; la race noire, qui serait partie du midi de la Chine, de l'île d'Hainau. S'il était permis de juger par analogie et d'après la gradation qui se remarque dans toutes les productions du Créateur, la race noire serait antérieure aux autres ; puis viendrait la race jaune, puis enfin la race blanche. Cette conjecture n'est qu'un simple aperçu, et nous n'entendons pas nous élever en aucune façon contre les traditions sacrées ou contre le résultat positif de recherches scientifiques.

Que ces trois races aient paru simultanément ou successivement, la carte 1.ʳᵉ retrace d'une manière générale ce que nous avons pu recueillir sur les courses des peuples de la race blanche et de la race jaune. La race noire est réservée pour la carte 2.

Les ruisseaux qu'on a tracés, sans vouloir s'astreindre à une exactitude rigoureuse qui eût été impossible, donnent une idée de l'âge relatif des peuples et permettent d'augurer les rapports que doivent présenter les langues. On a dû s'abstenir d'entrer dans des détails qui eussent produit une complication contraire à l'idée générale qu'on voudrait établir.

Nous prions d'excuser les imperfections de l'exécution ma-nelle de ces tableaux ; nous les avons fait tracer par des jeunes gens encore inexpérimentés. Si cet ouvrage était jugé digne d'intérêt, nous lui donnerions alors des soins proportionnés à son importance.

2.° CARTE.

La deuxième carte est le complément de la première. Il faut remarquer qu'on a suivi pour la tracer la projection droite. On a omis à dessein un grand nombre de détails, et l'on s'est borné à ce qui a rapport aux courses et migrations des peuples.

Une ligne ponctuée et coloriée *en noir* indique la route qu'a suivie successivement et à travers une longue suite d'années la race noire qui part d'Hainau. A une époque qu'il est impossible de fixer, mais qui est postérieure à la première, la race cuivrée a commencé ses excursions. Une ligne ponctuée différemment et coloriée *en rouge* en retrace la direction. Dans certaines localités, la ligne noire et la ligne rouge se trouvent enlacées, confondues, pour indiquer le mélange qui s'est opéré dans les races et qui a produit la race intermédiaire, comme celle des Papous, par exemple. Dans certaines localités, la ligne noire est au centre des terres, et la ligne rouge sur les côtés, pour indiquer la présence simultanée de deux races qui se croient aborigènes. Enfin une ligne jaune indique une série qui ne peut se rapporter aux précédentes et que nous avons aussi dif-férenciée par la couleur.

Ces deux premières cartes, si elles sont un jour exactes et

complètes, présenteront de précieux renseignements historiques, ethnographiques, qu'on regrette de ne pas trouver dans
nos atlas actuels.

3.ᵉ CARTE.

La 3.ᵉ carte présente à l'œil l'ensemble des langues actuellement connues.

Les frais considérables qu'eût entraînés l'enluminure de ce
tableau nous ont contraint à laisser le plus grand nombre d'exem-
plaires au simple trait. Le mot *Logos* qui est écrit sur le globe
est le nom consacré pour désigner le verbe, la parole incréée.
Toutes les langues qui sont répandues sur le globe sont les formes
diverses sous lesquelles elle est manifestée aux hommes. Chacune de ces langues découle d'un groupe spécial dépendant lui-
même d'une division plus générale qui se détache de la source
commune. Cette image, toute imparfaite qu'en soit l'exécution,
offrira peut-être quelque intérêt aux philosophes et aux philologues. Elle offre du moins un tableau statistique qui nous paraît
devoir être utile à la jeunesse studieuse.

LITTÉRATURE.

CONSIDÉRATIONS

SUR LA POSITION GÉOGRAPHIQUE DU *VICUS HELENA*,

Par M. A.-J.-H. VINCENT, Membre correspondant.

En parcourant naguères, dans les mémoires de Chastenet de Puységur, la relation de la campagne de 1652, je tombai sur un passage où se trouvent décrites diverses marches et contre-marches que faisaient les armées de Turenne et de Condé alors en présence, et dont cet auteur place le théâtre auprès d'un village qu'il nomme HÉLÈNE. Soudain me revinrent à l'esprit, et le *Vicus Helena* de Sidoine Apollinaire, et la défaite des Franks par Majorien, lieutenant d'Aétius. Cependant, le lieu indiqué par Puységur n'était aucune des deux villes qui se disputent, à des titres tant soit peu plausibles, l'héritage du *Vicus Helena*: car la scène ne se passait ni à *Lens* ni à *Hesdin*, mais assez loin de là, à quelque distance de *Péronne*, au pied d'un mamelon nommé le *Mont Saint-Quentin*.

Frappé de ce rapprochement assez singulier, qui pouvait au fond n'être pas sans quelque importance, et auquel d'ailleurs une raison que l'on comprendra plus tard m'empêchait de rester indifférent, je consultai, soit les mémoires de Turenne, soit les anciennes cartes de la Picardie, de l'Artois, de la Gaule-Belgique. Nulle part je ne trouvai *Hélène*, mais bien *Alesnes*, ou *Allaisne*, ou *Allaines*, ou enfin *Haleine*.

35

Ainsi, l'inexactitude de l'auteur était flagrante ; il avait traduit par *é* le son *a*, regardant sans doute ce dernier comme une pronociation vicieuse appartenant à l'idiôme du pays ; ou peut-être tout simplement n'avait-il fait que commettre un de ces *lapsus si* communs de la part des hommes de guerre des anciens temps, *plus habiles à manier l'épée que la plume*. Le moyen d'admettre d'ailleurs que Puységur, lui, si vain dans les plus petites choses auxquelles il a contribué ou cru contribuer, s'il eût soupçonné qu'il faisait peut-être une découverte, eût été la jeter ainsi à la tête de ses lecteurs sans la moindre petite prétention, et se fût contenté de leur dire bonnement : *Pour parvenir au mont Saint-Quentin, nous passâmes à Hélène* (Tome II, p. 171) !

Quoi qu'il en soit, la question que venait de réveiller cette rencontre fortuite me paraissant digne d'un examen sérieux, je me mis en devoir de chercher à l'éclaircir, afin d'en obtenir, s'il y avait possibilité, une solution définitive.

La première chose à faire pour cela était de me procurer une description exacte des lieux. A cet effet, je m'adressai à plusieurs citoyens éclairés de la ville de Péronne (1) ; et j'eus l'avantage de pouvoir consulter en même temps la magnifique carte topographique publiée par le département de la guerre, dont la feuille contenant *Halène* (2) venait heureusement de paraître. Je vais mettre sous les yeux du lecteur le résultat de cette sorte d'enquête.

Le village nommé aujourd'hui *Allaine* (*Haleine* sur les

---

(1) Je citerai particulièrement M. Marchandise, notaire, qui m'a fourni avec empressement tous les renseignements dont j'avais besoin.— Je me fais également un devoir et un plaisir de reconnaître mes obligations envers mon jeune parent et ami, M. Lejosne (récemment admis au nombre des membres correspondants de la Société), pour son utile concours dans les recherches nécessitées par la rédaction de ce petit mémoire.

(2) J'adopterai cette orthographe comme une conséquence des conclusions que j'ai à tirer.

anciens titres) est situé au milieu d'un marais planté de hauts peupliers, à trois quarts de licue de Péronne, sur le bord et un peu à gauche de la route qui conduit à cette ville en venant de Bapaume et passant par le mont Saint-Quentin.

Une petite rivière, que les nombreuses sinuosités de son cours ont fait nommer *la Tortille*, traverse le village et la route, et va se jeter dans la Somme à une demi-lieue au-dessous de Péronne.

Avant et après le pont sous lequel passe la rivière en coupant la route, existe une espèce de digue ou de chaussée longue et étroite, élevée sur le marais qui est assez profond en cet endroit.

Le mont Saint-Quentin (1) est à peu près à moitié chemin d'Halène à Péronne. Il s'y trouve un hameau appartenant avec trois autres à la commune d'Halène; l'un de ces derniers s'appelle *le Vivier* (le nom caractérise parfaitement la nature du terrain); un autre, nommé *Feuillancourt* (2), est attenant au pont, du côté opposé au mont Saint-Quentin; le dernier enfin est celui de *Saint-Denys*.

A mi-côte en allant d'Halène au mont Saint-Quentin, un peu sur la gauche, et par conséquent au-dessus du village et du même côté de la route, la tradition désigne l'emplacement d'un ancien camp romain. De plus, la voie romaine qui conduit d'Amiens à Bavay, en traversant Vermond près de la ville de Saint-Quentin, passe à une lieue et demie d'Halène.

Des médailles du Haut-Empire, trouvées récemment près de Péronne, fournissent d'ailleurs une preuve directe du séjour ou du moins du passage des Romains dans ces contrées; et des amas d'ossements, découverts il y a peu d'années près de la

---

(1) On y voyait autrefois une riche abbaye de Bénédictins, fondée au VII.ᵉ siècle, à la sollicitation de saint Fursy, par Arkembald, majordome ou maire du palais sous H'lodwig II. Elle fut détruite en 1794.

(2) Ce hameau pourrait bien devoir son nom à saint Foillan, frère de saint Fursy.

route, témoignent qu'il a [dû se passer là quelque évènement important. Ce qui semble démontrer en outre l'antiquité de cet évènement, c'est que ni l'histoire de Péronne, ni les traditions du pays n'en font aucune mention.

Le chef-lieu du fief de *la Motte*, qui était situé à Halène, paraît avoir été fortifié; et la ferme qui en occupe l'emplacement est encore environnée de grands fossés.

Rapprochons maintenant de cette description le passage de Sidoine Apollinaire:

Pugnastis pariter Francus quâ Cloïo patentes
Atrebatum terras pervaserat. Hic coeuntes
Claudebant angusta vias, arcisque sub actum
Vicum Helenam, flumenque simul sub tramite longo
Arctus suppositis trabibus transmiserat agger.
Illic deposito pugnabat ponte sub ipso
Majorianus Eques. Fors ripæ colle propinquo
Barbaricus resonabat hymen ....

Après avoir ainsi mis en regard les deux termes de comparaison, observé la similitude des noms et la disposition des lieux, demandons-nous si, dans l'hypothèse où l'on n'aurait pas déjà cherché à trouver dans Lens ou dans Hesdin le théâtre du fait d'armes raconté par Sidoine, nous pourrions, sur le récit dn poète, hésiter un seul instant à le reconnaître dans Halène.

Nous voyons en effet dans ce récit que *les Franks avaient posé leur camp près d'Héléna, sur le penchant d'une colline, auprès d'une petite rivière; et que les Romains, pour les attaquer, débouchèrent par une chaussée étroite et un pont de bois jeté sur la rivière.*

Certes, malgré la grande distance des époques, malgré ce long temps écoulé, dont les efforts ont dû travailler sans relâche à effacer les traits caractéristiques de la physionomie du terrain, il serait difficile, avouons-le, d'imaginer une coïncidence plus parfaite encore aujourd'hui.

La seule différence , si l'on peut dire que c'en soit une , consiste dans les noms : elle est toute dant le mot latin *Helena* comparé au mot français *Halène*. Mais à cet égard même , n'y aurait-il pas matière à examiner si les manuscrits de Sidoine portent réellement *Helenam*. Je dois avouer que ceux dont j'ai pu avoir connaissauce présentent ce mot assez lisiblement écrit ; mais outre qu'aucun d'eux ne remonte à une époque antérieure au XI.ᵉ siècle , le cachet de l'ignorance des copistes y a laissé plus d'une empreinte authentique. En consultant des manuscrits plus anciens , ou a , au dire de Vignier (Bibliothèque historiale) et d'autres auteurs, lu *Hedenam* au lieu de *Helenam;* mais est-il déraisonnable d'admettre que , sans la préoccupation qui faisait chercher quelque chose de ressemblant à *Hesdin*, on eût lu peut-être *Halenam* au lieu de *Hedenam?* Combien de corrections adoptées sans conteste ne reposent pas sur des fondements plus solides ! Ou bien , au contraire , le mot *Halène* ou *Allaines* ne pourrait-il pas provenir par corruption de celui d'*Hélène?* Cette altération n'est-elle pas tout-à-fait , comme nous l'avons déjà dit , dans les habitudes de l'idiôme Picard qui prononce *alle* au lieu de *elle?* L'analogie de forme que présente l'*H* romaine comparée à la lettre *A* de l'écriture du V.ᵉ siècle , n'a-t-elle pas pu contribuer aussi à cette altération ? Et après tout, d'ailleurs, le mot *Halène* ressemble-t-il donc moins au mot *Hélène* que les noms de *Lens* et d'*Hesdin ?*

Au surplus , sur la possibilité d'une transmutation qui réduirait *Halena* et *Helena* à n'être que deux formes différentes d'un seul et même mot , il s'en faut que nous en soyons réduits à de simples conjectures. Ouvrons , soit le *Hierogazophylacium Belgicum* d'Arnold de Raisse (Douai , 1628), soit les *Natalia* de J. Vermeulen (*Molanus*) , soit les *Acta sanctorum Belgii* de Ghesquières , et nous allons y surprendre le Protée opérant au grand jour sa métamorphose. Voici , par exemple , ce qu'on it (page 13) dans le premier de ces ouvrages :

S. Alena *seu* Helena *vel* Halena , *virgo et martyr, Lewoldi regis gentilis filia , siccis plantis Sennam fluvium sæpè sæpiùs intempestà nocte transmeavit* . . . . (1)

Après cela, est-il encore besoin d'autres preuves (2) ? Certes, nous pourrions maintenant nous dispenser d'examiner les prétentions d'Hesdin et de Lens. Cependant, pour que notre impartialité n'ait aucun reproche à encourir, et pour qu'il ne manque rien à notre démonstration, voyons les titres que présentent ces deux villes.

Ceux d'Hesdin (3), soutenus par Savaron, Dupleix, Pontanus,

---

(1) Il est assez curieux que le même fait soit attribué à deux saintes qui figurent dans l'histoire d'Hesdin. L'une est sainte Austreberte, qui a donné son nom à une église de cette ville (*extra-muros*) : son histoire dit qu'elle passa la Canche à pied sec pour se réfugier auprès de saint Omer, évêque de Térouenne. La seconde est sainte Colette, fondatrice des Clarisses d'Hesdin.

(2) Ceci n'implique nullement (et le lecteur n'a sans doute pas besoin d'en être averti) que le village d'*Halène* ait été fondé par la sainte dont il vient d'être question, ni par aucune de ses homonymes. Il ne s'agit ici que de l'identité des noms *Halène* et *Hélène* appliqués à un personnage ou à un lieu quelconque ; or, cette identité nous est clairement démontrée par l'histoire de la sainte : là se bornent nos conclusions.

Autre rapprochement d'autant plus digne de remarque qu'il semble tiré de plus loin : L'étoile γ des Gémeaux , que nous nommons *Hélène* d'après les Grecs, est appelée *Al-Hena* par les Arabes.

(3) Je fais l'*H muette* contrairement à l'usage adopté par tous les historiens, et conformément à la prononciation du pays qui ne fait pas non plus sonner l'*S*.... : *Di Hesdino o d'Edino, come altri chiamano* (Gregorio Leti, hist. de Charles V).

> *Quippe quod Hisdinum Ausonii, vernaculus Hedin*
> *Sermo vocat, quá non pulchrior arce locus.*

J'extrais ce distique d'une pièce d'environ 100 vers, consacrée à la description de la campagne d'Hesdin. Ce petit poème, fort peu connu, quoique cité par *Loere* dans une liste de 144 auteurs Artésiens qui termine sa chronique, fait partie d'un recueil en 4 volumes in-12, intitulé : *Deliciæ poetarum Belgicorum*, publié par *Jean Gruytere*, sous le pseudonyme de *Ranutius Gerus*, anagramme de *Janus Gruterus;* et le poème lui-même a pour titre : *Fr. Moncæi Fridevalliani Atrebatii Hedin sive paradisus.* L'auteur n'est cité par aucun biographe français, que je sache, mais on le trouve mentionné à l'article *Monceaux* dans

les pères Sirmond et Pétau, l'abbé Ghesquières, etc., paraissent
n'avoir d'autre base que l'opinion du père Malbrancq, auteur
d'une *Histoire des Morins*. Cet écrivain, renommé d'ailleurs pour
sa crédulité, raconte, sans citer aucune autorité, qu'Hélène,
mère de Constantin, répudiée par Constance Chlore, avait construit sur les bords de la Canche un magnifique château qui
d'abord porta son nom, et que ce nom se changea par la suite
en celui d'*Hesdin* : *Ad Quantiam Morinorum tranquillius da-*
batur perfugium. Illic castellum egregium editiore in ripâ con-
didit Helena, accedente ad marginem utrumque vico, quæ ejus
nomen Helenam induére, post modùm in Hedenum et Hesdinum
tempora commutârunt (de Morinis, lib. 2. cap. XV. — Voyez
aussi Hennebert, histoire générale de l'Artois, tome I, p. 167).

Or, à ce récit il ne manque, comme nous l'avons déjà dit,
que des preuves. Aussi serait-ce lui faire beaucoup d'honneur
que de lui donner pour pendant l'ingénieuse histoire où l'on
voit la ville de Paris reconnaître pour fondateur et parrain le
ravisseur d'une autre Hélène, le fils du roi Priam, en un mot,
le berger *Páris* (1).

En poussant même les choses plus loin, et admettant que
Malbrancq eût réellement trouvé, on ne sait où, une base tant
soit peu solide pour appuyer le point principal de son récit, ne
pourrait-on pas craindre que lui ou quelqu'autre écrivain n'eût

---

un *Dictionnaire historique de tous les hommes nés dans les XVII pro-*
vinces Belgiques, etc., *pour servir de supplément aux Délices des Pays-Bas*
(Anvers, Spanoghe, 1786). Il est à remarquer toutefois que le *Paradisus* se trouve
ici totalement oublié. Quant au mérite du poème, à part quelques jeux de mots,
on peut dire que cette petite pièce, ravissante pour un Hesdinois, serait encore
d'une lecture vraiment délicieuse pour tout amateur d'Ovide et de Tibulle. Je
regrette que mon sujet m'interdise de fournir la preuve de cette assertion, et
m'impose la nécessité de me restreindre à la citation précédente.

(1) Il n'est point inutile d'observer encore que l'ancienne orthographe latine
du mot *Hesdin* n'est point *Hesdinum* ou *Hedenum*, mais *Hisdinium* ou *His-*
dinum.

pris pour le nom de la *Canche*, *Quantia* ou *Quenta*, dénomination également usitée, celui même du *mont Saint-Quentin?* L'hypothèse, malgré sa bizarrerie apparente, ne serait peut-être pas dénuée de toute vraisemblance.

A l'égard de Lens, qu'une partie de ses partisans ont abandonné pour y substituer, les uns *Houdain* (1), les autres *Hollehain*, bourgs peu distants de la ville, voyons si ces titres sont beaucoup mieux fondés.

Pourquoi, suivant Hadrien de Valois (*Gesta Francorum*), le *vicus Helena* ne peut-il être placé ailleurs qu'à Lens? Parce que, avec tous les historiens, Valois croit reconnaître dans le récit de Sidoine Apollinaire qu'*Helena* se trouvait dans le pays des Atrébates, tandis que le vieil Hesdin, en supposant, ajoute l'écrivain, qu'il existât à cette époque, au lieu d'être enclavé dans ce territoire comme il le fut postérieurement, faisait alors partie de celui des Morins. *Quem (Elenam vicum) Joannes Savaro nunc esse Hesdinium vetus Quantiæ flumini impositum falsò existimat. Cum Elena vicus in primis Atrebatum finibus, quà Cameracenses attingunt, hoc est forsitan Lensium ad Deulam..... Hesdinium autem vetus (si tùm tamen jàm erat) non in Atrebatibus, licet nunc eis attribuatur, sed in Morinis ad Oceanum versùs Castellum fuerit.*

---

(1) Une opinion plus moderne, émise en 1797 par Guilmot, ancien garde-magasin à Douai, mort, il y a quelques années, bibliothécaire de cette ville, placerait le champ de bataille sur le territoire d'*Evin* ou *Evain*, petite commune située à deux lieues de Douai. Les Douaisiens accueillirent avec avidité ce nouveau système qui tendait à rehausser d'autant la gloire locale; et la statistique du département du Nord (an XII), publiée sous les auspices du préfet, lui donna la sanction officielle. Quoi qu'il en soit, et malgré l'autorité bien autrement imposante que lui prêta depuis M. Le Glay, en l'adoptant comme donnée historique, dans sa *Nouvelle historique* intitulée *le Captif du Forestel* (Mémoires de la Société d'émulation de Cambrai, 1824), il suffit d'un léger examen pour reconnaître que ce système manque de base véritablement solide, le principal argument produit en sa faveur se réduisant en définitive à une étymologie forcée par laquelle on fait venir *Evin* du celtique *Hellen-Wick*.

Or, ne voit-on pas que cette argumentation, loin d'avoir rien de concluant en faveur de Lens, se réduit à une preuve entièrement négative, à une simple réfutation du système précédent des partisans d'Hesdin? Car en admettant, ce qui est loin d'être exact, que les limites des diverses contrées fussent bien déterminées à l'époque dont il s'agit, le raisonnement même de Valois, comme j'espère qu'on le reconnaîtra tout-à-l'heure, exclurait entièrement la ville de Lens; et ici encore, si je ne m'abuse, je retrouverais, au besoin, des preuves suffisantes pour me faire gagner complètement ma cause. Que l'on me permette, pour les développer, de faire une légère excursion sur le terrain historique.

C'est vers l'an 420 que les Franks passèrent une première fois le Rhin avec l'intention de s'établir dans la Gaule; mais ils ne purent y parvenir. Défaits par Aétius en 432, ils furent obligés de repasser ce fleuve et d'accepter la paix; et leur chef même, au dire de Locre, fut contraint par les siens de se démettre du commandement.

Or, cette défaite ne peut être celle que rapporte Sidoine Apollinaire : tous les historiens le reconnaissent plus ou moins implicitement. Les Franks n'avaient pas alors fait assez de progrès; ils s'étaient arrêtés trop loin du pays des Atrébates; et, d'un autre côté, Majorien, élevé jeune encore à l'empire, n'aurait pu, à cette époque, figurer dans une bataille.

Quoi qu'il en soit, les Franks, pendant cette trêve, avaient repris courage et réparé leurs forces. Vers l'an 437, ils tentèrent une nouvelle entreprise; et, cette fois, ce fut avec un plein succès : car Grégoire de Tours, Frédégaire, Rorick, Sigebert, et tous les historiens, s'accordent à représenter H'lodion traversant la forêt charbonnière et s'emparant de Tournai et de Cambrai.

Quelques années après, vers 445, H'lodion propose aux Franks la conquête du pays des Atrébates resté sans défense,

patentes Atrebatum terras; il envoie ses espions pour explorer
les lieux : « Ceux-ci revinrent bientôt, dit Rorick (traduction de
» M. Augustin Thierry), et rapportèrent que la Gaule était la
» plus noble des régions, plantée de forêts, d'arbres fruitiers,
» que c'était une terre fertile, propre à tout ce qui peut sub-
» venir aux besoins des hommes. Animés par un tel récit, les
» Franks prennent les armes et s'encouragent; et, pour se
» venger des injures qu'ils avaient eu à souffrir des Romains,
» aiguisent leurs courages et leurs épées. Ils s'excitent les uns
» les autres par des défis et des moqueries à ne plus fuir devant
» les Romains, mais à les exterminer. »

La conquête du pays des Atrébates fut le fruit de cette nouvelle expédition qu'ils poussèrent jusqu'à la cité des Ambianes
(Amiens).

C'est après cette nouvelle invasion des Franks que le patrice
Aétius, accouru des bords de la Loire, surprit les barbares
près du *vicus Helena.* Mais cette attaque fut sans conséquence,
comme le prouvent le séjour bien avéré de H'lodion et de Mer-
wig à Amiens, et la découverte faite à Tournai, en 1653, du
tombeau du premier de ces chefs.

Le combat où figura Majorien ne serait donc, suivant toutes
les vraisemblances, qu'une surprise sans conséquence, *furtum
belli magis quàm prælium,* dit Valois, tentée par les Romains
à la faveur d'une fête que célébraient leurs ennemis, peut-être
une dernière victoire essayée par ces anciens maîtres du monde
avant d'abandonner un pays qu'ils'étaient dès-lors impuissants
à garder.

Ce premier point accordé, Sidoine dit-il, ainsi qu'on l'a de
tout temps répété, que l'affaire se soit passée dans le pays même
des Atrébates? Nullement. H'lodion, en s'avançant de Tournai
à Amiens, avait traversé ce territoire, comme nous l'avons vu. Il
avait dû, pour cela, entrer par la frontière du nord et ressortir
par celle du midi. Or, que dit l'historien? D'abord que le combat

eut lieu près de l'une des deux frontières, *quâ Cloio pervaserat.*
Cela posé, quelle frontière? celle du nord? non : le poète eût
dit *invaserat;* c'était alors le mot propre; et les exigences du
mètre ne le repoussaient pas. C'est donc à la frontière du midi,
là par où H'lodion était resorti, *quâ pervaserat,* que le combat
eut lieu; et c'est aussi là qu'est situé notre *Halène* (1).

Ainsi, nous croyons pouvoir le soutenir sans témérité, *c'est
aux environs du village d'Allaine près de Péronne, que les Romains, sous les ordres d'Aétius et de Majorien, ont remporté
sur les Franks commandés par H'lodion, la victoire célébrée
par Sidoine Apollinaire* (2).

---

(1) On a découvert en 1817, près la ville de Tungres, une inscription portant
ces mots : *Fines Atrebatum* (note communiquée à l'Académie des Inscriptions
par M. de Golbéry). Nous ne savons quel degré d'importance il faut attacher à
ce fait qui, dans tous les cas, ne pourrait qu'appuyer nos conclusions.
Mais nous trouvons un argument beaucoup plus puissant en notre faveur dans
une *dissertation sur l'emplacement du champ de bataille où César défit les
Nerviens,* publiée à Amiens en 1832 par M. de C.... L'auteur de ce mémoire a
en effet démontré que le bourg de *Fins* (*fines*), situé entre Péronne et Bapaume,
et par conséquent proche d'*Allaines,* est le point où *confinaient les Ambiani,* les
Atrebates, les Nervii et les *Veromandui.* Et, ce qui mérite d'être remarqué, ce
même bourg présente également aujourd'hui le point de séparation des quatre
départements de la *Somme,* du *Pas-de-Calais,* du *Nord* et de l'*Aisne.*

(2) On pourrait objecter ici que notre argumentation, roulant principalement
sur la similitude du nom *Halena* comparé au mot *Allaine,* semblerait s'appliquer
avec autant de raison à deux autres lieux de l'arrondissement de Lille, dont les noms
ne diffèrent de celui d'*Allaines* que par de légères variantes d'orthographe: ce sont
1.º *Allennes-les-Marais* ou *Allennes-lez-Seclin* et 2.º *Hallennes-lez-Haubourdin.* Or, à cette objection l'on peut répondre, d'abord que ces deux lieux étaient
situés dans le pays des Nerviens et non dans celui des Atrébates; ensuite, que tous
les deux se trouvaient à la frontière nord des Atrébates, et non à celle du midi,
condition essentielle d'après notre discussion. Ajoutons à cela, relativement à
Hallennes-lez-Haubourdin, que nul cours d'eau ne coule dans ses environs; et
quant à *Allennes-lez-Seclin,* son territoire, couvert à cette époque reculée de
marais immenses, n'aurait pu permettre l'établissement d'aucun *vicus.*
Combien de questions relatives à notre histoire nationale, et du genre de celle
que nous venons de traiter, n'attendraient pas si long-temps leur solution, si seulement nous possédions la nomenclature de tous les bourgs, villages et hameaux de
la France, avec ses variantes et altérations connues'

La thèse que je soutiens, je ne me le dissimule pas, doit enlever à une ville qui m'est chère, si ce n'est un de ses titres de gloire, du moins une source puissante d'intérêt aux yeux de ceux qui la regardaient comme le théâtre de la victoire de Majorien. Mais le nom d'Hesdin ne tire-t-il pas une assez haute recommandation des nombreux sièges soutenus par les deux villes qui l'ont successivement porté, principalement de celui de 1639, où une armée de trente-deux mille hommes, de trente-deux mille Français, fut tenue en échec pendant six semaines entières, sous des murs qu'elle ne put franchir que quand ils furent entièrement épuisés de munitions et de vivres (1)?

Au surplus, si l'on veut, à cet égard, connaître toute ma pensée, je dirai : *Amica patria, magis amica veritas.*

---

(1) La Meilleraye, grand-maître de l'artillerie, qui avait dirigé les opérations de ce siège mémorable, considéré par l'illustre Carnot (*De la défense des places fortes*, 1.re part., chap. 1.er) comme un *siège modèle*, reçut sur la brèche même, des mains de Louis XIII, le bâton de maréchal de France. Une autre circonstance encore peut faire juger de l'importance que le Roi attachait à cette entreprise : c'est le célèbre *vœu de Louis XIII* qu'il prononça lors de son passage par Abbeville pour se rendre à Hesdin. Voir, outre les gazettes du temps, la relation du chevalier de Ville (Lyon, 1639), les mémoires déjà cités de Chastenet de Puységur et ceux du baron de Sirot, etc. On peut consulter aussi les *Triomphes de Louis-le-Juste* (in-fol.; Paris, 1649, imprimerie royale); on y trouvera, relatifs au sujet, vers français et latins, plans, gravures allégoriques, etc. ; je me contente d'en extraire les vers suivants :

> A peine de Hesdin les murs sont renversés,
> Que sur l'affreux débris des bastions forcés,
> *Tu reçois le bâton de la main de ton maître,*
> Généreux maréchal ; c'est de quoi nous ravir.....

L'auteur de ces vers n'est rien moins que le grand Corneille! *Quandoque bonus dormitat Homerus.*

LETTRE A L'AUTEUR DU MÈMOIRE PRÉCÉDENT.

Par M. Le Glay, membre résidant.

Monsieur,

J'ai lu avec plaisir et profit vos *Considérations sur la position géographique du* Vicus Helena : recevez-en mes félicitations. Votre opinion est au moins aussi vraisemblable que celles qu'on a émises avant vous; elle est, à coup sûr, plus ingénieuse et plus logiquement établie. Est-ce à dire pour cela qu'il faille la regarder comme démontrée et tranchant tout-à-fait la difficulté? je n'oserais l'affirmer encore. Quant à moi, avant de me ranger sous le pavillon nouveau que vous déployez si habilement, souffrez, Monsieur, que je vous soumette quelques petites remarques, parmi lesquelles il s'en trouvera, j'espère, qui ne seront pas défavorables à votre manière de voir.

Nul auteur ancien, si ce n'est Sidoine Apollinaire, n'a parlé du *Vicus Helena;* encore Sidoine n'en dit-il qu'un mot dans son panégyrique de Majorien. Les poètes ne font guères autorité en histoire et en géographie. Toutefois celui-ci est généralement reconnu comme assez exact dans ses descriptions. Le panégyrique de Majorien est placé par les critiques au rang des documents originaux concernant l'invasion des Francs. On n'a pas dédaigné d'y chercher des notions sur leur manière de combattre et même sur quelques-unes des positions qu'ils ont occupées dans la Gaule vers le milieu du cinquième siècle. Papire Masson se plaît à le citer et à le commenter dans son *Historia calamitatum Galliæ* insérée parmi les *Scriptores historiæ Francorum* d'André Duchesne, I, 72-127. Il ne faut pas oublier

d'ailleurs que Sidoine, né en 431 et mort en 482, est contem-
porain des événements qu'il raconte. On peut donc s'y fier,
mais avec la réserve que doivent toujours inspirer les œuvres
poétiques (1).

Je ne reproduirai pas ici le passage du poème où est nommé
le *Vicus Helena;* vous l'avez fidèlement transcrit (2); mais
dans le sommaire de traduction que vous en donnez, il est
une expression qui tire à conséquence et que je ne puis guère
laisser passer. *Flumen* ne signifie pas précisément *une petite
rivière*, et il faut un peu de complaisance pour gratifier *la
Tortille* de ce nom honorable qui a au-dessous de lui, si je ne
me trompe, *fluvius, fluentum, amnis, rivus, etc.* Remarquez, en
outre, Monsieur, que le *sub tramite longo* est parfaitement d'accord avec l'idée que fait naître le mot *flumen* tel que je le comprends; cette *longue traverse* suppose une rivière large et ne
semble pas s'appliquer heureusement à la Tortille, très-modeste
riviérette que les Romains, comme les Francs, auraient sans
doute passée à gué, si elle s'était trouvée sur leur chemin.

Ceci posé, je vous ferai bon marché de l'Hesdin du P. Malbrancq et de ses partisans], du Lens d'Adrien de Valois, de
l'Houdain et de l'Olbain du P. Gilles Boucher. Je vous sacrifierai
même l'Évin de M. Guilmot, malgré mon respect pour la mémoire de ce vieillard si érudit et si modeste (3). A vrai dire, leurs

---

(1) Fr. Bauduin écrivait à Papire Masson : *Panegyrici Sidoniani habent ali-
quid rhetorum et poetarum; itaque meminerimus, antequam his utamur, caven-
dum esse ne nos ipsis decipiamur, ubi de fide historiæ quæritur, sicut et Cicero
de funebribus orationibus ait.*

(2) Sauf quelques variantes qui ne touchent pas au point litigieux ; ainsi on lit
ailleurs *arcuque* au lieu de *arcúsque*, *te posito* au lieu de *deposito*.

(3) Un nouvel athlète vient encore de se présenter dans l'arène. M. Julien de
Tilloloy croit reconnaître l'emplacement du *Vicus Helena* dans un terrain vague
situé entre Arras et Albert, près de Beaucourt, terrain auquel les habitants donnent
le nom de *Chélène* ou *Chelena. Bulletin de la Soc. des antiquaires de la Picardie*, IV, XLVI.

opinions diverses, fondées sur une vague similitude de noms,
sont restées toutes à l'état de conjectures plus ou moins spé-
cieuses. En matière de topographie ancienne, l'identité ou la
ressemblance nominale fournit un argument très-plausible, très-
valable, lorsqu'elle coïncide avec la convenance parfaite des
situations; mais dénuée de cet appui, elle n'offre plus qu'une
fausse lueur et des indications illusoires.

Au surplus, monsieur, vous le savez aussi bien que moi,
des noms topographiques et autres que nous ont transmis
l'antiquité et même le bas-empire, il en est bien peu qui nous
soient arrivés dans leur pureté primitive. Tantôt ce sont des
termes d'origine celtique ou germaine, dénaturés, défigurés,
méconnaissables sous la forme latine à eux imposée durant
l'invasion romaine par les conquérants, et depuis par les historiens, les agiographes, les poètes, aux oreilles de qui les
modulations latines sonnaient plus doucement que la sauvage
dureté des dénominations barbares. Puis, quand notre langue
romane s'est formée, nouvelles désinences et même nouvelles
formes constitutives des mots. Alors les contractions abon-
dèrent; notre langue romane se ressouvint un peu de son
origine franque; toutes les dénominations furent abrégées :
Chlodovechus devint Clovis ou Loys; *Gaugericus*, Géry; *Ve-
dastus*, Vaast; *Theodericus*, Thierri; *Lugdunum* fut Lyon et
Leyde, *Laudunum*, Laon, *Cameracum*, Cambrai, etc. Pour
les noms fameux, tant de lieux que de personnes, la tradition
n'a jamais pu se perdre et le doute est presqu'impossible; mais
si l'on descend jusqu'aux appellations obscures des simples
bourgades et d'autres localités que l'historien n'a signalées
qu'en passant, une seule fois et sans en indiquer la position
précise, alors le lecteur et même le commentateur sont grandement embarrassés.

Pour tenir le fil conducteur dans ce dédale de transmutations,
il n'est guère qu'un moyen, et ce sont les chartes et diplômes

qui nous le fournissent. A l'aide de ces titres officiels on peut quelquefois suivre la filière d'un nom à travers les siècles et obtenir ainsi une conclusion satisfaisante. Un tel procédé m'a réussi dans plus d'une occasion , entr'autres pour établir l'emplacement d'un village qui existait au dixième siècle dans le Cambrésis et qu'un diplome de 911 nomme *Gualtercurt*. En descendant jusqu'à nos jours, j'ai trouvé successivement *Gualtercurt*, *Waltercurt*, *Waltercort*, *Wahiercort*, *Wahiercourt*, *Wiercourt*, *Weicourt*, qui m'ont donné pour résultat incontestable un lieu aujourd'hui inhabité, mais portant encore ce dernier nom, entre Ribécourt et Marcoing, au sud de Cambrai. J'ai essayé d'appliquer ce mode d'induction à votre *Vicus Helena;* mais il ne m'a point complétement réussi. Porté à croire que le village actuel d'Alène ou Allaines a fait partie des possessions de l'abbaye du Mont–Saint–Quentin, mon premier soin fut de compulser quelques anciens titres où les domaines de cette maison fussent énumérés. Malheureusement l'acte de fondation n'existe pas ; le plus ancien qui ait été conservé est une charte (fort suspecte d'ailleurs) où Albert Lᵉʳ, comte de Vermandois, confirme l'abbaye dans les biens qu'elle possède. Allaine y est nommé *villa Alania* (1). Une bulle, irréprochable pour l'authenticité, donnée en 1046 par Grégoire VI, renouvelle cette confirmation et donne aussi le recensement des biens. Le lieu en question y est encore appelé *Alania* (2). Le Pouillé du diocèse de Noyon emploie le terme *Alania* au pluriel, ce qui concorde avec le mot français *Allaines*, mis

---

(1) Cette charte n'est pas datée ; mais on peut la placer vers 960. Ce n'est, du reste, qu'un acte informe refait de mémoire par un moine qui confond les temps et les personnages ; mais ici l'authenticité ne fait rien à la question.

(2) La bulle de Grégoire VI, aussi bien que la charte d'Adalbert, se trouve dans les *Annales bénédictines* de Mabillon, III, 719. La *Gallia Christiana* les a reproduites, *Instrum.*, 359, 363. Enfin on les retrouve encore dans Colliette, *Mémoires sur le Vermandois*, I, 572, 573.

à côté. Là se bornent les documents que j'ai eus à ma portée ;
l'H caractéristique ne s'y voit nulle part ; mais je dois vous
signaler, monsieur, une petite circonstance qui ne laisse pas
que d'être ici assez importante en ce qu'elle vient, pour ainsi
dire, restituer ce H que le nom du village pourrait bien avoir
porté primitivement. Le diplome d'Albert I.er place la *Villa
Alania super fluvium Hal* (1), d'où il s'ensuit que la *Tortille*
serait un nom tout moderne et que *Hal* serait la véritable
et ancienne dénomination de cette petite rivière.

Comme vous le voyez, Monsieur, cette investigation, sans
avoir rien de concluant, n'est pourtant pas dépourvue de tout
intérêt.

Mais en voilà assez et trop peut-être sur la seule question du
nom. Abordons celle des convenances locales. Ici tout le problème se résume dans l'interprétation de ces paroles :

> . . . . *Qua Cloio patentes*
> *Atrebatum terras pervaserat.* . . . .

Qu'a voulu dire Sidoine ? Est-ce sur la frontière nord des
Atrébates, est-ce dans l'intérieur même du pays ou enfin à sa
limite méridionale que Majorien a surpris les Francs au milieu
des joies d'un festin nuptial ? Il règne dans ce texte, convenons-
en, une sorte d'ambiguité qui laisse beau jeu à tout le monde.
Selon vous, Monsieur, le fait d'armes dont il s'agit n'aurait eu
lieu qu'après la conquête achevée du pays des Atrébates, et
vous voyez même dans le mot *pervaserat* une preuve que les
Francs avaient dépassé alors la limite sud. J'avoue que j'hésite à
vous accorder cela. Si le texte portait *postquam pervaserat* ou

---

(1) Mabillon et les auteurs de la *Gallia Christiana* écrivent *Halle*. Dans
Colliette, qui paraît avoir copié l'acte sur le cartulaire même du Mont-St.-
Quentin, on lit *Hal*.

bien *qua liquerat*, *qua egressus fuerat*, je serais tout-à-fait de
votre avis, mais le *qua pervaserat* m'embarrasse un peu ; il me
semble indiquer un lieu du pays des Atrébates par où Clodion
(1) l'avait traversé, comme nous dirions : j'ai traversé la Flandre
par Armentières, l'Artois par Bapaume, le Hainaut par Bou-
chain.

Allaines est évidemment sur le territoire des Viromanduens,
et même à plusieurs lieues de la frontière bien connue des
Atrébates (2). Si en effet c'est là que les Francs ont subi leur
échec, il faut convenir que Sidoine a été bien peu précis dans sa
description des lieux. Pourquoi n'a-t-il pas dit plutôt : *qua Cloio
Viromanduorum terras invaserat ?* Ni vous ni moi ne ferons au
poète l'injure de croire qu'il a employé *Atrebatum* comme plus
commode pour le rythme. Il pouvait, à la rigueur, se tirer
d'affaire avec *Virmandúm*.

De tout ceci que conclure ? Que la question, difficile, ardue,
ambiguë dans ses termes, se prête par là même à plusieurs hypothèses et par là aussi se refusera peut-être toujours à une
solution définitive.

Quoi qu'il en soit, Monsieur, je me plais à le répéter, nul ne l'a
approfondie autant que vous, et ne l'a traitée avec une sagacité
plus consciencieuse, avec une érudition plus solide et un amour
plus sincère de la vérité.

---

(1) A propos de Clodion, il s'est glissé une erreur dans la Dissertation ; ce n'est
point le tombeau de ce chef Franc qu'on a retrouvé à Tournai en 1653, mais bien
celui de Childéric, père de Clovis. Quant à Clodion, sa sépulture est restée inconnue, bien qu'une tradition vulgaire la mette dans une des cryptes de la place
d'armes de Cambrai.

(2) Les limites du diocèse d'Arras au moyen-âge peuvent être considérées
comme celles du territoire des Atrébates ; et les Viromanduens devaient comprendre
toute la circonscription du diocèse de Noyon. Ces démarcations des anciens dio-
cèses sont les guides les plus sûrs pour retrouver la trace et l'étendue des *pagi*
primitifs. Sous ce rapport, le village de Fins pourrait bien avoir tiré son nom de
Fines, comme l'a remarqué Colliette et après lui M. de Cayrol, mon honorable
adversaire dans la question du champ de bataille des Nerviens.

OBSERVATIONS SUR LA LETTRE DE M. LE GLAY.

En exprimant ici combien je me trouve honoré du jugement favorable porté sur ma dissertation par un homme aussi compétent que M. Le Glay, je demanderai à notre savant confrère la permission de répondre un mot à son objection relative au vers *Flumenque simul sub tramite longo.*

Sans même réclamer en faveur de Sidoine les concessions assez larges que que l'on ne refuse jamais aux poètes en fait de synonymie, nous trouvons d'abord une preuve suffisante (pour nous en tenir à celle-là) que le mot *flumen* n'a point l'*honorable* signification que lui prête un peu généreusement M. Le Glay, dans l'application qu'Hadrien de Valois, historien prosateur, en fait à la Canche dans le passage que j'ai rapporté. Je puis attester à M. Le Glay, s'il ne connaît pas cette rivière, que ce n'est aussi qu'une bien modeste riviérette.

En second lieu, je ne pense pas que l'objection tirée du *tramite longo* soit applicable à un terrain marécageux tel que l'est incontestablement celui d'Halène, à une localité telle que celle dont j'ai reproduit une description que tout me porte à croire conforme à la vérité. Le pont de Poissy me paraît pouvoir donner une idée assez exacte, quoique peut-être en grand, de ce que devait être le pont d'Halène. Les expressions *pugnabat ponte sub ipso* démontrent d'ailleurs avec évidence qu'il s'agit d'un pont dont la longueur dépassait de beaucoup la largeur du courant.

Quant au mot *Alania*, il a dû, comme tous les noms propres *officiels* composés à la même époque (si l'on peut appliquer ici cette expression), reproduire exactement, sauf une terminaison latine, la prononciation vulgaire. Or, c'est également un fait qui sera attesté par tous les Picards, que le prénom *Hélène* est constamment prononcé *Halène* par les habitants de la campagne; et il me paraît vraisemblable que cette prononciation, qui est un des traits caractéristiques de l'idiôme picard, doit remonter à une haute antiquité.

J'ajouterai, relativement à l'*H* du nom en question, une remarque assez importante qui vient à l'appui de celle déjà fournie à ma défense par l'honorable impartialité de M. Le Glay, c'est que le mot *Hal* se lit encore sur la carte du gouvernement de Péronne gravée en 1636 par Tassin, géographe du roi, et qu'ici c'est bien au village même qu'il s'applique: car nul autre nom ne se lit entre *Péronne* et *Mont-St.-Quentin*, et nul courant n'y est indiqué.

Je terminerai ici ces observations, mais non sans remercier notre honorable confrère de m'avoir signalé l'erreur que j'ai commise relativement au tombeau de Clodion, et que je me fais un devoir de reconnaître.

SUPPLÉMENT.

INDUSTRIE MANUFACTURIÈRE.

DE L'INCRUSTATION DES CHAUDIÈRES A VAPEUR.

PROCÉDÉ NOUVEAU POUR EMPÊCHER L'ADHÉRENCE DES DÉPÔTS CALCAIRES.

Par M. Fréd. Kuhlmann, membre résident.

Le problème à la solution duquel je consacre ces lignes est d'un haut intérêt pour l'industrie manufacturière; c'est un problème dont la solution peut exercer une influence considérable sur la propagation de l'emploi des moteurs à vapeur.

Les croûtes qui s'attachent aux parois intérieures des chaudières présentent des inconvénients de plus d'une espèce ; en empêchant le contact immédiat du liquide avec le métal, elles portent obstacle à une bonne utilisation de la chaleur du foyer et donnent lieu fréquemment à l'altération des chaudières dans les parties les plus rapprochées du foyer, et dont la température peut s'élever au point de permettre la combustion du métal ou du moins la dislocation des joints de la tôle. Elles donnent lieu à un autre inconvénient non moins grave, et celui-là est de nature à appeler, sur les recherches qui tendent à éviter leur formation et leur adhérence, l'attention des philanthropes et des gouvernements eux-mêmes, c'est le danger d'explosion.

Lorsque, par quelque temps de travail, des croûtes assez épaisses se sont formées au fond des chaudières, et que par suite de la rupture de ces croûtes, déterminée par la grande dilatation du métal où elles étaient adhérentes, le liquide est tout-à-coup mis en contact avec des parties de métal chauffées à une température excessive, il se forme subitement une masse de vapeur telle, qu'elle agit sur la chaudière comme le ferait un violent coup de marteau, et peut en déterminer l'explosion malgré l'existence des appareils de sûreté.

Plusieurs procédés plus ou moins efficaces ont été successivement proposés pour s'opposer à ces incrustations ou en diminuer l'adhérence. Dans ces derniers temps, l'académie des sciences, en décernant un prix Monthyon à l'auteur de l'application de l'argile, a donné la mesure de l'intérêt général qui s'attache à cette question. Je crois donc faire une chose utile aux propriétaires d'appareils à vapeur en publiant quelques observations nouvelles et en indiquant un procédé qui me paraît résoudre, dans la plupart des circonstances, le problème que je me suis proposé.

Jusqu'alors on avait en quelque sorte attendu du hasard l'indication du remède aux inconvénients signalés ; j'ai cru que l'on y arriverait plus sûrement en analysant les causes et les circonstances de la formation des croûtes des chaudières à vapeur, et en appelant à son aide quelques notions élémentaires de la science.

A l'exception des rares circonstances où l'on peut faire usage, pour l'alimentation des chaudières à vapeur, de l'eau de pluie ou de l'eau provenant de la condensation de la vapeur, la vaporisation de grandes masses d'eau doit nécessairement donner lieu à des dépôts dont la quantité doit varier suivant la nature de l'eau de rivière ou de source qui a été employée. Ces dépôts consistent principalement en carbonate et en sulfate de chaux. Le carbonate de chaux était dissous dans l'eau en faveur d'un peu d'acide carbonique libre qui s'en échappe lentement pendant l'ébullition du liquide, aussi le carbonate se dépose-t-il en présentant des dispositions cristallines donnant de la consistance aux croûtes. Le sulfate de chaux se dépose également avec lenteur au fur et à mesure que l'eau se vaporise, et sa cristallisa-

tion est très-apparente. Je considère la cristallisation de ces produits comme la cause essentielle de la solidification des croûtes
des chaudières, et je tiens pour constant que si l'eau des générateurs pouvait être maintenue continuellement dans un état de
grande agitation, l'on s'opposerait à la cristallisation et par
conséquent à la formation de tout dépôt dur et adhérent. Ce
qui vient confirmer cette opinion, c'est que j'ai observé que
les générateurs qui travaillent jour et nuit ne s'incrustent pas
si facilement, proportionnellement à la quantité d'eau vapo-
risée, que ceux qui chôment la nuit.

Les procédés employés jusqu'ici pour s'opposer à la formation des croûtes agissent mécaniquement; les uns, tels que
ceux fondés sur l'emploi de la pomme de terre et en général
des matières amilacées, gommeuses ou sucrées, en donnant
une certaine viscosité au liquide, portent un léger obstacle à
la cristallisation des sels calcaires. L'interposition de l'argile
entre les molécules cristallines peut aussi en diminuer l'adhésion et la consistance, mais les résultats de ces applications
diverses sont incomplets, et l'emploi de l'argile présente en
outre l'inconvénient d'augmenter encore les résidus solides que
laisse la vaporisation; cette argile est souvent entraînée, lors
des projections d'eau, dans les conduits de vapeur, et peut
empêcher le jeu des robinets. L'un des procédés où l'action
mécanique est le mieux utilisée est celui qui consiste à introduire dans les chaudières des cassons de verre, des décou-
pures de tôle ou autres corps pesants et anguleux, dont le
frottement contre les parois des chaudières empêche l'adhésion des dépôts partout où ces corps peuvent exercer ce frottement (1).

_____

(1) Un brevet d'invention a été pris récemment par MM. Néron et Kurtz
pour l'emploi des matières colorantes dans le but de prévenir l'incrustation des

Persuadé que le but proposé ne sera complétement atteint qu'en rendant toute cristallisation impossible, j'ai cherché le remède aux inconvénients signalés dans un autre ordre d'idées. J'ai abandonné les moyens mécaniques de s'opposer à la cristallisation des sels calcaires, et j'ai eu recours à leur décomposition ou à leur précipitation confuse dès l'entrée des eaux d'alimentation dans les chaudières.

Je me suis servi à cet effet des carbonates alcalins que j'introduis dans les chaudières en quantité suffisante pour convertir le sulfate de chaux des eaux en carbonate, et pour enlever au carbonate de chaux dissous par un excès d'acide carbonique l'acide qui lui sert de dissolvant.

Lorsque les eaux contiennent du sulfate de chaux, la quantité de carbonate alcalin nécessaire est proportionnelle à la quantité de sel séléniteux que contient l'eau et à la masse d'eau

---

chaudières à vapeur. D'après différents rapports qui ont été faits sur cette application il paraît qu'elle donne des résultats satisfaisants. Ces résultats ne peuvent être dus qu'à la formation de laques de chaux qui, n'affectant aucune cristallisation, ne donnent lieu à aucune adhérence. Si mon explication est vraie, des résultats tout aussi complets seront obtenus par l'emploi des écorces d'arbres qui contiennent du tannin ou de toute autre matière formant des combinaisons insolubles avec les sels de chaux au moment de leur solidification.

Voici toutefois ce qu'on lit dans le compte-rendu de la séance générale du 9 décembre 1840 de la Société industrielle de Mulhouse (*Moniteur industriel*, 7 janvier 1841) : « M. John-H. Smith, de Londres, croit devoir donner avis à la Société que le procédé de MM. Néron et Kurtz pour prévenir l'incrustation des chaudières à vapeur était connu et pratiqué en Angleterre bien long-temps avant que ces messieurs se fussent fait patenter pour cet objet ; mais qu'on a dû y renoncer après en avoir reconnu les inconvenients. Il résulte des renseignements fournis par M. Smith qu'un autre procédé est employé avec plus de succès. Ce procédé consiste à couvrir presqu'en entier la partie inférieure des bouilleurs qui se trouve exposée à l'action immédiate du feu de rognures de fer-blanc, de tôle ou de zinc, que l'on découpe par fragments anguleux. Ces rognures ainsi déposées jouent avec facilité et se trouvent sans cesse en mouvement par l'ébullition de l'eau ; de cette manière elles préservent complètement la chaudière de toute incrustation. »

qu'il s'agit de vaporiser ; et pour les eaux très-chargées de cette
matière saline, la quantité de sel alcalin nécessaire devient
assez considérable, mais par contre les dangers d'incrustation,
si l'on n'a pas recours à un moyen de préservation, se produisent à un plus haut degré et plus fréquemment. Et en supposant même que tout le sulfate de chaux ne fût pas décomposé,
la craie formée agirait d'une manière efficace par une action
mécanique analogue à celle qu'exerce l'argile.

La seule circonstance où l'application du sel alcalin de potasse ou de soude deviendrait onéreuse, c'est celle où l'eau,
en outre du sulfate de chaux, contiendrait une grande quantité
de chlorure de calcium ou de magnésium dont la décomposition
s'effectuerait également et augmenterait la quantité du dépôt
terreux.

La condition la plus favorable à l'emploi des carbonates alcalins est celle où l'eau est plus particulièrement chargée de carbonate de chaux ou de carbonate de fer dissous par un excès d'acide
carbonique, et c'est heureusement celle qui se présente le plus
fréquemment dans l'alimentation des chaudières à vapeur. Dans
ces cas une réaction chimique assez remarquable se produit et
permet la précipitation d'une grande quantité de carbonate de
chaux non cristallin et par conséquent non adhérent, avec une
très-petite quantité de carbonate alcalin. En introduisant dans
un générateur un peu de carbonate de potasse ou de soude, le
carbonate de chaux est précipité aussitôt et le carbonate de potasse ou de soude passe à l'état de sesqui-carbonate puis de
bi-carbonate. Mais sous l'influence de la chaleur ce dernier sel
se décompose et se trouve ramené à l'état de sesqui-carbonate.
Aussitôt que, pendant le travailde la chaudière, de nouvelle eau
d'alimentation y est injectée, cette eau laisse précipiter confu-
sément son carbonate de chaux; l'excès d'acide carbonique se
trouvant saisi par le sesqui-carbonate alcalin qui, devenu bi-
carbonate, le laisse à son tour échapper lentement pendant

l'ébullition du liquide pour agir par précipitation sur une nouvelle quantité de carbonate de chaux dissous, en faveur de l'acide carbonique. C'est ainsi que je crois pouvoir rendre compte de la propriété que possède le carbonate de potasse ou de soude de déterminer la précipitation confuse d'une très-grande quantité de carbonate de chaux. Par une expérience de plus d'un an j'ai reconnu dans mes usines la grande efficacité de ce procédé, et mes résultats ont été confirmés par des essais faits par M. Hallette, à Arras.

Le carbonate de chaux tel qu'il s'extrait des chaudières après un mois ou six semaines de travail est à l'état d'une division extrême; aucune adhérence ne se remarque; celle des anciennes croutes de chaudières est même détruite. Pour obtenir ces résultats avec une eau chargée de beaucoup de carbonate de chaux, je fais usage de 100 à 150 grammes de sel de soude à 80° alcalimétriques par force de cheval et par mois de travail. Cette quantité devrait être plus considérable s'il s'agissait de déterminer la décomposition du sulfate de chaux, mais dans ces dernier cas encore mon procédé me parait utilement applicable.

Pour l'eau de mer, où il se forme des dépôts séléniteux avant la cristallisation du sel marin, il me parait préférable d'avoir recours aux moyens mécaniques; si l'on voulait opérer par décomposition, comme cette eau contient une plus grande quantité de chlorures calcaires et magnésiens que de sulfate de chaux et de sulfate de soude, il serait préférable d'introduire dans les chaudières du chlorure de barium que de faire usage de carbonates alcalins. Ce chlorure pourrait être fabriqué assez économiquement s'il trouvait un emploi de quelque importance. Je n'ai toutefois aucun résultat d'expérience à présenter à l'appui de cette dernière application, dont la question d'économie peut en grande partie décider du mérite.

CRISTAUX DE SULFATE DE PLOMB ARTIFICIEL,

TENUS DANS LA FABRICATION DE L'ACIDE SULFURIQUE,

Par M. Fréd. KULHMANN, membre résidant.

Le sulfate de plomb forme une espèce minérale à laquelle on
onné le nom d'Anglesite, d'Anglesea où on l'a trouvé en
mier lieu. Selon M. Beudant (1), ses cristaux présentent des
aèdres à base rectangle plus ou moins modifiés, qui peuvent
e dérivés d'un prisme droit rhomboïdal de 103° 42' et 76° 18',
bien, en retournant les cristaux, d'un prisme droit rhom-
dal de 101° 12' et 78° 48'. Sa pesanteur spécifique est 6,23 à
1 ; c'est une matière accidentelle des gîtes de sulfure de plomb
des minerais de cuivre.
Le sulfate de plomb artificiel n'a été obtenu jusqu'ici qu'à
at d'une poudre blanche sans apparence cristalline, soit que
produit eût été préparé par l'action de l'acide sulfurique
centré sur le plomb ou son oxide, soit que sa formation eût
lieu par la décomposition d'un sel de plomb dissous dans l'eau
moyen de l'acide sulfurique ou d'un sulfate soluble.
'ai eu occasion d'observer dans ces derniers temps la forma-
artificielle du sulfate de plomb cristallisé. Voici dans quelles
constances :
Dans le but d'obtenir une condensation plus complète de
ide sulfurique formé dans des chambres de plomb, j'ai fait
uler au sortir des chambres dans de grandes caisses en
mb les vapeurs formées d'un mélange d'acide sulfurique,

) Beudant, *Traité de minéralogie*, vol. II, p. 459.

d'acide hyponitrique et d'eau. Par suite de la condensation préalable de la plus grande partie de l'acide sulfurique, l'acide hyponitrique dominait dans ce mélange et devait par conséquent, en présence de la vapeur d'eau, donner naissance à une grande quantité d'acide nitrique. C'est sous l'influence de ces vapeurs corrosives que le plomb des caisses de condensation s'est recouvert, par un contact de quelques jours seulement, d'une couche assez épaisse de sulfate de plomb parfaitement cristallisé en aiguilles et paillettes d'un aspect soyeux analogue à celui des cristaux de chlorure de plomb.

La forme de ces cristaux est assez difficile à constater; elle paraît se rapprocher de celle du sulfate naturel; on y remarque des prismes terminés par des pyramides et des tables rhomboidales superposées en retraite les unes des autres; le sel est anhydre et il constitue un sulfate neutre parfaitement pur sans qu'il soit retenu aucun élément nitreux. Sa pesanteur spécifique est de 6,061 à 6,086. La formation du sulfate de plomb cristallisé sous l'influence des vapeurs nitreuses des chambres de plomb presqu'entièrement dépouillées d'acide sulfurique est si prompte et si abondante que j'ai dû renoncer à utiliser ce complément de moyens de condensation et y suppléer par une autre voie.

La conséquence pratique des faits observés, c'est que la conservation des chambres de plomb dans la fabrication de l'acide sulfurique ne peut avoir lieu qu'autant qu'en présence des vapeurs nitreuses il se trouve toujours un assez grand excès d'acide sulfurique (1).

---

(1) M. Delezenne, qui a examiné ces cristaux au microscope polarisant, a constaté qu'ils n'étaient pas bi-refringents, et que, par conséquent, ils pouvaient dériver d'un octaèdre régulier.

BOTANIQUE.

NOTICE

SUR PLUSIEURS PLANTES CRYPTOGAMES NOUVELLEMENT DÉCOU-
VERTES EN FRANCE, ET QUI VONT PARAÎTRE, EN NATURE,
DANS LA COLLECTION PUBLIÉE PAR L'AUTEUR,

J.-B.-H.-J. Desmazières, Membre résidant.

Séance du 4 septembre 1840.

HYPHOMYCETES.

Helminthosporium pyrorum, Lib. *Crypt. Arden.* — Desmaz.,
Pl. Crypt. Fasc. XXII.

Nous avons observé plusieurs fois cette espèce, en automne,
sur les deux faces des feuilles du Poirier. Elle y forme de petites
taches, souvent orbiculaires, d'un brun olivâtre. Ses filaments
sont simples, courts et comme noueux, ou paraissant marqués
des places où étaient attachées les sporidies. Celles-ci sont
ovales-oblongues, presque terminées en pointe, et contiennent
deux à quatre sporules globuleuses, très-petites. La longueur
des sporidies n'excède pas $^1/_{50}$ de millimètre, et leur couleur
olive est plus claire que celle des filaments.

CONIOMYCETES.

Sporidesmium foliicolum, Desmaz., Pl. Crypt. Fasc. XXII.
*Acervulis hypogenis, approximatis, distinctis,
punctiformibus, demum effusis. Sporidiis atris,*

*semi–opacis, sessilibus, majusculis, oblongis,
ovoideis vel globosis, transversaliter septatis
et longitudinaliter cellulosis. Habitat in foliis
Quercus.*

Ce *Sporidesmium* se remarque à la face inférieure des feuilles
mourantes du chêne encore attachées à l'arbre; il naît sous
l'épiderme et se montre au–dehors sous l'apparence de tubercules
cules noirs, extraordinairement petits, qui, par leur rapprochement, forment sur toute la surface de la feuille plusieurs
taches d'un noir mat, plus ou moins grandes et de figures
diverses. Les tubercules sont formés par l'agglomération de
sporidies sessiles, semi – opaques, oblongues, pyriformes,
ovoïdes ou globuleuses. Il en est qui ont $\frac{1}{50}$ de millim. et
d'autres qui n'atteignent pas la moitié de cette dimension. Mais
quelles que soient leur grosseur et leur forme, elles sont toutes
divisées transversalement par une, deux, trois et même quatre
cloisons formant des loges ou cellules presque toujours divisées,
elles–mêmes, par des cloisons perpendiculaires plus ou moins
nombreuses. Il résulte de cette organisation que la sporidie
paraît formée d'un assez grand nombre de cellules irrégulières,
réunies les unes contre les autres. Nous en avons compté jusqu'à
12 et 15 dans les plus fortes sporidies.

Observation. On remarque presque toujours avec cette Coniomycète, des taches d'un gris blanchâtre, composées d'une
sorte de duvet pulvérulent : quoique nous n'ayons pu pénétrer
dans l'organisation de cette production, et que nous ignorions
même sa nature, nous pensons qu'elle n'appartient aucunement
à notre *Sporidesmium.*

ACROSPIRA PERPUSILLA, Nob.

*Candida, minutissima, conferta, granuliformis,
globosa vel ovoidea. Sporulis hyalinis, inæqua-*

libus , globosis , ovoideis , pyriformibus vel difformibus. Habitat ad ligna putrida.

Cet Égérite ne peut être bien distingué qu'à la loupe : C'est à peine si ses plus gros péridium ont $^1/_6$ de millimètre ; la plupart d'entr'eux sont encore beaucoup plus petits. Ils sont presque globuleux ou ovoïdes, d'un blanc de neige, ramassés mais distincts. La grosseur des sporules varie de $^1/_{80}$ à $^1/_{100}$ de millimètre environ. Elles sont complètement hyalines, sphériques, ovoïdes, pyriformes ou plutôt munies d'un petit prolongement qui les fait paraître comme pédicellées. Ce prolongement est quelquefois courbé de manière à rendre la sporule presque difforme. Nous avons observé cette espèce sur de vieilles poutres exposées à l'humidité.

HYMENOMYCETES.

MITRULA CUCULLATA, *var. a. Abietis* , Fr. Epic. — Desmaz., Pl. Crypt. Fasc. XXII.

Elvella cucullata , Batsch. Elench. — *Clavaria ferruginea* , Sow. Engl. Fung. — *Mitrula Heyderi* , Pers. Disp. Horn. Fl. dan. — *Leotia mitrula* , Pers. Syn. fung., Icon. pict. et Myc. eur. — Grev. Scott. crypt. fl. — *Mitrula Heyderia Abietis* , Fr. Syst. myc. — *Geoglossum cucullatum* , *a* , Fr. Elench. — Berk. Brit. fung.

Dans toute la longue synonymie que nous venons d'exposer, on ne trouve pas cités les auteurs de Flores de France ; c'est qu'en effet, le joli petit champignon que nous allons publier, en nature, dans notre collection cryptogamique, n'avait pas encore été trouvé dans le royaume. Nous l'avons observé, aux environs de Douai, en automne, dans des plantations de Sapins, et M. ROBERGE, dont les connaissances égalent le zèle, l'a aussi recueilli près de Caen, sur les feuilles du même arbre, tombées à terre, et même sur de très-petits rameaux mêlés à ces feuilles. Quel que soit son support, il naît en groupes peu serrés. Son pédicelle, de couleur brune tirant sur celle de la canelle, est courbé et souvent rampant à sa base. Il adhère aux feuilles par des filaments, en duvet laineux et jaunâtre, s'élevant quelquefois jusqu'à la moitié et même aux deux tiers de sa hauteur, qui varie de 5 à 15 millimètres. Il n'est pas rare de trouver ces pédicelles accolés deux à deux par leur base. Le chapeau est charnu, conique, ovoïde ou un peu arrondi, réfléchi en ses bords qui entourent très-étroitement le pédicelle, et quelquefois marqué d'un sillon. Il a ordinairement 5 à 7 millimètres de hauteur, sur trois millimètres environ de largeur; sa couleur est un peu plus pâle que celle du pédicelle, c'est-à-dire canelle tirant sur le jaune. Les thèques sont linéaires, de $^1/_{15}$ de millimètre de longueur, et contiennent des sporidies oblongues, étroites, arquées, qui n'ont pas plus de $^1/_{30}$ de millimètre de longueur. D'après ce caractère des sporidies, nous déclarons comme fautive la figure 3 de la table 81 du *scottish cryptogamic Flora*, où sont représentées des sporidies globuleuses.

Peziza caricis, Desmaz. Pl. Crypt. Fasc. XXII.

> *Sparsa, stipitata, minutissima, extus griseo-tomentosa, globosa, humida, expansa, hemisphærica; pisco planiusculo subaurantiaco.*
> *Habitat in foliis Caricis. Vere.*

Cette jolie petite Pézize appartient à la série des *Lachnea* (*Dasyscyphæ stipitatæ*) du *Systema mycologicum*. Elle croît éparse sur les feuilles sèches des Carex, quelquefois sur leur face supérieure, quelquefois et même plus abondamment sur leur face inférieure. Son pédicelle, qui n'a pas plus de $^1/_4$ de millimètre de longueur, est grêle et couvert d'un duvet d'un blanc grisâtre. La cupule, presque globuleuse quand la plante est sèche, a exactement la forme d'une coupe lorsqu'elle est humide; elle est aussi couverte à l'extérieur de petits poils semblables à ceux du pédicelle; son disque est d'un beau jaune d'or foncé et n'a pas, dans son plus grand développement, plus d'un demi-millimètre de diamètre.

PEZIZA VENUSTULA, Nob. Desma z. Pl. Crypt. Fasc. XXII.

> Sessilis, gregaria, superficialis, minutissima, globoso - applanata, tomentosa, nivea; sicca subclausa, humida disco aperto albo.
> Habitat in ramis exsiccatis Aceris negundinis.

Cette espèce se trouve, en automne, sur les branches et les rameaux secs de l'Acer negundo. Ses cupules, qui n'ont pas plus d'un quart de millimètre, sont superficielles, agglomérées, sessiles, recouvertes par un duvet serré d'un blanc de neige. Elles ne s'ouvrent que lorsqu'elles sont humides, et laissent voir alors un disque blanc; leur forme est ordinairement globuleuse, un peu aplatie, mais lorsqu'elles sont très-rapprochées elles se compriment et deviennent anguleuses.

De toutes les Pézizes appartenant à la section des *Dasyscyphæ sessiles*, les *Peziza punctiformis*, Fr., et *Villosa*, Pers., sont les seules espèces avec lesquelles le petit Fungus qui nous occupe peut être comparé: il diffère de la première, qui se développe sur les feuilles pourries, non seulement par cet *habitat*, mais encore en ce qu'il n'est pas aussi fugace et qu'il ne reste pas fermé dans les temps humides, et de la seconde, aussi par *l'habitat*, par ses cupules un peu plus petites, constamment aggrégées et parfaitement sessiles, tandis que l'on observe un rudiment de pédicelle dans le *Peziza villosa*. Mademoiselle Libert a publié un *Peziza Aspidii* qui a encore quelque rapport avec notre espèce, mais la plante ardennoise est beaucoup plus petite, très-éparse et se développe sur les feuilles de l'*Aspidium aculeatum*.

37

DEPAZEA PETROSELINI, Desmaz. Pl. Crypt.

> *Epiphylla. Maculis rotundatis vel indeterminatis,*
> *albicantibus. Peritheciis sparsis, punctifor-*
> *mibus, fusco-nigris. Ascellis linearibus,* '/₂₅
> *millimetro longis ; sporulis* 7—10, *globosis,*
> *opacis.*
>
> *Habitat in foliis languescentibus Apii Petro-*
> *selini.*

Cette espèce se trouve en été, dans nos jardins, à la face supérieure des feuilles languissantes du Persil. Elle est encore à ajouter à la Flore française.

ASTEROMA LONICERÆ, Desmaz. Pl. Crypt. Fasc. XXII.

> *Epiphylla, atra, rotunda, maculæformis, fibrillis*
> *distinctis in ambitu radiatis ; cellulis minu-*
> *tissimis centralibus. Habitat in foliis emortuis*
> *Loniceræ.*

Ses taches, d'un noir mat, sont orbiculaires, de 3 à 5 milli-mètres de diamètre, éparses à la face supérieure des feuilles mortes et tombées des *Lonicera;* elles offrent au centre de très–petites cellules peu visibles à la loupe, et sur les bords des fibrilles rayonnantes qui, par leur nodulosité, semblent porter elles–mêmes des cellules peu développées. *L'Asteroma Cratægi* (*Actinonema*, Pers.) est celui qui, quoique distinct, ressemble le plus à notre espèce.

DOTHIDEA ROBERGEI, Desmaz. Pl. Crypt. Fasc. XXII.

> *Epiphylla, globulosa, minutissima, approximata,*
> *nigra, opaca, pilosa. Habitat ad folia viva*
> *Geranii.*

Cette espèce se développe à la face supérieure des feuilles

vivantes ou mourantes du *Geranium rotundifolium*. Elle a été trouvée, en décembre 1839, dans les champs ombragés des environs de Caen, par M. ROBERGE, à qui nous la dédions. Il ne faut pas la confondre avec le *Dothidea Geranii*, ou avec le *Dothidea Robertiani*. Par ses réceptacles ou cellules simples, épiphylles et hérissés de poils noirs, elle a de grands rapports avec le *Dothidea Chœtomium*, et surtout avec le *Dothidea Potentillæ* : elle se distingue principalement du premier par l'extrême petitesse de ses loges, et du second par leur disposition en petits groupes, quoiqu'elles soient encore assez écartées entre-elles. Ces groupes sont répandus sur toute la surface de la feuille. Nous avons remarqué que les sporidies, qui sont presque pyriformes et biloculaires dans l'une comme dans l'autre espèce, sont un peu plus alongées dans le *Dothidea Potentillæ*.

PHACIDIUM MEDICAGINIS, Lib. *Crypt. Ard.* — Desmaz, Pl. Crypt.

Cette espèce intéressante et nouvelle pour la Flore française, se développe, en automne, sur la face supérieure des feuilles mourantes des *Medicago sativa* et *Willdenovii*. Elle offre de petites taches brunes et orbiculaires au centre desquelles se trouve un seul périthécium brun, qui n'a pas plus d'un demi-millimètre de grosseur, et qui s'ouvre en trois ou quatre valves. Son disque est plane, assez pâle ; ses thèques sont en massue, elles ont $^1/_{15}$ de millimètre de longueur environ, et renferment 6 à 8 sporidies hyalines et ovoïdes, qui n'ont pas plus de $^1/_{100}$ de millimètre de diamètre.

OUVRAGES

OFFERTS PAR DES MEMBRES DE LA SOCIÉTÉ.

BERKELEY. — Extracts from the annals of natural history.

BOTTIN. — Compte-rendu à la Société royale et centrale d'agriculture du premier volume des Mémoires de la Société d'agriculture de l'arrondissement de Saint-Omer.

BOUILLET. — Tablettes historiques de l'Auvergne, comprenant les départements du Puy-de-Dôme et du Cantal. Clermont-Ferrand, 1840.

BRAVAIS. — Sur l'équilibre des corps flottants. Thèse de mécanique. Paris, 1840.

BRESSON. — Annuaire des sociétés par actions. 2.ᵉ année, 1840.

BRONGNIART (Alexandre). — Premier mémoire sur les Kaolins ou argiles à porcelaine, sur la nature, le gisement, l'origine et l'emploi de cette sorte d'argile. Paris, 1839, in-4.°

CLÉMENT (M.ᵐᵉ), née Hémery. — Retour de la domination espagnole à Cambrai. Siége de 1595 par le comte de Fuentes. Mémorial journalier de ce qui est arrivé tant dans la ville qu'au dehors. Manuscrit inédit d'un moine de l'abbaye du Saint-Sépulcre. Cambrai, 1840. — Essai sur l'éducation des femmes. Cambrai, 1840.

DELCROIX. — La vallée des Géraniums (hommage à Napoléon).

DESMYTTÈRE. — Précis élémentaire de la saignée et de la vaccine, par Deschamps ; et Précis élémentaire de botanique médicale et de pharmacologie, par Desmyttère. Paris, 1837. — Tableaux synoptiques d'histoire naturelle médicale (règne organique) ou végétaux et animaux envisagés sous les rapports physique,

pharmacologique, chimique et thérapeutique, avec près de
6oo figures représentant les caractères des familles. Paris, 183o.

DESRUELLES. — Nouvelle doctrine des maladies vénériennes.
Lettres écrites du Val-de-Grâce à M. le docteur D*** sur les
maladies vénériennes et sur le traitement qui leur convient,
d'après l'observation et l'expérimentation pratique.

DOURLEN. — A M. le docteur Lefébure, secrétaire-général du
Comité central de vaccine du département du Nord. Lille,
184o.

DUVERNOY. — Note sur deux bulbes artériels faisant les fonctions
de cœurs accessoires, qui se voient dans les artères innominées
de la *Chimère arctique.* 1837. — Fragments sur les organes de
la respiration dans les animaux vertébrés. 1839. — Du méca-
nisme de la respiration dans les poissons. 1839. — Leçons sur
l'histoire naturelle des corps organisés, professées au Collège de
France. Premier fascicule, comprenant une esquisse des derniers progrès de la science et de son état actuel. Paris, 1839.
— Du foie des animaux sans vertèbres, en général, et particulièrement sur celui des crustacés. — Résumé sur le fluide nourri-
cier, ses réservoirs et son mouvement dans tout le règne
animal.

GIRARDIN. — Chimie agricole. Premier mémoire sur la pomme de
terre (classification, convenance du butage, détermination des
meilleures variétés à cultiver dans chaque espèce de sol, analyse), par Girardin et Dubreuil fils. Rouen, 1839. — Essai
chimique et technologique sur le *Polygonum tinctorium*, par
Girardin et Preisser. Rouen, 184o.

LEGLAY. — Maximilien I, empereur d'Allemagne, et Marguerite
d'Autriche, sa fille, gouvernante des Pays-Bas. Esquisses bio-
graphiques. Paris, 1839. — Discours prononcé à la distribution
des prix de l'Institution départementale des sourds-muets, à
Lille, en 184o.

LEGRAND. — De Lille à Saardam. Extrait du carnet d'un voyageur
en Hollande.

LEJEUNE. — Remarques critiques sur le Mémoire de Courtois inséré dans les Actes de l'académie des Curieux de la nature, sous le titre de *Commentarius in Remberti Dodonai Pemptades*. 1836.

LELEWEL. — Revue numismatique.

LESTIBOUDOIS (Thém.). — Question des sucres. Opinion de M. Lestiboudois, député du Nord. Paris, 1840.

MALINGIÉ-NOUEL. — Discours prononcé à la séance publique annuelle de la Société d'agriculture de Loir-et-Cher, le 30 août 1840.

MALLET (C.). — Discours de réception à l'Académie de Rouen. 1839.

MÉRAT. — Maladies des végétaux. 1839. — Deuxième note sur la culture du thé en grand, en pleine terre, en France. 1839. — Notice sur les ravages que fait dans les rameaux les plus tendres des rosiers une fausse chenille ou larve d'une espèce de mouche à scie. — Notice sur une Hépatique regardée comme l'individu mâle du *Marchantia conica*, L. Paris, 1840. — Géographie des plantes. 1840.

PHILIPPAR. — Notice sur le madi ou madia oléifère (*Madia sativa*) considéré comme plante oléagineuse. 1840. — Rapport à la Société royale d'agriculture et des arts sur l'état de l'horti-culture et particulièrement sur la situation des pépinières frui-tières et forestières, et sur celle des cultures légumières dans le département de Seine-et-Oise. — Notice sur quelques outils, instruments et machines employés en culture. 1849.

PICARD. — Note sur la culture du *Polygonum tinctorium* et sur l'extraction de l'indigo produit par cette plante. Abbeville, 1839. — Rapport sur la culture du *Polygonum tinctorium* et l'extraction de l'indigo. Abbeville, 1840.

RODET. — De la ferrure sous le point de vue de l'hygiène, ou de son influence sur la conservation tant des animaux que de leur aptitude au travail, suivie des moyens d'agir sur la corne, dans l'intention d'entretenir ou de rétablir les bonnes qualités des pieds des animaux. Paris, 1841.

VILLENEUVE-TRANS (le Marquis de). — Notice sur les tombes de Charles-le-Téméraire et de Marie de Bourgogne. Nancy, 1840.

OUVRAGES OFFERTS PAR DES ÉTRANGERS.

AUZOUX. — Leçons élémentaires d'anatomie et de physiologie, ou description succincte des phénomènes physiques de la vie, dans l'homme et les différentes classes d'animaux, à l'aide de l'anatomie clastique. Paris, 1839.

BLOCQUEL. — Traité de météorologie ou physique du globe, par Garnier. Paris et Lille, 1840, 2 vol. in-8.º

BRASSART. — Inventaire général des chartes, titres et papiers appartenant aux hospices et au Bureau de bienfaisance de la ville de Douai, 1840.

COMBES. — Sociétés agricoles, nécessité et moyen de les réorganiser. Castres, 1840.

DAGONET. — Des insectes nuisibles à l'agriculture, observés pendant l'année 1839. Considérations particulières sur les larves dévastatrices des céréales. Châlons-sur-Marne, 1840.

GRODEE. — Misère des classes laborieuses et de ses causes, démontrée par les faits, par l'abandon des intérêts agricoles et notamment de l'industrie des lins, par M. Moret de Moy. St.-Quentin, 1840.

GUILMOT. — Explication philosophique du Musée de Versailles, ou paradoxes sur la politique et le pouvoir royal. Paris, 1840.

JEAN (André). — Notice sur la construction de la magnanerie de M. André Jean. La Rochelle, 1839. — Essai de la charrue à un seul soc de M. André Jean, dans le domaine royal de Neuilly.

ORLOGUIER. — Examen de la question des sucres. Paris, 1840.

ÉRÉE-BOUBÉE. — La géologie dans ses rapports avec l'agriculture et l'économie politique. Modifications graves à introduire
dans notre système d'économie politique et notamment dans le
cadre général de l'instruction publique. 2.ᵉ édition. Paris,
1840.

AQUET. — L'indicateur des poids et mesures métriques, instruc-
tions mises à la portée des classes ouvrières et publiées pour
l'intelligence du nouveau système. 2.ᵉ édition. Caen, 1840.

ASCAL. — De la nature et du traitement des altérations pulmo-
naires. Guérison de la phthisie. Paris, 1839.

IPAULT. — Rapports et observations sur différents sujets de médecine. Dijon, 1840.

OBINET. — Mémoire sur la filature de la soie. Paris, 1839. —
Expériences sur la ventilation des magnaneries, faites en 1839,
à la magnanerie modèle départementale de Poitiers. — De la
taille du mûrier. — Notice sur les quatre éducations de vers à
soie faites en 1839 dans le département de la Vienne, par
MM. Millet et Robinet et M.ᵐᵉ Millet.

OMAIN. — Notice sur la culture du mûrier pour l'éducation des
vers à soie dans le nord de la France. Laon, 1839.

MORT-MAUX. — Notice sur un séchoir volant appliqué au
métier à tisser, précédée d'observations générales sur l'art du
tissage.

LLERY. — Conservation des grains par le grenier mobile de
M. Vallery.

ONYMES. — Batteur mécanique à fléaux relatifs.

Le Puits artésien. Revue du Pas-de-Calais.

Le Propagateur du progrès en agriculture; recueil périodique de
l'association pour la propagation en France de la culture en
lignes par le semoir Hugues.

Exposition des produits de l'industrie française en 1839. Avis du jury du département de la Charente-Inférieure sur le mérite des divers objets présentés pour l'exposition.

— Observations adressées à M. le ministre du commerce par la chambre de commerce de *Lille* sur les tendances qui menacent le système de protection établi en faveur de l'industrie nationale.

OUVRAGES

ENVOYÉS PAR LE GOUVERNEMENT.

Bulletin du comité historique des arts et monuments. N.os 1 à 6.

Description des machines et procédés consignés dans les brevets d'invention, de perfectionnement et d'importation dont la durée est expirée, ou dans ceux dont la déchéance a été prononcée. Tomes 37, 38 et 39.

Quinzième supplément au catalogue des spécifications des brevets d'invention, de perfectionnement et d'importation. Année 1839.

Exposition des produits de l'industrie française en 1839. Rapport du jury central. Paris, 1839, 3 vol.

Statistique de la France, publiée par le [Ministre de l'agriculture et du commerce. — Agriculture. — Paris, 1840, 1 volume en 2 tomes.

Mémoires d'agriculture, d'économie rurale et domestique, publiés par la Société royale et centrale d'agriculture de Paris. Année 1839.

Considérations générales sur la maréchalerie, suivie d'une exposition de la méthode de ferrure podométrique à froid et à domicile, par M. Riquet. Tours, 1840.

De la filature ou de l'art de tirer la soie des cocons.

La Revue agricole. Bulletin spécial des associations agricoles.

Maison rustique du 19.e siècle. 2.e série. Journal d'agriculture pratique, de jardinage et d'économie domestique.

Le Propagateur de l'industrie de la soie en France.

ABONNEMENTS DE LA SOCIÉTÉ.

Annuaire pour l'an 1840, présenté au roi par le Bureau des Longitudes. 2.ᵉ édition, augmentée de notices scientifiques, par M. Arago.

Annuaire statistique du département du Nord, par MM. Demeunynck et Devaux. 1840.

Annales de chimie et de physique.

Annales des siences naturelles (zoologie et botanique).

Archives médicales.

Bibliothèque universelle de Genève.

Journal des connaissances usuelles et pratiques.

Journal des connaissances utiles.

Journal des savants.

La Flandre agricole et manufacturière, journal de l'agriculture et de l'industrie du nord de la France et de la partie occidentale de la Belgique.

La Phrénologie, journal du perfectionnement individuel et social.

Le Propagateur de l'industrie de la soie en France.

L'Institut, journal général des sociétés et travaux scientifiques de la France et de l'étranger. 1.ʳᵉ et 2.ᵉ sections.

Maison rustique du 19.ᵉ siècle. 2.ᵉ série. Journal d'agriculture pratique, de jardinage et d'économie domestique.

Moniteur de la propriété et de l'agriculture.

Plantes cryptogames de France, par M. Desmazières.

ENVOIS

DES SOCIÉTÉS CORRESPONDANTES.

MIENS. — Mémoires de la Société des antiquaires de Picardie. — Rapport présenté par M. Henri Hardouin, au nom de la commission chargée de la recherche des titres les plus importants déposés aux archives départementales. — Rapport sur le musée d'antiquités d'Amiens et les objets les plus remarquables offerts à cet établissement depuis sa création jusqu'au 5 juillet 1837. — Statuts et réglements de la société. — Mémoires de la Société d'archéologie du département de la Somme. — Séance générale du 5 juillet 1837. — Rapport du secrétaire perpétuel de cette société sur les travaux de l'année.

NGERS. — Bulletin des séances de la Société d'agriculture, sciences et arts. — Mémoires de la Société d'agriculture, sciences et arts.

- Bulletin de la Société industrielle d'Angers et du département de Maine-et-Loire.

NGOULÊME. — Annales de la Société d'agriculture, arts et commerce du département de la Charente.

AYEUX. — Compte-rendu des travaux de la Société vétérinaire des départements du Calvados et de la Manche. — Concours pour la destruction de l'empirisme.

ORDEAUX. — Actes de l'Académie royale des sciences, belles-lettres et arts.

- Actes de la Société Linnéenne.

RUXELLFS. — Bulletins des séances de l'Académie royale des sciences et belles-lettres. — Nouveaux mémoires de l'Académie royale des sciences et belles-lettres. Tome 12. — Annuaire de l'Académie royale des sciences et belles-lettres. 6.e année.

CAEN. — Séances de la Société royale d'agriculture et de commerce. — Concours de 1840. — Réponse de M. Lair, secrétaire de la société, à une lettre de M. Mercier, sur la translation des courses du Pin à Caen.

CAHORS. — Bulletin de la Société agricole et industrielle du département du Lot.

CAMBRAI. — Mémoires de la Société d'émulation, tome 16. — Séance publique du 17 août 1837.

CHALONS-SUR-MARNE. — Séances publiques de la Société d'agriculture, commerce, sciences et arts, du département de la Marne. 1839 et 1840.

COMPIEGNE. — L'Agronome praticien, journal de la Société d'agriculture de l'arrondissement.

DIJON. — Mémoires de l'Académie des sciences, arts et belles-lettres.

DOUAI. — Société royale et centrale d'agriculture du département du Nord. — Séance du 12 juin 1840. — Note sur le système de protection suivi jusqu'ici à l'égard des graines oléagineuses et sur les modifications proposées par le projet de loi de douanes du 23 mai 1840, par M. Leroy. — Notice nécrologique sur M. Taranget, par M. Mangin. — Concours pour les années 1841 et 1842.

ÉVREUX. — Recueil de la Société libre d'agriculture, sciences, arts et belles-lettres du département de l'Eure.

FALAISE. — Mémoires de la Société académique agricole, industrielle et d'instruction de l'arrondissement. — Annuaire de l'arrondissement de Falaise, 5.e année, publié par la Société académique, etc. 1840.

FOIX. — Annales agricoles, littéraires et industrielles de l'Ariége.

LE MANS. — Bulletin de la Société d'agriculture, sciences et arts de la Sarthe.

LONDRES. — The transactions of the entomological society, vol. 11 Parts 1, 2 and 3.

LYON. — Annales des sciences physiques et naturelles, d'agriculture. et d'industrie, publiées par la société royale d'agriculture, histoire naturelle et arts utiles. — Séance publique du 1.er juin 1840. — Rapport sur les honneurs à rendre à la mémoire du major général Claude Martin, par le D. Polinière. 1840. — Eloge historique de A.-F.-M. Artaud, par Dumas. 1840.

— Compte-rendu des travaux de l'Académie royale des sciences, belles-lettres et arts, pendant l'année 1839, par M. Termé.

METZ. — Mémoires de l'académie royale (lettres, sciences, arts, agriculture). 1838-1839. — Programme des questions mises au concours pour 1841.

MONTAUBAN. — Recueil agronomique publié par les soins de la Société des sciences, agriculture et belles-lettres du département de Tarn-et-Garonne.

MULHOUSE. — Bulletin de la Société industrielle. — Programme des prix proposés pour être décernés en 1841.

NANCY. — Mémoires de la Société royale des sciences, lettres et arts.

NANTES. — Société royale académique. — Rapport sur la machine anglaise à battre les grains. 1840. — Annales de la Société royale académique. — Journal de la section de médecine de la Société académique de la Loire-Inférieure.

PARIS. — Bulletin de la Société de géographie.

—. Bulletin de la Société géologique de France.

—. Annales de la Société royale et centrale d'agriculture. — Bulletin des séances, compte-rendu mensuel. — Programme de la séance publique du 26 avril 1840.

— Annales de la Société séricicole. — De la filature ou de l'art de tirer la soie des cocons.

PARIS. — Extrait des procès verbaux des séances de la Société philomatique pendant les années 1836, 1837 et 1838.

— Annales de la Société royale d'horticulture.

— Athénée des Arts. Procès verbal de la 108.ᵉ séance publique.

— Programme des prix proposés par la Société d'encouragement pour l'industrie nationale, pour être décernés en 1841, 1842, 1844, 1846 et 1847.

ROUEN. — Précis analytique des travaux de l'Académie royale des sciences, belles-lettres et arts, pendant l'année 1839. Programme des prix proposés pour 1840 et 1841.

— Bulletin de la Société libre d'émulation.

SAINT-ÉTIENNE. — Bulletin publié par la Société industrielle de l'arrondissement (agriculture, sciences, arts et commerce.)

SAINT-QUENTIN. — Annales agricoles du département de l'Aisne, publiées par la Société des sciences, arts, belles-lettres et agriculture.

TOULOUSE. — Histoire et mémoires de l'Académie royale des sciences, inscriptions et belles-lettres. Tome 5, 1.ʳᵉ et 2.ᵉ parties.

— Recueil de l'Aacadémie des jeux floraux. 1840.

TOURS. — Annales de la Société d'agriculture, de sciences, d'arts et de belles-lettres du département d'Indre-et-Loire.

VERSAILLES. — Société des sciences naturelles de Seine-et-Oise. — Notice sur une espèce d'hyménoptère du genre *Nematus*, dont la chenille dévore les feuilles de différentes espèces de groseillers dans les environs de Versailles, par A. Leduc. — Notice sur l'extraction de l'indigo du *Polygonum tinctorium*, par MM. Colin et Labbé. — Nouveaux essais sur le *Polygonum tinctorium*, par M. Colin. — Nouveau mémoire sur la fermentation, par M. Colin. — Observation phrénologique, par M. Leroy. — Observation sur la respiration des plantes, par MM. Edwards et Colin.

ENVOIS DES SOCIÉTÉS NON CORRESPONDANTES.

AMIENS. — Bulletin du Comice agricole de l'arrondissement.

ANGERS. — Travaux du Comice agricole de Maine-et-Loire.

BORDEAUX. — Comice agricole central du département de la Gironde. — Rapport de la commission chargée d'examiner la proposition de M. Hugues, relative au plan qu'il a soumis à M. le ministre de l'agriculture et du commerce pour la propagation en France de la culture en lignes par le semoir Hugues. — Rapport sur l'agriculture et le défrichement des landes, par M. Moure.

CASTRES. — Comice agricole. — Nécessité de s'occuper de la prospérité de l'agriculture, d'augmenter ses produits, obstacles qui s'y opposent, moyens de les surmonter, par le comte Louis de Villeneuve.

CHARTRES. — Comice agricole de l'arrondissement. — Concours du 24 mai 1840.

DIGNE. — Journal de la Société d'agriculture des Basses-Alpes.

GRENOBLE. — Bulletin de la Société d'agriculture de l'arrondissement.

LA ROCHELLE. — Annales de la société d'agriculture.

MEAUX. — Publications de la Société d'agriculture, sciences et arts, de 1838 à 1839.

METZ. — Exposé des travaux de la Société des sciences médicales du département de la Moselle. 1831-1838.

PARIS. — Société des progrès agricoles. — Chambres consultatives et conseil-général d'agriculture.

— Société ethnologique. — Réglement.

ROUEN. — Annales de la Société d'horticulture.

SAINT-OMER. Rapport du secrétaire-général de la Société d'agriculture de l'arrondissement sur les travaux de l'année 1839.

VERSAILLES. — Société d'horticulture du département de Seine-et-Oise. — Programme de l'exposition de 1840.

DONS

FAITS A LA SOCIÉTÉ.

BAILLY. — 2,000 œufs de vers à soie, race *Sina*.

BEAULINCOURT (le comte Édouard de). — Ossement fossile, trouvé à Verquigneul (arrondissement de Béthune), et résultant de la soudure des 6 premières vertèbres cervicales d'un grand cétacé, analogue aux baleines.

DFCOURCELLES. — Graine de *Madia sativa*.

DEGLAND. — Produits d'une grossesse extra-utérine abdominale savoir : 1.° Fœtus et placenta ; 2.° portion du péritoine utérin sur laquelle était fixé le placenta; 3.° utérus ouvert, dont la cavité est remplie par la caduque.

DENISART-DEBRAY. — 18 échantillons remarquables de diverses variétés de froment, d'orge et d'avoine, récoltés sur ses terres.

DERODE. — Dessin du parhélie observé à Lille en 1839. — Tracé d'une courbe représentant la marche de la mortalité en France. — Fragment de bas-relief en albâtre, trouvé à Wazemmes en creusant les fondements d'une maison.

DUCRO. — Une tête en marbre trouvée dans les ruines de Balbek. — Un fragment de mosaïque, détaché de la coupole de Sainte-Sophie, à Constantinople.

DUPONT. — Une coquille de *Nérite ondée*, avec son opercule. — Echantillon d'une thalassiophyte (*Sargassum bacciferum*).

GAZZERA (le comte de). — Un poisson de l'Inde du genre *Diodon*.

GOUVERNEMENT (le). — Un kilogramme de graine de *Peganum harmala*. — Podomètre de M. Riquet.

PELOUZE. — 10 pièces de monnaie en zinc, trouées à leur centre,

rapportées de Cochinchine (où elles sont appelées *sapecs*), par
M. Gaudichaud.

SOCIÉTÉ SÉRICICOLE. — Œufs de vers à soie, race *Sina*.

VANDERCRUYSSEN DE WAZIERS. — Un dessin encadré, donné
par Wicar et fait d'après le tableau original exécuté à
Rome par cet artiste, en 1785.

VILLENEUVE. — 3 jetons de présence (en argent) de l'Académie
royale de médecine de Paris, à l'effigie de Louis XVIII, de
Charles X et de Louis-Philippe I.er — Une médaille en argent,
des vaccinations municipales de Paris.

LISTE DES MEMBRES RÉSIDANTS

ï LA SOCIÉTÉ ROYALE DES SCIENCES, DE L'AGRICULTURE ET DES ARTS DE LILLE.

—

1840.

—

MEMBRES HONORAIRES.

M. Le Préfet du département du Nord.

Le Maire de Lille.

PEUVION, négociant, admis le 17 nivose an XI.

GODIN, docteur en médecine, admis le 3 février 1832.

MEMBRES TITULAIRES.

Composition du bureau en 1840.

résident. M. KUHLMANN, professeur de chimie, admis le 20 mars 1824.

ice-président. M. MACQUART, propriétaire, admis le 27 messidor an XI.

crétaire-général. M. MILLOT, professeur à l'hôpital militaire, admis le 1.er septembre 1837.

crétaire de correspondance. M. LEGRAND, avocat, admis le 3 février 1832.

résorier. M. BORELLY, inspecteur des douanes, admis le 2 mars 1832.

ibliothécaire. M. DUJARDIN, docteur en médecine, admis le 4 novembre 1836.

MM. DELEZENNE, professeur de physique, admis le 12 septembre 1806.

DEGLAND, docteur en médecine, admis le 20 décembre 1814.

DESMAZIÈRES, propriétaire, admis le 22 août 1817.

LIÉNARD, professeur de dessin, admis le 5 septembre 1817.

LESTIBOUDOIS (Thém.), professeur de botanique, admis le 17 août 1821.

MUSIAS, propriétaire, admis le 3 janvier 1822.

VERLY fils, architecte, admis le 18 avril 1823.

BAILLY, docteur en médecine, admis le 2 octobre 1825.

HEEGMANN, négociant, admis le 2 décembre 1825.

BARROIS (Théod.), négociant, admis le 16 décembre 1825.

LESTIBOUDOIS (J.-B.), docteur en médecine, admis le 20 janvier 1826.

DELATTRE, négociant, admis le 3 mars 1826.

DECOURCELLES, propriétaire, admis le 21 novembre 1828.

DANEL, imprimeur, admis le 5 décembre 1828.

DOURLEN fils, docteur en médecine, admis le 3 décembre 1830.

MOULAS, propriétaire, admis le 27 avril 1831.

MULLIÉ, chef d'institution, admis le 20 avril 1832.

DAVAINE, ingénieur des ponts-et-chaussées, admis le 7 septembre 1832.

LEGLAY, archiviste du département, admis le 19 juin 1835.

BENVIGNAT, architecte, admis le 1.er juillet 1836.

M. POGGIALE , professeur à l'hôpital militaire , admis le 1.er décembre 1837.

MOUNIER , professeur à l'hôpital militaire , admis le 5 janvier
1838.

DERODE (Victor), chef d'institution , admis le 5 janvier 1838.

GILLET DE LAUMONT , inspecteur des lignes télégraphiques ,
admis le 16 novembre 1838.

TESTELIN , docteur en médecine , admis le 5 avril 1839.

DE CONTENCIN , secrétaire-général de la préfecture , admis le
19 avril 1839.

LEFEBVRE (Julien), propriétaire, admis le 31 janvier 1840.

La publication des travaux de la Société n'a pas toujours été régulière ; des erreurs de dates et d'indications ont particulièrement été faites sur la couverture de quelques volumes, et, sans prendre soin de les rectifier par la comparaison de ces dates et indications sur les couvertures avec celles tout-à-fait exactes des titres de chaque volume, plusieurs personnes qui reçoivent ces publications ont adressé des réclamations mal fondées. Elles ont été nombreuses et se continuent encore pour le volume contenant les travaux de l'année 1835 ainsi que l'indique le titre, page 3 , du douzième volume, parce que la couverture, ayant indiqué par erreur l'année 1836, a fait supposer une lacune. Pour aider à rétablir l'ordre et prévenir de nouvelles réclamations, nous donnons le tableau suivant qui s'explique de lui-même.

La division en volumes est arbitraire. Celle que nous avons adoptée , dans la dernière colonne du tableau , renferme en un seul et même volume les cinq cahiers qui contiennent l'analyse des travaux de la Société depuis sa première organisation jusqu'en 1819.

TITRES.		Nombre des pages.	TRAVAUX DES ANNÉES.	DATE de l'impression.	N.o du volume.
Séances publiques de la Société d'amateurs des sciences et arts de la ville de Lille.	1.er cahier.	61	Depuis l'établissem.t jusqu'au 13 août 1806.		
	2.e cahier.	65	Depuis août 1806 jusqu'en août 1807.....		
	3.e cahier.	85	Depuis août 1807 jusqu'en novembre 1811.		
	4.e cahier.	160	Depuis novembre 1811 jusqu'en mars 1819.		
	5.e cahier.	147	Depuis mars 1819.................		

Titre	Contenu / Partie	Nombre	Année	N.°
…des sciences et arts de la ville de Reims	…	…	…	…
Idem	1823 et 1824	395	1826	3
Idem	1825	562	1826	4
Idem	1826 et 1.er semestre de 1827	450	1827	5
Mémoires de la Société royale des sciences, de l'agriculture et des arts, de la ville de Lille.	2.e semestre de 1827 et année 1828	788	1829	6
Idem	1829 et 1830	554	1831	7
Idem (Vie de Linnée)	1831, première partie	379	1832	8
Idem	1831 et 1832, deuxième partie	256	1832	9
Idem	1831 et 1832, troisième partie	218	1833	9
Idem	1833	539	1834	10
Idem	1834	699	1835	11
Idem	1835	487	1836	12
Idem	1836, 1837 et première partie de 1838	425	1838	13
Idem	Deuxième partie de 1838	528	1838	14
Idem	Troisième partie de 1838	492	1839	15
Idem	Première partie de 1839	555	1839	16
Idem	Deuxième partie de 1839 (sous presse)		1841	17
Idem	1840	604	1841	18
Publications agricoles. { 1.er volume		188		
2.e volume		187		
3.e volume	…		1839	

ERRATA

Du Mémoire sur l'ancien système du crédit public en France,
page 425.

Page 430, ligne dernière : *Après* notamment, *ajoutez* parmi les dernières.

Page 442, ligne 10 en remontant : *Au lieu de* les précédentes, *mettez* la plupart des précédentes.

Page 457 (1), *ajoutez* : Les rentes dont il s'agit ici étaient celles qui revenaient au roi par droit de déshérence, aubaine, etc.

Page 459, ligne 26 : *Après le nom de* Castille, *ajoutez* receveur général du clergé.

Page 467, ligne 17 : *Après* rentiers, *ajoutez*, c'est-à-dire, selon toute apparence, les créanciers dont les créances avaient été liquidées les premières.

Page 470, ligne 12, *effacez* mais.

TABLE DES MATIÈRES

CONTENUES DANS CE VOLUME.

. signifie membre résidant ; C., membre correspondant.

L'ORGANE VOCAL.

	III	IV	V	VI	VII	VIII
	eu_1	a_1	e_1	e_1	i_1	u_1
	eun_2	an_2	eu_3 (sin)	en_2	in_2	un_2

tales.	Dentales	Labiales.	Ce tableau a surtout rapport à l'articulation française. Il sera facile de l'étendre aux autres langues et de le compléter.
p	»	»	
»	th_2 (θ)	ph_3 (φ)	
»	s_2 t_3 ch_4	f_5 p_6	
»	»	»	
»	»	m_3	
ll	»	»	
»	z_2 d_3 j_4	v_5 b_6	

e et en la descendant , on rencontre
ce qui s'adoucissent *en conservant*
ne même ligne horizontale , on a
en changeant de nature et en
C'est ce qu'on peut facilement
ite :

, *b* ;

, *p* ;

ng , *g.*

Lightning Source UK Ltd.
Milton Keynes UK
UKHW010442150119
335567UK00012B/700/P